普通高等教育“十一五”系列教材
PUTONG GAODENG JIAOYU SHIYIWU XILIE JIAOCAI

PLC YINGYONG JISHU

PLC应用技术

（第二版）

编著　弭洪涛　孙铁军
曹晶人　王　锴　程艳明
主审　李广鹏

中国电力出版社
CHINA ELECTRIC POWER PRESS

内 容 提 要

本书为普通高等教育“十一五”系列教材。

本书共分七章，主要内容包括：PLC 应用基础，PLC 的机构及特点，PLC 的基本指令及编程，PLC 功能指令及其应用，PLC 联网与通信，PLC 应用系统设计、安装及维护，电气及 PLC 实验。本书力求体系完整、通俗易懂，结合新技术的发展，结合实验，使读者更深入地了解 PLC 的使用方法和技巧。

本书可作为电气信息类、自动化类、机械类等工科专业的本科教材，也可供从事相关领域技术工作的工程技术人员参考使用。

图书在版编目（CIP）数据

PLC 应用技术/弭洪涛等编著. —2 版. —北京：中国电力出版社，2007.7（2022.8 重印）

普通高等教育“十一五”规划教材

ISBN 978-7-5083-5553-5

Ⅰ.P...　Ⅱ.弭...　Ⅲ.可编程序控制器－高等学校－教材　Ⅳ.TP332.3

中国版本图书馆 CIP 数据核字（2007）第 074555 号

中国电力出版社出版、发行

（北京市东城区北京站西街 19 号　100005　http://www.cepp.sgcc.com.cn）

三河市航远印刷有限公司印刷

各地新华书店经售

*

2004 年 2 月第一版

2007 年 7 月第二版　2022 年 8 月北京第十三次印刷

787 毫米×1092 毫米　16 开本　20 印张　492 千字

定价 **29.80** 元

前　言

为贯彻落实教育部《关于进一步加强高等学校本科教学工作的若干意见》和《教育部关于以就业为导向深化高等职业教育改革的若干意见》的精神，加强教材建设，确保教材质量，中国电力教育协会组织制订了普通高等教育“十一五”教材规划。该规划强调适应不同层次、不同类型院校，满足学科发展和人才培养的需求，坚持专业基础课教材与教学急需的专业教材并重、新编与修订相结合。本书为修订教材。

本书第一版在 2004 年 2 月出版。两年以来，广大同行及读者对本书给予了广泛关注和好评，同时也对本书的修订提出了宝贵意见，使本书在使用过程中，得到不断的改进和充实。作者已先后制作了配套的多媒体课件和电子教案，本书的习题解答也于去年八月正式出版。

本次修订的主要宗旨就是要使内容更加易懂、实用。为此我们对原书的第五章、第七章进行了大幅修改，并删掉了第四章第四节“特殊指令”，同时也对其他各章中的疏漏进行了修订。

第五章增加了 PLC 联网的应用内容，同时在叙述上力求更加通俗易懂，旨在解决日渐流行的 PLC 网络应用问题。

第七章作为本书的实践内容，对学好 PLC 这样的应用型知识起着至关重要的作用，因此在修订过程中，增加了一些思考题，使读者可以更加容易解决在使用 PLC 过程中可能遇到的理论和实践问题。

本次修订工作由弭洪涛主持。其中，第一、二、三章由弭洪涛执笔，第四章由王锴执笔，第五章由曹晶人执笔，第六章由程艳明执笔，第七章由孙铁军执笔。

限于作者水平，疏漏之处在所难免，恳请广大同行和读者继续给予热切关注并多提宝贵意见，我们将不胜感激。

作者

2007 年 5 月

第一版前言

可编程控制器（PLC）自20世纪70年代诞生以来，以极高的发展速度遍布全世界，在各行各业都得到了广泛的应用。它综合了计算机技术、自动控制技术和通信技术，是一种新型的、通用的自动控制装置。它以功能强、可靠性高、使用灵活方便、易于编程以及适应在工业环境下应用等一系列优点，成为现代工业控制的三大支柱之一（三大支柱为CAD/CAM、机器人、PLC）。

近年来，可编程控制器发展很快，新产品、新技术不断涌现，为了适应这种情况，本书在内容选择上增加了继电-接触控制和联网通信等内容，并且以较新的OMRON CQM1为基础进行系统介绍，其指令系统与CPM、C200H、C1000H等OMRON C系列机兼容，有较强的实用性。

本书力求体系完整、通俗易懂，使读者能正确理解PLC应用技术。书中系统讲述了PLC应用基础——继电接触控制、PLC工作原理、PLC系统配置、指令系统及编程方法、应用系统设计等内容；同时，专门安排了一章可编程序控制器实验，使读者通过自己动手，更深入的了解PLC的使用方法及技巧。

全书由弭洪涛主编，毕国忠、贾景贵任副主编，李广鹏主审。其中，第一、三章由弭洪涛编写，第二章由贾景贵编写，第四、六章由毕国忠编写，第五章由程艳明编写，第七章由孙铁军和王锴编写。

本书在编写过程中，参阅了大量文献和资料，曲萍萍、马惜萍等同志做了大量工作，在此对相关人员一并表示衷心的感谢。

限于编者水平，加之时间仓促，书中难免存在不当和谬误之处，恳请有关专家和广大读者不吝赐教。

编者

2003年9月

目　录

绪　　论

在冶金、机械、矿山等工业部门普遍采用电力拖动生产机械，这些生产机械受自动控制系统的控制，使被控对象按一定规律进行工作，这些系统称为自动控制系统。按其控制方式可分为断续控制与连续控制两大类。断续控制是有级控制，其系统所用的主要元件是继电器、接触器等低压电器。断续控制与控制对象的物理变化过程无关，而只考虑其跳变值，所以控制元件都是两态元件。连续控制反映物理量变化的整个过程，被控对象也是连续量。继电接触控制系统属于断续控制系统。其特点是采用硬接线逻辑，即通过触点、线圈等的不同接线来完成不同的逻辑功能。其最大缺点是不便于现场修改控制逻辑。

20 世纪 60 年代末，随着现代工业生产自动化水平的日益提高及微电子技术的飞速发展，对工业控制器的要求也越来越高。1968 年，美国通用汽车公司（GM）要求制造商为其装配线提供一种新型的通用程序控制器，并提出 10 项招标指标：①编程简单，可在现场修改程序；②维护方便，最好是插件式；③可靠性高于继电器控制柜；④体积小于继电器控制柜；⑤可将数据直接送入管理计算机；⑥在成本上可与继电器控制柜竞争；⑦输入可以是交流 115V；⑧输出为交流 115V、2A 以上，能直接驱动电磁阀等；⑨在扩展时，原系统只需很小变更；⑩用户程序存储器容量至少能扩展到 4K。这就是著名的 GM10 条。如果说各种电控制器、电子计算机技术的发展是可编程控制器出现的物质基础，那么 GM10 条就是可编程控制器出现的直接原因。

GM10 条提出后，美国数字设备公司（DEC）经过一年多的努力，研制出第一台这种控制器，并在 GM 的汽车生产线上首次应用成功。当时，把这种控制器称为可编程逻辑控制器（Programmable Logic Controller），简称 PLC，用来取代继电器控制柜，功能仅限于执行继电器逻辑、定时和计数控制等。

1971 年，日本从美国引进了这项技术，很快研制成类似的控制器，即 DSC—8。又过了两年，西欧国家也制成这样的控制器。随着微电子技术的发展，70 年代中期出现了微处理器和微型计算机。在 1975～1976 年，美国、日本、联邦德国等一些国家把微处理器用作可编程控制器的中央处理单元（Central Processing Unit 简称 CPU），用集成电路的存储器代替磁芯存储器，使得可编程控制器实现更大规模的集成化，从而使之工作更为可靠，更能适应工业环境，功能也大大加强了。随着成本的大幅度下降，这种控制器逐渐进入了实用阶段。我国于 1974 年开始研制，1977 年开始工业应用。这种控制器出现后，其名称和定义不统一。为此，美国电气制造商协会（National Electrical Manufacturers Association，简称 NEMA）于 1980 年正式命名其为可编程控制器（Programmable Controller），简称 PC。定义为：PC 是一种数字式电子装置，它使用了可编程序的存储器以存储指令，用以执行诸如逻辑、顺序、定时、计数及算术运算等功能，并通过数字的或模拟的输入、输出接口控制生产机械或生产过程。

1987 年 2 月，国际电工委员会颁布了可编程控制器标准草案第三稿，该草案中对可编程控制器给出的定义是：“可编程控制器是一种数字运算操作系统，专为工业环境下应用而设计。它采用了可编程序的存储器，用来在其内部存储执行逻辑运算、顺序控制、定时、计数和算术运算等操作的指令，并通过数字式或模拟式的输入和输出，控制各种类型的生产机械和生产过程。可编程控制器及其有关外围设备，都按易于与工业系统连成一个整体、易于扩充其功能的原理设计。”按照以上定义，PLC是一种工业用计算机，因而它必须有很强的抗干扰能力，这是与一般的微机系统不同的。其存储器可存储执行多种操作的指令，是可以通过软件编程序的控制器，所以又与以往继电接触控制装置有质的区别。它具有控制能力强、操作方便灵活、价格便宜、可靠性高等特点，不仅可以取代传统的继电接触控制系统，还可以构成复杂的工业过程控制网络，是一种适应现代工业发展的新型控制器。

由于个人计算机（Personal Computer）的缩写也为PC，为避免混淆，国内外一些刊物和资料仍将可编程控制器简称为PLC。本书下面除特殊情况外，亦采用PLC这种简称。

第一章 PLC 应用基础

工矿企业拥有大量的继电接触控制线路，它们安装在现场、电磁站或控制室。运行起来其电器触点冲击噪声高，维护工作量大，可靠性低。随着半导体技术、计算机技术的发展和应用，继电接触控制线路将被无触点系统所取代，更有被可编程控制器所替换的可能。但PLC的工作原理是建立在继电-接触控制线路基础上的，因此，本章在简要介绍PLC的一般概念的同时，学习常用电器和典型继电-接触线路原理，为PLC梯形图编程及PLC应用打好基础，也是为采用可编程控制器改造原有控制系统或设计新系统作好准备。

第一节 概 述

PLC是按继电-接触线路原理设计的，其等效的内部电器及线路与继电接触线路相同。由PLC定义可知，它与一般计算机的结构相似，也有中央处理单元（CPU）、存储器（MEMORY）、输入/输出（INPUT/OUTPUT）接口、电源部件及外部设备接口等。但是由于PLC是专为在工业环境下应用而设计的，为便于接线、便于扩充功能、便于操作及维护，它的结构及组成又与一般计算机有所区别。

一、PLC的组成

常见的PLC有整体式和模块式两类。不论哪种结构，其内部组成都是相似的，其结构框图见图1-1。

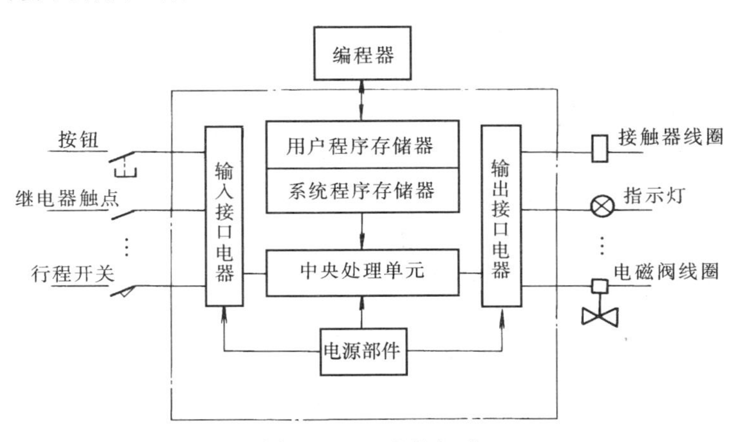

图1-1 PLC的组成

1. 中央处理单元（CPU）

CPU是PLC的“大脑”，它控制所有其他部件的操作，一般由控制电路、运算器、寄存器等组成，通过地址总线、数据总线和控制总线与存储器、I/O接口电路连接。中央处理单元主要完成以下任务：

（1）从存储器中读取指令。CPU从地址总线上给出指令的存储地址，从控制总线上给出读命令，从数据总线上得到读出的指令，并存放到CPU内的指令寄存器中。

（2）执行指令。对存放在指令寄存器中的指令操作码进行译码，执行指令规定的操作。例如，读取输入信号，取操作数，执行逻辑运算和算术运算，将结果输出等。

（3）准备取下一条指令。CPU执行完一条指令后，能根据条件产生下一条指令的地址，以便取出和执行下一条指令。在CPU的控制下，程序的指令既可以顺序执行，也可以进行分支或转移处理。

(4) 处理中断。有些 PLC 除了顺序执行程序外，还提供了中断处理功能。CPU 通过接收 I/O 接口或内部的中断请求信号，进行中断处理。处理完毕后，再返回原地址，继续顺序执行。这种控制方式提高了 PLC 的处理速度。

2. 存储器

存储器是具有记忆功能的半导体电路。PLC 的存储器包括系统程序存储器和用户程序存储器。所谓系统程序，是指控制和完成 PLC 各种功能的程序，这些程序是由 PLC 的制造厂家用微机的指令系统编写的，并固化到只读存储器（ROM）中；所谓用户程序，就是使用者根据工程现场的生产过程和工艺要求编写的控制程序。用户程序由使用者通过编程器输入到 PLC 的读写存储器（RAM）中，允许修改，由用户启动运行。

3. 输入/输出接口电路

输入/输出接口电路用来连接 PLC 主机与外部设备。为了提高抗干扰能力，一般的输入、输出接口均有光电隔离装置，应用最广泛的是由发光二极管和光电三极管组成的光电隔离器。

来自现场的指令元件、检测元件的信号经输入接口进入到 PLC。指令元件的信号是指由用户在控制台、操作台或控制键盘上发出的控制信号，如启动、停止、转换、调整、急停等；检测元件的信号是指用检测元件如各种传感器、继电器触点、限位开关、行程开关等对生产过程中的参数，如压力、流量、温度、速度、位置、行程、电流、电压等进行检测时发出的信号。这些信号有的是开关量，有的是模拟量，有的是直流信号，有的是交流信号，要根据输入信号的类型选择合适的输入接口。

由 PLC 产生的各种输出控制信号经输出接口去控制和驱动负载，如指示灯的亮灭，电动机的启停和正反转，设备的转动、平移、升降，阀门的开闭等。与输入接口一样，输出接口的负载有的是数字量，有的是模拟量，要根据负载性质选择合适的输出接口。

根据现场执行部件的不同需要，输出接口的功率放大环节又分为继电器型、双向硅型和晶体管型三种形式。继电器容量大，交、直流通用，响应时间为毫秒级；可控硅只能带交流负载，响应时间为微秒级；晶体管只能带直流负载，响应速度最快，为纳秒级。半导体器件的寿命可以说是永久的，而新型继电器的寿命也可达 10^{10} 次。

4. 编程器

编程器可分为简易编程器和图形编程器两种。图形编程器可直接输入梯形图程序，操作方便，功能强，且可脱机编程，有液晶显示（GPC）的便携式和阴极射线（CRT）式两种，价格一般较高；简易编程器价格低，但功能较少，一般需将梯形图变为指令编码的形式输入，通常需联机工作。

目前，很多 PLC 都可以利用微型计算机作为编程工具，这时应配上相应的编程软件及接口。由于微机的强大功能，使 PLC 的编程和调试更为方便。

5. 电源部件

电源部件用来将外部供电电源转换成供 PLC 的 CPU、存储器、I/O 接口等电子电路工作所需要的直流电源，使 PLC 能正常工作。

PLC 的电源部件有很好的稳压措施，因此对外部电源的要求不高。直流 24V 供电的机型，允许电压为 16～32V；交流供电的机型，允许电压为 85～264V，频率为 47～53Hz。

一般情况下，交流供电的 PLC 还为用户提供 24V 直流电源作为输入电源或负载电源。

6. 其他接口电路

除 I/O 接口外，许多 PLC 还配置了其他一些接口，使 PLC 能满足更多的需要。主要有以下几种：

（1）I/O 扩展接口。用于扩展输入、输出点数，当用户的 PLC 系统所需的输入、输出点数超过主机的输入、输出点数时，就要通过 I/O 扩展接口将主机与 I/O 扩展单元连接起来。

（2）智能 I/O 接口。它是带有独立的微处理器和控制软件的特殊 I/O 接口，可以独立地工作。为适应和满足更加复杂控制功能的需要，PLC 生产厂家均生产了各种不同功能的智能 I/O 接口。

在众多的智能 I/O 接口中，常见的有能满足位置控制需要的位置闭环控制接口模块；有能实现快速 PID 调节闭环控制接口模块；有满足计数频率高达 100MHz 的高速计数器接口模块等。

（3）通信接口。是专用于数据通信的一种智能模块，主要用于人—机对话或机—机对话。PLC 通过通信接口可以与打印机、监视器等外部设备相连，也可与其他 PLC 或上位计算机相连，构成多机局部网络系统或多级分布式控制系统，或实现管理与控制相结合的综合系统。

通信接口有串行接口和并行接口两种，它们都在专用系统软件的控制下，遵循国际上多种规范的通信协议来工作。用户应根据不同的设备要求选择相应的通信方式，并配置合适的通信接口。

7. PLC 的外部设备

PLC 的生产厂家为用户提供的外部设备主要有：

（1）打印机。打印机在用户程序编制阶段用来打印带注解的梯形图程序或指令语句表程序，这些程序对用户的维修及系统的改造是非常有价值的。在系统的实时运行过程中，打印机用来提供运行过程中发生事件的硬记录，如记录系统运行过程中报警的时间和类型等。这对于分析事故原因和系统改进是非常重要的。在日常管理中，打印机可以定时或非定时打印各种生产报表。

（2）外存储器。PLC 的 CPU 模块内的半导体存储器称为内存，可用来存放系统程序和用户程序。有时将用户程序存储在外置的 EPROM 上，或盒式录音机的磁带上及磁盘驱动器的磁盘中，作为程序备份或改变生产工艺流程时调用。这些存储装置都称为外存。如果 PLC 内存中的程序被破坏或丢失，可再次将存储在外存中的程序重新装入。

在使用可离线开发用户程序的编程器时，外存特别有用。被开发的用户程序一般存储在外存中。

（3）EPROM 写入器。EPROM 写入器用于将用户程序写入 EPROM 中。它提供了一个非易失性的用户程序保存方法。同一个 PLC 系统的各种不同应用场合的用户程序可以分别写入几片 EPROM 中，在改变系统的工作方式时，只需要更换 EPROM 芯片即可。

二、PLC 的一般特点

1. 通用性强

PLC 是一种工业控制计算机，其控制操作功能可以通过软件编制确定，在生产工艺改变或生产线设备更新时，不必改变 PLC 硬件设备，只需改变编程程序就可实现不同的控制方案，具有良好的通用性。

2. 编程方便

大多数PLC可采用类似继电控制电路图形式的“梯形图”进行编程，控制线路清晰直观，稍加培训即可进行编程，受到普遍欢迎。PLC与个人计算机联成网络或加入到集散控制系统之中时，通过在上位机上用梯形图编程，使编程更容易、更方便。

3. 功能完善

由于计算机有很强的运算处理能力，故以计算机为核心的现代PLC不仅有逻辑运算、定时、计数等控制功能，还能完成A/D转换、D/A转换、模拟量处理、高速计数、联网通信等功能，还可以通过上位机进行显示、报警、记录，进行人-机对话，使控制水平大大提高。

4. 扩展灵活

PLC产品均带有扩展单元，可以方便地适应不同输入/输出点数及不同输入/输出方式的需求。模块式PLC的各种功能模块制成插板，可以根据需要灵活配置，从几个输入/输出点的最小型系统到几千个点的超大型系统均可轻易实现，扩展灵活，组合方便。

5. 系统构成简单，安装调试容易

当需要组成控制系统时，用简单的编程方法将程序存入存储器内，接上相应的输入、输出信号，便可构成一个完整的控制系统，不需要继电器、转换开关等，它的输出可直接驱动执行机构（负载电流一般可达2A），中间一般不需要设置转换单元，因此大大简化了硬件的接线，减少设计及施工工作量。同时PLC又能事先进行模拟调试，更减少了现场的调试工作量，并且PLC的监视功能很强，模块化结构大大减少了维修量。

6. 可靠性高

可编程控制器采用大规模集成电路，可靠性要比有触点的继电接触系统高很多。在其自身的设计中，采用了冗余措施和容错技术。另外，输入/输出采用了屏蔽、隔离、滤波、电源调整与保护等措施，提高了抗工业环境干扰的能力，使PLC适合于在工业环境下使用，可靠性大大提高。

由于可编程控制器具备以上特点，它把微型计算机技术与开关量控制技术很好地融合在一起，还把连续量直接数字控制DDC（Direct Digital Control）技术加进去并且有与监控计算机联网的功能，因此应用十分广泛，几乎覆盖各个工业领域，正成为新一代机电一体化产品。它与目前应用于工业过程的各种顺序控制设备相比较，具有明显的优势。

三、PLC的发展趋势

随着PLC技术的推广、应用，PLC将进一步向以下几个方向发展。

1. 标准化

每个生产PLC的厂家都有自己的系列化产品，指令兼容，外设易于扩展；但不同厂家生产的PLC，梯形图、指令及各种配件均有一些差异，不利于PLC的普及。因此，使PLC像个人计算机（PC）那样互相兼容，是PLC发展的重要方向，也是PLC研究中的一个艰巨的课题。

2. 小型化

从PLC出现以来，小型机的发展速度大大高于中、大型PLC。随着微电子技术的进一步发展，小型机的功能将进一步完善，PLC的结构必将更为紧凑，体积更小，使安装和使用更为方便。

3. 模块化

采用模块式结构，使系统的构成更加灵活、方便。而且小型机也有向模块化发展的趋势（如 CQM1 型 PLC），使 PLC 的使用更简单，扩展更方便，通用性更强。

4. 低成本

随着新型器件的不断涌现，主要部件成本的不断下降，在大幅度提高 PLC 功能的同时，也将大幅度降低 PLC 自身的成本，使 PLC 在经济上能与继电器电路抗衡，真正成为继电器的替代品。

5. 高功能

PLC 的功能将进一步加强，以适应各种控制需要；同时，计算、处理功能的进一步完善，使 PLC 可在一定范围内代替计算机进行管理、监控。智能 I/O 组件也将进一步发展，用来完成各种专门的任务，如位置控制、温度控制、中断控制、PID 调节、远程通信、音响输出等。

最后还应指出：PLC 的普及是机电一体化的必然趋势。也就是说，实现机电一体化，也是 PLC 发展的一个重要方向。

可编程控制器是工业控制中的重要装置，它将促进我国对传统电气设备的改造，缩小设备体积，提高系统性能。现有的控制室和操作站，都有大量继电器、接触器的盘箱柜，运行起来噪声大，故障多，维护工作量大，如果这些盘箱柜中的继电器逻辑控制线路用 PLC 代替，功率驱动部分用无触点开关代替，可以想象：此时控制室或操作站将是无声的，而且故障少，维护也容易。工艺改变时，也只要修改 PLC 用户程序或参数，就可很容易地改变其控制方式和参数，可以取得很好的效益。今后 PLC 技术将会在我国取得越来越广泛的应用。

第二节 常用控制电器

掌握常用控制电器的原理及使用方法，是学习和应用 PLC 的重要基础。常用控制电器种类很多，按其工作电压可分为低压电器和高压电器。所谓低压电器是指它的工作电压低于 1200V 的电器。常用控制电器按其功能作用分为接触器、继电器、按钮、开关等。

一、接触器

接触器是利用电磁吸力的作用使主触点接通或断开电动机电路或其他负载电路的控制电器。它具有比工作电流大数倍的接通和分断能力，用它可以实现频繁的远距离操作。接触器最主要的用途是控制电动机的启动、正反转、制动和调速等。因此，它是电力拖动控制系统中最重要也是最常用的控制电器。

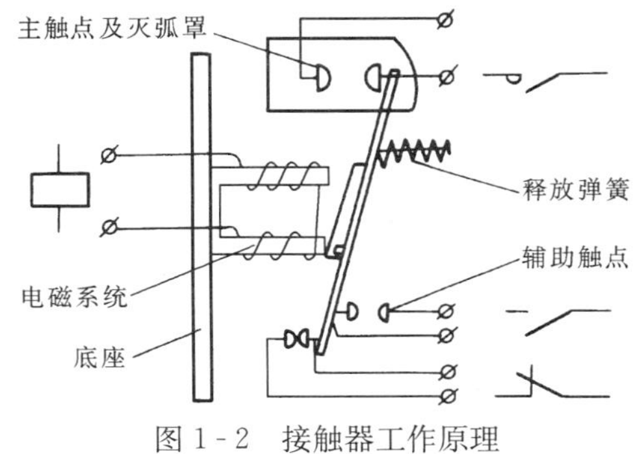

图 1-2 接触器工作原理

接触器按主触点流过电流的性质分为交流接触器和直流接触器。

1. 接触器的结构及工作原理

电磁式接触器包括以下几部分，如图 1-2

所示。

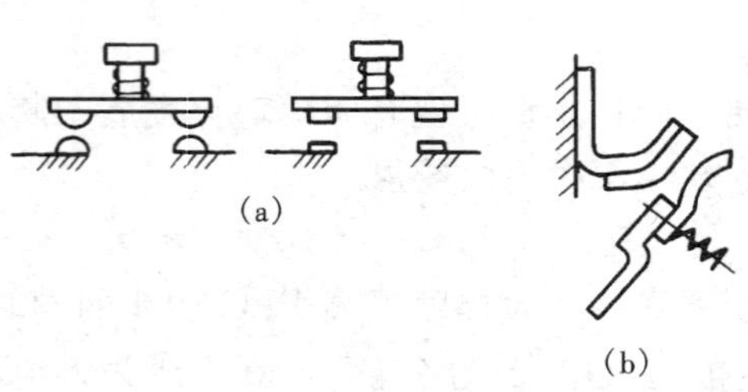

图1-3 触点结构型式
(a) 桥式触点；(b) 指型触点

(1) 触点。触点有主触点和辅助触点之分。主触点尺寸较大，并附有灭弧装置，接在主电路，用于控制主电路通断；辅助触点用于控制辅助电路的通断，通过较小的电流。

主触点是用来接通和分断被控电路。触点由动触点与静触点构成，其结构型式主要有桥式触点和指形触点，如图1-3所示。

为了使动、静触点接触紧密，减少接触电阻，在触点上装有弹簧以增加触点间的压力。桥式触点有两个断口，增加了断弧距离，利用触点回路产生的电动力拉长电弧，使电弧易于熄灭。指形触点在动、静触点的接触过程中有一个滚动过程，可使触点表面的氧化层脱落，所以接触电阻小，可以通过较大的电流。

触点按其动作状态可分为常开触点和常闭触点。常开触点是指在其线圈不通电状态下，该触点是断开状态，当其线圈通电时，该触点就闭合。故常开触点又称动合触点。另一种是常闭触点，指线圈在不通电状态是闭合的，当其线圈通电时，该触点断开。常闭触点又称动断触点。

(2) 灭弧装置。当接触器触点切断电路时，如果电路中电压超过10～12V或电流超过100mA，此时两个触点之间就将产生火花，形成气体放电现象，通常称为电弧。所谓气体放电，就是气体中大量带电质点作定向运动。当触点分离瞬间触点间形成很强的电场强度，就会引起冲撞电离，甚至产生热电子发射和热电离，产生电子流，从而形成电弧。电弧可能灼伤触点表面，甚至使触点熔焊而不能正常工作。

为减少电弧的危害，常采用灭弧装置，使电弧迅速熄灭。在直流接触器中常在主触点电路中串入吹弧线圈，形成磁吹式灭弧装置；在交流接触器中常采用桥式触点的电动力灭弧及灭弧罩、灭弧栅、多点灭弧等。

(3) 电磁机构。电磁机构由线圈、铁心和衔铁组成。

交流电磁铁在铁心中存在磁滞和涡流损耗（铁损），引起铁心发热。为了减少磁滞和涡流损耗，铁心用硅钢片叠铆而成；直流电磁铁线圈通直流电，无磁滞和涡流损耗，铁心不发热，可以用整块软钢或工程纯铁制成。

交流线圈匝数少、电阻小（靠感抗限制线圈电流），铜损小，为增加铁心散热面积，线圈制成短而粗的形状，且带有骨架。直流线圈匝数多、电阻大（靠电阻限流），铜损大，线圈本身发热，因此制成长而薄的形状，且不带骨架（线圈与铁心直接接触），利于线圈散热。电磁机构的吸力特性可以用下式表示

$$F = 4 \times 10^5 B^2 S \tag{1-1}$$

式中 B——气隙磁感应强度，T；

S——气隙截面积，m^2。

对于直流电磁铁来说，线圈电流 I 不变，则有

$$\Phi = \frac{NI}{R_c} \propto \frac{1}{R_c} \tag{1-2}$$

式中 R_c——闭合磁路磁阻，等于铁心磁阻与气隙磁阻 R_0 之和。

而 $R_c \approx R_0 \propto \delta$，其中，$\delta$ 为气隙长度。因此有

$$F \propto \Phi^2 \propto \frac{1}{R_c^2} \propto \frac{1}{\delta^2}$$

可得到如下结论：

1）直流电磁铁电磁吸力与气隙的平方成反比；

2）直流电磁铁线圈电流 I 与气隙 δ 无关。

可见，直流电磁机构适于频繁操作。

对于交流电磁铁来说，由于 $B = B_m \sin\omega t$，于是

$$F = \frac{1}{2}F_m - \frac{1}{2}F_m \cos 2\omega t = F_0(1 - \cos 2\omega t) \tag{1-3}$$

式中 F_m——电磁吸力最大值，$F_m = 4\times10^5 B_m^2 S$；

F_0——电磁吸力平均值，$F_0 = \frac{1}{2}F_m$。

另外，对于具有电压线圈的交流电磁铁，当外加电压不变时，交流吸引线圈的阻抗主要决定于线圈的电抗，电阻可忽略。

对于交流电磁铁有如下结论：

1）F 随时间周期变化，且有过零点，将产生电磁噪声；

2）交流电磁铁线圈电流 I 与气隙 δ 成正比。

为了抑制交流电磁铁的电磁噪声，可在其铁心端部 2/3 处开一个槽，嵌入短路铜环，由于环内和环外通过的磁通相差一个电角度，且幅值也不相同，各自产生的吸力叠加后在任何瞬间合力均不为零，从而可以消除噪声。

交流并联激磁的电磁铁，线圈电流在电磁铁的工作过程中，随工作气隙的增大而增大，最大气隙（打开位置）时线圈的启动电流常为闭合位置的工作电流的 7～8 倍，甚至十几倍。当衔铁被卡住或频繁操作时，会造成线圈过热而烧毁。

2. 接触器的型号

目前我国常用交流接触器主要有 CJ20、CJX1、CFX2、CJ12 和 CJ10 等系列。引进产品应用较多的有：引进德国 BBC 公司制造技术生产的 B 系列；引进德国 SIEMENS 公司的 3TB 系列；引进法国 TE 公司的 LC1 系列等。

CJ20 接触器型号的含义如下：

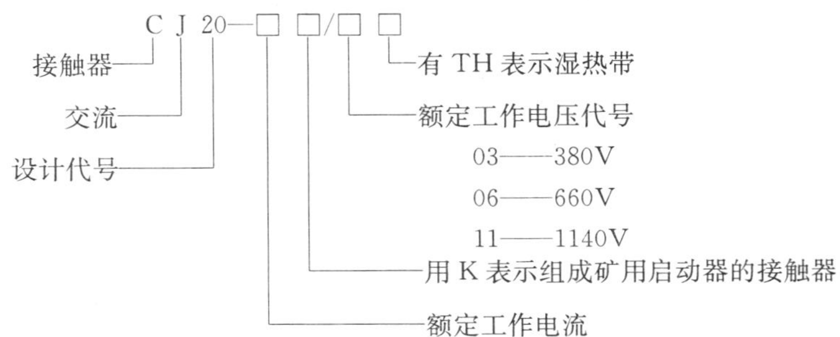

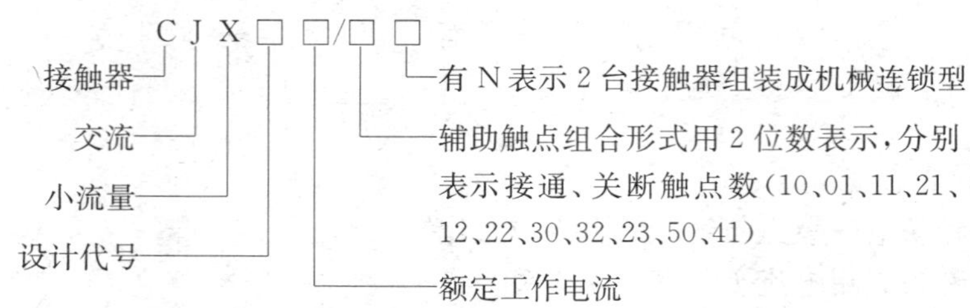

CJ10、CJ12系列是早期全国统一设计的系列产品。CJ20系列交流接触器是全国统一设计的新型接触器，主要适用于交流50Hz，电压660V及以下、电流630A及以下的电气线路中，结构型式为直动式、立体布置、双断点结构。CJ20-63型及以上的交流接触器采用压铸铝底座，并以增强耐弧塑料底板和高强度陶瓷灭弧罩组成三段式结构。全系列接触器结构紧凑，便于检修和更换线圈；触点系统的动触桥为船形结构，因而具有较高的强度和较大的热容量；静触点选用型材并配以铁质引弧角，使之既具有形状的稳定性又便于电弧向外运动；触点材料选用银氧化镉，具有较高的抗熔焊和耐电磨损的性能；灭弧罩分纵缝式和栅片式两种；采用双线圈的U形铁心，气隙置于静铁心底部中间位置，使之释放可靠，辅助触点在主触点的两侧，采用无色透明聚碳酸脂组成的封闭式结构，以防灰尘侵入，确保接触良好。图1-4为CJ20-63型交流接触器的结构图。CJ20接触器的吸引线圈电压有36、127、220、380V四个等级，吸合电压为（80%～110%）U_N，当电压小于75%U_N时释放。

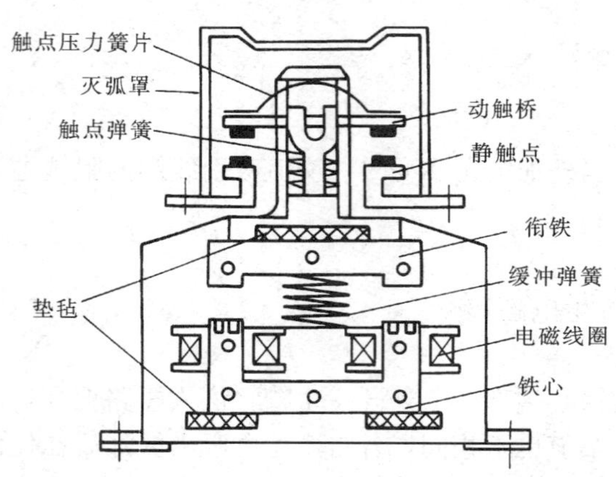

图1-4　CJ20-63型交流接触器的结构示意图

B系列交流接触器是我国接触器主要生产厂引进德国BBC公司技术生产的。其特点是，采用倒装式结构，即磁系统在前面而触点系统紧靠安装面，使吸引线圈更换方便，并缩短了主触点接线；通用件和附件多，接触器的零部件大都通用，可以配装气囊式继电器、机械连锁、自锁继电器等；具有可拆卸的触点，其数量可根据需要配置，最多可配置8对触点。目前国产的CJX1、CJX2系列小容量交流接触器也具有上述特点。

国内常用的直流接触器有CZ18、CZ21、CZ22、CZ10、CZ2等系列，CZ18系列直流接触器是取代CZ0系列的新产品。

直流接触器型号含义如下：

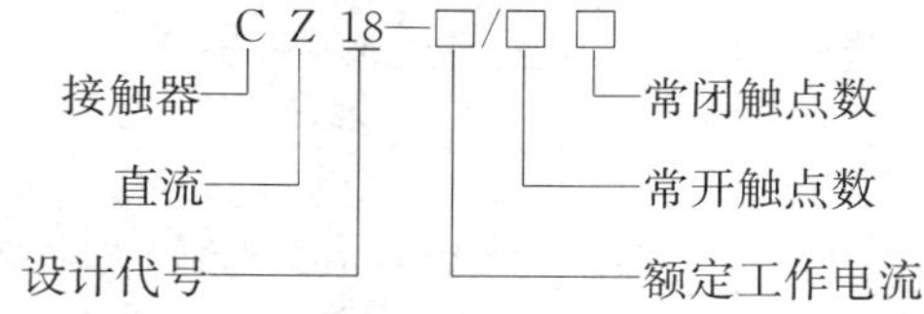

接触器的图形符号和文字符号如图1-5所示。

3. 接触器的主要技术

（1）额定电压：接触器铭牌标注的额定电压是指主触点上的额定电压。常见的电压等级有：

直流接触器：220、440、660V。

交流接触器：220、380、500V。

(2) 额定电流：指主触点的额定电流。其中

直流接触器：25、40、60、100、150、250、400、600A。

交流接触器：5、10、20、40、60、100、150、250、400A。

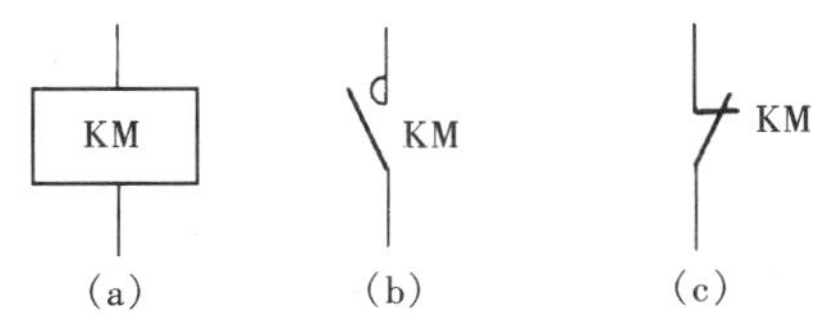

图 1-5 接触器的图形符号和设备文字符号

(a) 线圈；(b) 常开触点；(c) 常闭触点

(3) 线圈的额定电压：通常的电压等级有：

直流线圈：24、48、220、440V。

交流线圈：36、127、220、380V。

(4) 额定操作频率；指每小时接通次数。

4. 接触器的选用原则

选用接触器可按下列步骤进行：

(1) 根据负载性质确定工作任务类别。一般交流负载用交流线圈的交流接触器，直流负载用直流线圈的直流接触器，但交流负载频繁动作时可采用直流线圈的交流接触器。

(2) 根据类别确定接触器系列。

(3) 根据负载额定电压确定接触器的额定电压，一般二者相等。

(4) 根据负载电流确定接触器的额定电流，并根据实际条件加以修正。例如，当接触器安装在箱柜内，由于冷却条件变差，电流要降低 70%～20%使用；当接触器工作于长期工作制，通电持续率不超过 40%时，若敞开安装，电流允许提高 10%～25%，若箱柜安装，允许提高 5%～10%。

(5) 选定吸引线圈的电压。

(6) 根据负载情况复核操作频率，看是否在额定范围之内。

二、继电器

继电器是一种根据特定形式的输入信号（如电流、电压、转速、时间、温度等）的变化而动作的自动控制电器。它与接触器不同，主要用于反应控制信号，其触点通常接在控制电路中。一般来说，继电器由承受机构、中间机构和执行机构三部分组成。承受机构反映继电器的输入量，并传递给中间机构，将它与预定的量（即整定值）进行比较，当达到整定值时（过量或欠量），中间机构就使执行机构产生输出量，从而闭合或分断电路。

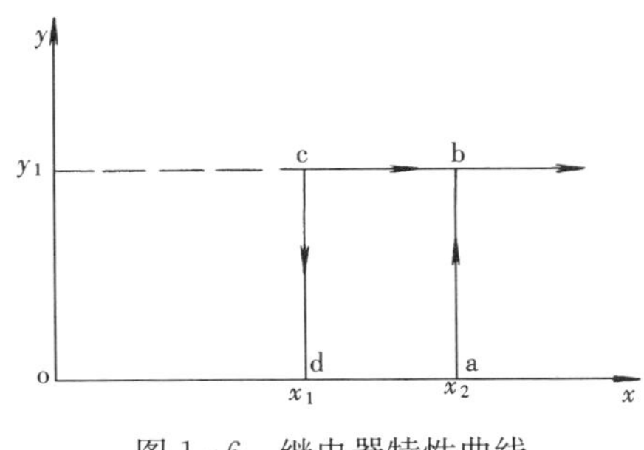

图 1-6 继电器特性曲线

继电器的特点是具有跳跃式的输入-输出特性，如图 1-6 所示。这一矩形曲线称为继电器特性。当继电器获得一个输入信号 x 时，不论信号幅值多大，只要尚未达到动作幅值 x_2，则继电器不动作，输出信号 y 等于零，这时继电器的工作点在 0～a 之间。当输入信号达到动作值 x_2 时，继电器立即动作，其工作点瞬时从 a 点跳到 b 点，输出一个 y_1 的信号。在这以后，即使继续增大输入信号，输出信号仍为 y_1 不变。在继电器动作后，如果输入信号减弱了，

工作点并不沿折线 b-a-o 变化，而是沿 b-c 变化，即在 x 略小于动作值 x_2 时，继电器并不释放，继续输出信号 y_1。只有当 x 减小到继电器的释放值 x_1 时，它才释放，不再有信号输出。此时，继电器的工作点是沿着折线 b-c-d-o 变化，恢复原状。根据继电器的作用，要求继电器反映灵敏准确、动作迅速、工作可靠、结构坚固、使用耐久。$k=x_1/x_2$ 称为继电器的返回系数，它是继电器的重要参数之一，k 值可通过调节释放弹簧的松紧程度或调整铁心与衔铁间非磁性垫片的厚度来改变。一般继电器要求低的返回系数，k 值应在 0.1～0.4 之间；欠压继电器则要求高的返回系数，k 值应在 0.6 以上。

另外两个重要参数是灵敏度和吸合时间与释放时间。灵敏度是使继电器动作所需的最小功率；吸合时间是指从线圈接受信号到衔铁完全吸合所需的时间；释放时间是指从线圈失电到衔铁完全释放所需的时间。其大小影响继电器的操作频率。

继电器按输入信号的性质可分为电压继电器、电流继电器、速度继电器、舌（干）簧继电器、时间继电器、温度继电器等；按动作原理可分为电磁式继电器、感应式继电器、热继电器、电动式继电器、电子式继电器等。这里主要介绍电器控制系统上用的电磁式（电压、电流、中间）继电器、时间继电器、热继电器和速度继电器等。

1. 电磁式继电器

电磁式继电器与接触器类似，是由铁心、衔铁、线圈、释放弹簧和触点等部分组成，如图 1-7 所示。

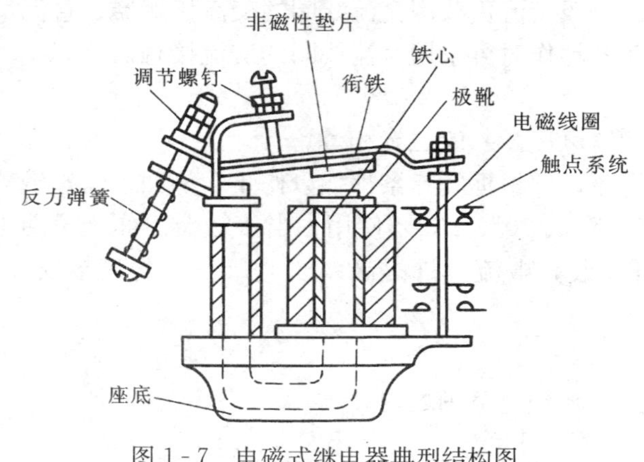

图 1-7 电磁式继电器典型结构图

（1）分类。常用的电磁式继电器有电流继电器、电压继电器和中间继电器。

1）电流继电器。电流继电器的线圈是电流线圈，它与负载串联以反应负载电流的变化，故它的线圈匝数少而导线粗，这样通过电流时的压降很小，不会影响负载电路的电流，而导线粗、电流大仍可获得需要的磁势。

根据实际应用的要求，除一般用的电流继电器外，还有控制与保护用的过电流继电器和欠电流继电器。

过电流继电器在正常工作时衔铁不动作，当电流超过某一整定值时，衔铁动作，于是常开触点闭合，常闭触点断开。一般交流过电流继电器调整在（110%～400%）I_N 动作，直流过电流继电器调整在（70%～300%）I_N 动作。

欠电流继电器是当电流降低到某一整定值时，继电器释放，所以电路电流正常时，衔铁吸合。

2）电压继电器。电压继电器的线圈是电压线圈，导线细、电阻大，与负载并联以反映电路电压的变化。电压继电器有过电压、欠电压、零电压继电器等。零电压继电器是电压降低到接近零时衔铁才释放的继电器。一般来说，过电压继电器是在电压为 110%～115%U_N 以上时动作，对电路进行过电压保护；欠电压继电器是在电压为 40%～70%U_N 时动作，对电路进行欠电压保护；零电压继电器是当电压降至 5%～35%U_N 时动作，对电路进行零压保护。

3）中间继电器。中间继电器实质上也是一个电压线圈的继电器。它具有触点多（六对甚至更多）、触点电流大（额定电流为5～10A）、动作灵敏（动作时间小于0.05s）等特点，可以用来增加控制电路的回路数或放大信号。

（2）电磁继电器的整定方法。根据系统要求，使继电器预先达到某一个动作值，称为整定值。

图1-8表示了电磁继电器的吸力特性与反力特性的配合关系。其中，衔铁所受反力包括恢复弹簧的作用力、触点弹簧的作用力及可动部分的重量。图中，a_0f_0 为释放弹簧反作用力（含可动部分重量）。在气隙为 δ_0 时，常闭触点开始打开，至 δ_1 时完全打开；在气隙为 δ_2 时，常开触点开始闭合，至 δ_3 时完全闭合。总的反力特性为abcdef。

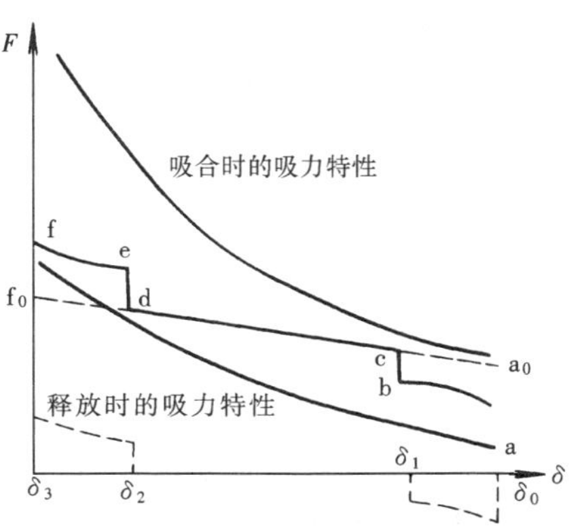

图1-8 吸力特性与反力特性的配合

由图1-8可知，反力弹簧对衔铁吸合动作产生反力，衔铁吸合时，吸力特性必须始终大于反力特性；释放时，吸力特性必须始终低于反力特性。线圈动作电压（或电流）、返回电压（或电流）的大小均受反作用弹簧松紧的影响。为了调整返回电压（或电流），可以在衔铁闭合面内人为地装置一层非磁性垫片，这个垫片的厚薄影响着闭合后磁路的磁阻，从而也改变了返回电压（或电流）的大小。

由上面分析可知，电磁式继电器的整定方法就是改变反作用弹簧的松紧和非磁性垫片的厚薄。

对电压继电器的整定：用电压表并接于线圈两端，用滑线电阻调节线圈两端电压。如欲整定动作电压，则将电压调节到所要求的动作值，断开电源（滑线电阻不要改变）。调节反作用弹簧的松紧，每调节一次，合上一次电源，直到合上电源后，衔铁刚好动作为止。如欲整定返回电压，则应主要改变非磁性垫片的厚度（如果吸合电压没有固定要求，也可调节反作用弹簧）。这时应先让继电器闭合，再改变滑线电阻，将线圈电压减小，直到电压达到所要求的值，再调节非磁性垫片的厚度（每次调节都应先断开线圈电压），直至达到在所要求的返回电压下衔铁打开为止。

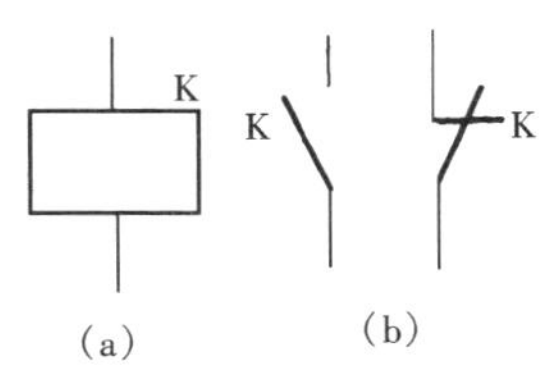

图1-9 继电器的图形符号和设备文字符号
（a）线圈；（b）触点

电流继电器的整定方法与电压继电器的一样，只不过改用电流表串接在线圈回路内。

需要指出的是电磁式继电器的整定值只能在小范围内变化。因为如果弹簧太紧，就有可能使线圈吸不动衔铁，不能闭合；如果太松，则有可能不能释放，造成动作不可靠。

继电器的图形符号和文字符号如图1-9所示。

2. 干（舌）簧继电器

干簧继电器的结构原理图如图1-10所示。干簧继电器的舌簧片由铁镍合金（坡莫合成）制成。舌片的接触部分通常镀以金属如金、铑、钯等，具有良好的导电性，其触点密封在充有惰性气体的玻璃管中，避免了尘埃的污染，减小了触点的腐蚀，提高了工作的可靠性。其工作原理是这样的：当线圈通电后，管中两舌簧片分别被磁化

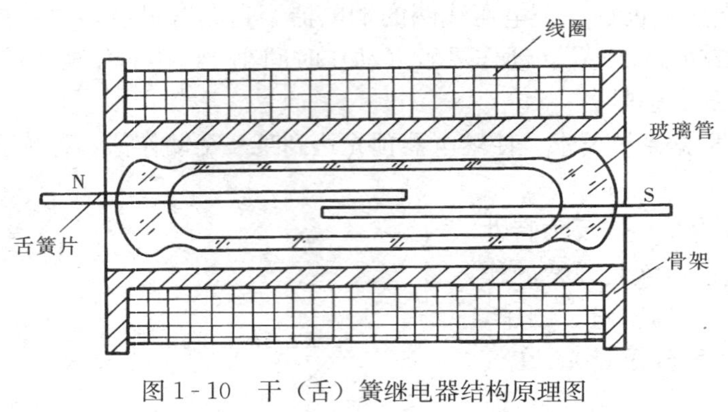

图1-10 干(舌)簧继电器结构原理图

成N极与S极而相互吸引，因而接通了被控制的电路；线圈断电后，舌簧片在本身的弹力作用下分开并复位，控制电路即被切断。

干(舌)簧继电器有如下特点：

(1) 吸合功率小，灵敏度高。一般舌簧继电器的吸合与释放时间均在0.5～2ms以内。

(2) 因触点密封，故触点寿命长，一般可达10^8次左右。

(3) 结构简单，体积小，价格低，维修方便。

(4) 缺点是触点易冷焊粘住，过载能力低，触点开距小，耐压低，断开瞬间触点易抖动。

可见，干(舌)簧继电器可以方便的反应电压、电流、功率等各种物理量的信号，特别适用于晶体管电路，广泛应用于检测、计算机技术、通信、自动控制等许多领域。常用的舌(干)簧继电器有JAG-2-1型(舌簧管为$\phi 4 \times 36$mm)、小型JAG-4型($\phi 3 \times 20$mm)、大型JAG-5型($\phi 8 \times 42$mm或$\phi 8 \times 50$mm)等，其中又分常开(H)、常闭(D)与转换(Z)三种不同的形式。

3. 时间继电器

时间继电器是在电路中控制动作时间的继电器。当它的敏感元件获得信号后，经过一段时间，其执行元件才会动作并输出信号。

时间继电器的种类很多，常用的有电磁阻尼式、空气阻尼式、电动机式、电子式等。下面分别加以介绍。

(1) 电磁阻尼式时间继电器。直流电磁式继电器从线圈通电或断电到动触点动作，需要一固有动作时间(千分之几秒到百分之几秒)，为产生所需延时，可采取阻尼铜(铝)套或短接线圈的方法(见图1-11)。

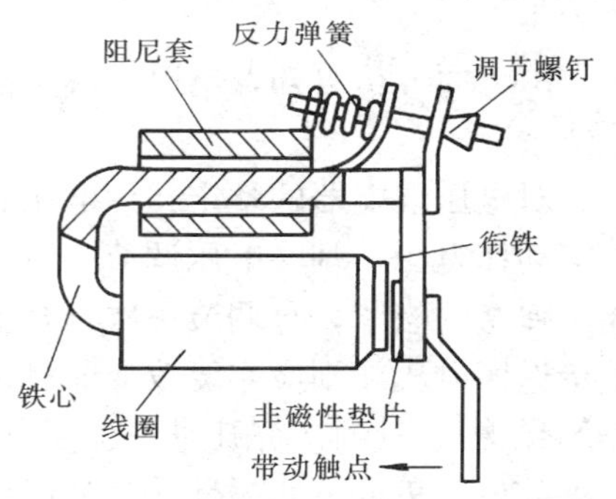

图1-11 电磁阻尼式时间继电器

利用阻尼套产生延时的原理是：当线圈通电时，衔铁处于释放位置，气隙大、磁阻大、磁通小，所以阻尼套的作用很小，可不记延时作用；而在线圈断电时，由于电流瞬间减小，根据楞次定律，阻尼套中将产生一个感应电流，阻碍磁通的变化，维持衔铁不立即释放，直至磁通经阻尼套电阻消耗逐渐使电磁吸力不足以克服反力时，衔铁释放，产生断电延时。

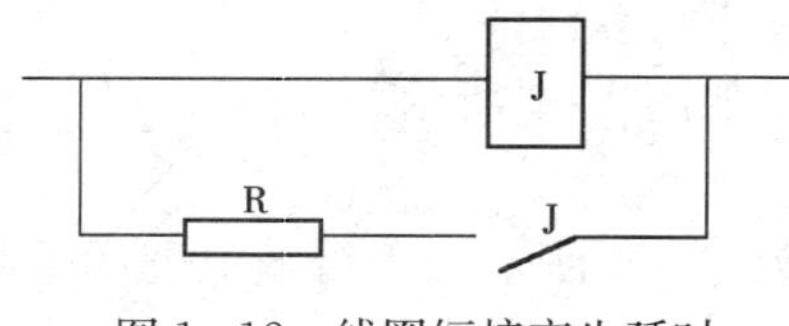

图1-12 线圈短接产生延时

利用线圈短接产生延时的原理如图1-12所示。当线圈断电时，立即将线圈短接。为了防止电源短路，应在线圈回路串接一个电阻R。

延时时间的调整方法如下：

1) 改变释放弹簧的松紧程度：释放弹簧越紧，释放磁通越大，延时越短。

2) 改变非磁性垫片厚度：垫片厚度增加，延时增加。

3）为增大断电延时，对带阻尼套的时间继电器可兼用短接线圈方法，如 K3 型通用继电器通过这种措施，延时时间可达 5s。

这种延时继电器的延时较短，而且准确度较低，一般只用于要求不高的场合，如电动机的延时启动。

常用的直流电磁阻尼式时间继电器有 JT3 系列、JS3 系列。

（2）空气阻尼式时间继电器。空气阻尼式时间继电器又称气囊式时间继电器，它利用空气通过小孔节流的原理来获得延时动作。

空气阻尼式时间继电器如图 1－13 所示。它由电磁系统、延时机构和触点三部分组成。当线圈得电使衔铁和支撑杆动作，带动连接在一起的胶木块下降，但由于空气室中的空气受进气孔处调节螺钉的阻碍，在活塞下降过程中空气室内造成空气稀薄而使活塞下降缓慢，起到延时作用。到达最终位置时压合微动开关，触点闭合送出信号。当线圈失电时，活塞在恢复弹簧作用下迅速复位，这时空气室的空气可由出气孔及时排出。

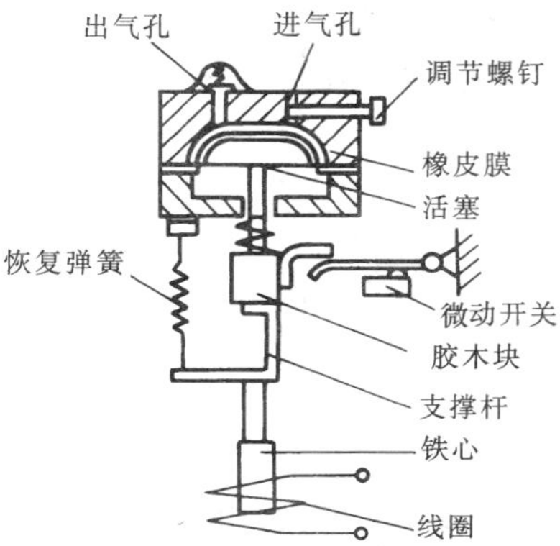

图 1－13 空气阻尼式时间继电器示意图

这类时间继电器既可制成通电延时型，也可做成断电延时型；电磁机构可以是交流的，也可以是直流的。其延时时间可以通过调节螺钉调节进气孔气隙来改变。

空气阻尼式时间继电器的优点是延时范围大、结构简单、寿命长、价格低；缺点是延时误差大，在对延时精度要求较高的场合，不宜使用这种时间继电器。

常用的空气阻尼式时间继电器为 JS7-A 系列。

（3）电动机式时间继电器。电动机式时间继电器是由微型同步电动机拖动减速齿轮以获得延时的时间继电器，有通电延时型和断电延时型两种类型。其工作原理是：当继电器内的同步电动机通电后，通过减速齿轮带动动触点经过一定延时与静触点闭合，从而发出信号。

由于是应用机械延时原理，所以电动机式时间继电器的延时范围很宽，可以由几秒到几小时。以 JS11 型电动机式时间继电器为例，它的延时共分为七档：0～8s、0～40s、0～4min、0～20min、0～2h、0～12h 和 0～72h。

电动机式时间继电器的优点是延时范围宽，延时的整定偏差和重复偏差都比较小，且延时值不受电源电压波动以及环境温度变化的影响；缺点是机械结构复杂，寿命低，不适于频繁操作，且体积较大，成本高。

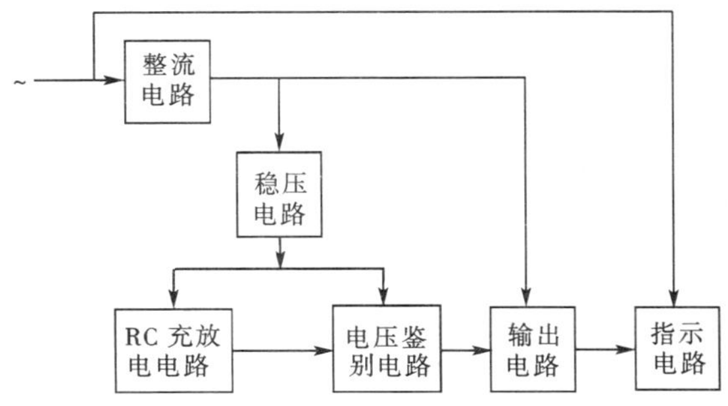

图 1－14 阻容式时间继电器组成框图

（4）电子式时间继电器。电子式时间继电器按结构原理可分为阻容式和数字式两种；按延时方式可分为通电延时型、断电延时型、带瞬动触点的通电延时型等。阻容式时间继电器组成框图如图 1－14 所示。

根据电压鉴别线路的不同，电子式延

时继电器可分为三类：采用单结晶体管的延时电路，采用不对称双稳态电路的延时电路，以及采用 MOS 型场效应管的延时电路。

常用的电子式时间继电器有 JSJ 系列、JSB 系列、JS14A 系列、JS20 系列以及 JS14P 系列拨码式时间继电器等。

电子式时间继电器的优点是延时范围广、体积小、重量轻、延时精度高、寿命长、工作稳定可靠、调节和安装维修方便、触点输出容量大、耐冲击和耐震动，可广泛用于电力拖动、自动顺序控制以及各种生产过程的自动控制中；也存在一些缺点，主要是延时易受温度变化和电源波动的影响，抗干扰性差，价格较贵。

时间继电器的图形符号和设备文字符号如图 1-15 所示。

图 1-15 时间继电器的图形符号和设备文字符号

(a) 线圈；(b) 触点

时间继电器的选用原则：

1）根据线路要求，决定选择通电延时型还是断电延时型；

2）在延时精度不高时，可选择价格较低的电磁式或气囊式时间继电器；

3）电源电压波动大时，应选用气囊式或电动机式时间继电器；

4）电源频率波动大时，忌用电动机式时间继电器；

5）环境温度变化大处，忌用气囊式时间继电器；

6）延时精度及操作频率要求较高时，应选用电子式时间继电器。

4. 热继电器

热继电器主要用于电动机的过载、断相及电流不平衡的保护，以及其他电气设备发热状态的控制。其结构形式有双金属片式、热敏电阻式、易熔合金式。

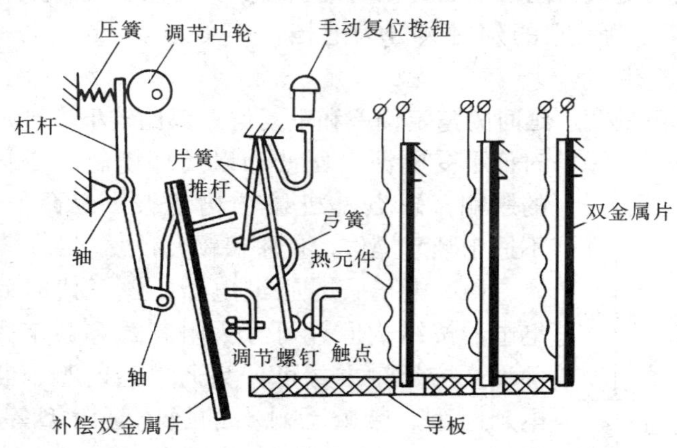

图 1-16 双金属片式热继电器各组成元件

图 1-16 为双金属片式热继电器各组成元件。这种热继电器主要由热元件、双金属片和触点组成。热元件由发热电阻丝制成。双金属片由两种热膨胀系数不同的金属碾压而成，当双金属片受热时，就会出现弯曲变形。使用时，把热元件串接于电动机的主电路中，而常闭触点串接于电动机的控制电路中。当电动机正常运行时，热元件产生的热量不足以使热继电器触点动作；当电动机过载时，双金属片弯曲位移增大，推动推杆使触点动作，从而切断控制电路以起到保护作用。热继电器动作后，经过

一段时间的冷却后，能自动复位或手动复位。热继电器动作电流的调节可以通过调节螺钉的位置来实现。

热继电器分一相式、两相式和三相式三种结构，三相结构的热继电器还分带断相保护和不带断相保护两种。如 JR1、JR2、JR0、JR15 系列为二相结构热继电器，JR16 系列为断相保护热继电器。它们应用于不同情况。

(1) 在三相电源对称，电动机三相绕组绝缘良好的情况下，电动机的三相线电流是对称的，这时可以采用一相结构热继电器。

(2) 当电动机出现一相断线故障，并且正好发生在串有一相结构的热继电器这一相时，就需采用两相结构热继电器。

(3) 当三相电源因供电线路故障而发生严重的不平衡或电动机绕组内部发生短路或绝缘不良等故障时，就可能使电动机某一相电流比其他两相电流要高，而恰好在电流过高的这一相中没有热元件，此时就需采用具有三个热元件的三相结构热继电器。两相、三相结构热继电器的工作原理相同，只需增加双金属片和热元件。

(4) 对于 D 联结的三相感应电动机，一般热继电器的热元件串接于电源进线中，并且按电动机的额定电流来选择热继电器。当三相电源断相时，如果故障电流达到额定值，电动机内部电流较大的那一相绕组的故障相电流已超过额定相电流了。如前所述，由于热元件是串接在电源进线中的，所以继电器不会动作，电动机就有过热的危险了。解决的办法可以将三个热元件分别串接在电动机的每相绕组中，这时热继电器的整定电流值按每相绕组的额定电流来选择。但是这样接线复杂、导线较粗。为了解决 D 联结的三相鼠笼式电动机的断相保护问题，可以采用带断相保护装置的热继电器。其工作状态如图 1-17 所示。

当电流为额定值时，三个热元件发热正常，其端部均向左弯曲并推动上下导板同时左移，但到不了动作线，继电器不会动作；当电流过载到达整定电流时，双金属片弯曲较大，把导板和杠杆推到动作位置，继电器动作；当一相断路时，该相热元件由原来正常发热状态的温度下降，双金属片由弯曲状态伸直，推动上导板右移，同时由于其他两相电流较大，推动下导板左移，使杠杆扭转，继电器动作，起到了断相保护作用。

热继电器及其触点图形符号和设备文字符号如图 1-18 所示。

5. 速度继电器

速度继电器也称反接制动继电器，常用于三相笼型异步电动机反接制动电路中。

图 1-19 为 JY1 型速度继电器的结构图，主要由转子、定子和触点三部分组成。转子是一块永久磁铁，固定在轴上；定子的结构与笼型异步电动机的转子相似，由硅钢片叠成，并装有鼠笼型绕组。定子与轴同心且能独自偏摆，与转子间有气隙。速度继电器的轴与电动机的轴同轴连接。当电动机旋转时，速度继电器的转子跟着一起转，永久磁铁产生旋转磁场，定子上的笼型绕组切割磁通而产生感应电势和电流，导体与旋转磁场相互作用产生转矩，使定子跟着转子的转动方向偏摆，转子速度越高，定于导体内产生的电流越大，转矩也就越大。定子偏摆到一定角度时，通过定子柄拨动触点，使继电器相应的动断、动合触点动作。当转子的速度下降到接近零时（约 100r/min），定子柄在动触点弹簧力的作用下恢复到原来的位置。

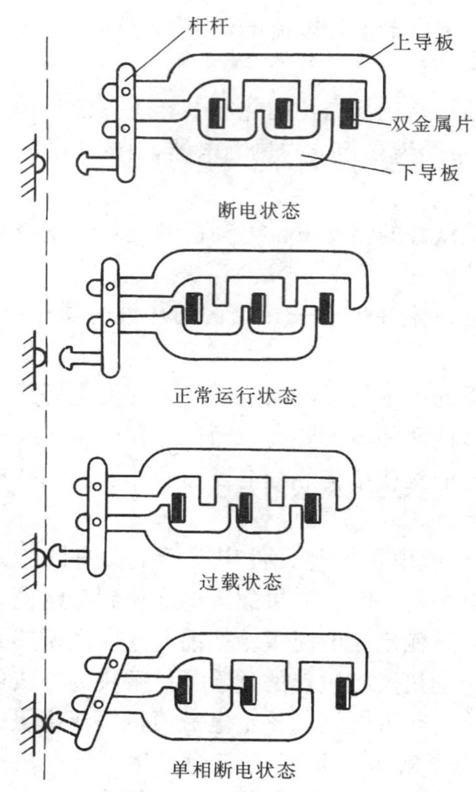

图1-17　带断相保护的热继电器工作状态图

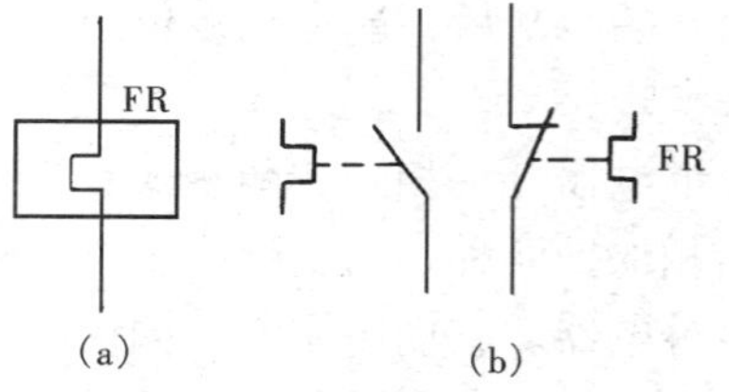

图1-18　热继电器及其触点的图形符号和设备文字符号
(a) 热继电器；(b) 触点

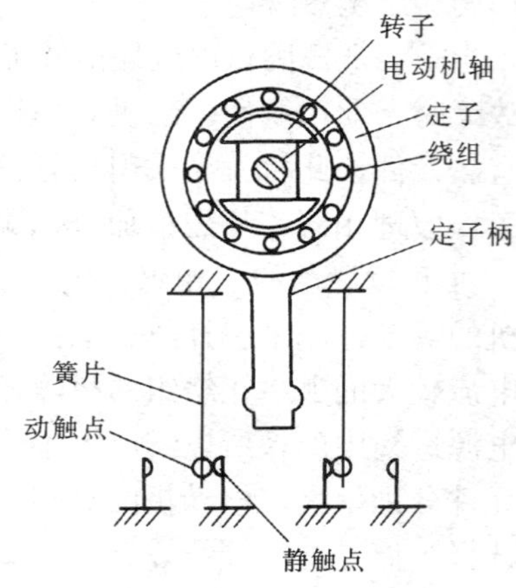

图1-19　速度继电器结构图

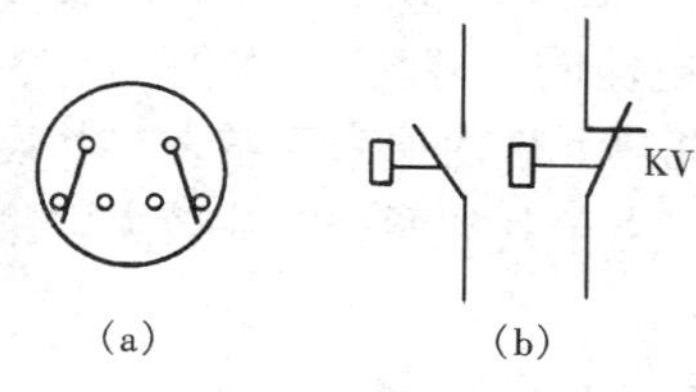

图1-20　速度继电器及其触点的图形符号和设备文字符号
(a) 速度继电器；(b) 触点

常用的速度继电器有JY1型和JFZ0型。JY1型能在3000r/min以下可靠的工作，JFZ0-1型适用于300～1000r/min，JFZ0-2用于1000～3600 r/min。速度继电器主要根据电动机的额定转速进行选择，还可以通过调节螺钉（图中没有画出）的松紧，调节反力弹簧的反作用力，来改变继电器动作的转速，以适应控制电路的要求。

速度继电器及其触点的图形符号和设备文字符号如图1-20所示。

三、主令电器

主令电器是用来接通和分断控制电路以发布命令，或对生产过程作程序控制的开关电器。主令电器应用广泛，种类繁多，主要有控制按钮、行程开关、万能转换开关和主令控制器等。

1. 控制按钮

控制按钮用作低压电路中远距离手动控制各种电磁开关，或用来转换各种信号电路与电器连锁线路等。控制按钮一般由按钮帽、恢复弹簧、动触点、静触点和外壳等组成，如图1-21所示。当按下按钮时，常闭触点断开，常开触点闭合；当按钮释放后，

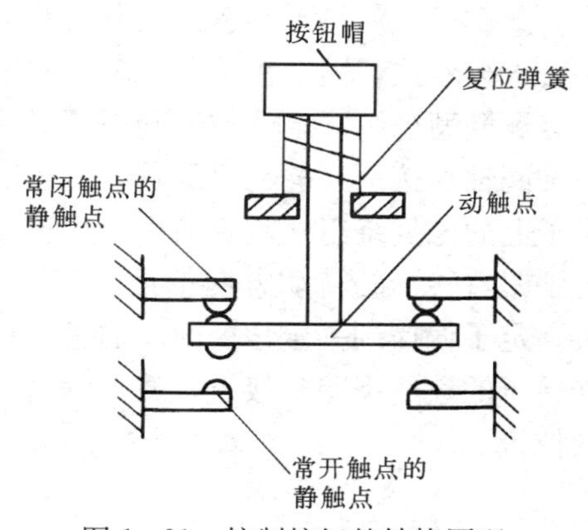

图1-21　控制按钮的结构原理

在恢复弹簧的作用下使按钮复原。

控制按钮有单式、复式和三连式。为了便于识别各个按钮的作用，避免误操作，通常在按钮上作出不同的标志或涂以不同的颜色，一般以红色表示停止，绿色或黑色表示启动。

常用的控制按钮有 LA2、LA10、LA18、LA19、LA20、LAY3、LAZ1 型等。

2. 行程开关

行程开关是一种根据运动部件的行程位置而切换电路的电器。

从结构上来看，行程开关分为三部分：操作头、触点系统和外壳。操作头是开关的感应部分，接受机械设备发出的行程位置信号，并将此信号传递到触点系统；触点系统是开关的执行部分，将行程位置信号通过本身的转换动作，变换为电信号，输出到有关的控制回路，使之作出相应的反应。

行程开关按结构可分为直动式（LX1，JLXK1 系列）、滚动式（LX2，JLXK1 系列）和微动式（LXW-11，JLXK1 - 11 型）三种，如图 1 - 22 所示。

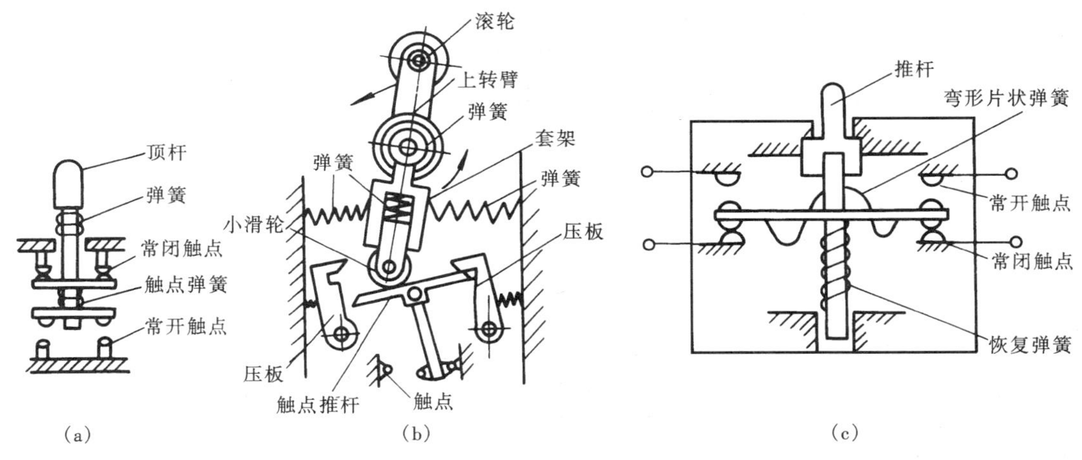

图 1 - 22 行程开关的结构图

(a) 直动式行程开关；(b) 滚动式行程开关；(c) 微动式行程开关

除了上述常用的行程开关以外，还有引进生产的西门子公司的 3SE3 系列产品，其规格全，外形结构多样，技术性能优良，拆装方便，动作可靠。

行程开关的图形符号和文字符号如图 1 - 23 所示。

图 1 - 23 行程开关的图形符号和设备文字符号

3. 凸轮控制器和主令控制器

凸轮控制器和主令控制器用于起重设备和其他电力拖动装置，以控制电动机的启动、正（反）转调速和制动。其结构主要由手柄、定位机构、转轴、凸轮和触点构成，如图 1 - 24 所示。转动手柄时，转轴带动凸轮一起转动，转动到一定位置时，凸轮顶动辊子，克服弹簧压力使动触点顺时针方向转动，脱离静触点而分断电路。在转轴上叠装不同形状的凸轮，可以使若干个触点按规定的顺序接通或分断。

目前国内生产的有 KT10、KT14 系列等交流凸轮控制器和 KTZ2 系列直流凸轮控制器。

当电动机容量较大、工作繁重、操作频繁、调速性能要求较高时，往往采用主令控制器操作。由主令控制器的触点来控制接触器，再由接触器来控制电机。这样，触点的容量可大

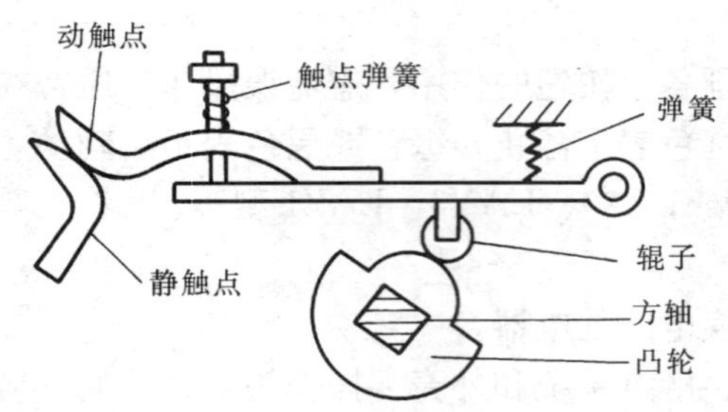

图1-24 凸轮控制器结构原理

大减小，操作更为方便。

主令控制器是按照预定程序转换控制电路，其结构和凸轮控制器类似，只是触点的额定电流较小，见图1-25。国内生产的有LK14～LK16系列的主令控制器。在起重机中，主令控制器是与控制屏相配合来实现控制的，因此要根据控制屏的型号来选择主令控制器。

凸轮控制器和主令控制器的图形符号和文字符号如图1-26所示。其中“●”表示手柄在该位置时，该触点接通。

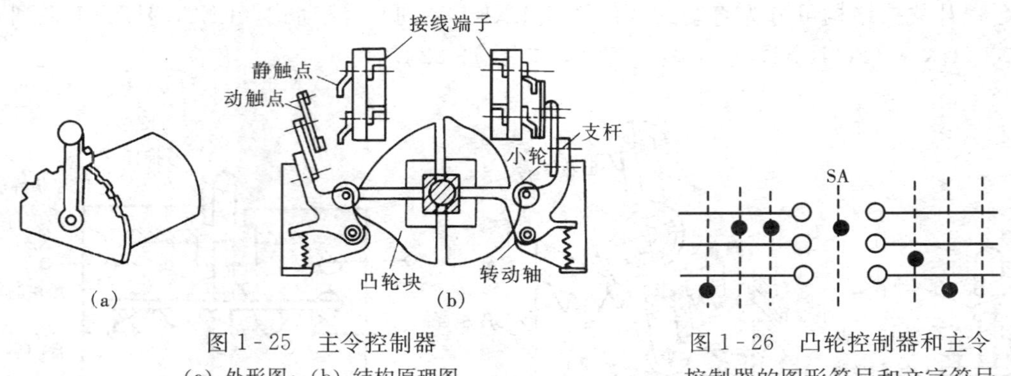

图1-25 主令控制器
(a) 外形图；(b) 结构原理图

图1-26 凸轮控制器和主令控制器的图形符号和文字符号

4. 万能转换开关

万能转换开关是由多组相同结构的触点组件叠装而成的多回路控制器。它由操作机构、定位装置和触点等三部分组成。触点的通断由凸轮控制。触点为双断点桥式结构，目前用的最多的万能转换开关产品有LW5、LW6系列。LW5系列万能转换开关的结构如图1-27所示。

万能转换开关手柄放在不同位置，它多层触点的通断情况也不同。万能转换开关的图形符号如图1-28所示，与凸轮控制器和主令控制器类似。在图1-28中手柄为三个位置；左、零、右，控制着4层触点通断。操作手柄的位置与多层触点通断的逻辑关系可用真值表（也称接通表）表示，如图1-28（b）所示。其中触点接通用“×”表示。也可以用图形符号表示触点接通，如图1-28（a）所示。

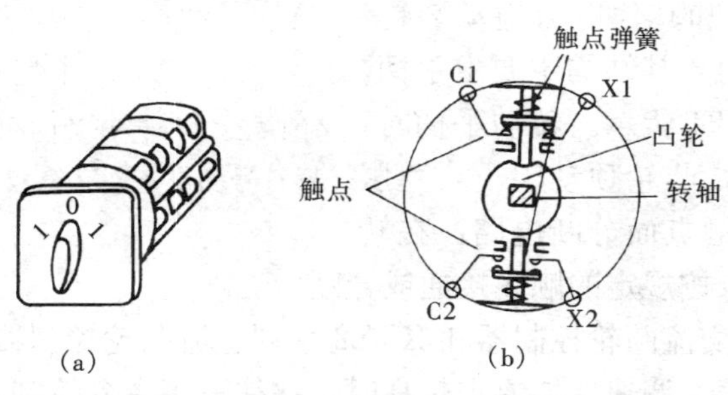

图1-27 LW5系列万能转换开关
(a) 外形图；(b) 结构图

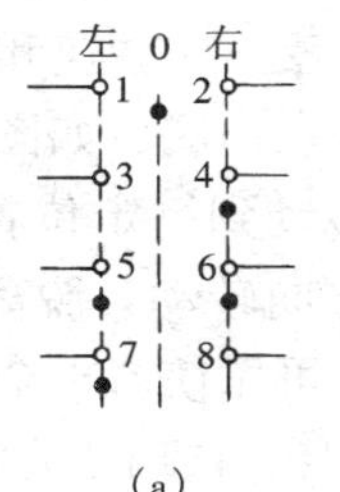

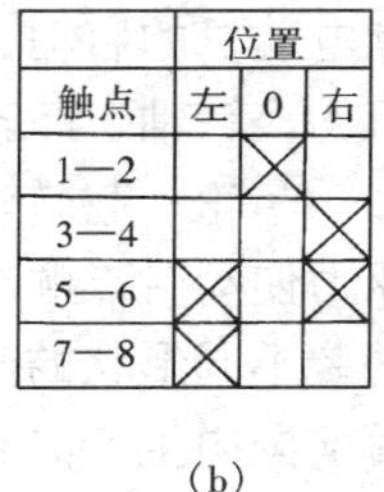

触点	位置		
	左	0	右
1—2		×	
3—4			×
5—6	×		×
7—8	×		

(b)

图1-28 万能转换开关的图形符号
(a) 用“●”标记表示；(b) 附以接通表表示通断

四、其他常用电器

1. 刀开关

刀开关是低压配电电器中结构最简单、应用最广泛的一种电器，主要用在低压配电设备中，作为不频繁地手动接通和分断交直流电路或作隔离开关用。

刀开关按极数可分为单极、双极和三极型，按结构可分为平板式和条架式，按操作方法可分为直接手柄操作式、杠杆操作式和电动操作式。

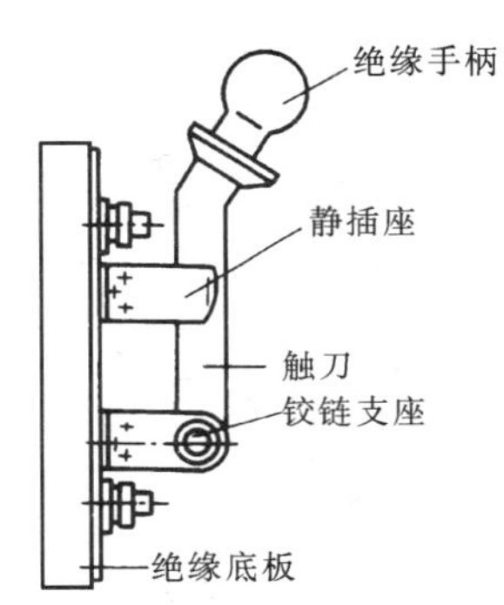

图 1-29 刀开关的典型结构

刀开关由绝缘底板、绝缘手柄及触刀组成，如图 1-29 所示。触刀插入静插座时，电路接通；触刀与静插座分离时，电路分断。电路断开时，触刀不带电。

常见的刀开关型号有 HD11～HD14 型和 HS11～HS14 型，额定电压 AC500V（50Hz）/DC440V、额定电流 100～1500A。

刀开关的选用原则：

（1）根据在线路中的作用和安装位置确定结构形式（分断负载时，须带灭弧罩及杠杆操作机构）；

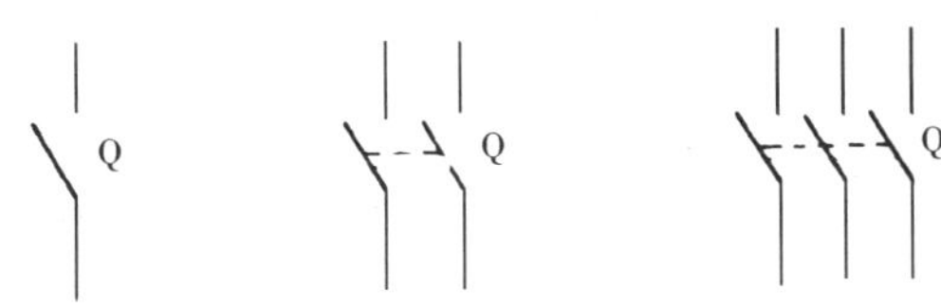

图 1-30 刀开关的图形符号和设备文字符号

（2）考虑操作位置（正面、侧面）、手柄操作或杠杆操作、接线方式（板前或板后）等；

（3）根据线路电压和电流来选择。注意：如果可能出现的最大短路电流超过动热稳定电流的允许值，则要选择工作电流高一级的产品。

刀开关的图形符号和设备文字符号如图 1-30所示。

2. 熔断器

熔断器是一种结构简单、使用方便、价格低廉的保护电器。它主要由熔体和熔断管两部分组成。使用时，熔断器串接于被保护电路中。当电路发生短路故障时，熔体被瞬时熔断而分断电路，故熔断器主要用于短路保护。

熔断器种类很多，其典型结构如图 1-31 所示。熔断器通常按以下方式分类：

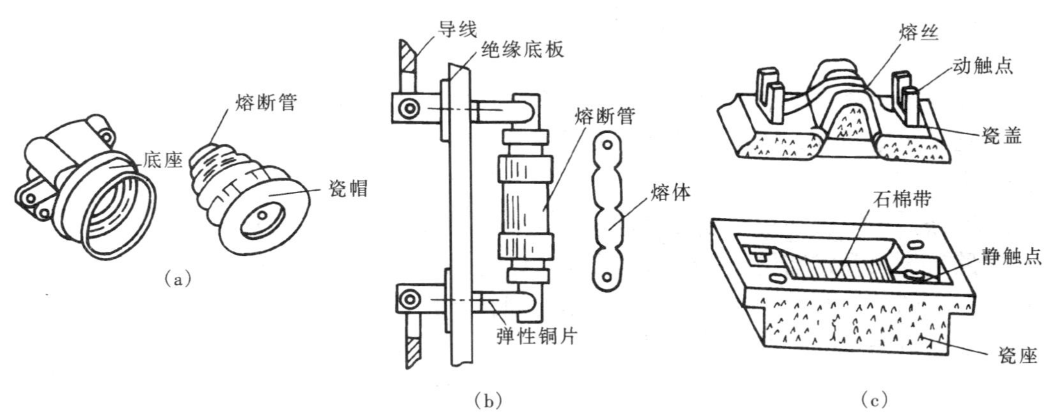

图 1-31 熔断器结构

（a）螺旋式熔断器；（b）管式熔断器；（c）插入式熔断器

（1）按发热时间常数（热惯性）分为无热惯性、大热惯性、小热惯性三种，热惯性越小，熔化越快。

（2）按熔体形状分为丝状、片状、笼状（栅状）三种。

（3）按支架结构分为螺旋式、插入式和管式三种。管式又分为有填料与无填料两种，填料采用石英砂等材料以增加灭弧能力。

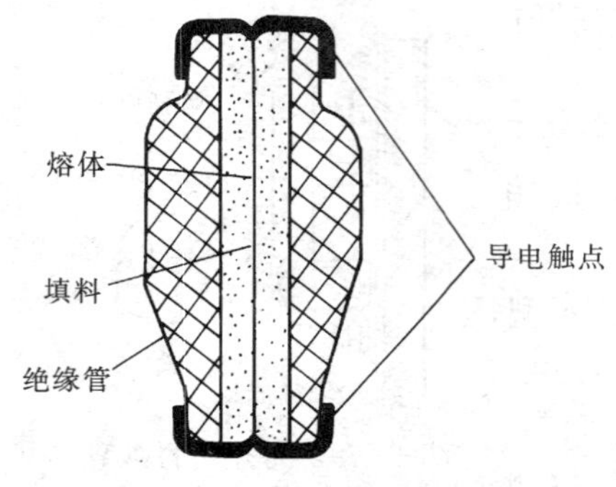

图 1 - 32　熔断管的典型结构

熔断体的典型结构如图 1 - 32 所示。它包括熔体（金属丝或片）、填料（亦有无填料的）、绝缘管及导电触点。

通常把熔断管内能装入的最大熔体的额定电流称为熔断器的额定电流；熔断器长期工作时和分断线路时能够承受的电压，称为熔断器的额定电压。熔断器的额定分断能力定义为：在规定使用条件（线路电压、功率因数、时间常数）下，熔断器所能分断的预期短路电流（对交流来说为方均根值）。对于有限流作用的熔断器，其分断能力用预期短路电流和限流系数表示。限流系数是指实际分断电流与预期短路电流最大值（交流指峰值）之比。限流系数越小，限流能力越强。

熔断器的选用原则：

1）熔断器的额定电压大于等于线路的额定电压；

2）熔断器的额定电流等于或高于所装熔体的额定电流；

3）熔断器的额定分断能力不小于线路中可能出现的最大故障电流；

4）熔体额定电流：

保护电阻性负载：$I_{fu} \geqslant I$，式中：I_{fu}：熔体额定电流；I：电路工作电流。

保护单台长期工作电动机 $I_{fu} \geqslant (1.5 \sim 2.5) I_N$。式中，$I_N$ 为电动机额定电流。

保护频繁启动电动机 $I_{fu} \geqslant (3 \sim 3.5) I_N$。

保护多台电动机 $I_{fu} \geqslant (1.5 \sim 2.5) I_{NM} + \sum I_N$。

降压启动电动机熔体的额定电流等于或稍高于电动机的额定电流。

熔断器的图形符号及文字符号如图 1 - 33 所示。

FU

图 1 - 33　熔断器的图形符号

3. 低压断路器

低压断路器也称自动空气断路器或自动开关，主要用在低压动力线路中。它除了能手动或自动接通动力电源外，还能在发生严重过载、短路及欠电压等故障时自动切断电路，实现对线路、电源设备及电动机的保护，也可用于不频繁地转换及启动电动机。

低压断路器按结构和用途分为塑料外壳式、框架式、限流式及漏电保护式断路器。框架式低压断路器为敞开式结构，主要用作配电网络的保护开关，适用于大容量线路。塑料外壳式低压断路器的结构特点是具有安全保护用的塑料外壳，适用于作配电网络的保护开关和作电动机、照明电路及电热电路的控制开关。

低压断路器由触点系统、灭弧系统、各种脱扣器、开关机构、框架或外壳组成。图 1 - 34为低压断路器的工作原理简图。低压断路器主触点闭合时，传动杆由锁扣钩住，分断弹簧受到拉伸并且储能。当主线路电流超过一定数值时，过电流脱扣器衔铁吸合，其顶杆向上运动将锁扣顶开，已储能的分断弹簧将触点分断；如果主线路欠压，则失压脱扣器工作；分励脱扣器由控制电源供电，由操作人员或保护信号控制。

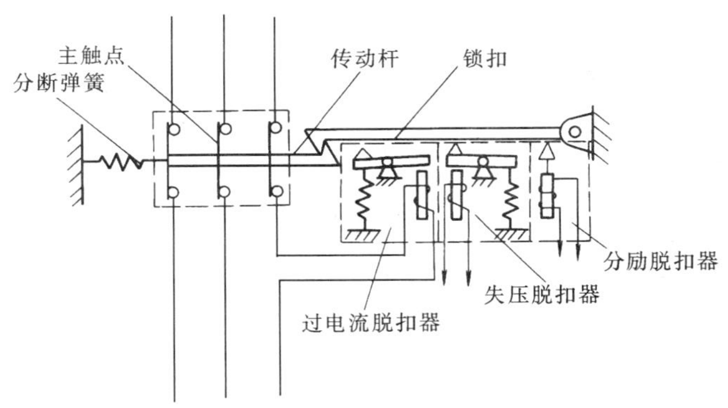

图 1-34 低压断路器原理图

断路器的额定电压是指其最大工作电压，包括额定工作电压 U_N 和额定绝缘电压 U_i。电压等级有：交流 220、380、660、1140V，直流 110、220、440V 等；额定电流是指过流脱扣器的额定电流，或断路器的额定持续工作电流；额定短路分断能力是指在规定的使用条件下，分断预期短路电流的能力。

断路器的选用原则：

1）断路器的额定工作电压等于大于线路的额定电压；

2）断路器的过流脱扣器的额定电流等于大于负载工作电流；

3）断路器的失压脱扣器的额定电压等于线路的额定电压；

4）根据不同需要选择不同用途的断路器；

5）断路器的极限分断能力大于线路可能出现的最大短路电流；

6）与熔断器配合使用时，应使熔断器作为断路器的后备保护使用。

第三节 电气控制线路设计基础

电气控制线路是由接触器、继电器、按钮、行程开关等电器组成的控制线路，又称继电一接触控制线路。其作用是实现对电力拖动系统的启动、制动及调速等运行的控制；实现对拖动系统的保护；满足生产工艺要求，实现生产过程自动化。本章简要介绍电气控制线路的组成原理及典型线路。

一、电气线路的图形符号和文字符号

电气控制线路应该根据简明易懂的原则，用规定的方法和符号进行绘制。

电气控制线路的表示方法有两种：一种是安装图。安装图是按照电器实际位置和实际接线线路，用规定的图形符号画出来的，这种电路便于安装。另一种是电气原理图。电气原理图是根据工作原理绘制的，具有结构简单、层次分明、便于研究和分析电路的工作原理等优点。

在绘制电气原理图时，一般应遵循以下原则：

(1) 表示导线、信号通路、连接线等图线都应是交叉和折弯最少的直线，可以水平布置，也可以采用斜的交叉线。

(2) 电路或元件应按功能布置，并尽可能按工作顺序排列，对因果次序清楚的简图，其布局顺序应该是从左到右或从上到下。

(3) 为了突出和区分某些电路、功能等，导线、信号通路、连接线等可采用粗细不同的线条来表示。

(4) 元器件和设备的可动部分通常应表示在非激励或不工作的状态或位置。

(5) 所用图形符号应符合 GB4728《电气图用图形符号》的规定。如果采用上述标准中未规定的图形符号时，必须加以说明。当 GB4728 给出几种形式时，选择符号应遵循以下原则：

1) 应尽可能采用优选形式。

2) 在满足需要的前提下，应尽量采用最简单的形式。

3) 在同一图纸中使用同一种形式。一些常用电气图用图形符号见表 1-1。

(6) 同一电器元件不同部分的线圈和触点均采用同一文字符号标明。电工设备文字符号 (GB7159—1987) 见表 1-1。

表 1-1　　常用图形符号和文字符号

名　称	图形符号 (GB4728)	文字符号 (GB7159)	名　称	图形符号 (GB4728)	文字符号 (GB7159)
直流电			接地		E
交流电			接机壳	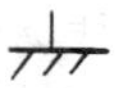	
交直流电			导线及电缆		
正极		+	母线		
负极		−	软导线		
星形连接			三根导线	 或 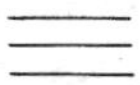	
有中性点引出线的星形连接			导线 T 形连接		
三角形连接			故障		
电气连接			电阻器	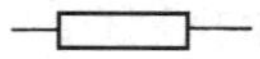	R
可拆卸的电气连接			可变电阻器		R

续表

名　称	图形符号（GB4728）	文字符号（GB7159）
滑动触点电位器		RP
电容器		C
极性电容器		C
电感器、绕组、线圈		L
带铁心的电感器		L
电抗器		L
双绕组变压器		T
单相自耦变压器		TA
星形连接三相自耦变压器	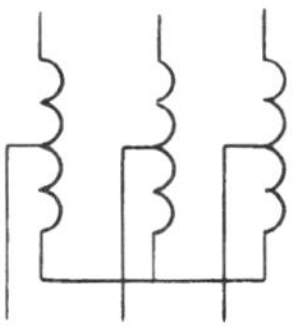	T
电流互感器	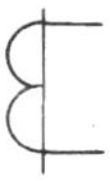	TA
三相鼠笼式异步电动机	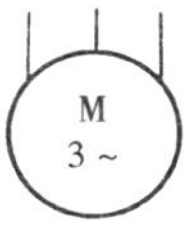	M 3～
三相绕线式异步电动机	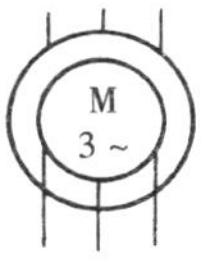	M
他励式直流电动机	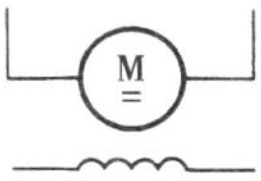	M
并励式直流电动机	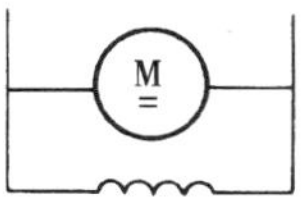	M
永磁式直流测速发电机		TG
熔断器		FU
插头	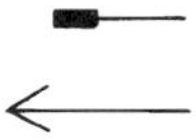	XP
插座	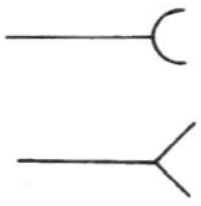	XS
刀开关		Q
三极开关 刀开关 组合开关	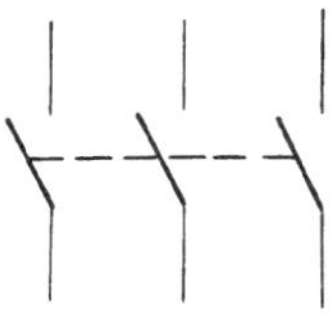	Q
三相断路器	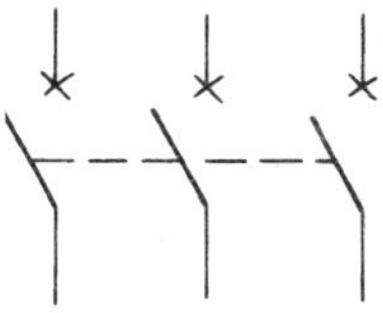	QF
手动三极开关	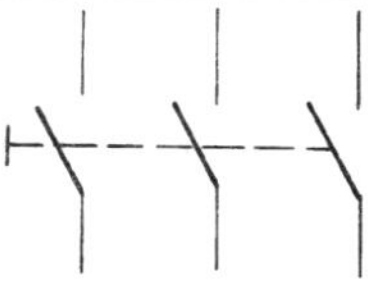	Q

续表

名称		图形符号(GB4728)	文字符号(GB7159)	名称		图形符号(GB4728)	文字符号(GB7159)
开关动合触点(常开触点)				接触器	线圈		KM
开关动断触点(常闭触点)					常开主触点		
先断后合的转换触点					常开辅助触点		
中间断开的双向触点					常闭辅助触点		
按钮	动合触点		SB	速度继电器	常开触点		KV
	动断触点				常闭触点		
	复合触点			时间继电器	线圈(一般符号)		KT
限位开关	动合触点		SQ		延时释放线圈		
	动断触点				延时吸合线圈		
	复合触点				常开延时闭合动合触点		

续表

名称		图形符号（GB4728）	文字符号（GB7159）
时间继电器	常闭延时打开动断触点		KT
	常开延时打开动合触点		
	常闭延时闭合动断触点		
	常开延时闭合和打开触点		
	常闭延时打开和闭合触点		
热继电器	热元件	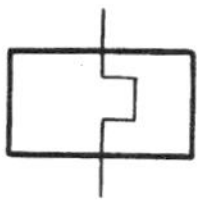	FR
	常开触点		
	常闭触点		
继电器	中间继电器线圈	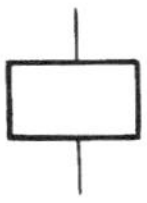	KA
	电压继电器线圈	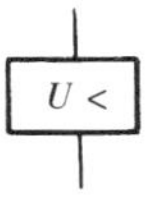 $U<$	KV
	电流继电器线圈	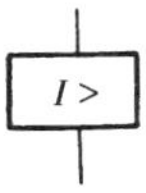 $I>$	KA

名称		图形符号（GB4728）	文字符号（GB7159）
继电器	常开触点		相应继电器符号
	常闭触点		
主令控制器转换开关		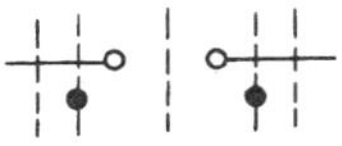	SA
电磁铁		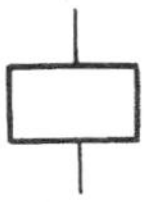	YA
电磁制动器		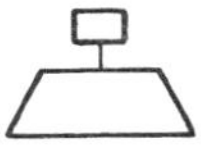	YB
照明灯			EL
信号灯			HL
二极管		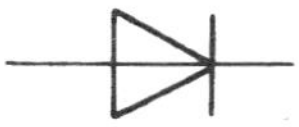	VD
普通晶闸管		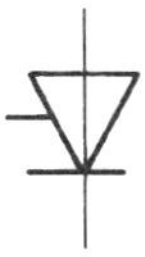	VT
稳压二极管		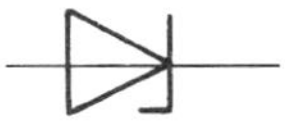	V
单结晶体管		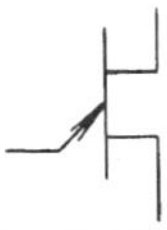	V
PNP 三极管			V
NPN 三极管			V
电喇叭		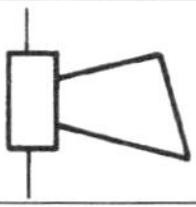	HA
电铃			HA

(7) 线路采用字母、数字、符号及其组合标记。

1) 三相交流电源引入线用L1，L2，L3标记，中性线用N标记。

2) 电源开关后的三相交流电源主电路分别按U、V、W顺序标记；用数字1、2、3等表示分级，如U1、V1、W1；U2、V2、W2等。

3) 各电动机支路用三相文字符号后加数字表示，数字中个位表示电动机代号，十位表示该支路各触点代号，如：U11表示M1电动机的第一相的第一个触点，U21表示第一相的第二个触点，依此类推。

4) 电动机绕组首端用U、V、W表示，尾端用U′、V′、W′表示。

5) 控制电路采用阿拉伯数字编号，一般由三位或三位以下数字组成。凡是线圈、绕组、触点或电阻、电容等元器件所隔离的线段都应标以不同的标记。

二、设计电气控制线路的一般原则

设计电气控制线路时，既要最大限度地满足生产工艺要求，还要尽可能的使系统操作简便、工作可靠。

1. 在满足生产要求的前提下，控制线路应力求简单、经济

(1) 尽量选用标准的、常用的或经过实际考验过的线路和环节。

(2) 尽量缩短连接导线的数量和长度。设计控制线路时，应考虑到各个元件之间的实际接线。特别要注意电气柜、操作台和行程开关（限位开关）之间的连接线，图1-35（a）所示控制线路是不合理的。因为按钮在操作台上，而接触器在电气柜内，这样接线就需要由电气柜二次引出连接线到操作台的按钮上，所以一般都将启动按钮和停止按钮直接连接，这样就可以减少一次引出线，如图1-35（b）所示。

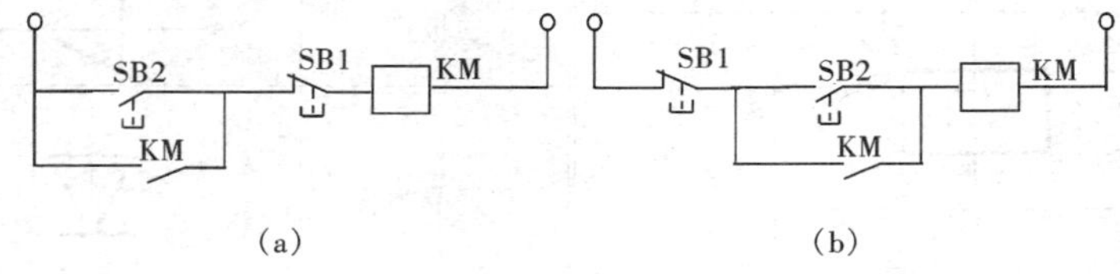

图1-35 减少连接导线

(a) 不合理；(b) 合理

(3) 尽量缩减电器的数量，采用标准件，并尽可能选用相同型号。

(4) 应减少不必要的触点以简化线路。在控制线路图设计完成后，应将逻辑关系化成代数式进行验算，以便得到最简线路。

(5) 控制线路在工作时，除必要的电器必须通电外，其余的尽量不通电以节约电能，延长电器使用寿命。

以异步电动机串电阻降压启动的控制线路为例。图1-36（a）所示线路，在电动机启动后接触器KM1和时间继电器KT就失去了作用；接成图1-36（b）线路时可以在启动后切除KM1和KT的电源。

2. 必须保证控制线路工作的可靠和安全

为了保证控制线路工作可靠，不但要选用可靠的元件，还要在线路中采用必要的保护措施。

(1) 正确连接电器的触点。同一电器的常开和常闭辅助触点通常取得很近，如果分别接

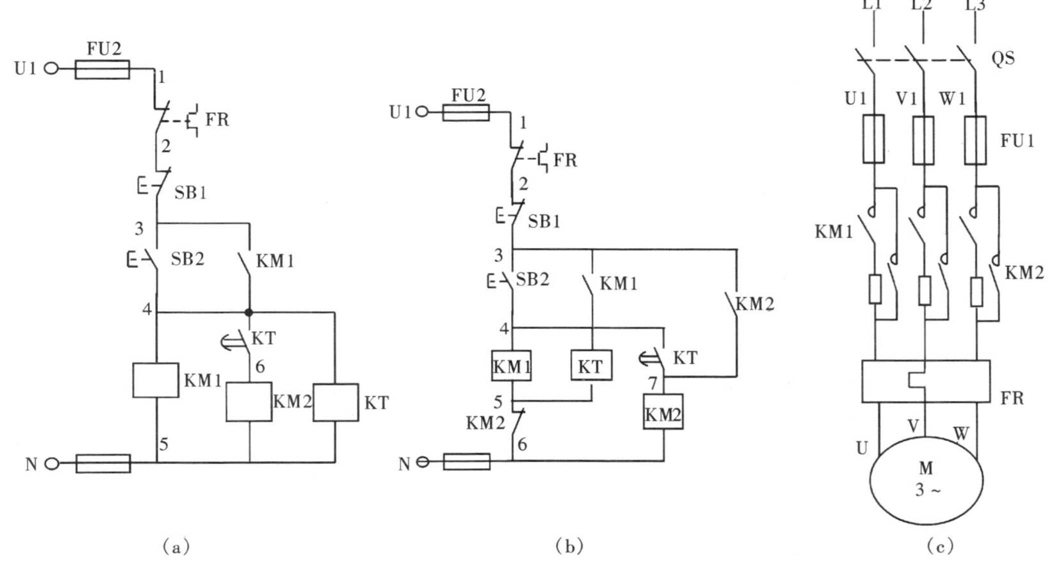

图 1-36 减少通电电器

(a) 不合理；(b) 合理；(c) 异步电动机串电阻降压启动控制电路

在电源的不同相上，[如图 1-37 (a) 所示]，由于行程开关 SQ 的常开触点和常闭触点不是等电位，当触点断开产生电弧时很可能在两触点间形成飞弧造成电源短路。此外，绝缘不好，也会引起电源短路。如果按图 1-37 (b) 接线，由于两触点电位相同，就不会造成飞弧，即使引入线绝缘损坏也不会将电源短路。这一点设计中应予注意。

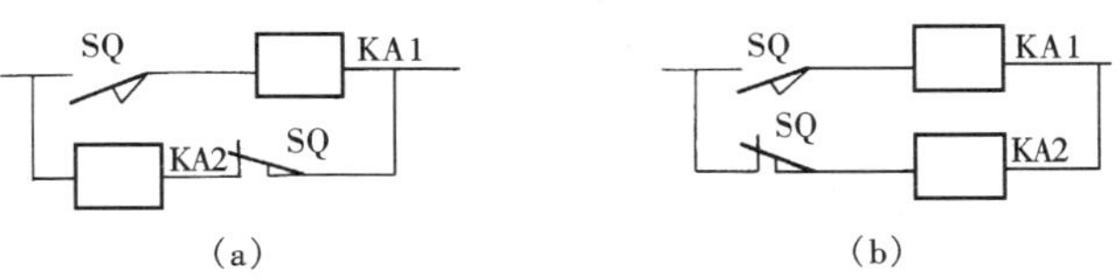

图 1-37 正确连接电器触点

(a) 不合理；(b) 合理

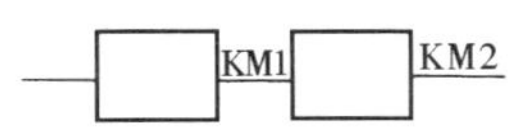

图 1-38 错误的连接

(2) 正确连接电器的线圈。在交流控制电路中不能串联接入两个电器的线圈，如图 1-38 所示。既使外加电压是两个线圈额定电压之和，也是不允许的。因为每个线圈上所分配到的电压与线圈阻抗成正比，两个电器动作总是有先有后，不可能同时吸合。假如交流接触器 KM2 先吸合，由于 KM2 的磁路闭合，线圈的电感显著增加，因而在该线圈上的电压降也相应增大，从而使另一个接触器 KM1 的线圈电压达不到动作电压。因此，当需要两个电器同时动作时，其线圈应该并联连接。

(3) 在控制线路中应避免出现寄生电路。在控制线路的动作过程中，那种意外接通的电路叫寄生电路(或叫假电路)。图 1-39 所示是一个具有指示灯和热保护的正反向电路。在正常工作时，能完成正反向启动、停止和信号指示。但当电动机过载热继电器 FR 动作时，线路就出现了寄生电路（如图 1-39 中虚线所示)，使正向接触器 KM1 不能释放，起不了保护作用。

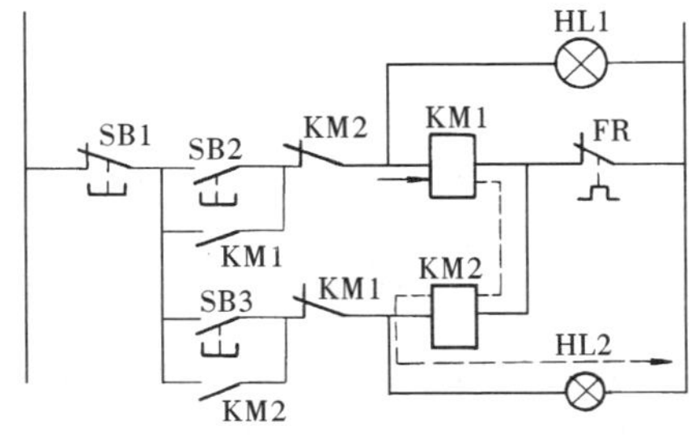

图 1-39 寄生电路

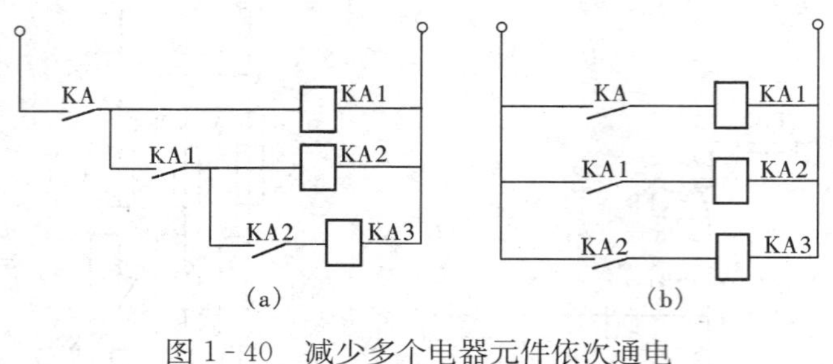

图 1-40 减少多个电器元件依次通电
(a) 不合理；(b) 合理

(4) 在线路中应尽量避免许多电器依次动作才能接通另一个电器的控制线路。如图 1-40 (a) 所示，线圈 KA3 的接通要经过 KA、KA1、KA2 三对常开触点。若改为图 1-40 (b) 所示接线，则每个线圈的通电只需经过一对触点，工作比较可靠。

(5) 在频繁操作的可逆线路中，正、反向接触器之间不仅要有电气连锁，而且要有机械连锁。

(6) 设计的线路应能适应所在电网的情况。根据电网容量的大小、电压和频率的波动范围以及允许的冲击电流数值等决定电动机的启动方式是直接启动还是间接启动。

(7) 在线路中采用小容量继电器的触点来控制大容量接触器的线圈时，要计算继电器触点断开和接通容量是否足够。如果不够必须加小容量接触器或中间继电器，否则工作不可靠。

3. 必须设有完善的保护环节，以减少事故的损失

完善的保护环节包括过载、短路、过流、过压、失压等保护环节，有时还应设有合闸、断开、事故、安全等必须的指示信号。

(1) 短路保护。短路保护常由熔断器或低压断路器来实现。图 1-41 (a) 所示为采用熔断器作短路保护的电路。在对主电路采用三相四线制或对变压器采用中性点连接的三相三线制的供电电路中，必须采用三相短路保护。当主电机容量较小，其控制电路不需要另外设置熔断器 FU2 时，主电路中的熔断器也可作为控制电路的短路保护；若主电机容量较大，则控制电路一定要单独设置短路保护熔断器（如 FU2）。

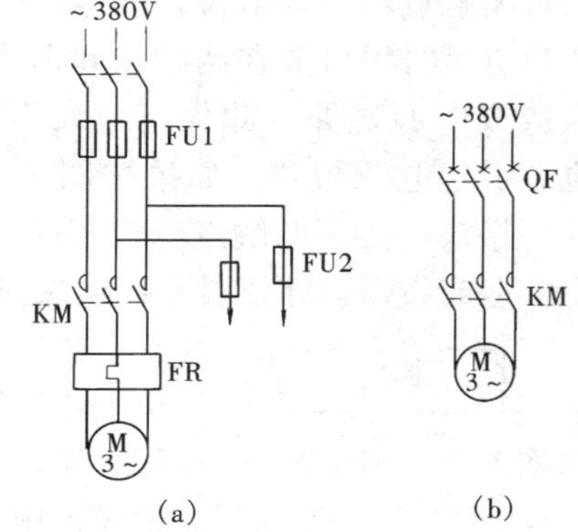

图 1-41 短路保护及过载保护
(a) 熔断器保护；(b) 断路器保护

图 1-41 (b) 所示电路采用了低压断路器作短路保护。它既可作短路保护，又可作过载保护。线路出故障时断路器动作，事故处理完毕，只要重新合上断路器，线路就能重新运行，不需要像图 1-41 (a) 那样要更换熔断器才能重新工作。

(2) 过载保护。三相异步电动机的过载保护可采用图 1-41 的方式。在图 1-41 (a) 中，需要将热继电器 FR 的常闭触点串在接触器 KM 线圈回路中，当出现过载时，FR 动作，使接触器断电；而图 1-41 (b) 所示电路在过载时断路器直接切断主电路。

(3) 过电流保护。电路如图 1-42 所示。当电动机启动时，延时继电器 KT 的常闭触点闭合，过电流继电器的过电流线圈不接入电路，这时虽然启动电流很大，但过电流保护不动作。启动结束后，KT 的常闭触点经过延时已断开，过电流继电器启动开始起保护作用。

(4) 失压保护。电路如图 1-35 (b) 所示。它是通过并联在启动按钮上接触器的常开触点作为失压保护的。当采用主令控制器控制电动机频繁启制动时，接成图 1-43 所示的电

路。主令控制器 SA 置于“零位”时，零压继电器 KA 吸合并自锁；当 SA 置于“工作位置”时，保证了对接触器 KM 的供电。当断电时，KA 释放，电网再接通时，必须先将 SA 置“零位”，使 KA 吸合，才能重新启动电动机。这样就起到失压保护作用。这种电路也称零位保护电路。

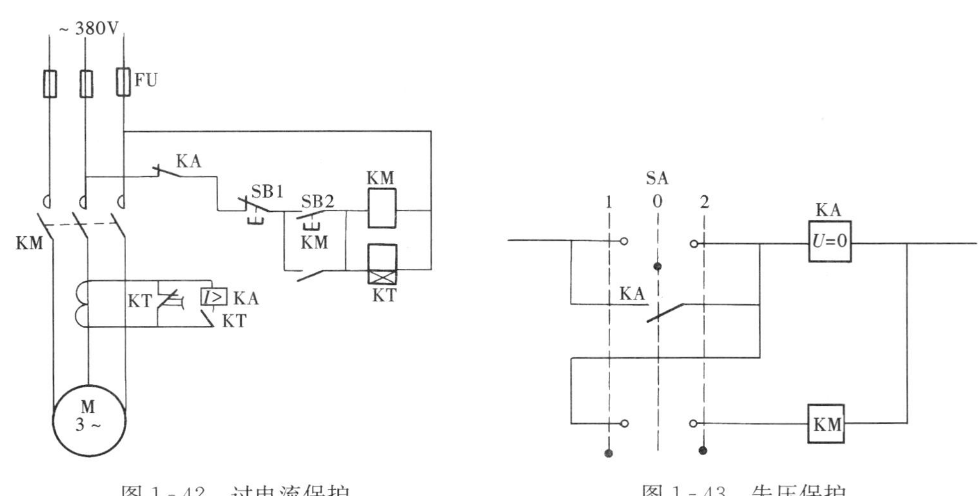

图 1-42 过电流保护　　图 1-43 失压保护

三、电气控制线路的设计方法

电气控制线路的设计方法通常有两种：经验设计法和逻辑设计法。

经验设计法是根据生产工艺要求，利用各种典型的线路环节，直接设计控制线路。这种设计方法比较简单，但要求设计人员必须熟悉大量的控制线路，掌握多种典型线路的设计资料，同时具有丰富的设计经验，在设计过程中往往还要经过多次反复修改、试验，才能使线路符合设计的要求。即使这样，设计出来的线路也可能不是最简形式，所用的电器及触点也不一定最少，即不一定是最佳方案。

逻辑设计法是根据生产工艺的要求，利用逻辑代数来分析、设计线路的方法。用该方法设计的线路比较合理，特别适合完成较复杂的生产工艺所要求的控制线路。相对而言逻辑设计法难度较大，不易掌握。

1. 经验设计法

经验设计法一般包括以下几个步骤：

（1）了解系统工艺要求。通常需要知道主电路的组成情况及其动作要求，以及连锁、保护等要求。

（2）设计主电路。根据工艺要求，选择适当的电器组成主电路，并以此确定控制电路中所需的基本电器，为控制电路的设计提出具体要求。

（3）设计控制电路。根据主电路对电器的要求，选择适当的控制策略，设计出逻辑上能满足要求的控制电路。同时要考虑必要的连锁和保护。

（4）完善和校核。控制线路设计完毕后，往往还有不合理之处，或有进一步简化之处，必须认真仔细的校核。特别应反复校核控制线路是否满足生产机械的工艺要求，分析线路是否会出现误动作，是否会产生设备事故和危及人身安全，要保证安全可靠的工作。

【例 1-1】 设计龙门刨床横梁升降控制线路。

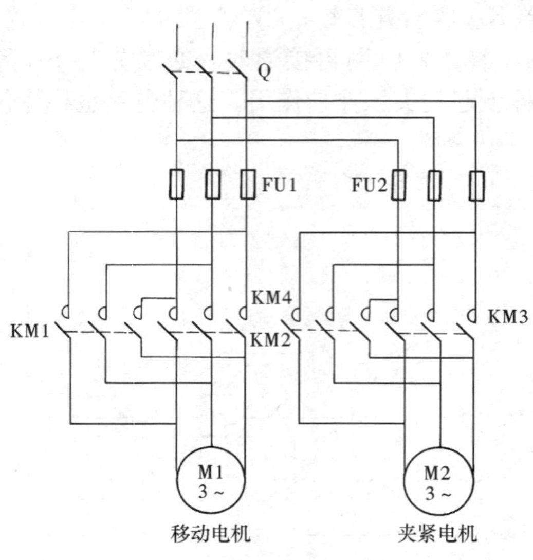

图 1-44　横梁控制电路主电路

解

(1) 工艺要求。

1) 保证横梁能上下移动，夹紧机构能实现横梁夹紧或放松。

2) 逻辑关系：当横梁上下移动时，应能自动按照放松横梁→横梁上下移动→夹紧横梁→夹紧电机自动停止运动的顺序动作。

3) 横梁在上升与下降时应有限位保护。

4) 横梁夹紧与横梁移动之间及正反向之间应有必要的连锁。

(2) 设计主电路。主电路由一个横梁移动电机和一个横梁夹紧电机组成，而且每个电机均须正反转，如图 1-44 所示。

(3) 设计控制电路。四个接触器有四个控制线圈，由于只能用两只点动按钮去控制移动和夹紧的两个运动，所以需要通过两个中间继电器 KA1 和 KA2 进行控制。根据上述操作工艺要求，设计出控制电路草图如图 1-45 所示。但它还不能实现在横梁放松后才能自动向上或向下移动，也不能在横梁夹紧后使夹紧电动机自动停止。为了实现这两个自动控制要求，还需要相应的改进。

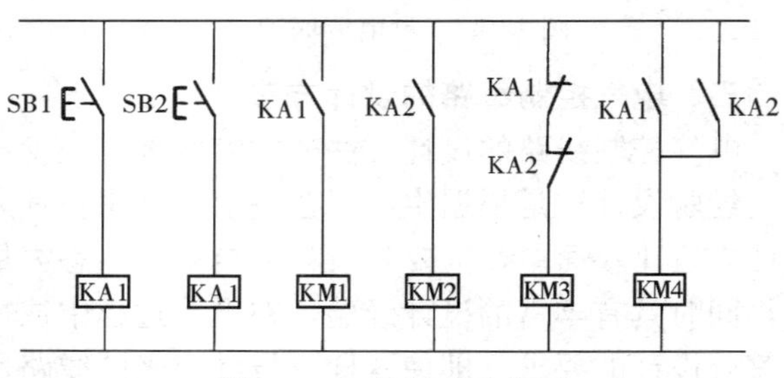

图 1-45　控制电路草图

(4) 完善和校核。横梁放松由行程开关 SQ1 控制，横梁夹紧由电流继电器控制(见图 1-46 和图 1-47)。当按下向上移动按钮 SB1 时，中间继电器 KA1 通电，其常开触点闭合，KM4 通电，则夹紧电机作放松运动，同时，其常闭触点断开，实现夹紧和下移的连锁。当放松完毕，压块就会压合 SQ1，其常闭触点断开，接触器 KM4 失电，同时 SQ1 的常开触点闭合，接通向上移动接触器 KM1，这样，横梁放松以后，就会自动向上移动。向下的过程类似。

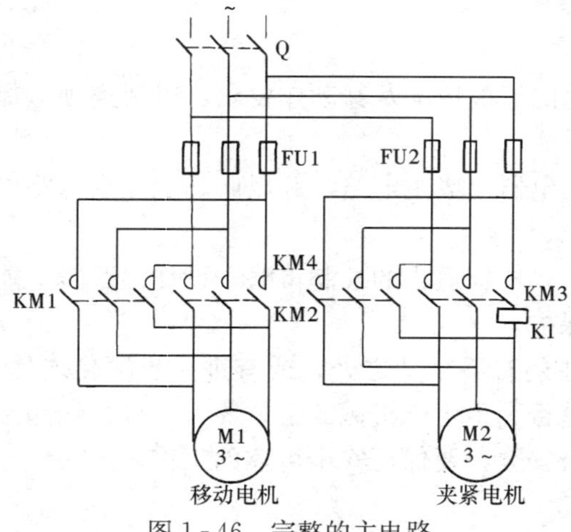

图 1-46　完整的主电路

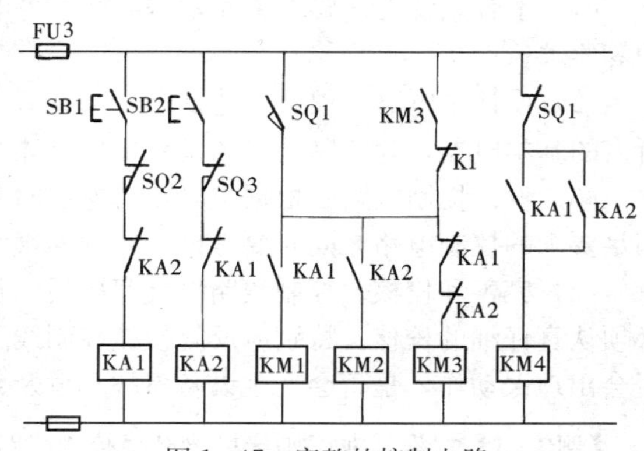

图 1-47　完整的控制电路

在夹紧电机夹紧方向的主电路中串联接入一个电流继电器 KA，将其动作电流整定在额定电流的 2 倍左右。当横梁移动停止后，如上升停止，行程开关 SQ2 的压块会压合，其常闭触点打开，KM3 瞬间通电，因此夹紧电机立即自动启动。当较大的堵转电流达到 KA 的整定值时，KA 将动作，其常闭触点一旦打开，KM3 又失电，自动停止夹紧电动机的工作。

除此之外，线路还应有必要的连锁保护环节。这里采用 KA1 和 KA2 的常闭触点实现横梁移动电机和夹紧电机正反向工作的连锁保护；横梁上下需要有限位保护，采用行程开关 SQ2 和 SQ3 分别实现向上或向下限位保护。SQ1 除了反映放松信号外，还起到了横梁移动和横梁夹紧间的连锁控制。

一般不太复杂的继电接触式控制线路都按此法进行设计，掌握较多的典型环节和具有较丰富的实践经验对设计工作大有益处。

2. 逻辑设计法

采用经验设计法来设计继电接触线路，对于同一个工艺要求往往会设计出各种不同结构的控制线路，并且较难获得最简单的线路结构。还有一种方法是使用逻辑代数法来设计控制线路。此法是从工艺资料出发，将控制线路中的接触器、继电器线圈的通电与断电、触点的闭合与断开以及主令元件的接通与断开等量看成逻辑变量，并将这些逻辑变量关系表示为逻辑代数表达式，再运用逻辑代数运算规律对逻辑表达式进行化简，然后按化简后的逻辑代数式画出相应的电路结构图，以期获得最佳设计方案。

（1）逻辑变量。一般控制线路中，电器的线圈或触点的工作存在着两个物理状态。例如，接触器、继电器线圈的通电与断电，触点的闭合与断开。这两个物理状态是相互对立的。在逻辑代数中，把这种两个对立的物理状态的量称为“逻辑变量”。在继电接触控制线路中，每一个接触器或继电器的线圈、触点以及控制按钮的触点都相当于一个逻辑变量，都具有两个对立的物理状态（即通和断），故可采用逻辑“1”和逻辑“0”来表示。任何一个逻辑问题中，对“1”状态和“0”状态所代表的意义必须作出明确的规定。在继电接触控制线路逻辑设计中规定如下：

继电器、接触器线圈通电状态为“1”状态，线圈断电状态为“0”状态；

继电器、接触器控制按钮触点闭合状态为“1”状态，断开状态为“0”状态。

作了以上规定后，继电器、接触器的触点与线圈在原理图上采用相同字符命名。为了清楚地反映元件状态，元件线圈、常开触点（动合触点）的状态用相同字符（例如 KM）来表示，而常闭触点（动断触点）的状态以$\overline{KM}$表示（KM 上面的一杠，表示“非”，读做 KM 非）。若元件为“1”状态，则表示线圈“通电”，继电器吸合，其动合触点“接通”，动断触点“断开”。“通电”、“接通”都是“1”状态，而断开则为“0”状态。若元件为“0”状态，则与上述结果相反。

（2）逻辑函数与真值表。在继电接触控制线路中，把表示触点状态的逻辑变量称为输入逻辑变量；把表示继电器、接触器等受控元件的逻辑变量称为输出逻辑变量。显然，输出逻辑变量的取值是随各输入逻辑变量取值变化而变化的。输入、输出逻辑变量的这种相互关系称为逻辑函数关系。控制线路中输入和输出关系还可用列表的方式表达出来，这种表称为真值表。这个表反映出控制线路输入变量所有可能状态的组合及与其对应的输出变量状态的关系。

（3）逻辑运算。用逻辑函数来表达控制元件的状态，实质是以触点的状态（以相同字符表示）作为逻辑变量。通过逻辑与、逻辑或、逻辑非的基本运算，得出的运算结果就表明了继电接触器控制线路的结构。逻辑函数的线路实现是非常方便的。

1）逻辑与——触点串联。图1-48所示的串联电路就实现了逻辑与的运算，逻辑与运算用符号“·”表示（也可省略）。接触器的状态就是其线圈KM的状态。当线路接通，即KA1、KA2都为1时线圈KM通电，则KM=1；如线路断开，即只要KA1、KA2有一个为0，线圈KM失电，则KM=0。

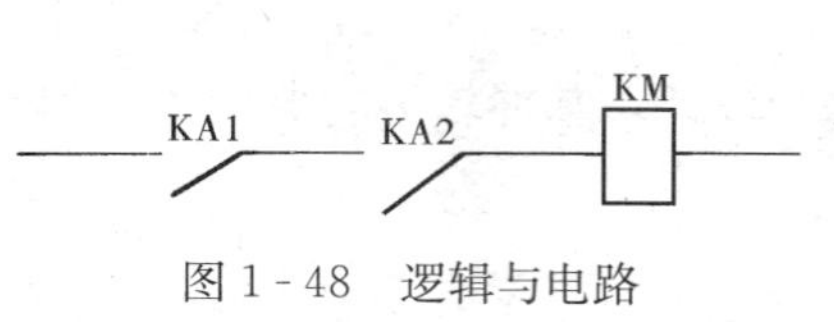

图1-48 逻辑与电路

表1-2 逻辑与真值表

KA1	KA2	KM
0	0	0
0	1	0
1	0	0
1	1	1

逻辑关系式表示为KM=KA1·KA2。逻辑与的真值表见表1-2。

2）逻辑或——触点并联。图1-49所示的并联电路即为逻辑或运算电路，逻辑或运算用符号“+”表示。只要KA1、KA2有一个为1时，KM=1；只有当KA1、KA2都为0时，KM=0。逻辑或关系的表达式为KM=KA1+KA2。逻辑或的真值表见表1-3。

表1-3 逻辑或真值表

KA1	KA2	KM
0	0	0
0	1	1
1	0	1
1	1	1

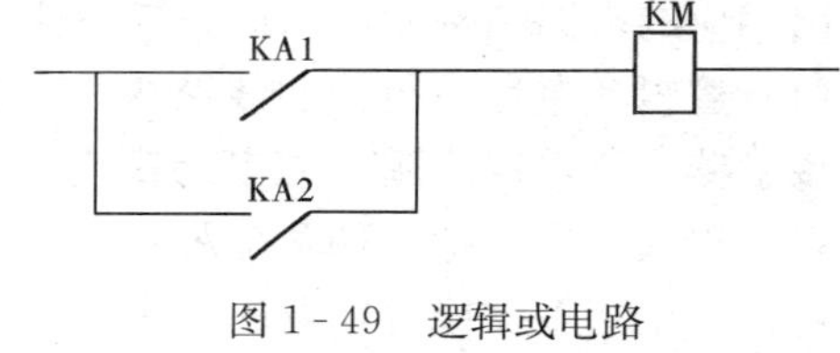

图1-49 逻辑或电路

3）逻辑非。图1-50所示的电路是实现继电器KA的常闭触点与接触器KM线圈串联的逻辑非电路。当KA=1时，常闭触点$\overline{KA}$断开，则KM=0；当KA=0时，常闭触点$\overline{KA}$闭合，则KM=1。逻辑非的关系表达式为KM=$\overline{KA}$，逻辑非的真值表见表1-4。

4）逻辑函数的化简。逻辑函数的化简可以使电器控制线路简化，可运用逻辑运算的基本公式和运算规律进行化简。下面列出了逻辑代数中常用的基本公式和运算规律。

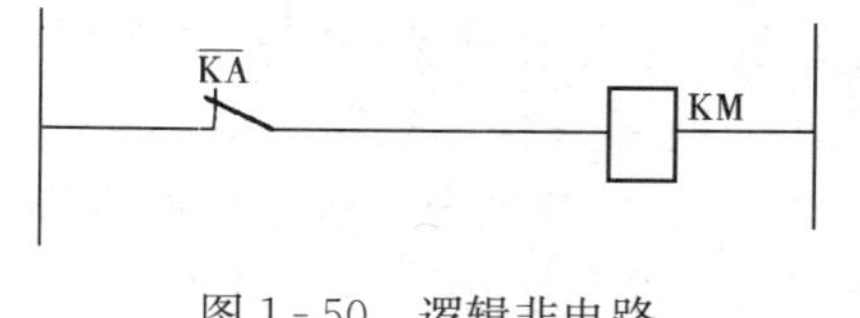

图1-50 逻辑非电路

表1-4 逻辑非真值表

KA	KM
1	0
0	1

①交换律

$$A \cdot B = B \cdot A, A + B = B + A$$

②结合律

$$A \cdot (B \cdot C) = (A \cdot B) \cdot C, A + (B + C) = (A + B) + C$$

③分配律

$$A \cdot (B + C) = A \cdot B + A \cdot C, A + B \cdot C = (A + B) \cdot (A + C)$$

④吸收律

$$A+AB=A, A\cdot(A+B)=A$$
$$A+\bar{A}B=A+B, \bar{A}+A\cdot B=\bar{A}+B$$

⑤重叠律

$$A\cdot A=A, A+A=A$$

⑥非非律

$$\bar{\bar{A}}=A$$

⑦反演律

$$\overline{A+B}=\bar{A}\cdot\bar{B}, \overline{A\cdot B}=\bar{A}+\bar{B}$$

【例 1 - 2】 将图 1 - 51（a）电路化简为（b）形式。

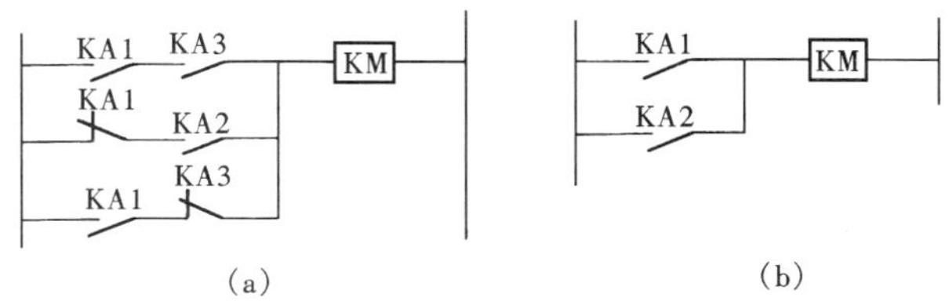

图 1 - 51 电路的化简

解 逻辑运算

$$\begin{aligned}KM&=KA1\cdot KA3+\overline{KA1}\cdot KA2+KA1+\overline{KA3}\\&=KA1(KA3+\overline{KA3})+\overline{KA1}\cdot KA2\\&=KA1+\overline{KA1}\cdot KA2\\&=KA1+KA2\end{aligned}$$

【例 1 - 3】 将图 1 - 52（a）电路化简为（b）形式。

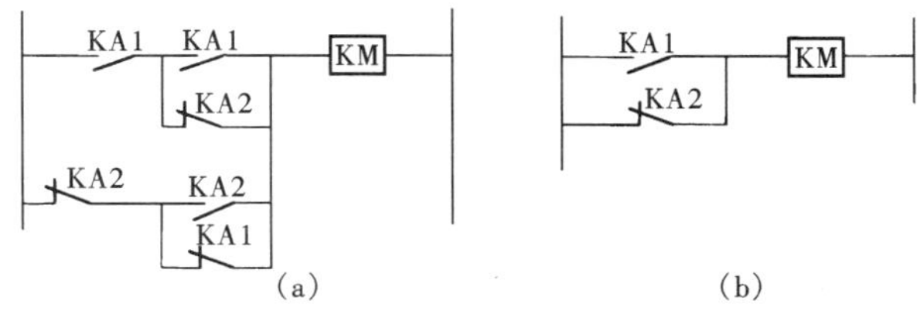

图 1 - 52 电路的化简

解 逻辑运算

$$\begin{aligned}KM&=KA1\cdot(KA1+\overline{KA2})+\overline{KA2}\cdot(KA2+\overline{KA1})\\&=KA1+KA1\cdot\overline{KA2}+\overline{KA2}\cdot KA2+\overline{KA1}\cdot\overline{KA2}\\&=KA1+\overline{KA2}\end{aligned}$$

在利用逻辑代数对继电接触控制线路进行化简，并组成实际线路时，以下两点必须考虑。

（1）触点容量的限制，特别要检查负担关断任务的触点容量。触点的额定电流比触点电流分断能力约大 10 倍，所以在化简后要注意触点是否有此分断能力。

（2）在有多余触点并且多用些触点能使线路的逻辑功能更加明确的情况下，不必强求化简来节省触点。

逻辑电路有两种基本类型：一种为组合电路；另一种为时序电路。

组合电路没有反馈电路（例如自锁电路），对于任何信号都没有记忆功能。相应的控制线路的设计比较简单。

时序电路具有反馈电路，即具有记忆功能，设计过程比较复杂，一般按照以下步骤进行：

1）根据工艺要求，作出工艺循环图。

2）根据工作循环图作出执行元件和检测元件状态表——转换表。

3）根据转换表，增设必要的中间记忆元件（中间继电器）。

4）列出中间记忆元件逻辑函数关系式和执行元件的逻辑函数关系式，并进行化简。

5）根据逻辑函数关系式绘出相应的电气控制线路。

6）检查并完善所设计的控制线路。

【例 1-4】 某电动机只有在继电器 KA1、KA2、KA3 中任何一个或任何两个继电器动作时才能运转，而在其他任何情况下都不运转，试设计其控制线路。

这是一个组合电路。电动机的运转由接触器 KM 控制。根据题目的要求，列出接触器通电状态的真值表，如表 1-5 所示。

表 1-5 接触器通电状态的真值表

KA1	KA2	KA3	KM
0	0	0	0
0	0	1	1
0	1	0	1
0	1	1	1
1	0	0	1
1	0	1	1
1	1	0	1
1	1	1	0

根据真值表，继电器 KA1、KA2、KA3 中任何一个继电器动作时，接触器 KM 通电的逻辑函数式为：

$$KM = KA1 \cdot \overline{KA2} \cdot \overline{KA3} + \overline{KA1} \cdot KA2 \cdot \overline{KA3} + \overline{KA1} \cdot \overline{KA2} \cdot KA3$$

继电器 KA1、KA2、KA3 中任何两个继电器动作时，接触器 KM 通电的逻辑函数关系式为

$$KM = KA1 \cdot KA2 \cdot \overline{KA3} + KA1 \cdot \overline{KA2} \cdot KA3 + \overline{KA1} \cdot KA2 \cdot KA3$$

因此，接触器 KM 通电的逻辑函数关系式为

$$\begin{aligned} KM = {} & KA1 \cdot \overline{KA2} \cdot \overline{KA3} + \overline{KA1} \cdot KA2 \cdot \overline{KA3} + \overline{KA1} \cdot \overline{KA2} \cdot KA3 + KA1 \cdot KA2 \cdot \overline{KA3} \\ & + KA1 \cdot \overline{KA2} \cdot KA3 + \overline{KA1} \cdot KA2 \cdot KA3 \\ = {} & KA1(\overline{KA2} \cdot \overline{KA3} + KA2 \cdot \overline{KA3} + \overline{KA2} \cdot KA3) \\ & + \overline{KA1}(KA2 \cdot \overline{KA3} + \overline{KA2} \cdot KA3 + KA2 \cdot KA3) \\ = {} & KA1[\overline{KA2}(\overline{KA3} + KA3) + KA2 \cdot \overline{KA3}] \\ & + \overline{KA1}[KA3(\overline{KA2} + KA2) + KA2 \cdot \overline{KA3}] \\ = {} & KA1(\overline{KA2} + KA2 \cdot \overline{KA3}) + \overline{KA1}(KA3 \\ & + KA2 \cdot \overline{KA3}) \\ = {} & KA1(\overline{KA2} + \overline{KA3}) + \overline{KA1}(KA3 + KA2) \end{aligned}$$

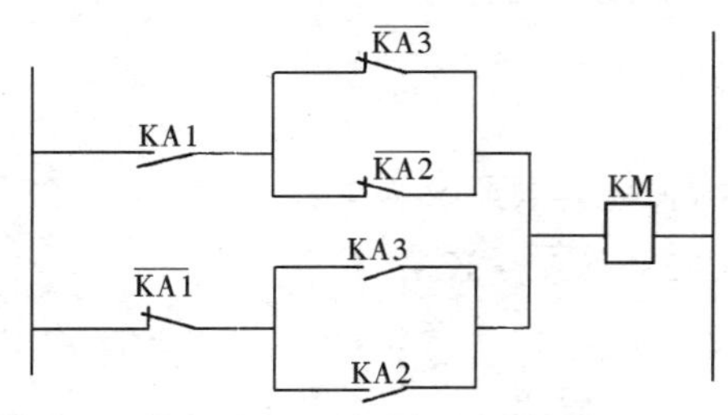

图 1-53 ［例 1-4］对应的电器控制线路

根据简化了的逻辑函数关系式，可绘制如图 1-53 的电器控制线路。

第四节 典型继电-接触控制线路

一、笼型电动机直接启动控制线路

笼型电动机直接启动，是指将额定电压直接加在定子绕组上使电动机启动的方法，也称全压启动。在电源容量较大或电机容量相对较小时允许直接启动，一般可通过下式判断

$$\frac{I_{ST}}{I_N} \leqslant \frac{3}{4} + \frac{\text{电源容量}}{4 \times \text{电动机额定功率}}$$

式中 I_{ST}——电动机全压启动电流；

I_N——电动机额定电流。

一般当电动机容量小于 11kW 时允许直接启动。当上述经验公式不满足时，需进行降压启动。

1. 不可逆直接启动控制线路

图 1-54 所示的是通过磁力启动器启动鼠笼式异步电动机的线路图。磁力启动器是组合的启动装置，由刀开关 Q、熔断器 FU、接触器 KM、热继电器 FR 组成，通过启动按钮 SB1、停止按钮 SB2 控制电动机 M 的启停，如图 1-54（b）所示。其中，KM（3-4）为自锁触点，用来在按钮 SB2 断开时使 KM 线圈回路保持通电状态。停车时，按下按钮 SB1，则 KM 线圈断电，其主触点和自锁触点都恢复常开状态，电动机断电停止运转。

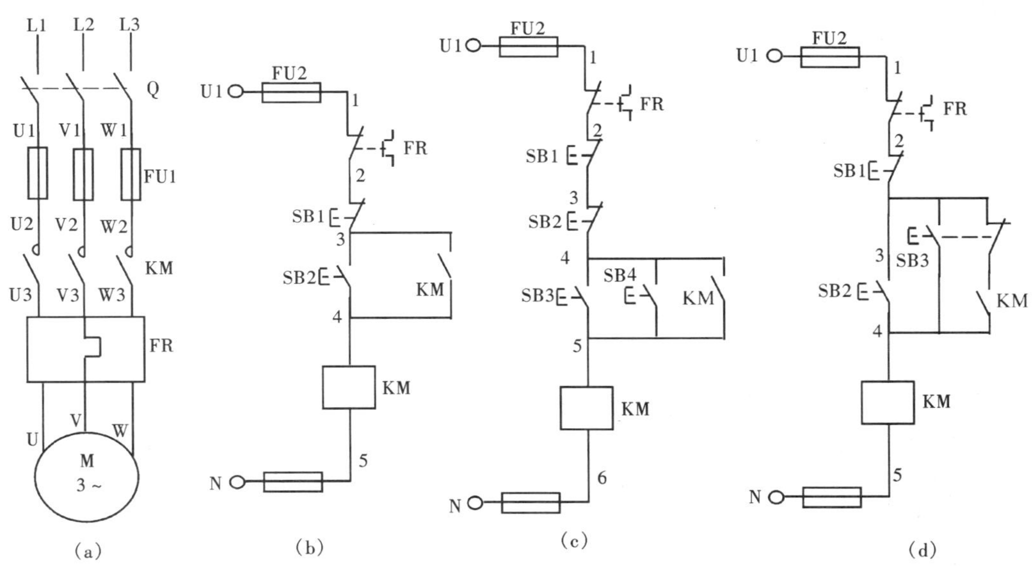

图 1-54 不可逆直接启动控制线路

（a）主电路；（b）典型启停控制；（c）两地控制；（d）带点动控制的启停控制

如图 1-54（c）所示为两地控制线路。其接线原则是：两地启动按钮 SB3、SB4 并联，停止按钮 SB1、SB2 串联。这样，就可实现用按钮 SB3、SB4 都能控制电机启动，用按钮 SB1、SB2 都能控制停车。

如图 1-54（d）所示为带点动控制的启停控制线路。该线路利用点动按钮 SB3 的常闭

连锁触点切断自锁回路，从而实现点动控制。

对于这种成对出现的触点有一个重要的触点动作规律，即常闭触点先打开，常开触点后闭合。在图1-54（c）中，按下SB3时，其常闭触点先打开，切断自锁回路，然后常开触点闭合，接通KM线圈回路；而停车时，松开SB3，此时原常开触点（现为闭合状态）先打开，原常闭触点（现为断开状态）后闭合，确保自锁回路不接通。

2. 正反转控制线路

三相交流电动机的正反转可借助于两个正、反向接触器改变定子绕组三相中任意两相的相序来实现。正反转控制线路如图1-55所示，其中，KM1为正转接触器，KM2为反转接触器。

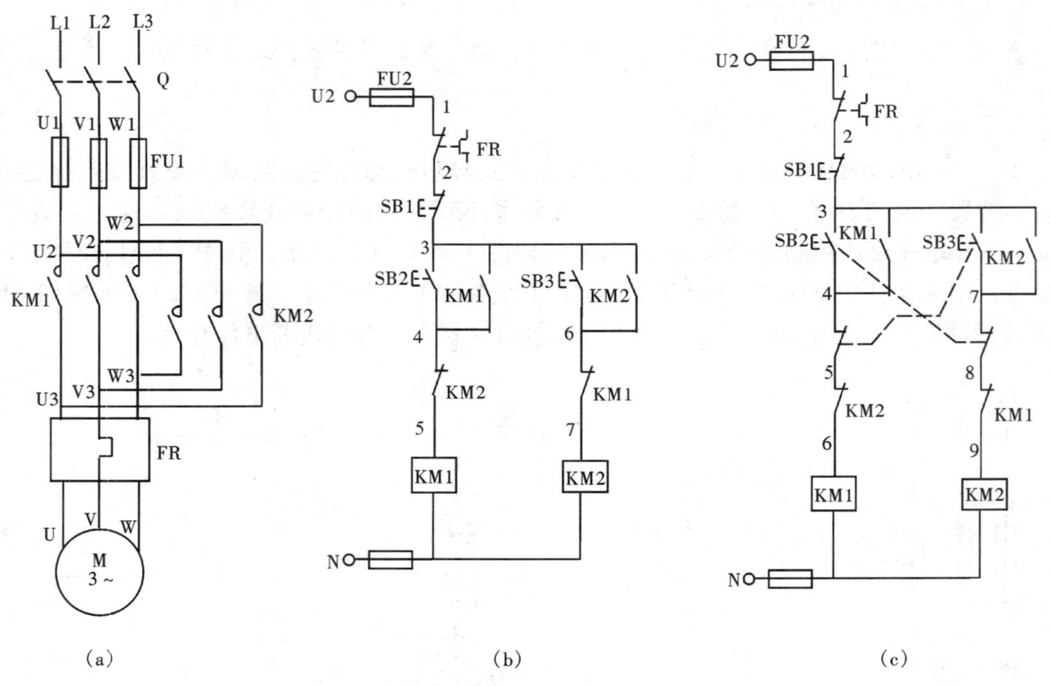

图1-55　鼠笼机正反转控制线路

(a) 主电路；(b) 控制线路一；(c) 控制线路二

在图1-55（b）中并联于SB1的常开触点KM1为正向自锁触点，并联于SB2的常开触点KM2为反向自锁触点。串联于KM1接触器线圈的KM2常闭触点称为反向对正向的互锁触点，它的任务是当反向接触器通电时，其常闭触点断开正向接触器回路，以避免正、反向接触器同时得电而导致主电路相间短路。同理，与KM2线圈串联的KM1常闭触点称为正向对反向的互锁触点。由此可知，若在两个接触器线圈电路中相互串入对方的常闭触点时，则二者相互制约，不能同时动作，即起互锁作用，称为电气连锁。

在图1-55（b）控制线路中，若先在某个方向运行（如正转KM1得电）时，要改变其转向，则要先按停止按钮SB1，然后按反向启动按钮，方可转入反转。在图1-55（c）控制线路中，在对方线路中串入启动按钮的常闭触点（也是起互锁作用，称为机械连锁），这时若要换向，就可以直接按反向启动按钮，直接进入反向运行，换向操作一步完成。

3. 行程控制线路

若有一小车，由交流电动机拖动，小车能正、反向启动和运行。当小车从某一方向启动后，它就自动往返甲乙两地来回运动，直到按停止按钮为止。要求设计一继电器控制线路满足上述要求。这可以借鉴正反转控制线路，叠加上行程限位即可。

如图 1-56（a）所示，在甲地设置行程开关 SQ1，当小车到达甲地时，小车上挡块压合 SQ1，使它改变状态，即 SQ1 的常开触点闭合，常闭触点断开。使用该常闭触点断开反转接触器，停止反向；用其常开触点接通正向启动回路，转入正向运动，小车驶向乙地。同样，在乙地设置行程开关 SQ2，当小车到达乙地时，压合 SQ2 开关，使电动机再次改变转向，小车返回甲地。这样就完成了小车自动在甲乙两地往返运动。小车主电路与图 1-55 一样，控制线路如图 1-56（b）所示。

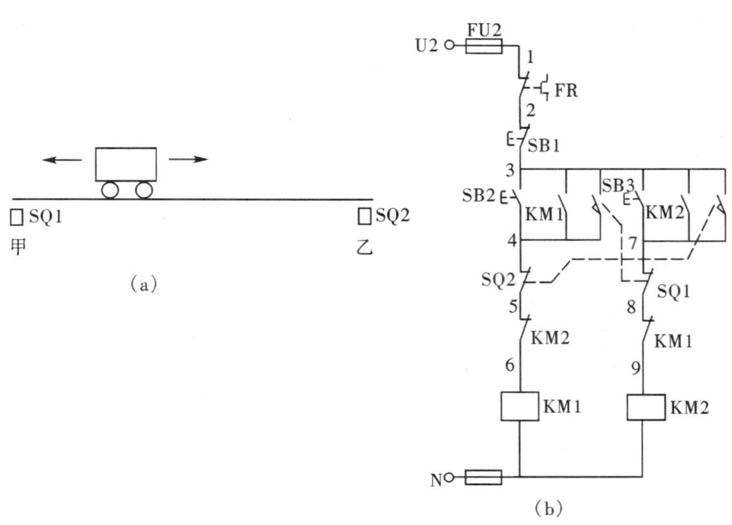

图 1-56 小车往返行程控制

（a）模拟图；（b）控制线路图

4. 顺序控制线路

在生产实践中，常要求各种部件之间或生产机械之间能按顺序工作。

如图 1-57（a）所示，有两个电机串级运行，要求实现启动时 1 号电机先启动，停车时 2 号电机先停的顺序控制。控制线路如图 1-57（b）所示。图中将 1 号电动机的接触器 KM1 常开触点串入 2 号机接触器 KM2 的线圈回路，实现 1 号机先启动，2 号机后启动；图中 2 号机接触器 KM2 的常开触点并联于 1 号机的停止按钮 SB1 两端，即当 2 号机启动后，1 号机的停止按钮被短接，不起作用；直至 2 号机停车，KM2 断电后，1 号机停止按钮才生效，这就保证了先停 2 号机，然后才能停 1 号机的要求。

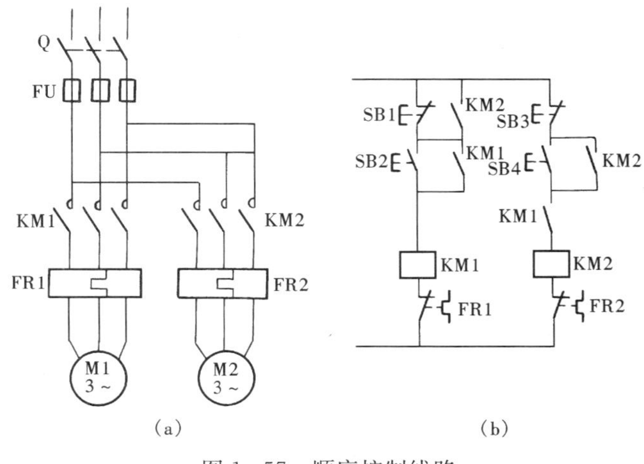

图 1-57 顺序控制线路

（a）主电路；（b）控制线路

二、笼型电动机降压启动控制线路

1. 定子串电阻启动

在电动机启动的过程中，常利用串接电阻来降低定子绕组电压，以达到限制启动电流的目的。一旦启动完毕，串接电阻即被短接，电动机进入全电压正常运行。串接的电阻称之为启动电阻。启动电阻的具体短接时间可由人工手动控制或由时间继电器来自动控制。

串电阻启动的控制线路如图 1-58（b）、（c）所示。欲启动电动机时，合上刀开关 Q，按下启动按钮 SB1，接触器 KM1 与时间继电器的线圈 KT 同时得电，一方面 KM1 主触点闭合，电动机定子绕组串电阻启动，同时 KM1 常开触点闭合，实现自锁；另一方面时间继电器 KT 开始延时，当到达预先整定的延时值时，KT 的常开触点闭合，KM2 短接电阻 R，电动机投入正常运行。

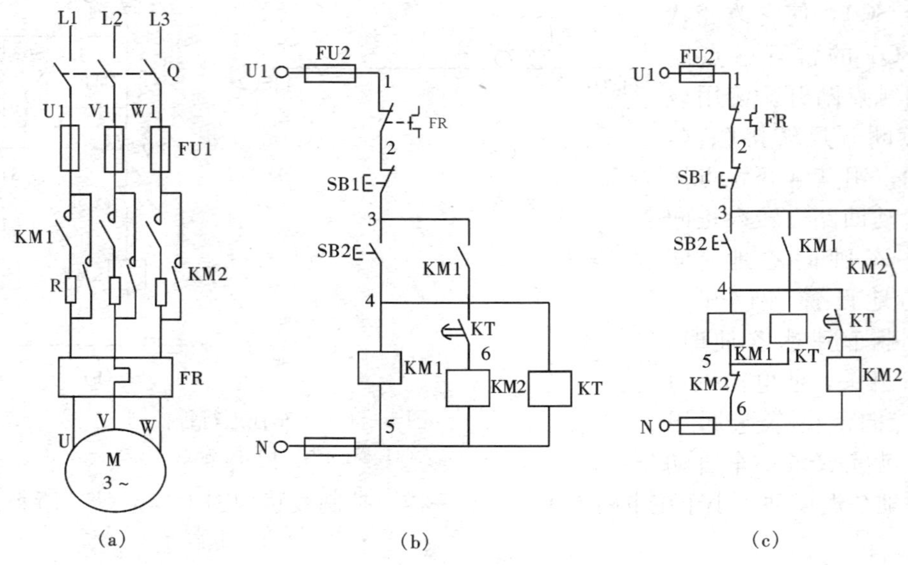

图 1-58　串电阻启动线路

（a）主电路；（b）启动线路一；（c）启动线路二

串电阻启动的优点是提高了功率因数和电网质量，且电阻价格低廉、结构简单；缺点是电阻上功率损耗大。因此此方法通常仅用在中小容量电动机不经常启动情况。

在图 1-58（b）中，启动结束后 KM1、KT 一直通电，这是不必要的，如使 KM1、KT 断电，既可减少能量损耗，又能延长电器寿命。为此，可将线路改成图 1-58（c）形式。

定子串电阻降压启动，能量损耗较大，为了节省能量可用电抗器代替电阻，但成本较高。

2. Y，D *启动*

Y，D 降压启动的原理是，启动时将电动机定子绕组接成星形，加在电动机每相绕组上的电压为额定值的 $1/\sqrt{3}$（220V），从而减小了启动电流对电网的影响。待启动后按预先整定的时间换接成三角形接法，使电动机在额定电压下正常运转。

启动电动机时，合上刀开关 Q，按下启动按钮 SB2，则接触器 KM1、KM3 与时间继电器 KT 的线圈同时得电，接触器 KM3 的主触点将电动机接成星形并经 KM1 的主触点接至电源，电动机降压启动；到达 KT 的延时值时，KT 延时打开的常闭触点断开，KM3 线圈断电；KT 延时闭合的常开触点闭合，则 KM2 线圈得电，电动机主电路换接成三角形接法，电动机投入正常运转。

Y，D 启动的优点在于星形启动电流只是原来三角形接法的1/3，启动电流特性好、线路简单、价格最便宜；缺点是启动转矩也相应下降为原来三角形接法的1/3，转矩特性差。Y，D启动适用于空载或轻载状态下启动，并且要求电动机具有六个接线端子，且只能用于正常运转时定子绕组接成D形的鼠笼式异步电动机。这在很大程度上限制了它的使用范围。

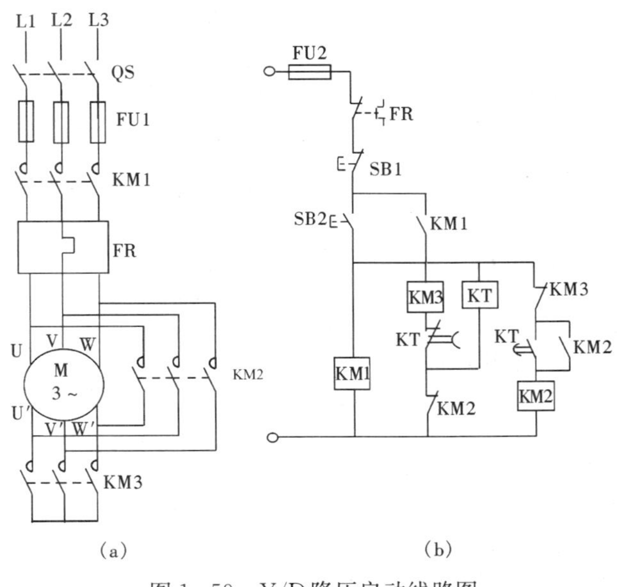

图 1-59 Y/D降压启动线路图
(a) 主电路；(b) 控制线路

3. 自耦变压器启动

串自耦变压器启动的控制线路中，电动机启动电流的限制是依靠自耦变压器的降压作用来实现的。电动机启动时，定子绕组得到的电压是自耦变压器的二次电压，一旦启动完毕，自耦变压器便被切除。额定电压或者说自耦变压器的一次电压直接加于定子绕组，这时电动机进入全电压正常运行。通常习惯称这种自耦变压器为启动补偿器。

串自耦变压器降压启动的控制线路如图 1-60（b）所示。

启动时，合上刀开关 Q，按下启动按钮 SB2，接触器 KM1 、KM2 与时间继电器 KT 同时得电，一方面 KM1 、KM2 主触点闭合，电动机定子绕组经自耦变压器接至电源电压降压启动；另一方面时间继电器开始延时，当达到延时值，KT 延时闭合的常开触点闭合，KM3 线圈得电，其常闭辅助触点使 KM1 、KM2 断电，将自耦变压器从电网上切除，电动机投入全压正常运转。图 1-60（b）中 KA 的作用是，启动结束后，KM3 与 KM1、KM2 切换时，避免 KM1 断开后 KM3 不能可靠吸合。

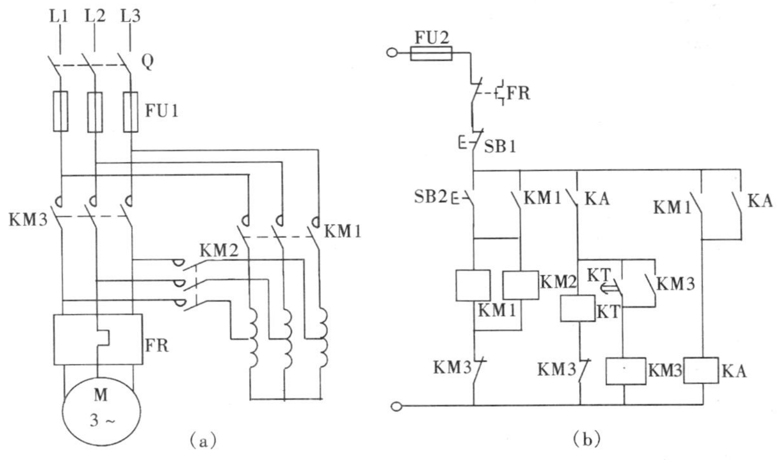

图 1-60 定子串自耦变压器降压启动
(a) 主电路；(b) 控制线路

在获得同样大小启动转矩的情况下，采用自耦变压器降压启动时从电网索取的电流要比采用电阻降压启动时小得多，对电网的电流冲击小，功率损耗小。这就是这种自耦变压器被称为启动补偿器的原因。反过来说，如果从电网取得同样大小的启动电流时，则采用自耦变压器降压启动会产生较大的启动转矩。此种降压启动方法的缺点是，所用自耦变压器的体积庞大复杂，价格较贵。这种线路主要用于启动大容量的电动机，以减小启动电流对电网的影响。

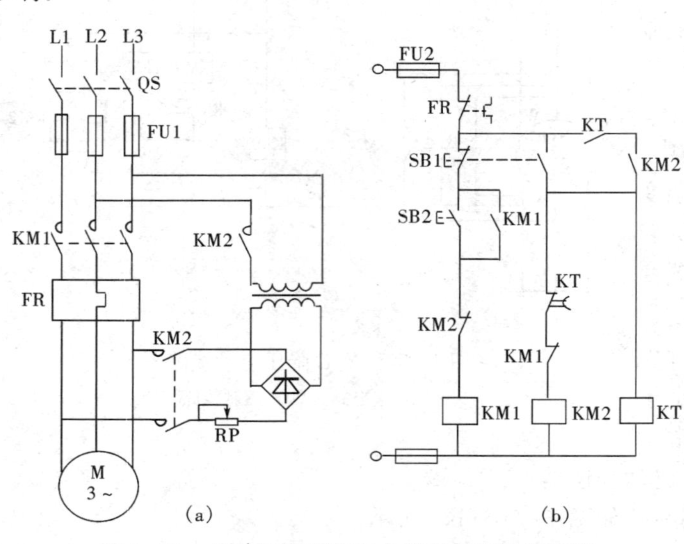

图 1-61 按时间原则实现的能耗制动控制线路
(a) 主电路；(b) 控制线路

三、笼型电动机制动控制线路

1. 按时间原则实现的能耗制动控制线路

控制线路如图 1-61 所示，工作过程如下：启动时，合上开关 QS，按启动按钮 SB2，则 KM1 得电自锁，电动机运转；停车时，按停止按钮 SB1，KM1 断电，同时 SB1 的常开触点使 KT、KM2 通电，电动机两相定子绕组中送入直流电流，产生能耗制动；KT 到延时后，KM2 断电，切断直流电源，同时 KT 断电，电路复原。按时间原则实现的能耗制动，一般适用于负载转矩和负载转速比较稳定的机械设备上。

2. 按转速原则实现的能耗制动可逆控制线路

对于通过传动系统来改变负载速度的机械设备来说，应采用负载速度原则实现的能耗制动控制线路较为合适。

图 1-62 所示为速度原则能耗制动线路。控制线路中取消了时间继电器 KT 的线圈电路，而在电动机轴的伸出端安装了速度继电器 KV，而且以 KV1 和 KV2 常开触点的关联取代了 KT 延时分断的常闭触点。两者其余部分基本相同。

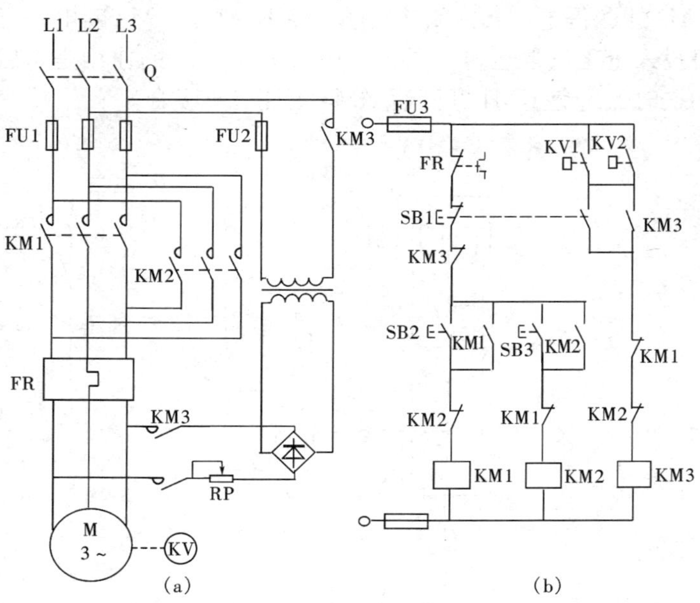

图 1-62 按转速原则实现的能耗制动可逆控制线路
(a) 主电路；(b) 可逆控制电路

当图 1-62 所示控制线路的电动机处于正向能耗制动状态时，接触器 KM3 线圈电路依靠 KV1 和 KM3 常开触点的共同闭合而锁住电源。当电动机正向惯性速度接近零时，KV1 常开触点复位，KM 3 线圈断电而切除直流电源，电动机正向能耗制动结束。

电动机反向能耗制动控制过程类似。

3. 单向运转反接制动控制线路

图 1-63 是用速度继电器 KV 进行自动控制的单向反接制动控制线路。电动机正常运转时，速度继电器的常开触点 KV 闭合。若停车时，按下 SB1 按钮，则 KM1 线圈断电，使电动机脱离三相交流电源。此时电动机转子的惯性转速很高，KV 常开触点仍闭合，所以 KM2 线圈通电并自锁，使定子绕组得到反相序的电源，于是电动机进入串制动电阻 R 的反接制动状态。当电动机转子的惯性转速下降到接近零（100r/min）时，KV 的常开触点断开，则 KM2 线圈断电，制动结束。

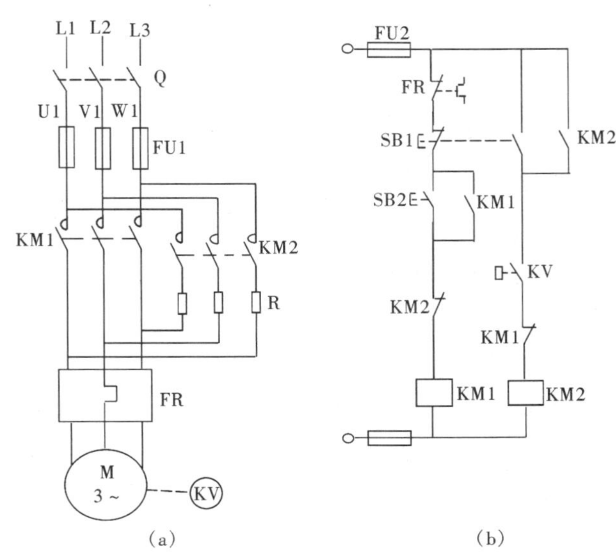

图 1-63 单向反接制动控制线路

（a）主电路；（b）控制线路

4. 可逆启动反接制动控制线路

图 1-64 是用速度继电器 KV 进行自动控制的可逆反接制动控制线路。正向启动时：按 SB2，则 KA3、KM1 通电，串电阻启动。当转速 n 上升到一定值时，KV1 动作，KA1、KM3 通电，电机全压运行，同时为反接制动做准备。要停车时，按 SB1，则 KA3 断电，使 KM1、KM3 断电，同时 KM2 通电，电机串电阻反接制动；当转速下降到接近零（100r/min）时，KA1 断电，KM2 断电，制动结束。

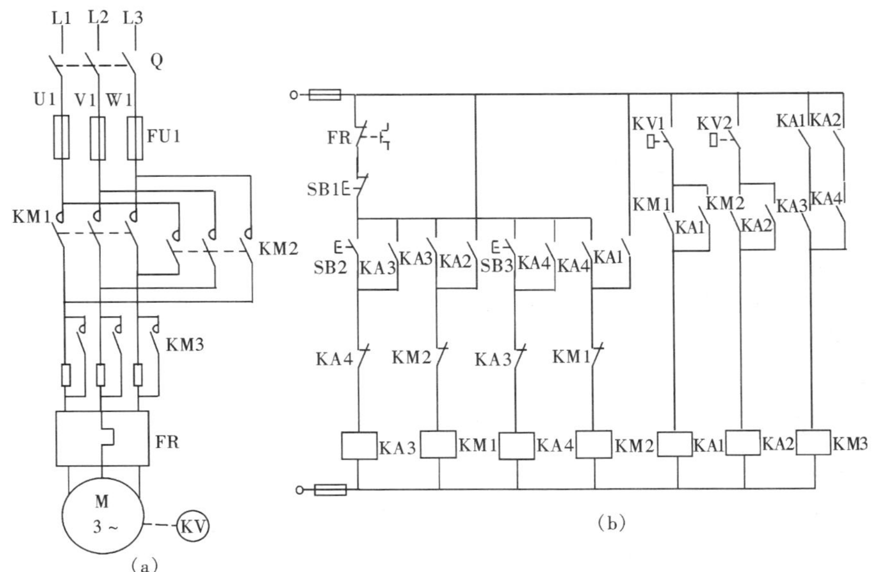

图 1-64 可逆启动反接制动控制线路

（a）主电路；（b）控制线路

四、绕线式异步电动机控制线路

1. TPH31系列通用控制屏（如图1-65所示）

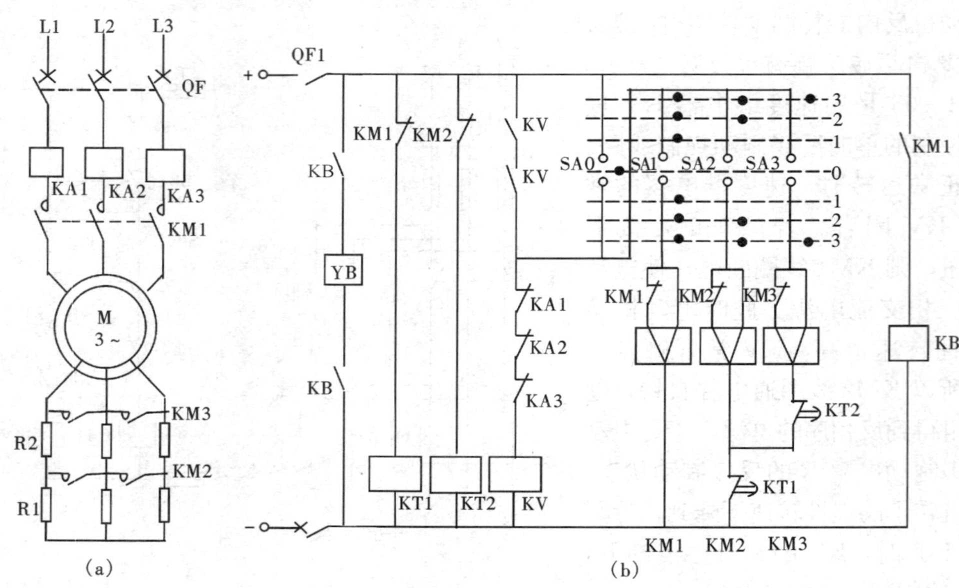

图1-65 TPH31系列通用控制屏

(a) 主电路；(b) 控制线路

(1) 启动过程。

1) 合上QF、QF1，KT1、KT2通电，其常闭触点瞬时打开，避免KM2、KM3通电；

2) SA扳到0位，零位继电器KV通电自锁，实现零位保护；

3) 手柄转至3位时，SA1～SA3均闭合，KM1通电，使KB、YB依次通电；同时，KT1线圈断电，开始定时，时间到后，KM2通电，切除电阻R1，同时使KT2线圈断电，KM3延时通，切除电阻R2，实现降压启动。

(2) 停车过程。手柄转至0位，则KM1～KM3断电，使KB断电，YB断电，由机械抱闸实现制动停车。

(3) 保护。本线路有四种保护功能：短路保护（QF、QF1）；过载保护（KA1～KA3）；失压保护（KV、KM1～KM3）；零位保护（KV、SA）。

2. 按电流原则实现的绕线电机启动控制（如图1-66所示）

(1) 线路组成。KM1——线路接触器；KM2～KM4——加速接触器；KA1～KA3——电流继电器：吸合电流相同，释放电流1→3依次减小；KA4——中间继电器。

(2) 启动过程。

1) 按SB2，KM1线圈通电，KA4通电；

2) 启动瞬间，由于转子启动电流大，使KA1～KA3均吸合，转子电阻全部串入；

3) 随着转速升高，电流减小，KA1首先释放，使KM2通电，短接电阻R1，电流增大，电机加速上升；随着转速的升高，转子电流又减小，减小到一定值时，KA2释放，KM3闭合，短接电阻R2，又使电流增大，加速上升；随着转速的升高，电流降低，KA3释放，KM4闭合，短接R3，进入全压运行。

(3) KA4作用。KM1动作后，接通KA4，利用其触点动作时间，在其常开触点闭合

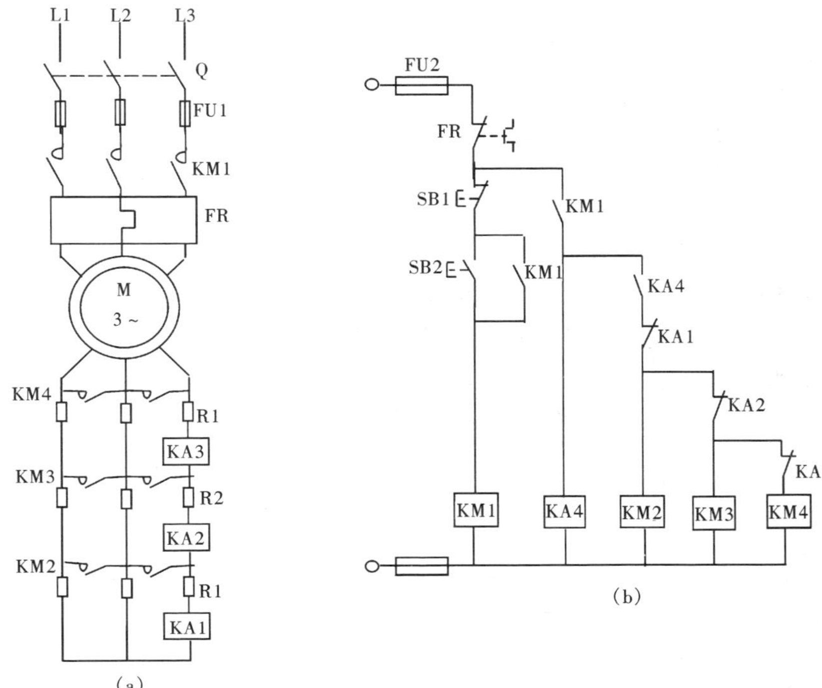

图 1-66 按电流原则实现的绕线电机启动控制
(a) 主电路；(b) 控制线路

前，使 KA1～KA3 已达吸合值，断开 KM2～KM4，避免直接启动。

3. 绕线机反接制动控制线路（如图 1-67 所示）

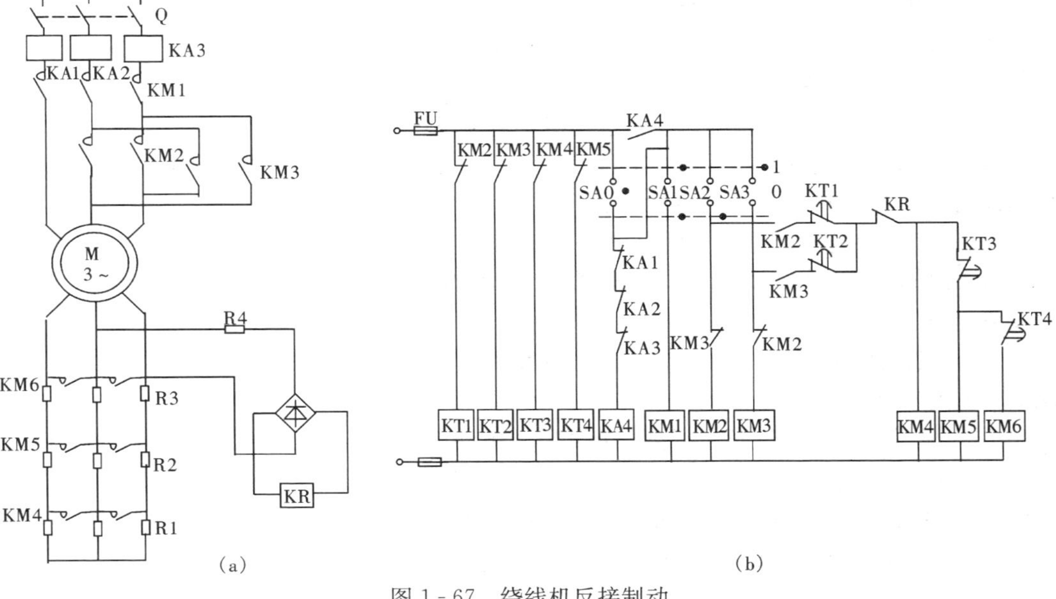

图 1-67 绕线机反接制动
(a) 主电路；(b) 控制线路

(1) 线路特点。该线路按时间原则启动、以转速原则制动。

(2) 线路组成。KA4——零位继电器；KR——反接继电器；KT1、KT2——正反向连锁时间继电器，作用：①启动时使KM4延时接通，获得启动预备级；②保证KR来得及动作；KT3、KT4——加速时间继电器。

(3) 工作过程。①零位：SA置于0位，KA4通且自锁；KT1~KT4通电，各常闭触点打开；②正向启动：SA1、SA2闭合，KM1、KM2线圈通电，串入全部电阻启动；同时，KT1线圈断电，延时闭合后，KM4通电，短接电阻R1，同时KT3断电，延时时间到后，KM5通电，短接电阻R2，同时KT4断电，短接电阻R3，电机正常运转；③反转时：SA扳到反转位置，经过0位时，所有接触器断电，KT1~KT4恢复通电；KM1、KM3通电，电源相序改变；此时，转子感应电势最大，使KR动作，保证在串入全部电阻情况下反接制动；当电动机转速接近0时，KR释放，进入反向启动。

习　　题

1-1　简述接触器、继电器各有什么特点？其主要区别是什么？

1-2　交流电磁线圈中通入直流电会发生什么现象？

1-3　直流电磁线圈中通入交流电会发生什么现象？

1-4　带有交流电磁机构的接触器，线圈通电后衔铁被卡住，会发生什么现象？为什么？

1-5　带有直流电磁机构的接触器是否允许频繁操作？为什么？

1-6　交流电磁铁的铁心端面上为什么要安装短路环？

1-7　交流接触器能否串联使用？为什么？

1-8　直流电磁式时间继电器的延时原理是怎样的？如何整定延时范围？

1-9　交流电压继电器与直流电压继电器在结构上有什么不同？

1-10　直流电压继电器与直流电流继电器在结构上有什么不同？

1-11　Y形接法的三相异步电动机能否采用两相结构的热继电器作为断相和过载保护？D接法的三相异步电动机为什么要采用带有断相保护的热继电器？

1-12　试设计可以从两地控制一台电动机，能实现点动工作和连续运转工作的控制线路。

1-13　在没有时间继电器的情况下，设计一个用按钮和接触器控制电动机串电阻降压启动的控制线路。

1-14　试设计一控制线路，要求：按下启动按钮后，KM1通电，经10s后，KM2通电，经5s后，KM2释放，同时KM3通电，再经15s，KM1、KM3同时释放，在任何时刻，按下停止按钮线路停止工作。

1-15　试设计一绕线式异步电动机的控制线路，要求：①用按钮实现单方向运转；②按时间原则串电阻三级启动。

1-16　图1-65所示TPH31系列滑环式异步电动机通用屏能实现几级调速？线路有哪些保护？分别是由哪些元件实现的？当主令控制器的手柄放在第二位时，有哪些线圈通电？

1-17　试设计一小车运行的控制线路，小车由异步电动机拖动，其动作过程如下：

(1) 小车由原位开始前进，到终点后自动停止。

(2) 小车在终点停留2min后自动返回原位停止。

(3) 要求能在前进或后退途中任意位置启动或停止。

1-18 设计预警启动线路，要求：按下启动按钮后，电铃响，10s 后 KM 启动，再过 10s 后电铃停。

1-19 两台电机连锁启停控制线路，要求：M1 启动后，M2 才能启动；M2 停止后，M1 才能停止。

1-20 设计闪光电源控制线路，要求：线路发生故障（KA 闭）时，信号灯 HL 亮 2s，灭 1s，周而复始，直到按下解除按钮。

第二章 PLC的结构及特点

第一节 PLC控制与继电-接触控制的比较

在继电-接触控制系统中，完成一个控制任务的控制“程序”是由各分立元件（继电器、接触器、电子元件等）通过导线连接起来实现的，因此，这样的控制系统又称为接线程序控制系统。

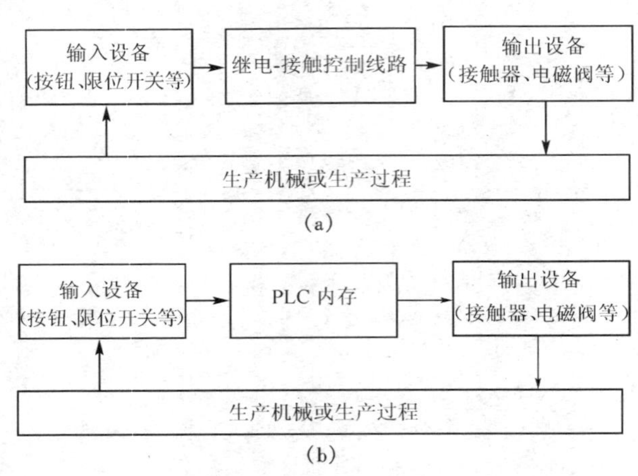

图2-1 PLC控制与继电-接触控制的比较

(a) 继电-接触控制框图；(b) PLC控制框图

一、工作原理

图2-1（a）继电-接触控制的组成框图，它是将继电器、接触器等用导线连接起来以实现控制程序的，其输入对输出的控制是通过接线程序实现的。其中，输入设备（按钮、限位开关、传感器等）用以向控制系统送入控制信号；输出设备（接触器、电磁阀等）用以控制生产机械或生产过程中的各种被控对象（电动机、电炉、电磁阀门等）。在这种接线程序控制系统中，控制程序的修改必须通过改变接线来实现。

如果支配控制系统工作的控制程序存放在存储器中，系统要完成的控制任务通过存储器中的程序来实现，这样的控制系统就称为存储程序控制系统。PLC就是一种存储程序控制器，如图2-1（b）所示。其输入设备和输出设备与继电-接触控制系统相同，但它们是直接接到PLC的输入端和输出端的。控制程序是通过编程器或其他写入设备写到PLC的内存中的。其控制程序是根据系统的工艺要求事先编制的，运行时PLC依次读取存储器中的程序，对它们的内容解释和执行，其执行结果用以接通输出设备，控制被控对象工作。在存储程序控制系统中，控制程序的修改不需要改变外部接线，而只需通过编程器改变程序存储器中某些语句的内容。

二、电路符号

PLC与继电-接触控制系统都是典型的工业控制装置。从基本的控制目标看，两者的开关量控制功能和信号的输入输出形式是相同的，都能实现开关量的逻辑和顺序控制；从设计表达形式看，PLC的梯形图是以继电-接触控制线路为前提设计的，都采用电器元件符号表示，直观且易于掌握。图2-2为PLC的梯形图与继电-接触控制线路基本符号对照。

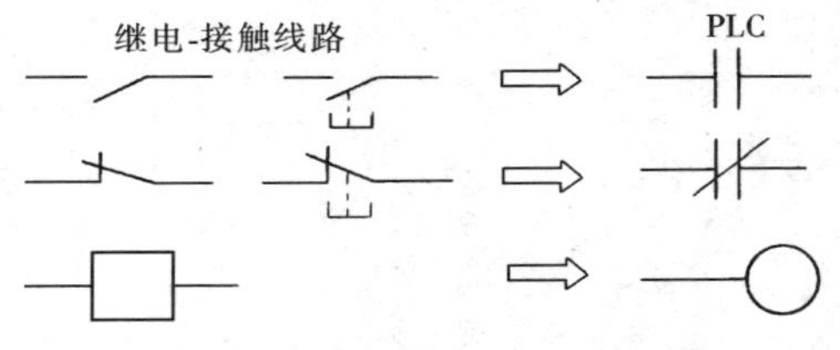

图2-2 继电器与PLC符号对照

三、性能比较

在PLC出现以前，继电器硬接线电路是逻辑、顺序控制的唯一执行者，它结构简单、价格低廉，一直被广泛应用。PLC 出现后，在几乎所有方面都大大超过了继电器控制。以下几方面的不同表现出二者性能上的明显差异。

1. 组成器件不同

继电-接触控制系统由许多真正的继电器——“硬继电器”组成，而 PLC 的梯形图中的继电器是“软继电器”，这些软继电器实质上是存储器中的每一位触发器，因其内容（0 或 1）可读取任意次数，所以“软继电器”的触点数是无限的，且不存在机械触点的电蚀问题。

2. 控制技术不同

继电-接触控制系统针对固定的生产机械和生产工艺而设计，以硬接线方式安装而成，各个继电器中触点的通断状态（1、0）经电路组合构成一种固定的运算关系，以这种方式构建的控制系统不但体积庞大，而且只有重新配线才能适应生产工艺的改变。PLC 采用计算机技术，由内部程序实现控制要求，各种逻辑运算和算术运算都能通过编制和修改程序来实现，可以实现生产工艺的在线修改。与继电-接触控制系统相比，PLC 具有很高的可靠性和极好的柔性。

3. 工作方式不同

在继电-接触控制系统中，当电源接通时，线路中各个继电器都处于受制约状态：或吸合，或断开。这种工作方式被称为并行工作方式。在 PLC 中，程序处于周期性循环扫描中，受同一条件制约的各部分的状态变化次序程序扫描顺序，这种工作方式被称为串行工作方式。若将表达形式相同的 PLC 梯形图与继电-接触控制线路相比，会发现在两种工作方式下，两者的控制结果不一定相同。

4. 功能范围不同

继电-接触控制系统只能进行开关量的控制，用以实现既定的逻辑、顺序、定时和计数等简单功能。而 PLC 不但有逻辑控制能力，还具有算术运算、数据处理、联网通信等能力，因此既能进行开关量控制，又能进行模拟量控制，还能实现网络通信等，具有十分完善的功能。

PLC 系统以可靠性高、柔性好、功能强、体积小和易于开发、扩展、安装、维护等优势取代了继电-接触控制系统的绝大多数应用场合。而继电器系统因其容易掌握、元件便宜等优点，目前在工艺定型、控制简单的生产过程中仍有使用。

第二节　PLC 的工作原理

一、PLC 的等效工作电路

PLC 是一种微机控制系统，其工作原理也与微机相同，但在应用时，可不必用计算机的概念去做深入的了解，只需将它看成是由普通的继电器、定时器、计数器、移位器等组成的装置，从而把 PLC 等效成输入、输出和内部控制电路三部分，如图 2-3 所示。

1. 输入部分

这部分的作用是接受被控设备的信息或操作命令等外部输入信息。输入接线端是 PLC 与外部的开关、按钮、传感器等输入设备连接的端口。每个端子可等效为一个内部继电器线圈，线圈号即输入触点号，如图 2-3 所示。这个线圈由接到的输入端的外部信号来驱动，其驱动电源可由 PLC 的电源部件提供（如直流 24V），也可由独立的交流电源（如交流

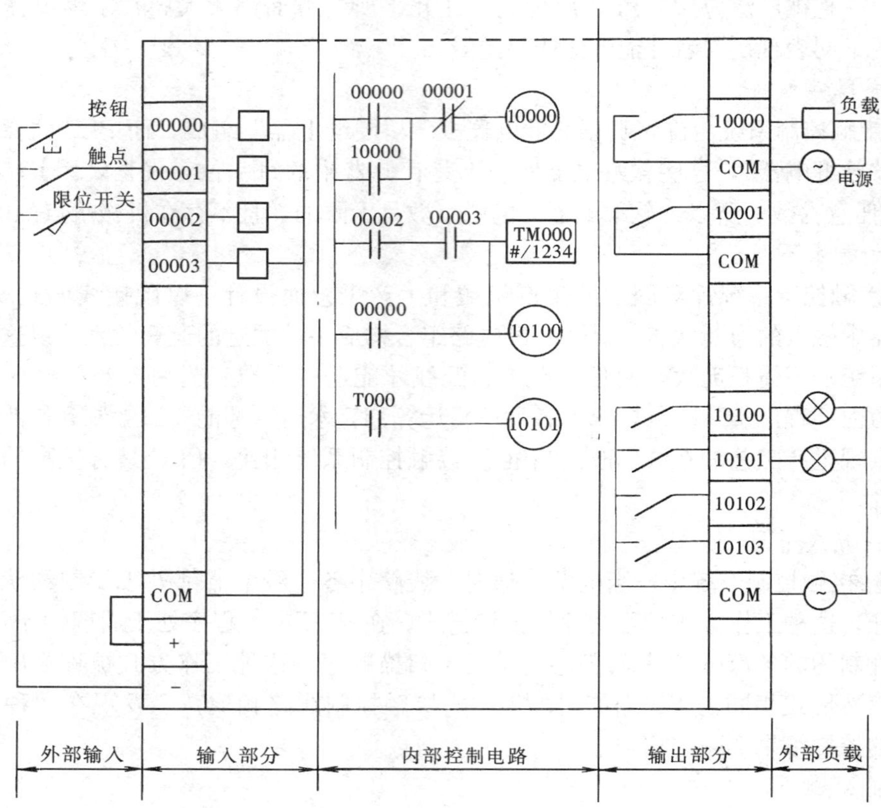

图 2-3 PLC的等效工作电路

110V）供给。每个输入继电器可以有无穷多个内部触点（常开、常闭形式均可），供设计PLC的内部控制电路（即编制PLC控制程序）时使用。

2. 内部控制电路

这部分的作用是运算和处理由输入部分得到的信息，并判断应产生哪些输出。内部控制电路实际上也就是用户根据控制要求编制的程序。PLC程序一般用梯形图形式表示。而梯形图是从继电器控制的电气原理图演变而来的，PLC程序中的常开触点、常闭触点、线圈等概念均与继电器控制电路相同。

在PLC内部还设有定时器、计数器、移位器、保持器、内部辅助继电器等继电器控制系统没有的器件，它们的线圈及常开、常闭触点只能在PLC内部控制电路中使用，而不能与外部电路相连。

3. 输出部分

这部分的作用是驱动外部负载。在PLC内部，有若干能与外部设备直接相连的输出继电器（有继电器、双向硅、晶体管三种形式），它也有无限多软件实现的常开、常闭触点，可在PLC内部控制电路中使用；但对应每一个输出端只有一个硬件的动合触点与之相连，用以驱动需要操作的外部负载，如图2-3所示。外部负载的驱动电源接在输出公共端（COM）上。

总之，在使用PLC时，可以把输入端等效为一个继电器线圈，其相应的继电器触点（常开或常闭）可在内部控制电路中使用，而输出端可以等效为内部输出继电器的一个常开触点，驱动外部设备。

二、PLC的工作过程

PLC一般采用循环扫描方式工作。当PLC加电后，首先进行初始化处理，包括清除I/O及内部辅助继电器、复位所有定时器、检查I/O单元的连接等。开始运行之后，串行地执行存储器中的程序，这个过程主要可以分为如下四个阶段。

1. 系统监测阶段

这部分在每次循环开始都要被执行，包括复位系统定时器、检查程序存储器、检查I/O总线、检查扫描时间等。如出现异常情况，则通过自诊断给出故障信号，或自行进行相应的处理，这将有助于及时发现或提前预报系统的故障，提高系统的可靠性。

这部分时间是固定的，对CQM1机来说，一般为0.8ms。当安装了一个带时钟的内存盒时，这个时间为0.9ms；当选用CQM1-CPU4□-E型CPU时，这个时间为1.0ms。

2. 执行外围设备命令阶段

当使用RS-232C端口及其他外设接口时，则PLC都将执行来自外部设备的命令。这部分时间一般为扫描周期的5%，且可在系统设置中（DM6616、DM6617）适当改变。RS-232和外设接口的使用时间最小为0.34ms，最大为87ms。

3. 程序执行阶段

在这个阶段，CPU将指令逐条调出并执行，即按程序对所有的数据（输入和输出的状态）进行处理，包括逻辑、算术运算等，再将结果送到输出状态寄存器。

4. 输入、输出刷新阶段

PLC的CPU在每个扫描周期进行一次输入/输出更新。CPU对各个输入端进行扫描，并将输入端的状态送到输入状态寄存器中；同时，把输出状态寄存器的状态通过输出部件转换成外部设备能接受的电压或电流信号，以驱动被控设备。CQM1的输入刷新分为循环刷新和中断刷新两类：循环刷新是指每个扫描周期的设定时间进行一次输入刷新；中断刷新是指当输入中断、间隔定时器中断或高速计数器中断发生在中断处理子程序执行前执行输入刷新。输出刷新分为循环刷新和直接刷新两类：循环刷新是指每个扫描周期的设定时间进行一次输出刷新；直接刷新是指当用户程序有一个输出时输出点立即被刷新。输入和输出在任何情况下都执行循环刷新。如果要执行输入中断刷新，那么在系统设置中应设定输入刷新范围（DM6630至DM6638）。在CQM1系统设置的DM6639中可以设定停止输出直接刷新。

除了上述刷新方法，也可用IORF（97）在程序中执行I/O刷新。

I/O刷新所需的时间为：输入字数目×0.01ms+输出字数目×0.005ms。

图2-4进一步说明了上述的PLC内部工作过程。PLC工作时，上述过程周而复始，称为扫描周期。

三、I/O响应时间

1. 扫描时间

PLC完成一个扫描周期所需要的时间，称为扫描周期时间，简称扫描时间。扫描时间的长短取决于系统的配置、I/O通道数、程序中使用的指令及外围设备的连接等。将一次工作循环中每个阶段所需的时间加在一起就是扫描时间。

扫描时间对PLC的操作有如下影响：

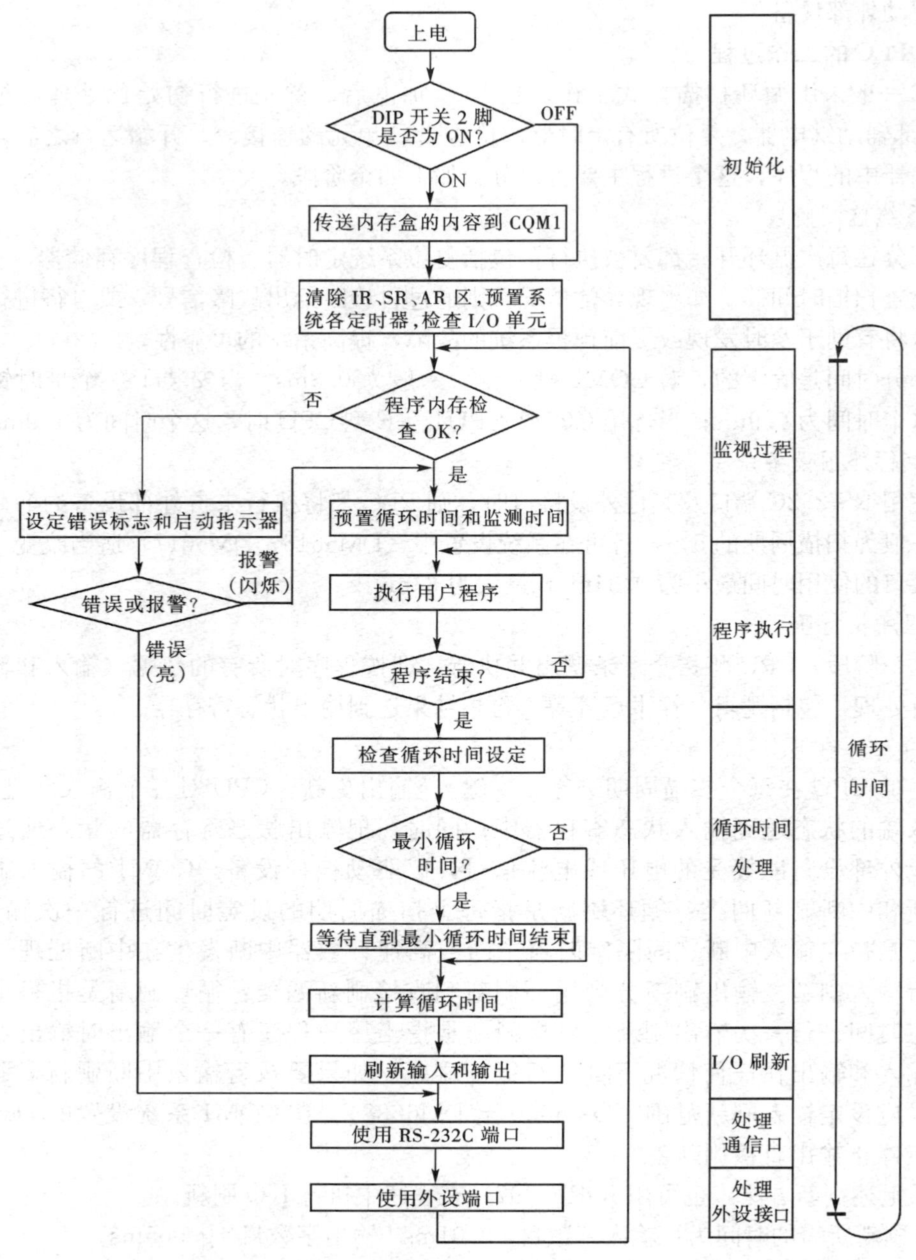

图 2-4 CQM1 工作过程

(1) 扫描时间超过 10ms,使用 TC016～TC511 时,TIMH (15) 可能不准确,对于 TC000～TC015 操作正常(中断处理定时器缺省设置为 TC000～TC015)。

(2) 扫描时间超过 20ms,编程时使用 0.02s 时钟位(SR25401)可能不准确。

(3) 扫描时间超过 100ms,编程时使用 0.1s 时钟位(SR25500)可能不准确,这时 SR25309 置 1,产生扫描时间超出错误。

(4) 扫描时间超过 120ms,FALS 9F 监测时间 SV 超过(该时间可通过 DM6618 设置),产生系统错误并且停止操作。

（5）扫描时间超过 200ms，编程时使用 0.2s 时钟位（SR25501）可能不准确。

下面举例说明扫描时间的计算。

【例 2-1】 计算 80 点 I/O 的 CQM1 的扫描时间。设 DC 输入为 48 点（3 个字），位输出 32 点（2 个字），用户程序 2000 条指令（配有 LD 和 OUT 指令，设单个指令的平均处理时间为 0.625μs），不使用 RS-232 端口，循环时间无最小设定。

解 扫描时间计算如下：

1）系统监测时间：0.8 ms；

2）程序执行时间：0.625×2000＝1.25（ms）；

3）I/O 刷新时间：3×0.01＋2×0.005＝0.04（ms）；

4）访问外设端口：取最小时间 0.34 ms；

则扫描时间为上述各时间之和：0.8＋1.25＋0.04＋0.34＝2.43（ms）。

2. I/O 响应时间

用 PLC 设计一个控制系统时，必须知道有了一个输入信号后 PLC 经过多长时间才能有一个对应的输出信号，否则，就不能正确并精确地解决系统各部件之间的配合问题。从 PLC 的工作过程可知：当 PLC 工作在程序执行阶段时，既使输入状态发生了变化，即输入状态寄存器的内容发生变化，CPU 执行的输入信号也不会变化，而要到下一个周期的输入、输出刷新阶段，才能有效。同理，暂存在输出状态寄存器中的输出信号，也要等到下一个扫描周期的输入、输出刷新阶段，才能集中输出给输出部件。从 PLC 收到一个输入信号到 PLC 向输出端输出一个控制信号所需的时间，就是 PLC 的 I/O 响应时间。

响应时间是可变的，例如，在一个扫描周期的 I/O 刷新阶段开始前瞬间收到一个输入信号，则在本周期内该信号就起作用了，这时响应时间最短，它是输入延迟时间、一个扫描周期时间、输出延迟时间三者之和；在使用直接输出刷新时，最短响应时间等于输入延迟时间、监视时间、输出延迟时间三者之和。

如果在一个扫描周期的 I/O 更新阶段刚过就收到一个输入信号，则该信号在本周期内不能起作用，必须等到下一个扫描周期才能起作用，这时响应时间最长，它等于输入延迟时间、两个扫描周期时间与输出延迟时间三者之和；在使用直接输出刷新时，最长响应时间等于输入延迟时间、一个扫描周期时间、输出延迟时间三者之和。

【例 2-2】 已知：PLC 输入 ON 延迟 8ms，输出 ON 延迟 10ms，监视时间 1ms，指令执行时间 14ms，输出指令位置在程序开始，且不用通信口，计算最短 I/O 响应时间和最长 I/O 响应时间。

解 使用循环输出刷新时：

最短 I/O 响应时间＝8＋15＋10＝33（ms）

最长 I/O 响应时间＝8＋15×2＋10＝48（ms）

使用直接输出刷新时：

最短 I/O 响应时间＝8＋1＋10＝19（ms）

最长 I/O 响应时间＝8＋15＋10＝33（ms）

3. 一对一链接 I/O 响应时间

当两个 CQM1 链接成一对一时，I/O 响应时间是指从主站或从站接收到输入信号到从站或主站产生相应的输出信号所需的时间。

一对一链接通信在主站和从站之间交互进行。根据使用的 LR 字数，其传送时间分别为：64 字 39ms，32 字 20ms，16 字 10ms。

【例 2-3】 计算主站到从站通信的 I/O 响应时间。已知：输入 ON 延迟 8ms，输出 ON 延迟 10ms，主站扫描时间 10ms，从站扫描时间 14ms，LR 字数目为 64 个，不使用直接输出刷新。

解 在如下情况有最短 I/O 响应时间：

1）CQM1 在接收到输入信号时刚好在输入刷新阶段之前；

2）主站到从站的传送立即开始；

3）通信完毕后从站立即执行通信服务。

最短 I/O 响应时间＝输入 ON 延迟＋主站扫描时间＋传送时间＋从站扫描时间＋输出 ON 延迟＝8＋10＋39＋15＋10＝82（ms）

在如下情况有最长 I/O 响应时间：

1）CQM1 在接收到输入信号时刚好在输入刷新阶段之后；

2）主站到从站的传送开始不及时，即信号需要经过从主站到从站、从从站到主站、再从主站到从站才能完成；

3）通信正好在从站执行通信服务后才完成。

最长 I/O 响应时间＝输入 ON 延迟＋主站扫描时间×2＋传送时间×3＋从站扫描时间×2＋输出 ON 延迟＝8＋10×2＋39×3＋15×2＋10＝185（ms）

4. 中断处理时间

中断处理时间指从执行中断直到中断处理子程序被调用的时间和从中断处理子程序完成直到回到原来位置的时间。这里所说的中断包括：输入中断、间隔定时器中断和高速计数器中断。中断处理时间由以下 5 部分组成：

（1）中断输入 ON 延迟：指从中断位置为 ON 一直到执行中断的延迟时间，一般为 50μs。

（2）等待屏蔽处理时间：在如下操作时有中断屏蔽，在指示时间内任何中断保持屏蔽直到处理完成。

高速定时器：根据 TIMH（15）使用的定时器数目 a 和在该时激活的高速定时器数目 b（在 DM6629 中设定高速定时器数目，缺省设置为 16）需要如下时间

0≤等待时间≤50＋3×（a＋b）

严重错误的发生和清除：当一严重错误发生且错误内容登陆到 CQM1 时，或当错误正被清除时，中断会被屏蔽长达 100μs 直到处理完成。

在线编辑：当操作时执行在线编辑，中断可被屏蔽长达 1s。

（3）切换至中断处理：指将当前工作切换至中断处理所需的时间，一般为 40μs。

（4）中断时输入刷新：指输入刷新被设定在调用中断处理子程序之时执行时输入刷新所需要的时间（在 DM6630～6638 中设定），每字需 10μs。

（5）返回：从执行 RET（93）到返回到被中断的处理所需的时间，一般为 40μs。

【例 2-4】 在没有高速定时器、不用在线编辑、中断时没有输入刷新时，计算使用输入中断时的中断响应时间。

解

最短响应时间＝中断输入 ON 延迟＋中断屏蔽等待时间＋切换至中断处理时间＋返回时间
＝50＋0＋40＋40＝130（μs）

最长响应时间＝中断输入 ON 延迟＋中断屏蔽等待时间＋切换至中断处理时间＋返回时间
＝50＋50＋40＋40＝180（μs）

需要注意的是，如果使用直接输出，中断子程序的输出就可以立即输出。在主程序和中断子程序中同时使用直接输出，就不可分开设定。此外，在程序中使用中断时，务必允许中断处理时间。

第三节　CQM1 型 PLC 的系统配置

一、基本配置

CQM1 的基本配置包括 CPU、内存单元、I/O 模块、电源、简易编程器等。

1. CPU

CQM1 有 6 种规格的 CPU，其性能如表 2-1 所示。除 CQM1-CPU11-E 型以外，所有的 CPU 都有内装的 RS-232C 端口。

CQM1-CPU42-E 型 CPU 提供内置的模拟设定功能。它有四个专用的数值控制旋钮，它们的对应值（0～200 间的 BCD 值）出现在字 220～223 中。这一功能可用来进行在操作时改变定时器和计数器的设定值的操作。

CQM1-CPU43-E 型 CPU 提供内置的脉冲输入和输出功能。它有两个专用的端口，接收来自旋转编码器等设备的高至 25kHz 的双向高速计数脉冲，并输出高至 50kHz 的脉冲到步进电机等设备。

CQM1-CPU44-E 型 CPU 具有两个 ABS 端口（绝对编码器端口），可以直接从绝对旋转编码器接收输入。

表 2-1　　CQM1-CPU　性　能

<table>
<tr><th>型　　号</th><th>最大 I/O 点数</th><th>指令种类</th><th>程序容量（字）</th><th>DM 容量（字）</th><th>RS-232C 端口</th><th>模拟设置</th><th>脉冲 I/O</th><th>ABS 端口</th><th>可扩展 I/O 模块数</th></tr>
<tr><td>CQM1-CPU11-E</td><td rowspan="2">128</td><td rowspan="2">117</td><td rowspan="2">3.2K</td><td rowspan="2">1K</td><td>—</td><td>—</td><td>—</td><td>—</td><td rowspan="2">7</td></tr>
<tr><td>CQM1-CPU21-E</td><td rowspan="5">有</td><td>—</td><td>—</td><td>—</td></tr>
<tr><td>CQM1-CPU41-E</td><td rowspan="4">256</td><td rowspan="4">137</td><td rowspan="4">7.2K</td><td rowspan="4">6K</td><td>—</td><td>—</td><td>—</td><td rowspan="4">11</td></tr>
<tr><td>CQM1-CPU42-E</td><td>有</td><td>—</td><td>—</td></tr>
<tr><td>CQM1-CPU43-E</td><td>—</td><td>有</td><td>—</td></tr>
<tr><td>CQM1-CPU44-E</td><td>—</td><td>—</td><td>有</td></tr>
</table>

PLC 的常用设置可通过 DIP 开关实现。CQM1 的 DIP 开关位于 CPU 面板上的一个罩子下面，其功能如表 2-2 所示。

表 2-2 **DIP 开关功能**

开关	设置	功能
1	ON	程序存储器和只读 DM（DM6144 到 DM6655）数据不可由外围设备改写
	OFF	程序存储器和只读 DM（DM6144 到 DM6655）数据可由外围设备改写
2	ON	能启动自动引导。在启动时，自动将存储盒的内容传送到 CPU 去
	OFF	不能自动引导
3	ON	编程器的信息用英文显示
	OFF	编程器的信息用系统 ROM 中所存放的语言显示（日文版系统将用日文显示）
4	ON	由用户设置扩充指令。通常情况下，在用上位计算机编程/监视时为开
	OFF	扩充指令设定为缺省值
5	ON	由缺省设置支配 RS-232C 通信。（1 起始位，偶数校验，7 位数据，1 终止位，2400bps）
	OFF	不由缺省设置支配 RS-232C 通信
6	ON	AR0712 为 ON
	OFF	AR0712 为 OFF

2. 内存单元

内存用于存储程序和数据，是 PLC 不可缺少的组成部分。

CQM1 除了 CPU 自带的 RAM 内存以外，还可配置内存盒内存，如表 2-3 所示。

表 2-3 **CQM1 存储器**

存储器	型号	时钟功能	说明
EEPROM	CQM1-ME04K	无	用编程器写入 EEPROM（4K 字）
	CQM1-ME04R	有	
	CQM1-ME08K	无	用编程器写入 EEPROM（8K 字）
	CQM1-ME08R	有	
EPROM	CQM1-MP08K	无	用 PROM 书写器写入 EEPROM
	CQM1-MP08R	有	

为便于使用及编程，内存的数据区已由 PLC 厂家作了明确划分，称为内部器件。这些内部器件沿用了继电器的概念，把继电器的线圈和触点与存储器的位（bit）相对应：使线圈得电，即为用 1 写这个单元；使线圈失电，即为用 0 写这个单元；用其常开触点，是指直接读它的状态；用其常闭触点，是指读它的状态后再取反。

总体来说，位（bit）是二进制数的一个位，仅 1、0 两个取值，分别对应继电器线圈得电（ON）和失电（OFF）及继电器触点的通（ON）和断（OFF）；四个二进制数构成一个数位（digit），可以是 0～9（用于十进制），也可以是 0～F（用于十六进制）；两个数位或 8 个二进制位构成一个字节（byte），字节可与 ASCII 码对应；两个字节构成一个字（word），对应一个通道（channel），一个通道含 16 位，或说含 16 个继电器。具体的对应关系如图 2-5 所示。

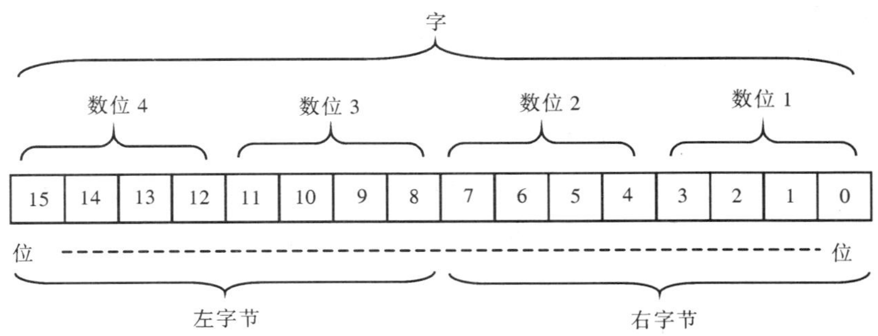

图 2-5　内部器件的相互关系

CQM1 的内部器件分配如下：

（1）I/O 及内部辅助继电器 IR。输入继电器 IR000～IR015，即 IR00000～IR01515。排列时，从 IR000 开始，一个模块占一个通道，点数不满 16 的模块也如此。靠近 CPU 的通道号最小（CPU 自带一个 16 点的输入通道），以后依次递增。

输出继电器 IR100～IR115，即 IR10000～IR11515，靠近 CPU 的通道号最小，以后依次递增。I/O 总点数最多 128 点或 192 点。

内部辅助继电器 IR016～IR099 及 IR116～IR229，计 208 个通道、3328 个继电器，可作为中间继电器自由使用，也可按通道使用。

（2）特殊继电器 SR。特殊继电器 SR24400～SR25507 计 184 个点，具有特殊功能，用于标志和控制位，常用的有：

SR25500：0.1s 时钟脉冲，0.05sON，0.05sOFF；

SR25501：0.2s 时钟脉冲，0.1sON，0.1sOFF；

SR25502：1s 时钟脉冲，0.5sON，0.5sOFF；

SR25503：指令执行出错标志，指令出错时为 ON；

SR25504：进位标志，算术运算有进位时 ON；

SR25505：大于标志，执行比较指令时，第一操作数大于第二操作数时 ON；

SR25506：相等标志，执行比较指令时，两数相等为 ON；

SR25507：小于标志，执行比较指令时，第一操作数小于第二操作数时 ON；

SR25313：常 ON 继电器；

SR25314：常 OFF 继电器。

（3）保持继电器 HR。保持继电器 HR00～HR99 计 100 个通道、1600 个继电器。它也是一种内部继电器，但可以掉电保持，即 PLC 电源掉电时，其中的内容能保持。这主要靠 PLC 内部的锂电池或大电容支持。使用保持继电器可使 PLC 少受掉电影响，保证程序运行的连续性。

（4）暂存器 TR。暂存器 TR0～7，共 8 个继电器，仅能用作 LD 和 OUT 指令的操作数，用以处理梯形图的分支程序。在不引起误会的情况下，可在程序中多次使用。

（5）定时器/计数器 TC。CQM1 的定时器/计数器编号为 TC000～511，定时器和计数器合计为 512 个。但定时器用过的号，计数器不能再使用，反之亦然。

CQM1 的常用定时器有两种：一种为普通的，标号为 TIM，一种为高速的，标号为 TIMH。定时器的设定值为 0000～9999，普通定时器的单位为 0.1s，故其最大延时为

999.9s；高速定时器的单位为0.01s，故其最大延时值为99.99s。所有OMRON的PLC的定时器都是通电延时型的，若要求断电延时，可通过编程实现。

CQM1有两种常用的计数器：一种是单向计数器，标号为CNT；另一种是可逆（双向）计数器，标号为CNTR。计数器的设定值为0000～9999，用BCD码表示。单向计数器只有减1计数输入端，当输入信号从OFF到ON变化一次，计数器当前值减1，当当前值变为0时产生输出。这时再有计数输入，计数器状态不变，直到有复位信号（ON）时，计数器复位，当前值恢复为设定值，停止计数。可逆计数器有加计数端和减计数端，有加计数信号时，计数器的当前值加1，有减计数信号时，计数器的当前值减1，当加计数到设定值后，再送入一个加信号，或减计数到0后再送入一个减信号，会产生进位或借位，并相应地产生输出。复位信号为ON时，计数器复位，当前值变为0，停止计数。

计数器都是掉电保持型的，即掉电后计数值保留，复电后继续计数。

(6) 数据存储器DM。数据存储器DM用来存储16位二进制数或4位16进制数。其编号为DM0000～DM6655，多达6k。其中，DM6600～DM6655共56个数据区用于PLC设置。

DM6600～DM6614：用作初始处理设定，可把PLC设置成起始为编程、监控及运行模式及内部继电器上电时首先清0。

DM6615～DM6619：用作脉冲输出及扫描周期的设定。

DM6620～DM6639：用作中断处理设定。

DM6640～DM6644：用作高速计数设定。

DM6645～DM6649：用作对RS-232口的设定。

DM6650～DM6654：用作对外设口的设定。

DM6655：用作出错记录设定。

(7) 辅助继电器AR。CQM1有28个辅助继电器通道，共448个继电器，编号为AR00～AR27。多数AR继电器有特殊用途，用于系统管理。只有其中部分通道如AR00～AR07未被指定，可用作内部辅助继电器。

(8) 链接继电器LR。链接继电器LR00～LR63共64个通道，用以进行PLC之间的数据链接。在PLC不联网时，此类继电器也可作为内部辅助继电器使用。

3. I/O模块

I/O模块分为输入和输出两大类。

输入模块在接线时，外部触点与电源串联后接在IN和COM端，型号、规格见表2-4。

表2-4　　CQM1 输入模块

模块型号	点　数	电源规格	模块型号	点　数	电源规格
CQM1-ID111	16	DC12V	CQM1-IA121	8	AC100～120V
CQM1-ID211	8	DC12～24DV	CQM1-IA221	8	AC200～240V
CQM1-ID212	16	DC24V	CQM1-ID213	32	DC24V

PLC的输出模块分为继电器输出、晶体管输出和双向硅输出三种形式，其型号、规格见表2-5。

表 2-5 **CQM1 输出模块**

模块型号	点 数	输出形式	规 格
CQM1-OC221	8	继电器	DC2A×24V 或 AC×250V（总电流 16A）
CQM1-OC222	16	继电器	DC2A×24V 或 AC×250V（总电流 8A）
CQM1-OD211	8	晶体管	DC2A×24V（总电流 5A）
CQM1-OD212	16	晶体管	DC50mA×4.5～0.3A ×26.4V
CQM1-OD213	32	晶体管	DC0.1A ×26.4V
CQM1-OD214	16	晶体管	DC50mA×4.5～300 mA ×26.4V（PNP 输出）
CQM1-OD215	8	晶体管	DC1A ×24V（PNP 输出，带短路保护）
CQM1-OA221	8	可控硅	AC0.4A×100～240V
CQM1-OA222	16	可控硅	AC0.4A×100～240V

4. 电源

CQM1 有两个交流电源单元 CQM1-PA203 和 CQM1-PA206 和一个直流电源单元 CQM1-PD026，可选择。在配置系统时，应根据系统中的各单元所需要的全部 DC5V 电流消耗和 DC24V 输出终端（仅 PA206）来选择相应的电源单元。表 2-6 为三种电源模块的规格。

表 2-6 **CQM1 电源模块**

<table>
<tr><th colspan="2">型号
项目</th><th>CQM1-PA203</th><th colspan="2">CQM1-PA206</th><th>CQM1-PD026</th></tr>
<tr><td colspan="2">电源电压</td><td colspan="3">AC100～240V，50/60Hz</td><td>DC24V</td></tr>
<tr><td colspan="2">工作电压范围</td><td colspan="3">AC85～264V</td><td>DC20～28V</td></tr>
<tr><td colspan="2">消耗电力</td><td>60VA 以下</td><td colspan="2">120VA 以下</td><td>50W 以下</td></tr>
<tr><td rowspan="2">输出容量</td><td>DC5V</td><td>3.6A（18W）</td><td>6A</td><td rowspan="2">共 30W</td><td>6A（30W）</td></tr>
<tr><td>DC24V</td><td>……</td><td>0.5A</td><td></td></tr>
<tr><td colspan="2">工作环境温度</td><td colspan="4">0～55℃</td></tr>
<tr><td colspan="2">工作环境湿度</td><td colspan="4">10%～90%</td></tr>
</table>

5. 简易编程器

简易编程器是 PLC 的最基本的外部设备，它既有显示窗口，又有操作键盘及开关，如图 2-6 所示。预备操作和编程操作一般在编程状态下进行，监控操作则主要在监控或运行状态下进行。

（1）预备操作。

1）输入口令：选择好编程器的方式选择开关后（如编程方式），编程器的显示屏上将显示〈PROGRAM〉PASSWORD! 字样。这时可键入 CLR、MONTR 解除密码。同时还可按下 SHIFT、1 键把编程器的蜂鸣器打开或关掉。

2）清除内存：按 CLR、SET、NOT、RESET、MONTR 键，则内存被清除；如果要保留 HR、TC、DM 区中的数据，可在按 MONTR 前按相应的键。

3）显示和清除错误信息：按 CLR、FUN、MONTR 键可显示和清除错误信息，重复按 MONTR 可显示和清除所有错误信息。

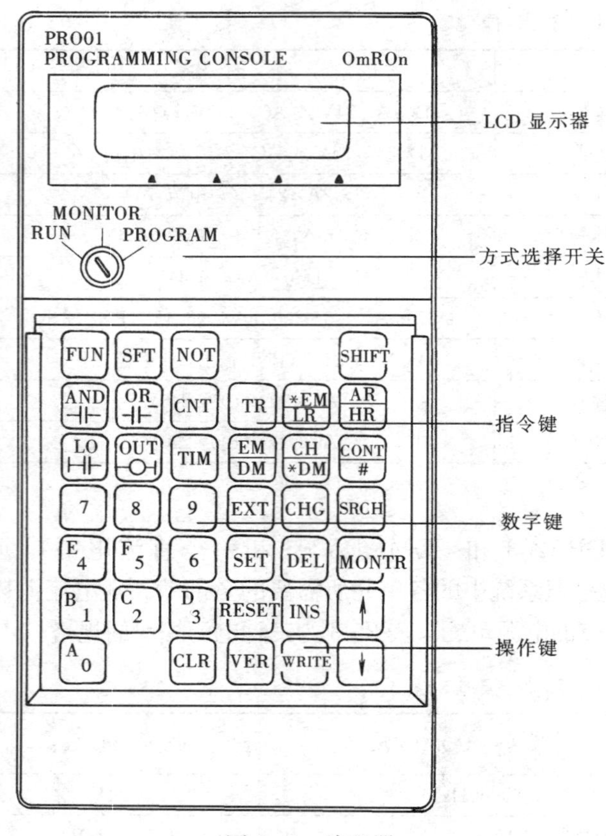

图 2-6 编程器

4）读出和改变扩充指令：按 CLR、EXT 键可显示扩充指令及其代码，按↑或↓键可滚动功能码并读出相应的指令。此时如果要改变功能码的赋值，可按 CHG 键，然后通过↑或↓键滚动可用的指令，当显示出所希望的指令时，按 WRITE 键即可改变功能码的赋值。此项操作必须在写入程序前进行，且 CPU 是 DIP 开关的插脚 4 必须是 ON。

5）读出和改变时钟：按 CLR、FUN、SET、MONTR 键可读出当前的时钟设置。要改变设置，可按 CHG 键，然后用↑或↓键将光标调到要改变的位置，并输入新的数据，按 WRITE 键确认。

6）建立地址：重复按 CLR 键可显示 0000，即为起始地址。如想建立另一个地址，输入相应的地址号即可。

（2）编程操作。

1）写入指令：按地址号、操作码、操作数的顺序写入指令，最后通过 WRITE 键确认。功能指令的操作码要先按功能键，再按两位功能号完成输入。

2）读出指令：先建立相应的地址号，然后按↑或↓键即可读出已输入的指令。

3）指令搜索：输入开始搜索的地址及要搜索的指令，按 SRCH 键。重复按 SRCH 键可显示该指令的下一个出现处。

4）操作数搜索：在初始地址输入要搜索的操作数，按 CLR、SHIFT、$\frac{\text{CONT}}{\#}$（或 $\frac{\text{CH}}{*\text{DM}}$）、器件号，然后按 SRCH 开始搜索。重复按 SRCH 键可显示该操作数的下一个出现处。

5）插入指令：用指令搜索方法找到要插入位置的下一条指令，键入要插入的指令，按 INS、↓键插入。

6）删除指令：先找出要删除的指令，按 DEL、↑键即可。

7）检查程序：按 CLR 建立初始地址，然后按 SRCH 键，此时显示输入提示，询问所要求的检查水平（0、1 或 2），键入检查水平后，则开始程序检查。重复按 SRCH 键可显示该程序中的所有错误。

（3）监控操作。

1）数据监视：查出触点、通道或指令后，按 MONTR 键，即可监视其 ON、OFF 状态。如监视的为定时器或计数器，还可显示其当前值。按↑或↓键还可相邻触点号的 ON、OFF 状态。CQM1 允许同时监视 6 个点的状态，但只有 3 点出现在显示屏上，通过 MONTR 键可把未出现在屏上的点滚动到显示屏上，而最先显示的点从显示屏上消失。如果要监视某点的微分状态，可将其调到显示屏的最左边，然后按 SHIFT、↑（或↓）键，则显示屏上会出现U@（或 D@），此时即可监视该点的上沿微分（或下沿微分）状态了。

2）二进制监视及修改：在上述多点监视中，按 SHIFT、MONTR 键可对最左边的字进行二进制监视。在显示器的下部将显示所选字的 16 位 ON/OFF 状态。1 表示 ON，0 表示 OFF。按 CHG 键可进行数据修改：用↑或↓键左移或右移光标，用 1 和 0 键改变位状态位 ON 或 OFF，最后按 WRITE 键把改变的结果写入存储器。

3）3-字监视及修改：在多点监视中，按 EXT 键可对最左边的字进行 3-字监视。此时，所选的字和下两个字的状态将显示。利用↑或↓键可向上或向下移动一个地址。按 CLR 结束 3-字监视返回正常监视状态，在 3-字监视显示的最右边的字被监视。按 CHG 键可进行 3-字数据修改，按 WRITE 键确认。

4）改变定时器/计数器设定值：按 CLR 引出初始显示，用指令搜索方法找到要改变的定时器或计数器。按↓键，然后按 CHG 键，键入新的设定值，按 WRITE 键确认即可。

5）十六进制、BCD 数据修改：在多点监视中，按 CHG 键可对最左边的数据进行修改。如果最左边为定时器或计数器，则可改变其当前值。键入新的数据后按 WRITE 确认。

6）强迫置位/复位：在多点监视中，对最左边的字可强迫置位/复位：按 SET 键使该位强迫为 ON，按 RESET 键使该位强迫为 OFF。按 SHIFT+SET 或 SHIFT+RESET 键可以保持键释放后的状态。

7）十六进制—ASCII 显示改变：在多点监视中，按 TR 键使最左边的字在十六进制和 ASCII 码之间进行切换。

8）显示扫描时间：按 CLR 键引出初始显示，再按 MONTR 键将显示扫描时间。

二、扩展配置

1. 当地扩展配置

CQM1 为无底板的模块式 PLC，其扩展方式就是增加 I/O 模块。其最大扩展点数与 CPU 型号有关：11、21CPU 最多可扩展到 128 点；41、42、43、44CPU 最多可扩展到 256 点。但所增加的模块最多只能为 11 个，而扩展的是输入点还是输出点不受限制。

扩展的地址分布规律为：按输入和输出两个序列编号，输入从 000 通道开始，输出从 100 通道开始，最靠近 CPU 的模块编号最低，随距 CPU 的远近依次增加。

【例 2-5】　41CPU，7 个输入模块，4 个输出模块，地址分配（如图 2-7 所示）如下：

CPU 上自带的 16 点输入通道号为 000；
最靠近 CPU 的输入模块通道号为 001；
最远离 CPU 的输入模块通道号为 007；
最靠近 CPU 的输出模块通道号为 100；
最远离 CPU 的输出模块通道号为 103。

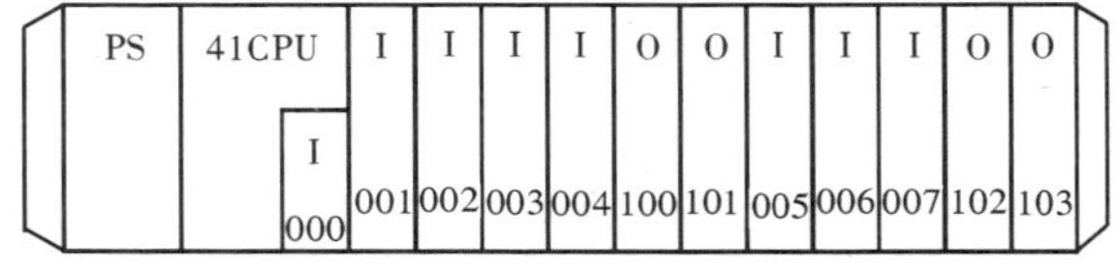

图 2-7　CQM1 当地扩展配置

2. 远程扩展配置

CQM1 的远程系统有两种配置方案：一种是通过 B7A 接口单元与输入或输出终端相连，

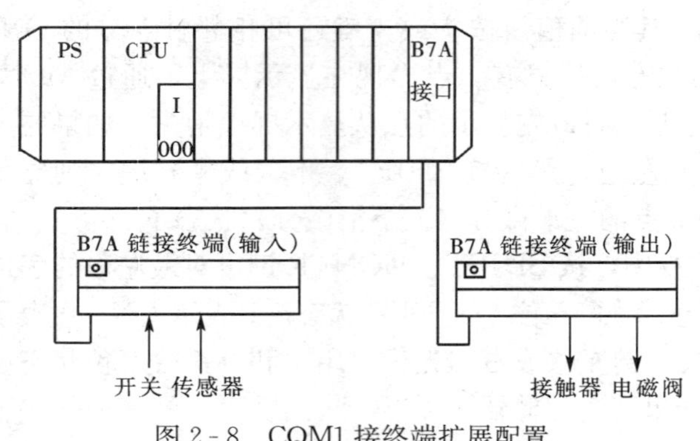

图 2-8　CQM1 接终端扩展配置

最大距离可达 500m，此方案称为接终端；另一种方案是通过 G730 接口单元分别在主机上和远程配置主控单元和远程 I/O 单元，距离可达 200m，此方案称为接模块。

（1）接终端。实现方法如图 2-8 所示。在 CQM1 主机部分接 B7A 接口单元，而在远程接相应终端，终端与接口间由双绞线连接。B7A 接口单元的型号见表 2-7。

表 2-7　　B7A 接口单元

型　号	规　格	型　号	规　格
CQM1-B7A02	16 输出点	CQM1-B7A13	32 输入点
CQM1-B7A03	32 输出点	CQM1-B7A21	16 输入点，16 输出点
CQM1-B7A12	16 输入点		

【例 2-6】　41CPU 配置 2 个输入模块，1 个输出模块，B7A 接口单元 3 个，型号分别为 12、21、03。

如图 2-9 所示，B7A12 接口单元可接 16 点输入终端，故按输入序列分配地址，即通道号为 002。

B7A21 接口单元可接 16 点输入终端和 16 点输出终端。输入终端按输入序列分配地址，即通道号为 003；输出终端按输出序列分配地址，即通道号为输出通道的最小地址 100。

B7A03 接口单元可接 32 点输出终端，即两个输出终端，由于前面由一个输出模块，故其通道地址分别为 102、103。

从图 2-9 可见，终端接入后，只是把 I/O 模块放在远处，其数据靠通信传输，从实现控制的本质上看，终端与其他 I/O 模块并无两样，所不同的只是数据传输有一个过程。正常的时延约 20ms，也可选用快速终端，时延仅 3ms。但后者传输距离较短。

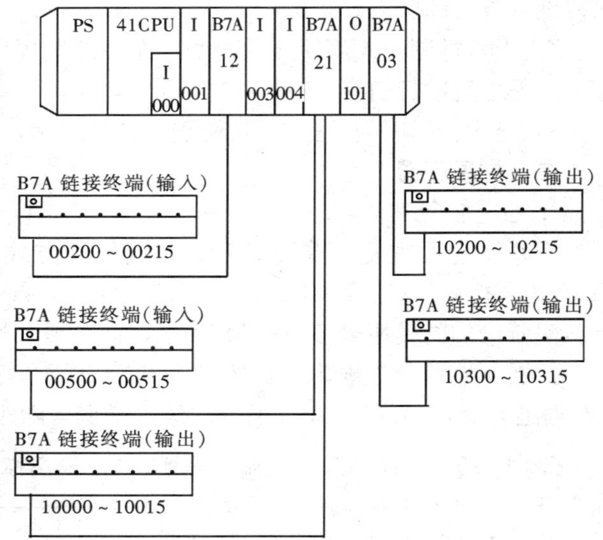

图 2-9　B7A 配置实例

表 2-8　　G730 接口单元

型　号	规　格
CQM1-G7M21	主站：32 输入点，32 输出点
CQM1-G7N01	扩展主站：32 输出点
CQM1-G7N11	扩展主站：32 输入点

（2）接模块。在 CQM1 主机部分安装 G730 主控单元，其上装有 RS-485 接口。而在远程，各模块依次连接，然后再通过双绞线与主控单元相连。最大传送距离可达 200m。G730 接口单元的型号及规格见表 2-8。

【例 2-7】　CQM1 接模块扩展配置。该系统 CPU 自带 16 点输入，另有一个输出模块，配置 2 个远程系统。

如图 2-10 所示：

系统 1 的主模块及 2 个扩展主模块设定为：

主模块 G7M21：单元号 1、输入 2 通道、输出 2 通道；

扩展主模块 G7N01：单元号 1、输入 1 通道；

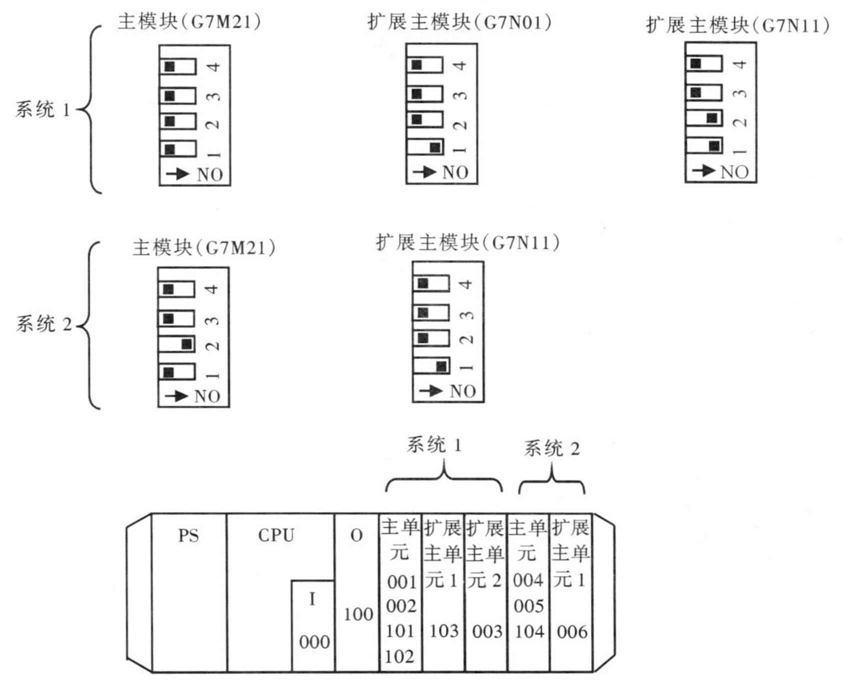

图 2-10　CQM1 接模块扩展配置

扩展主模块 G7N11：单元号 2、输入 1 通道。

系统 2 的主模块及 2 个扩展主模块设定为：

主模块 G7M21：单元号 2、输入 2 通道、输出 1 通道；

扩展主模块 G7N11：单元号 1、输入 1 通道。

值得注意的是，其地址分配只与主控与扩展主控单元安装的位置有关，而与单元号的设定无关。如图 2-11 所示，单元号的设定与放置位置不一致，系统 1 的三个主单元并不邻接，中间夹着系统 2 的两个主单元。而它所带动的从单元地址，完全是按位置确定的，与单元号的设定无关。

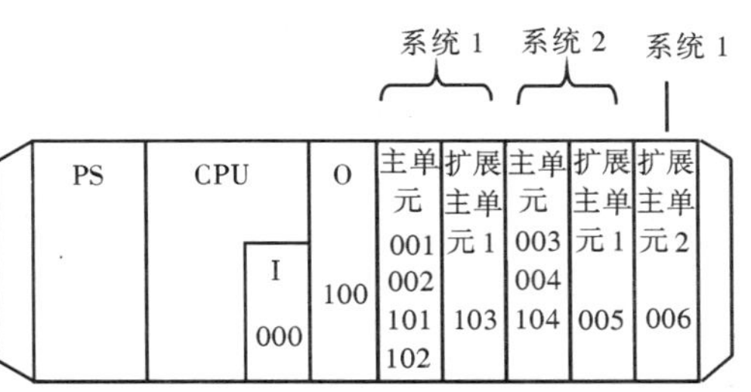

图 2-11　[例 2-7] 的另一种配置方式

对从模块也要作相应设定，要依模块点数的不同及主单元的情况确定不同的单元号，以便于分配相应的 I/O 地址。此外，单元号的设定不能重复，且设为单元号 2 的，不能接 4 点的从单元，详见表 2-9。其中，n、m、j、k 为分配给主单元的开始地址；若主单元或扩展主单元设为 1 个字，则 (n+1)、(m+1)、(j+1)、(k+1) 区是非法的。

表 2-9　　主单元/扩展主单元配置

主单元/扩展主单元	I/O类型	字	4点从单元		8点从单元		16点从单元	
			地址	位	地址	位	地址	位
主单元	输出	n	0#	00～03	0#	00～07	0#	00～15
			1#	04～07				
			2#	08～11	2#	08～15		
			3#	12～15				
		n+1	4#	00～03	4#	00～07	4#	00～15
			5#	04～07				
			6#	08～11	6#	08～15		
			7#	12～15				
	输入	m	8#	00～03	8#	00～07	8#	00～15
			9#	04～07				
			10#	08～11	10#	08～15		
			11#	12～15				
		m+1	12#	00～03	12#	00～07	12#	00～15
			13#	04～07				
			14#	08～11	14#	08～15		
			15#	12～15				
扩展主单元 1	输入（输出）	j	16#	00～03	16#	00～07	16#	00～15
			17#	04～07				
			18#	08～11	18#	08～15		
			19#	12～15				
		j+1	20#	00～03	20#	00～07	20#	00～15
			21#	04～07				
			22#	08～11	22#	08～15		
			23#	12～15				
扩展主单元 2	输入（输出）	k	不能用		24#	00～07	24#	00～15
					25#	08～15		
		k+1			26#	00～07	26#	00～15
					27#	08～15		

【例 2-8】 图 2-12 所示为一个 CQM1 的远程系统：当地配置一个主单元和一个扩展主单元，并都设为 2 个字；从单元为 4 个 16 点单元和 2 个 4 点单元。其通道分配见表 2-10。

表 2-10 **[例 2-8] 通 道 分 配**

I/O 类型	CPU 内部输入字	主单元字	从单元地址	扩展主单元字	从单元地址
输出		100	0# (16 点输出模块)	102	16#、17#2 个 4 点输出模块
		101	4# (16 点输出模块)	103	20# (16 点输出模块)
输入	000	001	8# (16 点输入模块)		
		002	12# (16 点输入模块)		

这里，从单元的地址与 I/O 字及设定号相对应，而与连接的顺序无关。

接模块系统的传送延时由系统配置确定，所接的从模块越多，延时越长。具体可用下式估算

$T_{最大}$ =（从单元数+扩展主模块数+2）×1.2×2+从模块 ON/OFF 延时时间

这个式子只考虑了传送时间，如果考虑 CPU 与单元间的响应时间，则还要增加若干毫秒。对较大的系统，如从模块 28 个，扩展模块 2 个，最大传送时间可达 78ms。

从公式可知，为减少延时，从模块不宜使用太多，办法是配置成多主控系统。

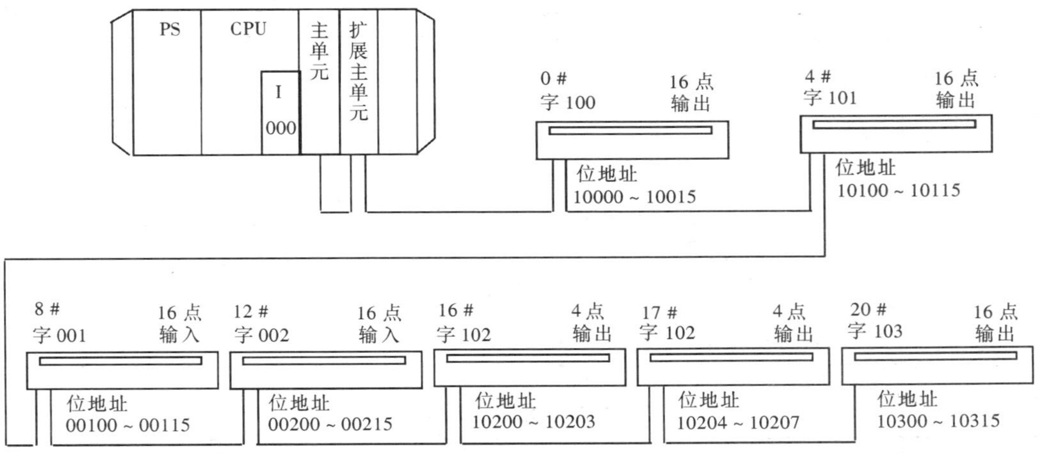

图 2-12 接模块从单元配置方式

三、特殊配置

1. 模拟量单元

模拟量单元有模入、模出两类。模入单元用以把模拟量转换成数字量，模出单元用以把数字量转换成模拟量。模拟量一般为标准电信号，电流或电压。电流为 4～20mA，电压为 0～10V，或 1～5V，或±10V 等。转换后的数字量可以为二进制 8 位、10 位、12 位或更高。对应的分辨率为量程的 1/256、1/1024、1/4096 或更小。

CQM1 的模入单元有 CQM1-AD041 型和 CQM1-AD042 型两种，其技术规格完全相同，只是前者须和供电单元一起使用，其技术规格见表 2-11。同样，CQM1 的模出单元有 CQM1-DA021 型和 CQM1-DA022 型两种，其技术规格也完全相同，只是前者须和供电单元一起使用，其技术规格见表 2-12。模拟量单元用电源单元见表 2-13。

表 2-11 模入单元技术规格

项目		技术规格
模拟量输入点数		4或2（通过DIP开关选择）
输入信号范围	电压输入	−10～+10V；0～10V；1～5V
	电流输入	4～20mA
输入阻抗	电压输入	最小1MΩ
	电流输入	250Ω
分辨率		量程的1/4000
精度		±1.0%
转换速度		2.5ms/点
内部电流消耗		最大80 mA（5V直流时）

表 2-12 模出单元技术规格

项目		技术规格
模拟量输出点数		2
输出信号范围	电压输出	−10V～+10V
	电流输出	0～20mA
外部输出允许负载阻抗	电压输出	最小1kΩ
	电流输出	最大520Ω（包括接线阻抗）
外部输出阻抗	电压输出	最大0.5Ω
分辨率	电压输出	量程的1/4096
	电流输出	量程的1/2048
精度		±1.0%
转换速度		0.5ms/2点
内部电流消耗		90mA（5V直流时）

表 2-13 模拟量单元用电源单元

型号	技术规格	内部电流消耗
CQM1-ISP01	连接一块模拟量单元	最大420mA（DC5V）
CQM1-ISP02	连接两块模拟量单元*	最大950mA（DC5V）

*可连接2模入或1模入1模出，但不可以连接2模出。

在配置系统时，可根据需要只配模入单元，或只配模出单元，也可模入、模出单元同时用，以构成闭环控制系统。图2-13为一个模拟量配置的例子。

2. 温度控制单元

温度控制单元可以用来使PLC接受温度输入信号，并根据预置的控制方式进行温度控制。CQM1有热电偶输入和铂热电阻输入两种类型的温度控制单元。其控制规格见表2-14。一个温度控制单元可连接两个温度控制环，是简单开/关温度控制的理想选择。同样，温度控制单元也有用来保证稳定温度控制的PID功能。

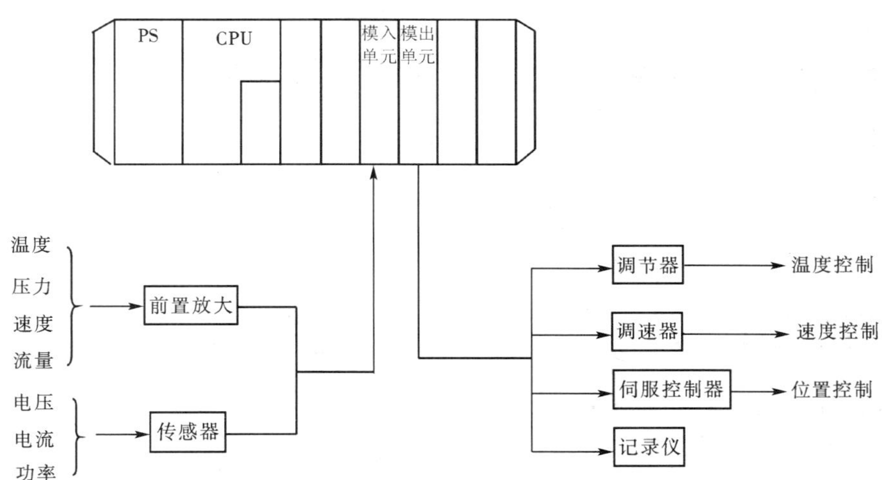

图 2-13 模拟量配置举例

温度控制单元的配置举例如图 2-14 所示。

表 2-14　　温度控制单元技术规格

项　　目	技 术 规 格
输入传感器及温度设定范围	CQM1-TC001K/ TC 002K：−200～1300℃ CQM1-TC001J/TC 002J：−100～850℃
	CQM1-TC101 JPt / TC 102JPt：−99.9～450.0℃ CQM1-TC101 Pt / TC 102Pt：−99.9～450.0℃
温度控制范围	设定范围±10%
控制环数	可选 1 或 2
控制模式	ON/OFF 或 PID 控制
设定/显示精度	CQM1-TC001/ TC 002：最大（设置值的 1%或 3℃，取大值）+1 位
	CQM1-TC101/ TC102：最大（设置值的 10%或 2℃，取大值）+1 位
温度校正	0.8℃
比例范围	40.0℃
积分时间	240s
微分时间	40s
控制周期	20s
采样周期	1s
输出恢复时间	1s
输出模式	CQM1-TC001/ TC 101：NPN 晶体管输出 CQM1-TC002/ TC 102：PNP 晶体管输出
最大开关量	160 mA，DC24V+10%/−15%
漏电流	最大 0.3 mA
残余电压	最大 3.0V
外部电源	最小 15mA，DC24V+10%/−15%
内部消耗电流	最大 220mA，DC5V

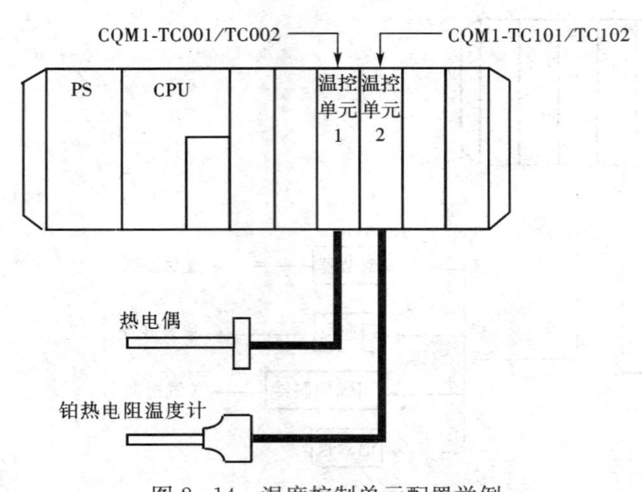

图 2-14　温度控制单元配置举例

3. 传感器单元

传感器单元用以连接传感模块，最多可接 4 个。每一传感模块可接一个如接近开关、光电开关这样特殊的输入量。4 个模块只占用 4 个输入位，但所占通道的其他位也不能它用。

传感模块：光纤光电模块、普通光电模块、接近开关模块以及填充模块，后者用来把不用的接口盖住。

传感模块上除了有 4 个槽，还有一个远程控制器接口，用来连接远程控制器。控制器上有模块选择开关和模式选择开关；模块选择开关可选 0、1、2、3，对应对模块 0、1、2、3 监控或示教；模式选择开关选 SET 用以示教，选 RUN 用以监控。

传感器单元及传感模块的型号及规格见表 2-15～表 2-19。

表 2-15　　传感器单元技术规格

名　称		传感器单元	
型　号		CQM1-SEN01	
规格	输入点数	最多 4 点	
	输入响应时间	最大 8ms	
	电源电压	DC5V	由电源单元提供
	电流消耗	最大 600mA	

表 2-16　　光纤光电模块技术规格

名　称			光纤光电模块	
型　号			E3X-MA11	
可连接的光纤传感器	E32-T 系列		E32-T11L/TC200/T11/T14/T51/T16 等	
	E32-D 系列		E32-D11L/DC200/D11/D14/D51，E32-R21+E39-R3	
规格	光源（波长）		红色指示灯（660mm）	
	响应时间		最大 500μs	
	输出控制		从传感器单元输出	
	定时器功能		OFF 延迟定时器设置为 10ms（可禁用该功能）	
	指示灯	SET	示教指示灯（橙色和绿色）	
		RUN	操作指示灯（橙色）	
			稳定性指示灯（绿色）	
	输出模式		亮 ON 或黑 ON（可选）	
	电源电压		DC9V	传感器单元提供
	电流消耗		最大 50mA	

表 2-17　　带隔离放大器的光电模块技术规格

<table>
<tr><td colspan="3">名　称</td><td colspan="2">带隔离放大器的光电模块</td></tr>
<tr><td colspan="3">型　号</td><td colspan="2">E3C-MA11</td></tr>
<tr><td colspan="3">可连接的光电传感器</td><td colspan="2">E3C-S10/1/2/DS5W/DS10/LS3R 等</td></tr>
<tr><td rowspan="9">规格</td><td colspan="2">响应时间</td><td colspan="2">最大 1ms</td></tr>
<tr><td colspan="2">输出控制</td><td colspan="2">从传感器单元输出</td></tr>
<tr><td colspan="2">定时器功能</td><td colspan="2">OFF 延迟定时器设置为 10ms（可禁用该功能）</td></tr>
<tr><td rowspan="3">指示灯</td><td>SET</td><td colspan="2">示教指示灯（橙色和绿色）</td></tr>
<tr><td rowspan="2">RUN</td><td colspan="2">操作指示灯（橙色）</td></tr>
<tr><td colspan="2">稳定性指示灯（绿色）</td></tr>
<tr><td colspan="2">输出模式</td><td colspan="2">亮 ON 或黑 ON（可选）</td></tr>
<tr><td colspan="2">电源电压</td><td>DC9V</td><td rowspan="2">传感器单元提供</td></tr>
<tr><td colspan="2">电流消耗</td><td>最大 50mA</td></tr>
</table>

表 2-18　　带隔离放大器的接近模块技术规格

<table>
<tr><td colspan="3">名　称</td><td colspan="2">带隔离放大器的接近模块</td></tr>
<tr><td colspan="3">型　号</td><td colspan="2">E2C-MA11</td></tr>
<tr><td colspan="3">可连接的光电传感器</td><td colspan="2">E2C-CR5B/CR8A/CR9B/X1A/C1A/1R5A</td></tr>
<tr><td rowspan="9">规格</td><td colspan="2">响应时间</td><td colspan="2">使用接近传感器的响应频率</td></tr>
<tr><td colspan="2">线长度补偿</td><td colspan="2">通过一个 four throw 开关选择（可禁用该功能）</td></tr>
<tr><td colspan="2">定时器功能</td><td colspan="2">OFF 延迟定时器设置为 10ms</td></tr>
<tr><td rowspan="3">指示灯</td><td>SET</td><td colspan="2">示教指示灯（橙色和绿色）</td></tr>
<tr><td rowspan="2">RUN</td><td colspan="2">操作指示灯（橙色）</td></tr>
<tr><td colspan="2">稳定性指示灯（绿色）</td></tr>
<tr><td colspan="2">输出模式</td><td colspan="2">检测到实物靠近为 ON</td></tr>
<tr><td colspan="2">电源电压</td><td>DC9V</td><td rowspan="2">传感器单元提供</td></tr>
<tr><td colspan="2">电流消耗</td><td>最大 50mA</td></tr>
</table>

表 2-19　　远程控制器技术规格

<table>
<tr><td colspan="2">名　称</td><td colspan="2">远 程 控 制 器</td></tr>
<tr><td colspan="2">型　号</td><td colspan="2">CQM1-TU001</td></tr>
<tr><td rowspan="4">规格</td><td>电缆长度</td><td colspan="2">3m</td></tr>
<tr><td>重量</td><td colspan="2">最大 165g（包括 3m 线）</td></tr>
<tr><td>电源电压</td><td>DC5V</td><td rowspan="2">传感器单元提供</td></tr>
<tr><td>电流消耗</td><td>最大 60mA</td></tr>
</table>

示教的目的是调整传感器灵敏度，因为这里用的是光电或接近开关，以探头到目标的距离作为输入，距离小到一定值时即有运行指示信号。其调整步骤如下：

（1）将目标放于探头之间。

(2) 设远程控制器为 SET 模式。

(3) 按示教按钮，示教指示灯（橙色）亮。

(4) 把目标移出探头工作区，若示教成功，示教指示灯将转为绿色；若不成功，则仍为橙色，并闪烁。这时应改变目标与探头的距离，返回步骤（2）。

(5) 把远程控制器的模式设为 RUN，以完成这次示教。

4. 线性传感器接口单元

线性传感器接口单元可从线性传感器迅速和精确地测量电压和电流输入值，并从根据比较数据处理的需要，把测量值转换成数字量；可通过外部定时信号进行同步处理。

线性传感器接口单元有以下特点：①1ms 的高速采样周期与 0.3ms 的高速外部定时结合，可方便地检测模拟量的高速变换；②分频和比较选择数据处理器降低了 CPU 单元的压力，使整个 PLC 能快速获取数据并处理；③强制回零功能可对不同加工件设定不同的参考点；④监控输出装置允许从梯形图程序中输出一个指定的电压，从而实现模拟量输出（仅 LSE02 支持）。

线性传感器接口单元的型号及规格见表 2-20。

表 2-20　　线性传感器接口单元的型号及规格

<table>
<tr><td colspan="3">项　　目</td><td colspan="2">线性传感器接口单元</td></tr>
<tr><td colspan="3">型　　号</td><td>CQM1-LSE01</td><td>CQM1-LSE02</td></tr>
<tr><td rowspan="6">输入</td><td colspan="2">模拟量输入点数</td><td colspan="2">1</td></tr>
<tr><td rowspan="2">输入信号范围</td><td>电压输入</td><td colspan="2">−9.999～9.999V，−5～5V，1～5V</td></tr>
<tr><td>电流输入</td><td colspan="2">4～20mA</td></tr>
<tr><td rowspan="2">输入阻抗</td><td>电压输入</td><td colspan="2">最小 1MΩ</td></tr>
<tr><td>电流输入</td><td colspan="2">10Ω</td></tr>
<tr><td colspan="2">线性特性</td><td colspan="2">最大±0.1%FS±1 位（采样速度为低）
最大±0.5%FS±1 位（采样速度为高）</td></tr>
<tr><td colspan="3">PLC 输出代码</td><td colspan="2">带符号的二进制（−9999～9999）</td></tr>
<tr><td colspan="3">采样时间</td><td colspan="2">0.3ms（输入采样速度为高）
0.6ms（输入采样速度为低）</td></tr>
<tr><td colspan="3">运算处理时间</td><td colspan="2">5ms</td></tr>
<tr><td colspan="3">外部控制输入端</td><td colspan="2">TIMING/GATE，ZERO，ZERO RESET，RESET</td></tr>
<tr><td rowspan="6">控制输入参数</td><td colspan="2">输入电压</td><td colspan="2">DC24V+10%/−15%</td></tr>
<tr><td colspan="2">输入阻抗</td><td colspan="2">TIMING/GATE：2kΩ；其他控制输出：2.2kΩ</td></tr>
<tr><td colspan="2">输入电流</td><td colspan="2">TIMING/GATE：典型值 9.2mA（DC24V）；
其他控制输出：典型值 10.0mA（DC24V）</td></tr>
<tr><td colspan="2">ON 电压</td><td colspan="2">TIMING/GATE：最小 DC16.3V；
其他控制输出：最小 DC17.1V</td></tr>
<tr><td colspan="2">OFF 电压</td><td colspan="2">TIMING/GATE：最大 DC3.8V；
其他控制输出：最大 DC3.6V</td></tr>
<tr><td colspan="2">ON/OFF 响应时间</td><td colspan="2">TIMING/GATE：典型值 50μs；
其他控制输出：典型值 4ms</td></tr>
</table>

续表

项目		线性传感器接口单元	
字分配		1 个输入字和 1 个输出字	
监控输出	输出信号	—	−9.999～9.999V
	输出线性特性	—	±0.1%FS
	输出分辨率	—	量程的 1/8192
	输出刷新周期	—	0.5s
	输出响应时间	—	0.5s
	允许负荷阻抗	—	最小 10kΩ
绝缘性		在输入最小端和 PLC 信号之间及在输入端子和输入端子之间采用光电耦合器绝缘	
绝缘强度		在输入端子和输出端子之间：AC500V，1min；在 I/O 端子和 FG 端子之间：AC1000V，1min	
内部电流消耗		最大 380mA（DC5V）	最大 450mA（DC5V）
重量		最大 230g	

第四节 OMRON-PLC 编程软件

一、概述

编程软件一般由 PLC 生产厂家提供，各家用各家的，不通用，而且多是商品化的。这些软件一般的功能都差不多，大体上有：

（1）脱机编程。可用梯形图语言或助记符语言编程。这两者还可互相转换。另外，程序还可加注解。编程之后可进行语法检查，帮助纠正程序语法错误。有的 PLC 软件还可进行仿真，以纠正语意上的一些错误。也还有编辑功能，可复制、删除、移动成块的程序等。这种用计算机编程，既使为脱机的，也是非常方便的。

（2）文件管理。对所编的程序可存储为磁盘文件。这些文件可依计算机管理文件的办法进行管理，可复制、合并、删除、可改名、可打印等等。

除了程序文件，还可建立数据库文件以及与 PLC 工作相关的系统设计软件。

（3）文件的上装与下装。程序文件、数据文件……可在计算机与 PLC 建立起通信联系后下装给 PLC，让 PLC 运行；也可从 PLC 中上装，把 PLC 的程序、数据上传到计算机中，然后，计算机再对其做相应的管理。

（4）监控运行。PLC 与计算机建立通信后，计算机可监视 PLC 的工作，可观察任何工作位的状态，可读所有的数据，还可强置某些工作位处于 ON 或 OFF 状态，也可以修改一些参数。所以，完全可以通过这种监视，来分析与观察所编程序是否能正确运行，进行程序调试。

（5）在线更改。监视运行时发现程序存在的问题，有两种解决的办法：

1）脱机更改。即先回到脱机状态，再修改程序，然后再联机，重新把程序下装到 PLC。如还有问题，还照此办理。

2）在线更改。在问题不太多，又是允许的情况下（档次高的 PLC，一般有这个功能），可在线更改程序。这种边运行、边监视、边更改，既不耽误 PLC 的工作，又可直接地发现与排除故障，是较方便地调试与完善程序的方法。

(6）其他功能。编程软件还有一些其他功能。如可用来进行只读存储器的程序写入（还要有写入器），有的还可进行对 PLC 作组网参数的设定等等。

这些软件的运行平台多为 DOS，如 OMRON 公司的 LSS（Ladder Support Software）软件。近来不少厂家推出可运行于 Windows 的程序软件，如 OMRON 公司的 SSS（SYSMAC Support Software）软件可在 Windows95 平台上安装。但从实质上讲，它仍是在 DOS 下运行。OMRON 公司新近已开发出有真正在 Windows 下运行的支持软件 CX-P，可用鼠标操作，使操作更为简便。

CQM1 等新型 PLC 均带有通信口（RS232，RS422，RS485 等），只用一根电缆即可实现与计算机的连接，使 PLC 的计算机编程极易实现。

二、CX-P 编程软件的特点

CX-P 编程软件支持 OMRON 全系列 PLC，是基于 Windows 环境下纯 32 位的编程软件。系统支持符号化编程，在编程时使用 I/O 名称而不必考虑其位和地址的分配，从而带 I/O 名称的程序只需在 CX-P 编程软件上移动，即可嵌入其他的系统，且从同一个 Host Link 链触点可调试 CPU 单元和特殊 I/O 单元。

CX-P 编程软件强大的监控和调试功能使程序开发更为简单，结构化编程极大地提高了程序设计效率。CX-P 编程软件有以下特点：

(1）用 WindowsGUI 接口的简单操作，工程数据用易于理解的树状目录显示。

(2）在梯形图的状态栏中，以助记符形式输入指令，即可转换成梯形图形式。

(3）使用预览、细览、屏幕分割（4 屏、2 屏）和滚动条等功能可显示和监控同一程序中的多个位置。

(4）输入 I/O 位和指令更为简单，能直接输入指令或使用符号，能预搜索符号、文本串和输入的指令，可显示存储区的操作数或输入范围。

(5）交互参考弹出框，将鼠标置于某一地址，弹出框会告知在同一程序中使用同一地址的其他指令。

(6）利用观察窗，当前值的数据形式的地址可被监控，同时在网络的 PLC 上的存储地址亦可被监控。

(7）利用输出窗可显示程序检查的结果，搜索结果及其他有用的信息，也能直接跳转到任何出错的地方并显示。

三、编程软件的功能

CX-P 编程软件是基于视窗的编程软件，以高效的多程序开发环境提供丰富的监控和调试功能。其操作系统可以是 MicrosoftWindows 95 或 WindowsNT4.0，连接方式是 CPU 单元外部设备接口或内置 RS232C 端口，与 PLC 通信的协议是外部设备总线或 Host Link，离线操作可完成编程、I/O 内存编辑、创建 I/O 表、设定 PLC 参数、打印、修改程序等工作，在线操作可完成传送、参考、监控、创建 I/O 表、设定 PLC 参数等工作。

CX-P 编程软件具有下列基本功能：

(1）为适用的 PLC 建立和编辑梯形图或助记符程序。

（2）建立和检索 I/O 表。

（3）改变 CPU 单元的操作模式。

（4）在个人计算机和 PLC 之间传送程序、内存数据、I/O 表、PLC 设置值和 I/O 注释。

（5）在梯形图显示上监控 I/O 状态和当前值，在助记符显示上监控 I/O 状态和当前值，以及在 I/O 内存显示上监控当前值。

习　　题

2-1　PLC 的工作过程分为几个阶段？

2-2　什么是 PLC 的扫描周期？扫描周期如何计算？

2-3　什么是 PLC 的响应时间？在输出采用循环刷新和直接刷新方式时，响应时间有何区别？

2-4　PLC 的基本配置包括哪些部分？

2-5　接终端扩展和接模块扩展配置各有什么特点？

2-6　如何进行传感模块的示教调整？其步骤如何？

2-7　CX-P 编程软件有哪些功能？

第三章　PLC 的基本指令及编程

PLC 是按程序实现控制的，编程是使用 PLC 必须要进行的工作。本章介绍编写一个基本梯形图程序的基本步骤和概念，以及用于构造梯形图的基本结构和控制其执行的梯形图指令和基本右手指令。

第一节　编　程　原　理

一、编程概念

1. 指令

指令是 PLC 被告知要做什么，以及如何去做的代码或符号。通常有文字符号和图形符号两种。

常用的文字代码为助记符形式，称为 PLC 的指令语句表。它类似于计算机的汇编语言，用拼音文字的缩写及数字代表相应的指令。

常用的图形符号为梯形图符号，类似于电气原理图的符号，较易为电气工作人员所接受，此外还有逻辑图符号、流程图符号等。梯形图是 PLC 最主要的编程语言。有的 PLC 也可使用高级语言，如 BASIC，C 语言等，其实只要有相应的编译软件，什么语言都可以使用。

多数 PLC 在接受助记符指令的同时，还接受梯形图图形指令，但要用图形编程器或个人计算机，并配有相应的编程软件。

一个 PLC 所具有的指令的全体称为该 PLC 的指令系统，代表着 PLC 的性能或功能。功能强，性能好的 PLC，其指令系统必然丰富，所能做的事也就多。

2. 程序

程序是指 PLC 指令的有序集合，PLC 运行它可进行相应的工作。多数 PLC 以梯形图程序为主，配以语句表程序。

梯形图由一条位于左侧的竖直向下的线和一些向左的分支线组成。左侧的线称为母线（BUS BAR）；分支线称为指令行或梯级。沿着指令行，布置着指向右侧的其他指令的条件。这些条件的逻辑组合决定了右侧的输出指令何时、如何执行。一个基本梯形图如图 3－1 所示。

图 3－1 所示梯形图，指令行可分支开来，也可以合并回去。竖对线称为条件对应接点：没有斜线与它们相交的条件称为常开条件，对应于 LD、AND 或 OR 指令；有斜线与它们相交的条件称为常闭条件，对应于 LD-NOT、AND-NOT 或 OR-NOT 指令。各个条件上面的数字表明指令的操作位。各个条件的相应位的状态决定了下面指令的执行条件。对应于条件的各个指令的操作方法在下面介绍。

要说明的是，当用 LSS，SSS（中文版）或 CX-P（WINDOWS 版）软件显示梯形图时，在梯形图右面将显示第二条母线，并连接到右侧的所有指令。但这不会改变梯形图程序的功

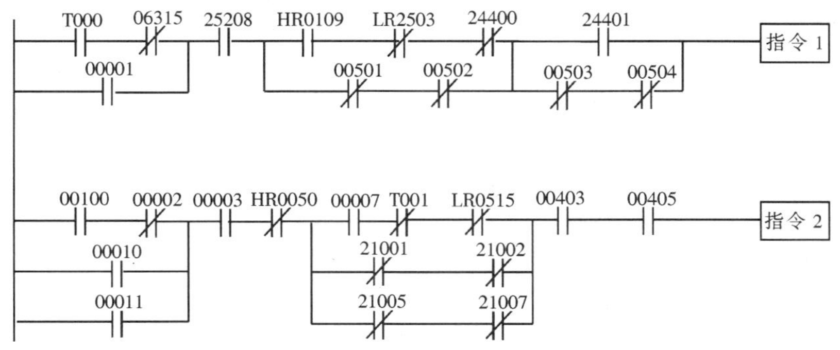

图 3-1　基本梯形图结构

能。在右侧的指令和右侧的母线之间不能放置条件，即右侧指令必须直接与右侧母线相连接。

梯形图和语句表是一一对应的。其中的右手指令按后面介绍的具体格式输入。

3. 基本术语

为了叙述方便，有必要了解有关梯形图的常用术语。

（1）梯形图。梯形图是 PLC 程序的一种简便易懂的表达形式。它源于继电器控制系统的电气原理图，用电路图形式来表示编程指令的逻辑流程，因此有时也称为电路图。由于程序的形状像梯子，故而得名。PLC 的梯形图由梯形图指令和右手指令（或称终端指令）组成。梯形图指令是与梯形图上的条件相对应的指令，可以单独或组成逻辑块构成执行条件，是所有其他指令执行的基础。右手指令是指在一个梯形图的右边，使用指令行中最终实施条件的一条指令。

（2）语句表（助记符）。语句表是由顺序的指令清单（不用梯形图）组成的一种 PLC 程序形式。助记符能提供与梯形图完全一样的信息，但它是一种可以直接键入 PLC 的形式。不管使用什么编程器，程序都是以助记符形式存储在存储器中的。因此理解助记符很重要。

（3）常开和常闭条件。梯形图中的逻辑条件可以为 ON 或 OFF，这取决于已分配给它的操作位的状态。如果操作位为 ON，常开条件为 ON；如果操作位为 OFF，常开条件即为 OFF。对常闭条件来说，如果操作位为 OFF，它为 ON；如果操作位为 ON，它为 OFF。一般来说，希望某位为 ON 时发生动作，则使用常开条件；希望某位为 OFF 时发生动作，则使用常闭条件。

（4）执行条件。在梯形图编程中，一条指令之前 ON 和 OFF 条件的逻辑组合决定指令执行的综合条件。此条件非 ON 即 OFF，称为指令的执行条件。

（5）操作位。IR，SR，HR，AR，LR 或 TC 区域的任何位，都可指定为任何梯形图指令的操作数。这意味着梯形图中的条件可由 I/O 位、标志位、工作位、定时器/计数器等决定。LD 和 OUT 指令也可以使用 TR 区的位，但是只在特殊应用中才这样使用。

（6）逻辑块。条件与指令的对应关系，取决于在指令行内部各条件之间的相互关系。任何一组结合起来、产生逻辑结果的条件称为逻辑块或电路块。虽然编写梯形图时可以不需要实际分析单个逻辑块，但是理解逻辑块对于有效的编程是必须的；当以助记符输入程序时，逻辑块是基础。

二、基本编程步骤

要编写一个 PLC 的控制程序，可按以下步骤进行：

1. 工艺分析

对 PLC 控制对象的工作情况及控制要求要进行分析，要弄清以下问题：

(1) 工艺过程是怎样展开的？其目标是如何进一步实现的？

(2) 输入与输出是怎么对应的？在时序上又有什么特点？

(3) 要记录与存储哪些数据？有多大数据量要存储？

(4) 有没有模拟量、数字量要控制？要采用什么控制规律及输出方法？

(5) 对系统的监控有什么要求？要采取哪些措施？

工艺分析就是要对上述问题得出明确的答案。

2. 通道分配

PLC 的输入点数与控制对象的输入信号总是相应的，输出点数与输出的控制回路也是相应的。如果有模拟量，则模拟量的路数，PLC 的实际的也要相当，故通道分配实际是把 PLC 的输入点号分配给实际的输入电路，给输出电路分配一定的 PLC 输出点号。编程时按点号建立逻辑或控制关系，接线时按点号“对号入座”进行接线。这样，PLC 才可能正确地实现控制。

通道分配在硬件上应注意防止输出信号对输入信号的干扰，并作到便于布线。为此，输入和输出模块各应相对集中地安排为好。

在软件上，分配 I/O 号最好能按一定的规律，便于使用字指令或子程序编程，提高程序的效率。

个别情况下，也可能出现实际输入点数比 PLC 的输入点多，或输出控制的动作数比 PLC 的输出点数多。这时，对输入信号可在进入 PLC 前，用接线作些逻辑组合，把一个点号给两个或多个经串联或并联后的输入信号，或用一个点号，分别给两个点，用输出点在其间作切换。输出点不够，也可作相应组合，只是这样靠外部接线去组合不能太多，否则就失去了 PLC 的灵活性。点数不够，还是要先用点数更多的 PLC 为好。

3. 画梯形图

画梯形图，也就是编写 PLC 程序。用户可以选择自己熟悉的编程方法（经验法、解析法、图解法等）编程。

PLC 的程序要合理组织，特别是程序较复杂的，要力争模块化，分成模块编写。OMRON PLC 的程序分块要靠编程者通过子程序进行，步进程序自己组织。

4. 装载与调试程序

编好的程序要装入 PLC 后才能进行调试。装载可以通过手持编程器、图形编程器或个人计算机来完成。为了使用手持编程器，还需要将梯形图转化成语句表形式。如果使用计算机或图形编程器编程，则直接用梯形图形式即可。

脱机的程序不可能没有问题，而这些问题也只有在联机调试过程中，才能得到解决。调试要借助编程器或计算机，或通过一些信号显示，使控制对象的状态便于观察，使 PLC 的工作尽可能“透明”；同时，还要能对 PLC 的一些状态进行强制，使某点为 ON 或 OFF。这样，才便于找出问题、分析问题及解决问题，进而使程序不断完善，以达到预期的目的。

三、编程方法

常用的编程方法有三种：经验法、解析法和图解法。

1. 经验法

所谓“经验法”，就是利用自己的或别人的经验进行程序设计。这种方法要求用户在熟悉常用基本电路的条件下，掌握梯形图设计的基本原则及编程技巧，以便把“经验程序”改编成符合自己要求的控制程序。

2. 解析法

PLC的逻辑控制，实际是逻辑问题的综合，所以，可根据组合逻辑或时序逻辑的理论，并运用相应的解析方法，对其进行逻辑关系的求解；然后，根据求解的结果，或画成梯形图，或直接编写指令。解析法比较严密，可以运用一定的标准，使程序优化，并可避开编程的盲目性，是较有效的方法。

3. 图解法

图解法是通过画图的方法进行PLC程序设计。图解法可分为波形图法和流程图法。波形图法较适合于时间控制电路，它先把对应信号的波形画出，再依时间用逻辑关系去组合，就可很容易地把电路设计出来。流程图法是用框图表示PLC程序的执行过程，以及输入条件与输出间的关系，在使用步进指令的情况下，用它进行设计是很方便的。

图解法与解析法不能完全分开，解析法中也要画图，而图解法中也要列解析式子，只是两者各有其侧重点。

第二节　梯形图指令

梯形图指令用来建立PLC的梯形图，如表3-1所示。

表3-1　梯形图指令

指令名称	助记符　操作数	梯形图符号	功　能	操作数范围
装载	LD　继电器号N	├┤├──	每个行或块的起点（常开触点）	继电器号N：IR、SR、HR、AR、LR、TC、TR
取反装载	LD-NOT　继电器号N	├┤/├──	每个行或块的起点（常闭触点）	
与	AND　继电器号N	─┤├─	用于常开触点串联	继电器号N：IR、SR、AR、HR、LR、TC
与非	AND-NOT　继电器号N	─┤/├─	用于常闭触点串联	
或	OR　继电器号N		用于常开触点并联	继电器号N：IR、SR、AR、HR、LR、TC
或非	OR-NOT　继电器号N		用于常闭触点并联	
块串联	AND-LD　继电器号N		用于两个程序块的串联	无
块并联	OR-LD　继电器号N		用于两个程序块的并联	

一、LD和LD-NOT

LD是逻辑操作起始指令，以常开触点（条件）起始的逻辑行必须由这一指令开始。

LD-NOT 用于常闭触点（条件）开始的逻辑行。

梯形图及语句表（见图 3-2）中的“指令”，是指后面介绍的任一种右手指令。

对于 LD 指令（即常开条件），当 IR00000 为 ON 时，执行条件为 ON；对于 LD-NOT 指令（即常闭条件），当 00000 为 OFF 时，执行条件为 ON。

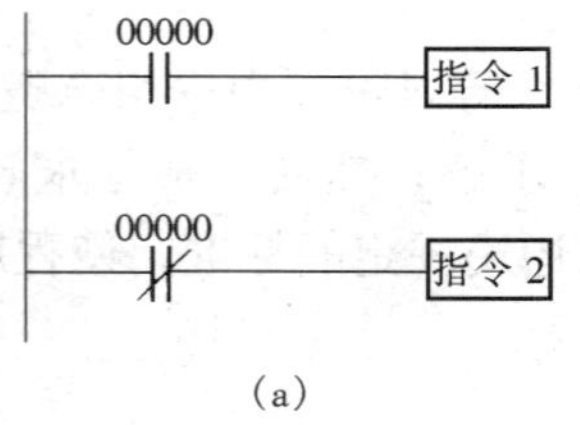

(a)

地址	指令	操作数
00000	LD	00000
00001	指令 1	
00002	LD-NOT	00000
00003	指令 2	

(b)

图 3-2 基本指令举例

(a) 梯形图；(b) 语句表

二、AND 和 AND-NOT

当同一指令行上串联两个或更多条件时，第一个条件对应为 LD 或 LD-NOT 指令，其余的条件对应为 AND 或 AND-NOT 指令。图 3-3 表示三个条件，左起顺序相应地为 LD、AND-NOT 和 AND 指令。仅当所有三个条件都为 ON 时，指令的执行条件才为 ON，即，IR00000 为 ON，IR00100 为 OFF，LR0000 为 ON。

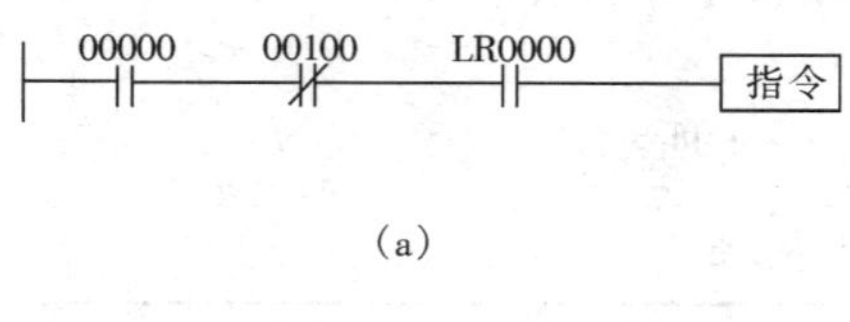

(a)

地址	指令	操作数
00000	LD	00000
00001	AND-NOT	00100
00002	AND	LR 0000
00003	指令	

(b)

图 3-3 串联指令的使用

(a) 梯形图；(b) 语句表

串联的 AND 指令可以分别地考虑，每个指令将执行条件（即到达那一点上条件的总和）与 AND 指令的操作位状态进行逻辑与运算。如果这两个都是 ON，将使下一个指令的执行条件为 ON。如果有一个为 OFF，结果也为 OFF。串联的第一个 AND 指令的执行条件是这个指令行上的第一个条件。

串联的每个 AND-NOT 指令，将其执行条件与其操作位的反码进行逻辑与运算。

三、OR 和 OR NOT

当同一指令行上并联两个或更多条件时，第一个条件对应为 LD 或 LD-NOT 指令，其余的条件对应为 OR 或 OR-NOT 指令。图 3-4 示出了三个条件，上起依次为 LD-NOT，OR-NOT 和 OR 指令。当三个条件之中任一个为 ON 时，指令的执行条件即为 ON，即 IR00000 为 OFF，或 IR00100 为 OFF，或 LR0000 为 ON。

OR 和 OR NOT 指令储存可以单独地考虑，每个（指令）将其执行条件与 OR 指令的操作位状态进行逻辑或运算。如果两个之中有一个为 ON，将使下一个指令的执行条件为 ON。

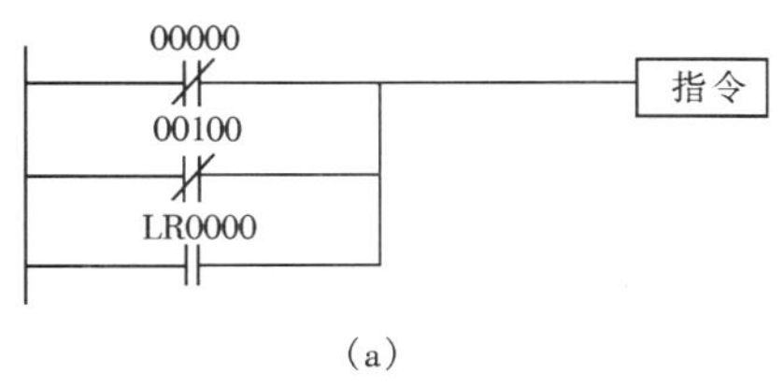

(a)

地址	指令	操作数
00000	LD-NOT	00000
00001	OR-NOT	00100
00002	OR	LR 0000
00003	指令	

(b)

图 3-4　并联指令的使用

(a) 梯形图；(b) 语句表

当 AND 和 OR 指令组合更复杂的梯形图时，AND 和 OR 指令可以使用。图 3-5 是一个 AND 和 OR 指令组合的例子。这里，将 IR00000 的状态和 IR00001 的状态进行与运算，以决定与 IR00200 进行 OR 运算的执行条件。

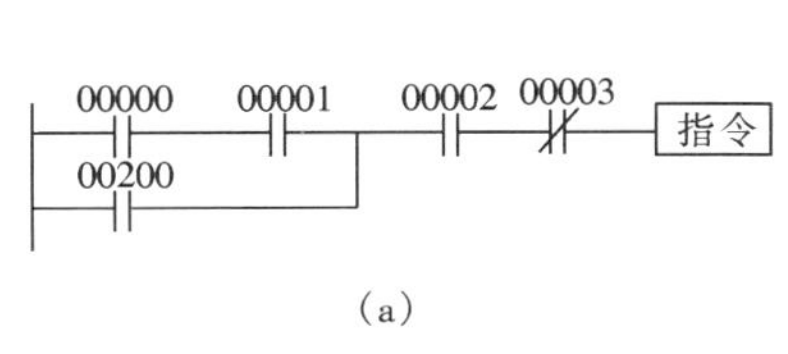

(a)

地址	指令	操作数
00000	LD	00000
00001	AND	00001
00002	OR	00200
00003	AND	00002
00004	AND-NOT	00003
00005	指令	

(b)

图 3-5　串并联指令的组合

(a) 梯形图；(b) 语句表

四、逻辑块指令

逻辑块指令描述了逻辑块之间的关系。AND-LD 指令将两个逻辑块（或称电路块）产生的执行条件进行逻辑与运算。OR-LD 指令将两个逻辑块产生的执行条件进行逻辑或运算。

如图 3-6 所示，当左边逻辑块的逻辑条件为 ON（即 IR00000 或 IR00001 为 ON），同时右边的逻辑块的条件为 ON（即 IR00002 为 ON 或 IR00003 为 OFF）时，则执行条件为 ON。这样的梯形图仅用 AND 和 OR 指令不能转换为助记符。此时必须使用 AND-LD 或 OR-LD 指令。AND-LD 指令本身不需要操作数，因为它是对前面已经确定的执行条件进行操作。

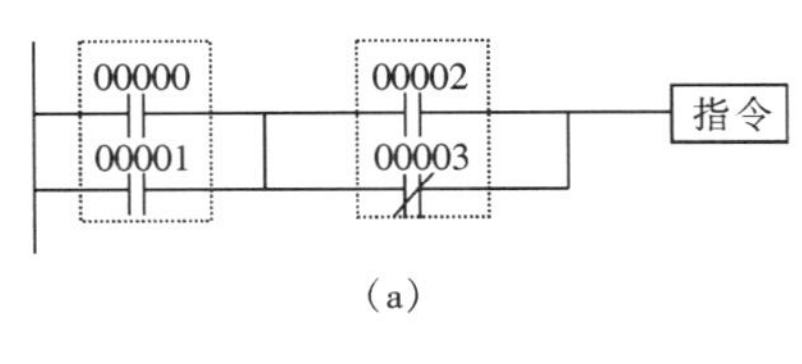

(a)

地址	指令	操作数
00000	LD	00000
00001	OR	00001
00002	LD	00002
00003	OR-NOT	00003
00004	AND-LD	—
00005	指令	

(b)

图 3-6　串联电路块的处理

(a) 梯形图；(b) 语句表

这里，用短线表明不需要指定或输入操作数。

图 3-7 是 OR-LD 指令使用的例子。当 IR00000 为 ON，同时 IR00001 为 OFF，或者

IR00002 和 IR00003 同时为 ON 时，右边的指令的执行条件上将为 ON。除了当前的执行条件要同上一个未使用的执行条件进行 OR 运算外，OR-LD 指令的操作和助记符与 AND-LD 指令的操作和助记符完全相同。

对于两组以上的电路块，有两种编程方法，如图 3-8 和图 3-9 所示。在第二种编程方法中，在 AND-LD 或 OR-LD 前的程序段数应不大于 8，而第一种方法对此没有限制。

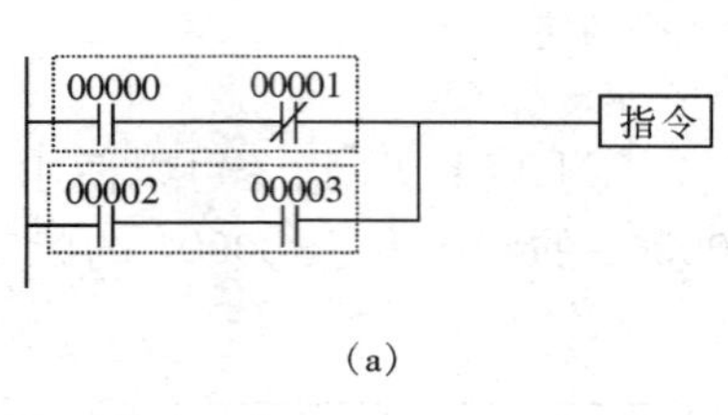

(a)

地址	指令	操作数
00000	LD	00000
00001	AND-NOT	00001
00002	LD	00002
00003	AND	00003
00004	OR-LD	—
00005	指令	

(b)

图 3-7　并联电路块的处理

(a) 梯形图；(b) 语句表

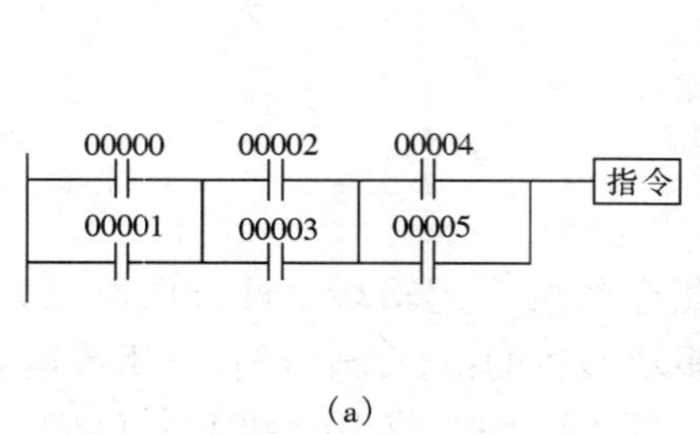

(a)

地址	指令	操作数
00000	LD	00000
00001	OR	00001
00002	LD	00002
00003	OR	00003
00004	AND-LD	—
00005	LD	00004
00006	OR	00005
00007	AND-LD	—
00008	指令	

(b)

地址	指令	操作数
00000	LD	00000
00001	OR	00001
00002	LD	00002
00003	OR	00003
00004	LD	00004
00005	OR	00005
00006	AND-LD	—
00007	AND-LD	—
00008	指令	

(c)

图 3-8　三组电路块的串联

(a) 梯形图；(b) 语句表 1；(c) 语句表 2

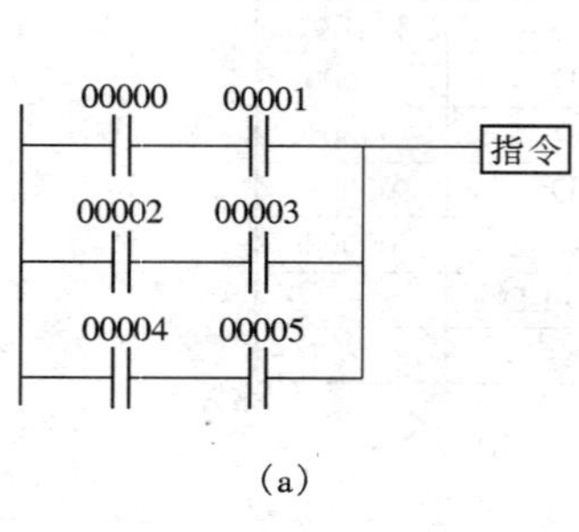

(a)

地址	指令	操作数
00000	LD	00000
00001	AND	00001
00002	LD	00002
00003	AND	00003
00004	OR-LD	—
00005	LD	00004
00006	AND	00005
00007	OR-LD	—
00008	指令	

(b)

地址	指令	操作数
00000	LD	00000
00001	AND	00001
00002	LD	00002
00003	AND	00003
00004	LD	00004
00005	AND	00005
00006	OR-LD	—
00007	OR-LD	—
00008	指令	

(c)

图 3-9　三组电路块的并联

(a) 梯形图；(b) 语句表 1；(c) 语句表 2

有些梯形图既需要AND-LD指令又需要OR-LD指令。这时，必须将梯形图分解为有简单串并联关系的逻辑块。各块使用LD指令将第一个条件转化为代码，然后用AND-LD或OR-LD将各块进行逻辑组合。

【例3-1】 将图3-10所示梯形图转化成指令语句表。

解 这个例子初看起来可能很复杂，其实只要使用两个逻辑块指令就可以编码。编码过程及语句表如图3-11所示。

第一个逻辑块并联指令用来组合块a的执行条件，第二个用来将块b的执行条件同常闭条件IR00003的执行条件相结合。梯形图的其余部分可以用OR，AND和AND-NOT编码。

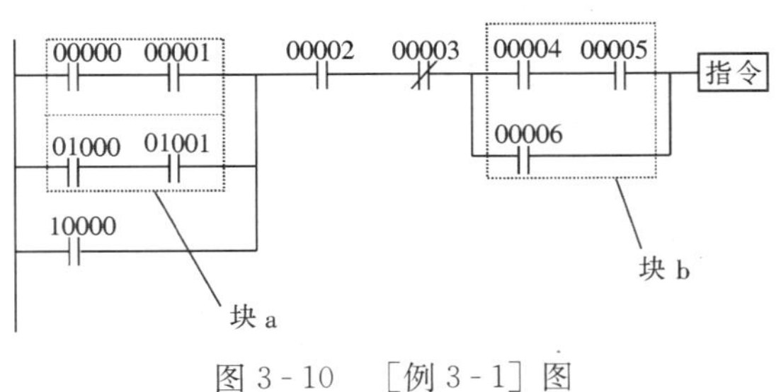

图3-10　[例3-1]图

五、梯形图编码技巧

1. 逻辑块的重新排列

几个电路块串并联时，适当安排电路块的位置，可使指令编码简化，可将图3-12（a）、（b）简化成图3-12（c）、（d）的形式。

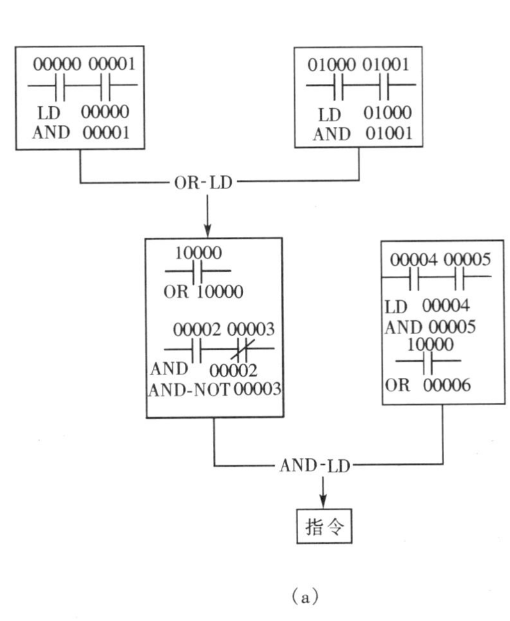

（a）

地址	指令	操作数
00000	LD	00000
00001	AND	00001
00002	LD	01000
00003	AND	01001
00004	OR-LD	—
00005	OR	10000
00006	AND	00002
00007	AND-NOT	00003
00008	LD	00004
00009	AND	00005
00010	OR	00006
00011	AND-LD	—
00012	指令	

（b）

图3-11　图3-10分析

（a）梯形图；（b）语句表

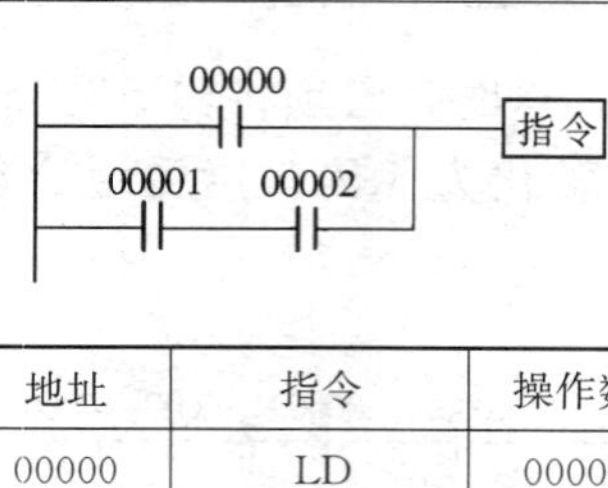

地址	指令	操作数
00000	LD	00000
00001	LD	00001
00002	AND	00002
00003	OR-LD	—
00004	指令	

(a)

地址	指令	操作数
00000	LD	00000
00001	LD	00001
00002	OR	00002
00003	AND-LD	—
00004	指令	

(b)

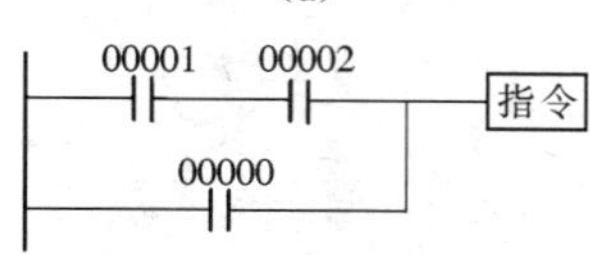

地址	指令	操作数
00000	LD	00001
00001	AND	00002
00002	OR	00000
00003	指令	

(c)

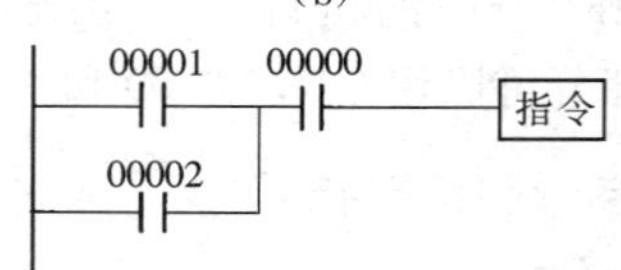

地址	指令	操作数
00000	LD	00001
00001	OR	00002
00002	AND	00000
00003	指令	

(d)

图 3-12 电路块的重新排列

2. 分支电路的处理

对于分支电路，不能用串并联指令编程，这时，可使用暂存继电器 TR 来记忆分支点。暂存继电器必须与 LD 和 OUT 指令配合使用。在使用 TR 编程时应注意，TR 共 8 个，编号为 0 到 7，在同一逻辑单元中，同一暂存继电器不可重复使用，如图 3-13 所示。

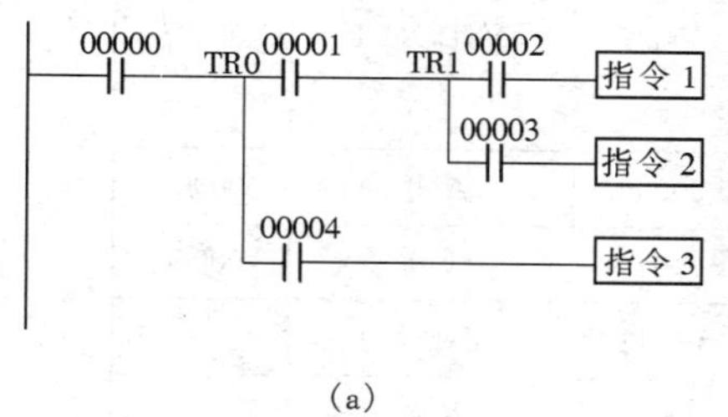

(a)

地址	指令	操作数	地址	指令	操作数
00000	LD	00000	00006	LD	TR1
00001	OUT	TR0	00007	AND	00003
00002	AND	00001	00008	指令 2	
00003	OUT	TR1	00009	LD	TR0
00004	AND	00002	00010	AND	00004
00005	指令 1		00011	指令 3	

(b)

图 3-13 分支电路编程

(a) 梯形图；(b) 语句表

有些分支电路经过简化后，可以不使用 TR，使编程过程简化，节省程序存储空间。如图 3-14 (a)、(b) 所示电路，在编程时必须使用 OUT TR0 指令和 LD TR0 指令，而改成图 3-14 (c)、(d) 后，则可不使用这两条指令。

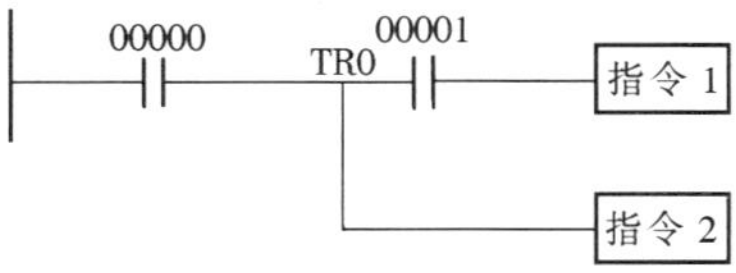

地址	指令	操作数
00000	LD	00000
00001	OUT	TR0
00002	AND	00001
00003	指令 1	
00004	LD	TR0
00005	指令 2	

(a)

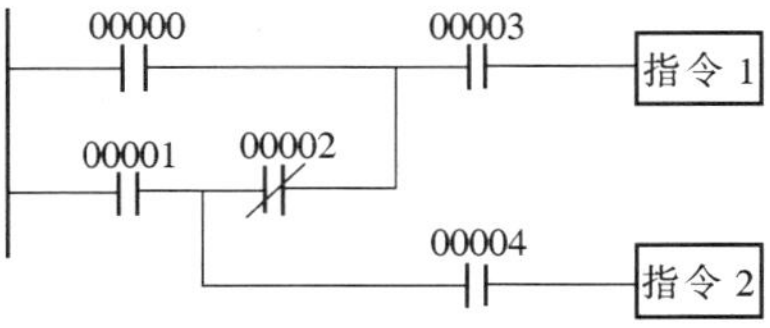

地址	指令	操作数
00000	LD	00000
00001	指令 1	
00002	AND	00001
00003	指令 2	

(c)

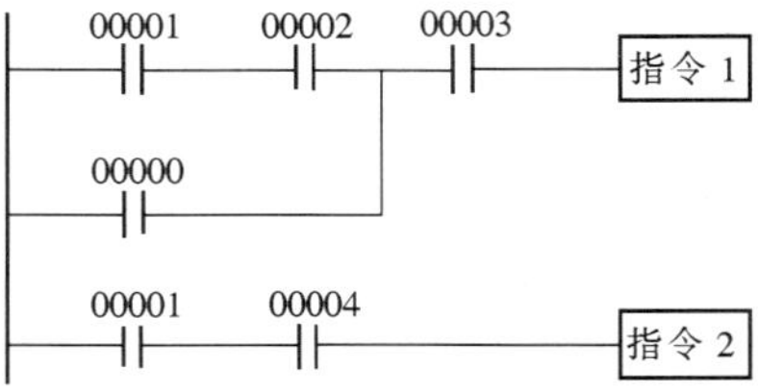

地址	指令	操作数
00000	LD	00000
00001	LD	00001
00002	OUT	TR0
00003	AND-NOT	00002
00004	OR-LD	—
00005	AND	00003
00006	指令 1	
00007	LD	TR0
00008	AND	00004
00009	指令 2	

(b)

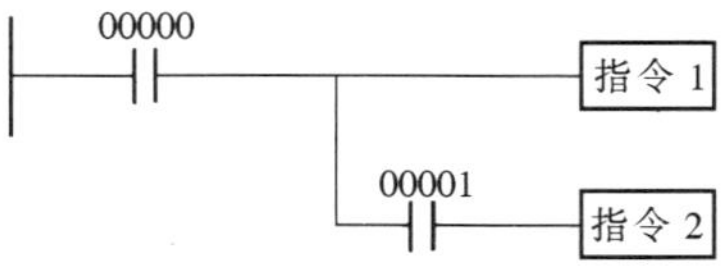

地址	指令	操作数
00000	LD	00001
00001	AND	00002
00002	OR	00000
00003	AND	00003
00004	指令 1	
00005	LD	00001
00006	AND	00004
00007	指令 2	

(d)

图 3 - 14　分支电路的简化

3. 程序段的先后次序

由于 PLC 的程序是按从上到下、从左到右的次序执行，所以在上面进行程序的简化时，某些情况下也应考虑程序段的先后次序。图 3 - 15（a）所示电路中 10001 的条件总也不会为 ON；而改成图 3 - 15（b）形式后，则 00000 为 ON 时，10001 的条件为 ON 一个扫描周期。

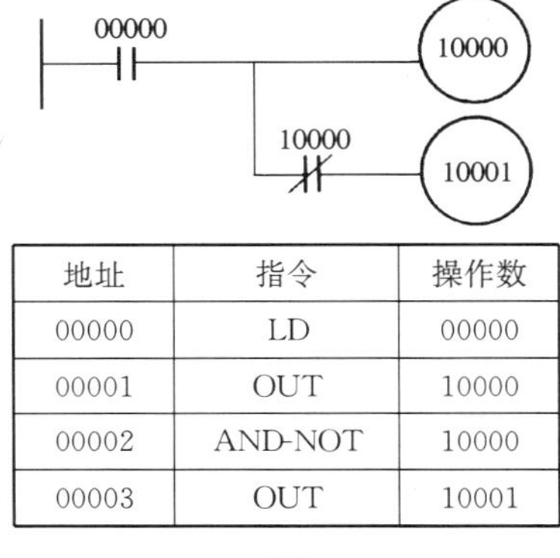

地址	指令	操作数
00000	LD	00000
00001	OUT	10000
00002	AND-NOT	10000
00003	OUT	10001

(a)

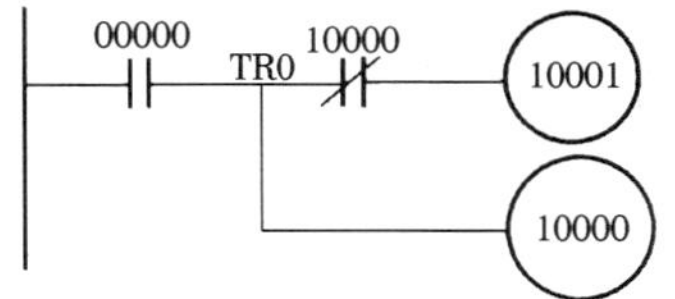

地址	指令	操作数
00000	LD	00000
00001	OUT	TR0
00002	AND-NOT	10000
00003	OUT	10001
00004	LD	TR0
00005	OUT	10000

(b)

图 3 - 15　程序段的先后次序

4. 桥式电路的化简

PLC不能对桥式电路编程，必须进行化简后才能编程，如图3-16所示。

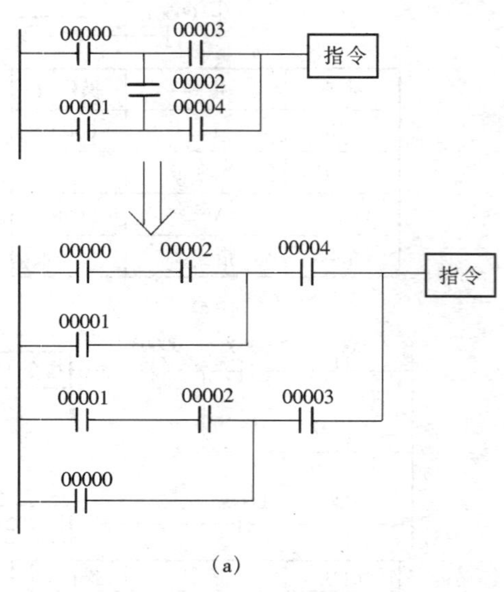

地址	指令	操作数
00000	LD	00000
00001	AND	00002
00002	OR	00001
00003	AND	00004
00004	LD	00001
00005	AND	00002
00006	OR	00000
00007	AND	00003
00008	OR-LD	—
00009	指令	

(b)

图3-16 桥式电路的化简

(a) 梯形图；(b) 语句表

第三节 基本右手指令

PLC的右手指令相当于继电器的线圈，它表明了梯形图条件的执行结果。本节介绍逻辑控制中基本右手指令，见表3-2。

表3-2 **基本右手指令**

指令名称	助记符 操作数	梯形图符号	功 能	操作数范围
结束	END (01) —	END	表示程序结束	—
输出	OUT 继电器号N		将逻辑操作的结果输出给继电器	继电器号N：IR、SR、HR、AR、LR
取反输出	OUT-NOT 继电器号		将逻辑操作的结果取反后输出给继电器	
连锁	IL (02) —	IL	自本指令至ILC指令间的继电器线圈，定时器根据本指令前面的条件进行置位或不置位	—
清连锁	ILC (03) —	ILC	IL指令的解除	—

续表

指令名称	助记符　操作数	梯形图符号	功　能	操作数范围
跳转	JMP（04）　跳转号	JMP	自本指令至JME指令间的程序由前面的条件决定执行或不执行	跳转号：00—99
跳转结束	JME（05）　跳转号	JME	结束跳转指令	
置位	SET	SET B	使操作位为ON	继电器号N：IR、SR、HR、AR、LR
复位	RESET	RSET B	使操作位为OFF	
保持器	KEEP（11）　继电器N	S R KEEP N	S为ON时，N为ON并保持；R为ON时，N复位	继电器号N：IR、SR、HR、AR、LR
上沿微分	DIFU（13）　N	DIFU N	当DIFU为上升沿（OFF变为ON）时，所指定的继电器在一个扫描周期内为ON	继电器号N：IR、HR、AR、LR、SR
下沿微分	DIFD（14）　N	DIFD N	当DIFD为下降沿（OFF变为ON）时，所指定的继电器在一个扫描周期内为ON	
普通定时器	TIM　N 设定值SV	TIM　N SV	递减式接通延时定时器，设定时间：0～999.9s 定时器计量单位：0.1s	定时器号N：000～511 设定值SV：#0000～9999 外部设定：IR、SR、AR、DM、HR、LR
高速定时器	TIMH（15）　N 设定值SV	TIMH(15) N SV	高速递减式接通延时定时器，设定时间：0～99.99s 定时器计量单位：0.01s	同上。 注：定时器号N通常应取为000～015之间。若使用016～511间的高速定时器，将不能保证精确计时
普通计数器	CNT　计数器号N 设定值SV	CP R CNT　N SV	递减式计数器 设定值：0～9999	计数器号N：000～511 设定值SV：#0000～9999 外部设定：IR、SR、AR、DM、HR、LR
可逆计数器	CNTR（12）　N 设定值SV	II DI R CNTR(12)　N SV	双向可逆式计数器可执行加1或减1计数 设定值：0～9999	同上

一、END（01）指令

完成一个简单程序所需的最后一条指令为END指令（见图3-17）。当CPU扫描程序时，它执行所有的指令，直到第一个END指令，然后返回到程序的起始处再次开始执行程序。虽然END指令可以放在程序的任一点（当调试时有时会这样做），但是END指令后面的指令将不会执行，直到END指令移去。

在助记符中，END指令后面的数字是它的功能代码。大多数指令输入到PLC中去时使用它。方法是按FUN键，然后按功能代码。END的指令的输入方式为：FUN、0、1、WRITE（其他功能指令的输入方法与此类似）。

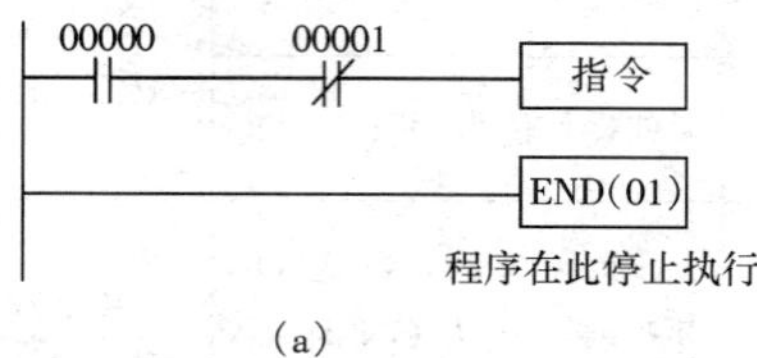

(a)

地址	指令	操作数
00000	LD	00000
00001	AND-NOT	00001
00002	指令	
00003	END（01）	

(b)

图3-17　END指令的使用

(a) 梯形图；(b) 语句表

END指令不需要操作数；不能将条件与它放在同一指令行上。

如果程序中没有END指令，程序将不会执行。

二、OUT/OUT-NOT指令

输出组合执行条件的结果的最简单的方法是直接用OUT和OUT-NOT指令。这些指令用按相应的执行条件控制指定操作位的状态。如图3-18所示，使用OUT指令时，当执行条件为ON时，操作位为ON；当执行条件为OFF时，操作位为OFF。使用OUT-NOT指令时，当执行条件为OFF时，操作位为ON；当执行条件为ON时，操作位为OFF。用助记符表示，每个指令需要一行。

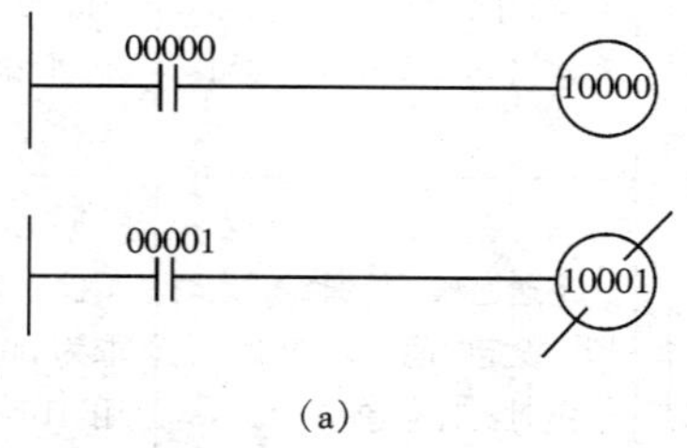

(a)

地址	指令	操作数
00000	LD	00000
00001	OUT	10000

地址	指令	操作数
00000	LD	00001
00001	OUT-NOT	10001

(b)

图3-18　OUT指令的使用

(a) 梯形图；(b) 语句表

在上面的例子中，当IR00000为ON时，IR10000将为ON；当IR00001为ON时，IR10001将为OFF。这里，IR00000和IR00001为输入位，输出位IR10000和IR10001分配给由PC控制的单元。

一个位为ON或OFF的时间长度，可由OUT或OUT-NOT指令与计时器指令组合来进行控制。

【例3-2】 单按钮启停电路。

解 在实际生产中，如果用一个普通按钮既能控制启动，又能控制停止，则将节省大量输入点，使外部配线简单，同时，也可简化操作。能实现这种要求的电路就称为单按钮启停电路，其输入与输出的时序关系如图3-19所示。这里介绍的是这种电路的其中一种形式。梯形图及语句表见图3-20。这里，IR00000第一次为ON时，IR01600为ON一个扫描周期，使IR10000为ON并保持；IR00000第二次为ON时，IR01600又为ON一个扫描周期，使IR01602为ON，则IR10000变为OFF。

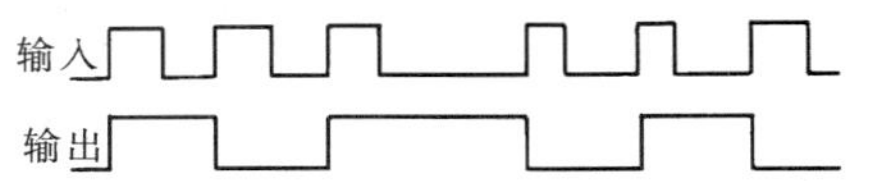

图3-19 单按钮启停电路时序图

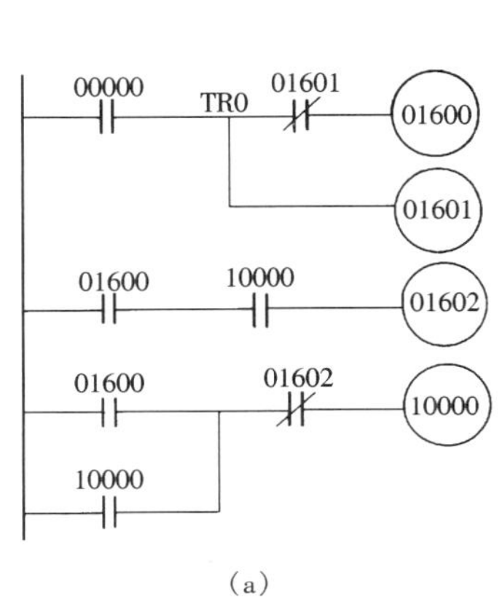

(a)

地址	指令	操作数
00000	LD	00000
00001	OUT	TR0
00002	AND-NOT	01601
00003	OUT	01600
00004	LD	TR0
00005	OUT	01601
00006	LD	01600
00007	AND	10000
00008	OUT	01602
00009	LD	01600
00010	OR	10000
00011	AND-NOT	01602
00012	OUT	10000

(b)

图3-20 单按钮启停电路

(a) 梯形图；(b) 语句表

三、IL(02)/ILC(03)指令

IL(连锁)/ILC(清连锁)指令可以在一定条件下代替暂存器TR处理分支电路的编程，同时，它又有一些特殊的地方。这两条指令总是配合使用，如图3-21所示。

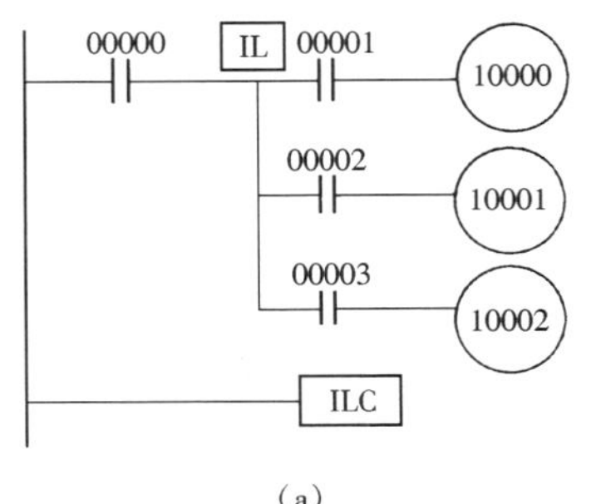

(a)

地址	指令	操作数
00000	LD	00000
00001	IL (02)	—
00002	LD	00001
00003	OUT	10000
00004	LD	00002
00005	OUT	10001
00006	LD	00003
00007	OUT	10002
00008	ILC (03)	—

(b)

图3-21 IL/ILC指令的使用

(a) 梯形图；(b) 语句表

当IL的条件为ON时，IL/ILC指令之间的各继电器状态与没有IL/ILC指令时一样正

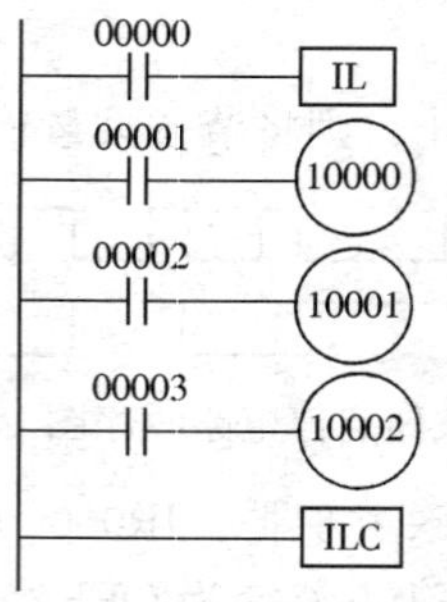

图 3-22 IL/ILC 指令的另一种使用形式

常动作。当 IL 的条件为 OFF 时，IL/ILC 之间各继电器状态为：输出及内部辅助继电器为 OFF，定时器复位，计数器、移位器、保持器保持其当前值。

图 3-21 所示的梯形图可等效成图 3-22 形式，指令编码不变。实际上，这种形式为 IL/ILC 的标准形式。

利用 IL/ILC 指令设计梯形图时，电路结构直观，逻辑清晰，编程简单，特别适用于复杂电路。

【例 3-3】 将图 3-23 所示用 TR 编程的电路改成用 IL/ILC 编程的电路。

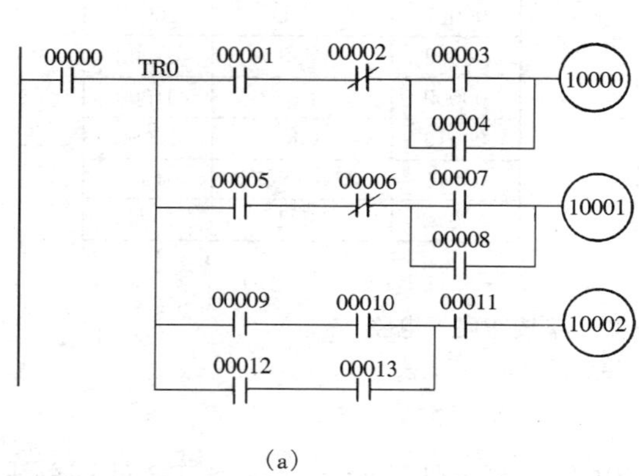

(a)

地址	指令	操作数
00000	LD	00000
00001	OUT	TR0
00002	AND	00001
00003	AND-NOT	00002
00004	LD	00003
00005	OR	00004
00006	AND-LD	
00007	OUT	10000
00008	LD	TR0
00009	AND	00005
00010	AND-NOT	00006
00011	LD	00007
00012	OR	00008
00013	AND-LD	
00014	OUT	10001
00015	LD	TR0
00016	AND	00009
00017	AND	00010
00018	LD	TR0
00019	AND	00012
00020	AND	00013
00021	OR-LD	
00022	AND	00011
00023	OUT	10002

(b)

图 3-23 用 TR 编程的电路

(a) 梯形图；(b) 语句表

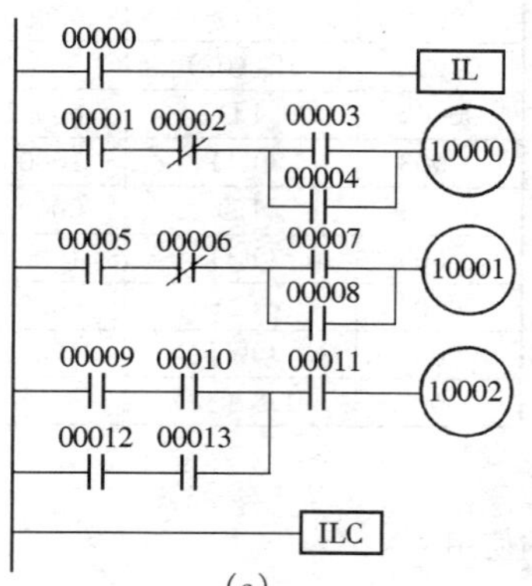

(a)

地址	指令	操作数	地址	指令	操作数
00000	LD	00000	00011	OR	00008
00001	IL (02)	—	00012	AND-LD	
00002	LD	00001	00013	OUT	10001
00003	AND-NOT	00002	00014	LD	00009
00004	LD	00003	00015	AND	00010
00005	OR	00004	00016	LD	00012
00006	AND-LD		00017	AND	00013
00007	OUT	10000	00018	OR-LD	
00008	LD	00005	00019	AND	00011
00009	AND-NOT	00006	00020	OUT	10002
00010	LD	00007	00021	ILC (03)	—

(b)

图 3-24 用 IL/ILC 编程的电路

(a) 梯形图；(b) 语句表

解 在图3-23中，分支中的内容比较多，用TR编程时，使用的TR次数较多、编程麻烦。如果改成IL/ILC编程，则简单得多，如图3-24所示。

图3-25所示，一个指令块中可以使用一个以上的连锁指令；各个指令直到下一个清连锁指令之前有效。图中，如果IR00000为OFF（即如果第一个连锁指令的执行条件为OFF），指令1到指令4将以OFF执行条件执行，并接着执行清连锁指令后面的指令。如果IR00000为ON，IR00001的状态将作为指令1的执行条件，然后IR00002的状态将形成第二个连锁指令的执行条件。如果IR00002为OFF，指令2到指令4将以OFF执行条件执行，如果IR00002为ON，IR00003、IR00004、IR00005和IR00006将决定新的指令行的第一执行条件。

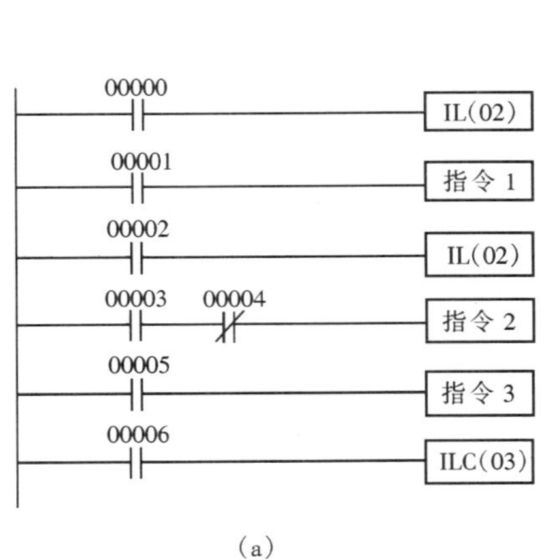

(a)

地址	指令	操作数
00000	LD	00000
00001	IL (02)	—
00002	LD	00001
00003	指令1	
00004	LD	00002
00005	IL (02)	—
00006	LD	00003
00007	AND-NOT	00004
00008	指令2	
00009	LD	00005
00010	指令3	
00011	LD	00006
00012	指令4	
00013	ILC (03)	—

(b)

图3-25 IL/ILC指令的使用

(a) 梯形图；(b) 语句表

四、JMP (04) /JME (05) 指令

使用JMP (04) /JME (05) 指令可以按照一个指定的执行条件，跳过某一指定的程序段。虽然这与当连锁指令IL的执行条件为OFF时发生的情况类似，但是使用跳转指令时，JMP (04) 与JME (05) 之间所有指令的操作数都可以保持原来的状态。因此跳转可以用来控制需要保持输出的设备，例如，气动装置和液压传动设备；而连锁可能用来控制不需要保持输出的设备，例如电子仪器等。

通过使用跳转 [JMP (04)] 和跳转结束 [JME (05)] 指令来产生跳转时，如果跳转指令的执行条件为OFF，程序立即跳转到跳转结束指令执行，而不改变跳转和跳转结束指令之间的任何状态。

所有的跳转和跳转结束指令都分配一个00～99之间的编号。所使用的跳转号决定跳转的类型。CQM1有两种类型的跳转。

(1) 一种类型的跳转是使用01～99之间的跳转号。这时，一个跳转号只能在跳转指令中使用一次和在跳转结束指令中使用一次。当被分配某一个跳转号的跳转指令执行时，指令的执行立刻跳转到具有相同跳转号的跳转结束指令，如同它们之间的所有指令不存在一样，如图 3-26 所示，01～99 之间的任何数只要它没有在程序的其他部分使用都可以使用。跳转和跳转结束不需要其他操作数，指向跳转结束的指令行上不能有任何条件。当 IR00000 为 OFF 时，图 3-26 的这种形式较使用 IL（02）/ILC（03）指令产生跳转所需要的执行时间短。

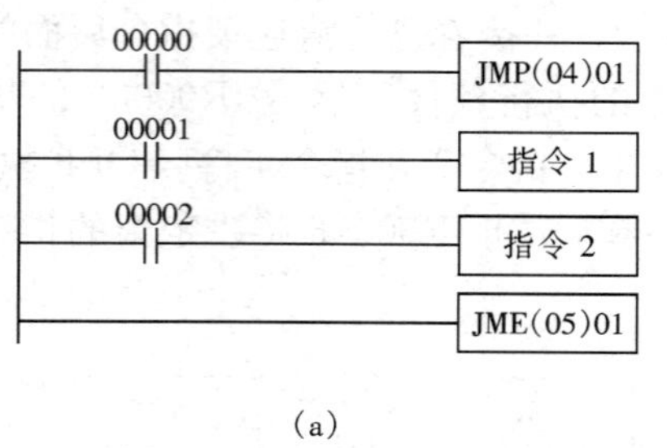

(a)

地址	指令	操作数
00000	LD	00000
00001	JMP（04）	01
00002	LD	00001
00003	指令 1	
00004	LD	00002
00005	指令 2	
00006	JME（05）	01

(b)

图 3-26　JMP/JME 指令的使用

（a）梯形图；（b）语句表

（2）另外一种类型的跳转用跳转号 00 生成。跳转号 00 可以生成多次跳转，即跳转号为 00 的跳转指令可以连续多次使用，几个跳转之间不需要使用跳转号 00 的跳转结束指令。甚至所有的跳转 00 指令都可以将程序的执行转移到同一跳转结束 00，即对程序中的所有跳转 00 指令只需要一条跳转结束号为 00 的跳转结束指令。当用 00 作为跳转指令的跳转编号时，程序跳转到下一个使用跳转号为 00 的跳转结束指令后面的一条指令。虽然，如在所有的跳转中一样，在跳转 00 和跳转结束 00 之间的所有状态不改变，所有指令不执行，但是程序必须搜寻下一个跳转结束 00 指令，这会略微增加执行时间。

含有多条跳转 00 指令和一条跳转结束 00 指令的程序的执行与用连锁指令的一段程序的执行相似。图 3-27 所示的 JMP/JME 指令的使用与上面介绍连锁指令的使用的例子相同。但连锁指令将使连锁所包含的部分复位，而跳转不影响跳转和跳转结束指令之间的任何位的状态。

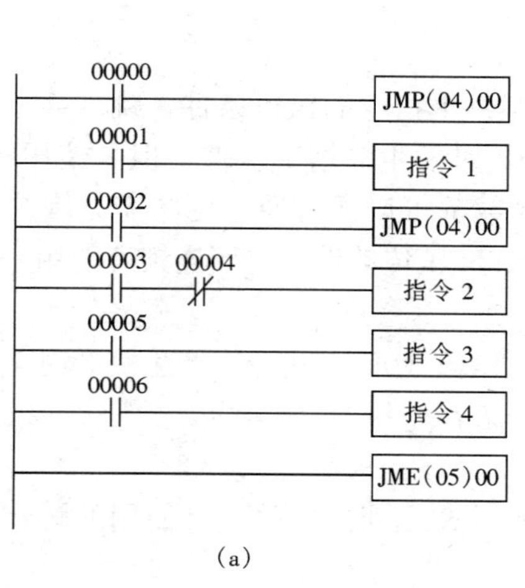

(a)

地址	指令	操作数
00000	LD	00000
00001	JMP（04）00	
00002	LD	00001
00003	指令 1	
00004	LD	00002
00005	JMP（04）00	
00006	LD	00003
00007	AND-NOT	00004
00008	指令 2	
00009	LD	00005
00010	指令 3	
00011	LD	00006
00012	指令 4	
00013	JME（05）00	

(b)

图 3-27　JMP/JME 指令的使用

（a）梯形图；（b）语句表

【例 3-4】　用 JMP/JME 指令设计单按钮启停电路。

解　设 IR00000 为输入按钮，IR10000 为输出。当 IR00000 第一次为 ON 时 JMP 条件为 ON，IR10000 自己的动断触点使其线圈接通，即 IR10000 为 ON。同时，由于 IR01600 为 ON，在下一个扫描周期，使 JMP 的条件 OFF。所以，虽然 IR10000 的动断触点断开，但 IR10000 仍保持原状态，即仍为 ON。当 IR00000 松开时，IR00000 为 OFF，01600 动断触点闭合，JMP 的条件仍为 OFF；当 IR00000 第二次为 ON 时，JMP 的条件又满足一个扫描周期，10000 的动断触点使其线圈断电，即为 OFF，并保持。可见，图 3-28 所示电路构成了单按钮启停电路。

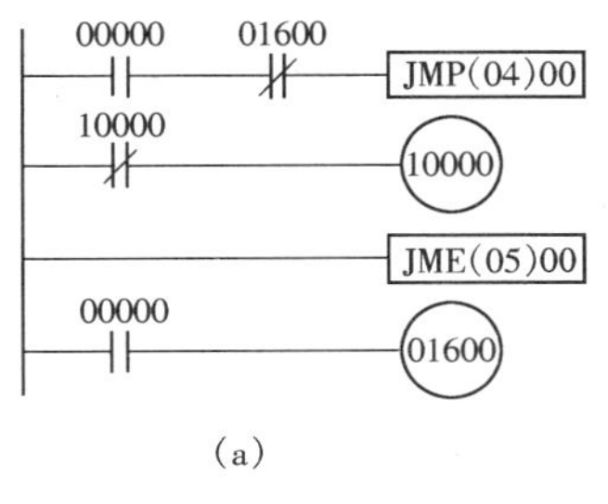

(a)

地址	指令	操作数
00000	LD	00000
00001	AND-NOT	01600
00002	JMP (04)	00
00003	LD-NOT	10000
00004	OUT	10000
00005	JME (05)	00
00006	LD	00000
00007	OUT	01600

(b)

图 3-28　单按钮启停电路

(a) 梯形图；(b) 语句表

五、SET（置位）/RESET（复位）指令

SET 和 RESET 指令与 OUT 和 OUT-NOT 指令很相似，除了它们只在 ON 执行条件下改变它们的操作位状态。当执行条件为 OFF 时，这两条指令都不影响其操作位的状态。

当执行条件变为 ON 时，SET 将把操作位变为 ON，但是与 OUT 指令不同，当执行条件变为 OFF 时，SET 并不把操作位变为 OFF。当执行条件变为 ON 时，RESET 将把操作位变为 OFF，但是与 OUT-NOT 指令不同，当执行条件变为 OFF 时 RESET 并不把操作位变为 ON。

如图 3-29 所示，当 IR00100 变为 ON 时，IR10000 将变为 ON，并保持为 ON 直到 IR00101 变为 ON，而不管 IR00100 的状态。当 00101 变为 ON 时，RESET 将把 IR10000 变为 OFF。

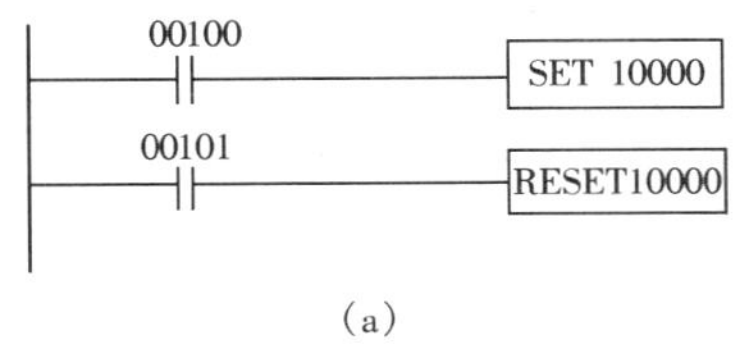

(a)

地址	指令	操作数
00000	LD	00100
00001	SET	10000
00002	LD	00101
00003	RESET	10000

(b)

图 3-29　SET/RESET 指令的使用

(a) 梯形图；(b) 语句表

六、DIFU（13）/DIFD（14）指令

DIFU（13）/DIFD（14）指令用来使操作位每次在一个周期内为 ON。DIFU（13）指令在其执行条件从 OFF 变为 ON 后使操作位在一个周期内为 ON；DIFD（14）指令在其执行条件从 ON 变为 OFF 后使操作位在一个周期内为 ON，如图 3-30 所示。

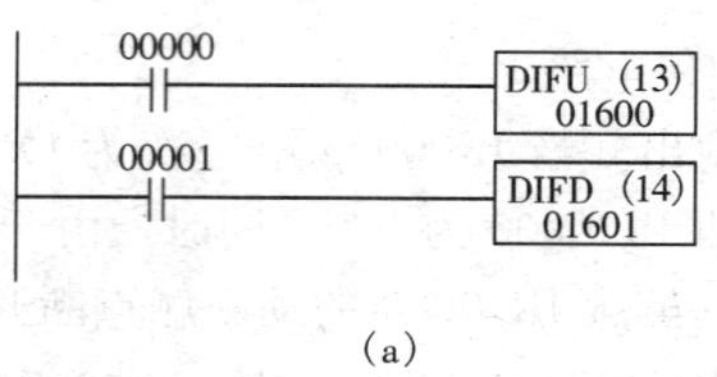

地址	指令	操作数
00000	LD	00000
00001	DIFU (13)	01600
00000	LD	00001
00001	DIFD (14)	01601

(b)

图 3-30　DIFU/DIFD 指令的使用

(a) 梯形图；(b) 语句表

这里，在 IR00000 变为 ON 后，IR01600 将在一个周期内为 ON。下一次执行 DIFU (13) 01600 时，不管 IR00000 的状态如何，IR01600 将变为 OFF。对 DIFD (14) 指令，当 IR00001 变为 OFF 后，IR01601 将在一个周期为 ON，当下一次执行 DIFD (14) 时，IR01601 变为 OFF。

七、KEEP (11) 指令

KEEP 指令用以根据两个执行条件保持操作位的状态。KEEP 指令与两个指令行连接。当第一个指令行的末尾的执行条件为 ON 时，KEEP 指令的操作位变为 ON；当第二个指令行的末尾的执行条件为 ON 时，KEEP 指令的操作位变为 OFF。既使它位于梯形图的连锁段内，KEEP 指令的操作位仍将保持其 ON 或 OFF 状态。

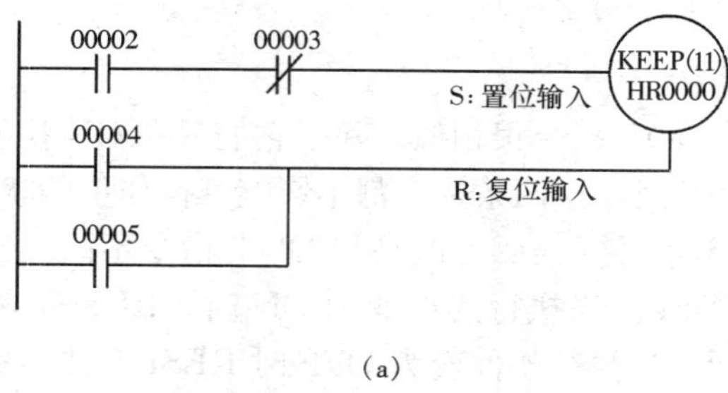

地址	指令	操作数
00000	LD	00002
00001	AND-NOT	00003
00002	LD	00004
00003	OR	00005
00004	KEEP (11)	HR 0000

(b)

图 3-31　KEEP 指令的使用

(a) 梯形图；(b) 语句表

在图 3-31 中，当 IR00002 为 ON，IR00003 为 OFF 时，HR0000 将变为 ON。HR0000 将保持为 ON 直到 IR00004 或 IR00005 变为 ON。

【例 3-5】　传送带启停控制（见图 3-32）。

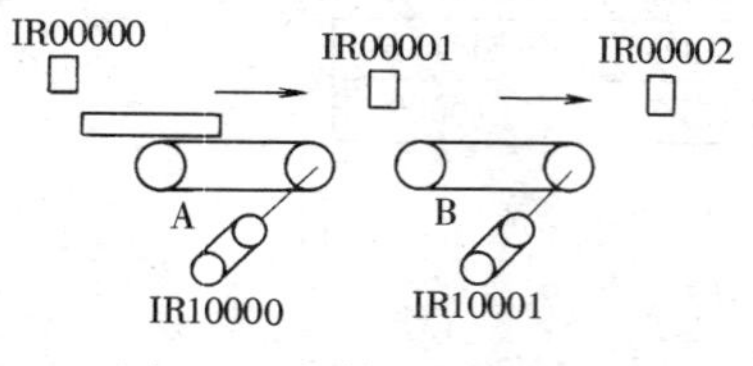

图 3-32　传送带示意图

解　用两条传送带传送钢板之类的长物体时，要求尽可能减少传送带运行时间。为此，在传送带端部设置了三个光电开关，分别由 IR00000、IR00001、IR00002 端口输入到 PLC；传送带 A、B 的控制电机分别由 IR10000、IR10001 驱动。被传送物体前沿到来时，IR00000 为 ON，使传送带 A 开始运行；当被传送物体的前沿使 IR00001 接通为 ON 时，两条传送带同时运行；当被传送物体的后沿离开 IR00001 时，传送带 A 停止；当物体的后沿离开 IR00002 时，传送带 B 也停止。用微分指令来检测物体的前沿和后沿，则 PLC 控制电路如图 3-33所示。

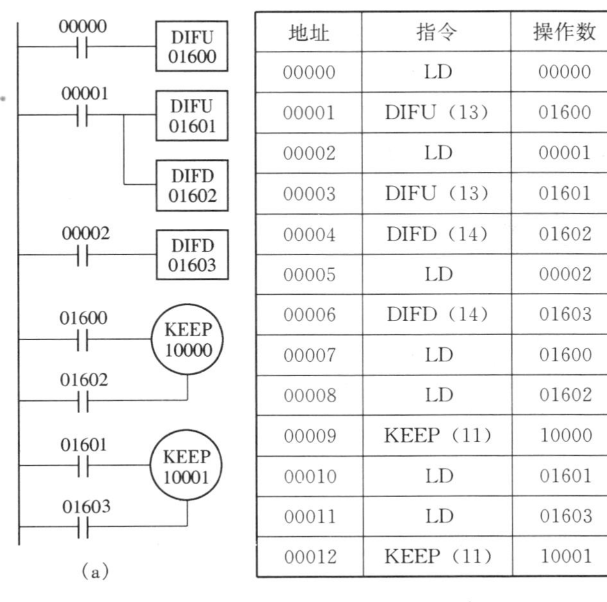

地址	指令	操作数
00000	LD	00000
00001	DIFU（13）	01600
00002	LD	00001
00003	DIFU（13）	01601
00004	DIFD（14）	01602
00005	LD	00002
00006	DIFD（14）	01603
00007	LD	01600
00008	LD	01602
00009	KEEP（11）	10000
00010	LD	01601
00011	LD	01603
00012	KEEP（11）	10001

（b）

图 3-33　传送带控制电路

（a）梯形图；（b）语句表

【例 3-6】　用保持器设计单按钮启停电路。

解　如图 3-34 所示，IR00000 为按钮输入端，IR10000 为信号输出端。当 IR00000 为 ON 时，在 IR01600 上输出 ON 一个扫描周期。当 IR00000 第一次为 ON 时，IR01600 使置“1”端为 ON 一个扫描周期，IR10000 为 ON 并保持；同时，IR10000 的常闭触点打开，常开触点闭合，为置“0”端有效作准备。当 IR00000 第二次为 ON 时，IR01600 使置“0”端有效，IR10000 为 OFF。

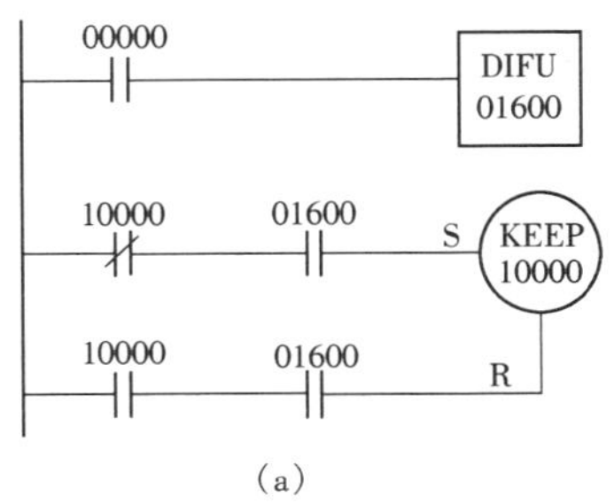

地址	指令	操作数
00000	LD	00000
00001	DIFU（13）	01600
00002	LD-NOT	10000
00003	AND	01600
00004	LD	10000
00005	AND	01600
00006	KEEP（11）	10000

（b）

图 3-34　单按钮启停电路

（a）梯形图；（b）语句表

八、定时/计数指令

定时与计数指令主要用于定时与计数，也是很常用的右手指令。定时与计数指令本质上也是一种逻辑输出指令，也是为了产生输出，实现从入到出的变换，只是要延时实现，或数计满后实现。

CQM1 有三种定时器和三种计数器。TIM 和 TIMH（15）是需要一个 TC 编号和一个设定值（SV）的递减式接通延时定时器。STIM（-）用于控制激活中断子程序的间隔定时器。CNT是递减式计数指令，CNTR是可逆计数器指令。它们都需要一个TC编号和一个设定值，也都与作为输入信号和复位信号的多个指令行相连。CTBL（-）、INT（-）和PRV（-）用来管理高速计数器。INT（-）也用来停止脉冲输出。

任何一个TC编号不能定义两次，即一旦已经作为某一定时器/计数器指令的定义符使用过，就不能被再次定义。一旦被定义，只要需要TC编号作为指令操作数而不是定时器或计数器指令，则使用次数无限。

TC编号范围从000～511。当用TC编号作为定时器或计数器指令的定义符时，不需要加前缀。一旦定义为定时器，作为特定指令的操作数，TC编号可以加前缀TIM。一旦定义为计数器，TC编号可以加前缀CNT作为特定指令的操作数。

TC编号可以指定作为需要位或字数据的操作数。当指定作为需要位数据的操作数时，TC编号访问表示定时/计数已经达到的“完成标志”位，即常开触点，当到达设定值（SV）时为ON。当指定作为需要字数据的操作数时，此TC编号访问保存定时或计数器当前值（PV）的存储位置。

设定值可以以常数或数据区的字地址输入。如果分配给输入单元的IR区的字被指定为字地址，输入单元可以通过适当的接线经过外部的拨盘开关或类似器件来设置SV值。用这种方法接线的定时器或计数器只能在运行或监视状态下工作。所有的设定值，包括从外部设定的，必须为BCD码形式。

1. 定时器

普通定时器TIM的设定值SV在000.0～999.9之间。在输入PLC时小数点不必输入。其编号可以是TC000～511，每个TC编号只能在一个定时器或计数器指定中作为定义符使用。

高速定时器TIMH（15）与TIM的工作方式相同，但TIMH（15）的设定值SV在00.00～99.99之间，需要使用编号TC000～TC015。因此，如果使用TIMH，在TIM中就不应再使用TC000～TC015。

表3-3　TIM与TIMH（15）指令的比较

<table>
<tr><th colspan="2">比较项目</th><th>TIM</th><th>TIMH（15）</th></tr>
<tr><td colspan="2">操作数的组成</td><td colspan="2">由定时器编号N和设定值SV两部分组成</td></tr>
<tr><td colspan="2">定时器的类型</td><td colspan="2">减1延时</td></tr>
<tr><td colspan="2">设定值SV</td><td colspan="2">设定值可以是一个常数也可以是IR、SR、HR、AR、LR、DM和*DM的通道数据，SV的范围为0000～9999。若为常数，应为四位数的BCD数，当不是BCD数时，SR中的ER标志将变为ON</td></tr>
<tr><td colspan="2">定时器的度量单位</td><td>0.1s</td><td>0.01s</td></tr>
<tr><td rowspan="2">使用编程器的输入方法</td><td>指令写入</td><td>TIM → 定时器号N → WRITE</td><td>FUN → 1 → 5
→ 定时器号N → WRITE</td></tr>
<tr><td>设定值写入</td><td colspan="2">常数设定：常数 → WRITE
外部设定：CLR → 通道号 → WRITE
SHIFT → CH/* → 通道号 → WRITE</td></tr>
</table>

当扫描时间超过 10ms 时，使用 TC016～TC511 定时号的高速定时器将不能精确计时。如果扫描时间大于 10ms，必须使用 TC000～TC015 并设置 DM6629 为所使用的定时器号进行中断处理。

定时器的工作时序如图 3-35 所示。

当定时器的执行条件为 ON 时，定时器被启动，其设定值以 0.1s 为单位减 1 计数；当执行条件为 OFF 时，它被复位（到设定值）。

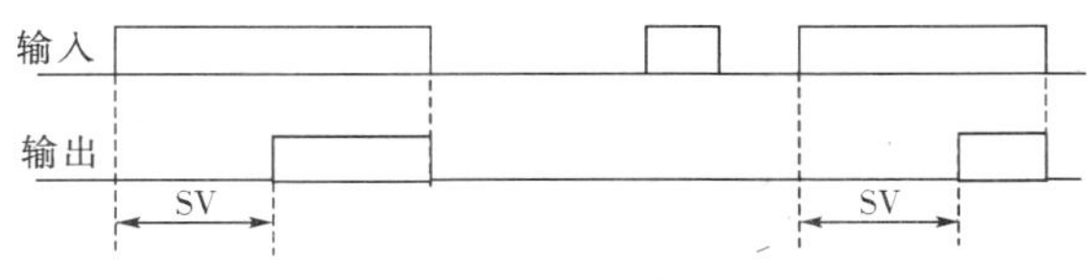

图 3-35　定时器的工作时序

注意：当 IL（02）的执行条件为 OFF 时，在连锁程序段中的定时器将复位。电源中断也将使定时器复位。

【例 3-7】　用 PLC 设计失电延时型时间继电器。

解　PLC 中的定时器是通电延时型的，即定时器的输入信号为 ON 时，定时器的设定值作减 1 运算；当设定值减到 0 时，定时器输出一个信号。但在实际应用中，经常需要失电延时型的时间继电器，即通电时（定时器的输入信号为 ON），定时器的输出瞬时动作，常开触点闭合，常闭触点打开；而失电时（定时器的输入信号为 OFF），延时一段时间后再复位。

上述功能可由图 3-36 所示电路来实现。

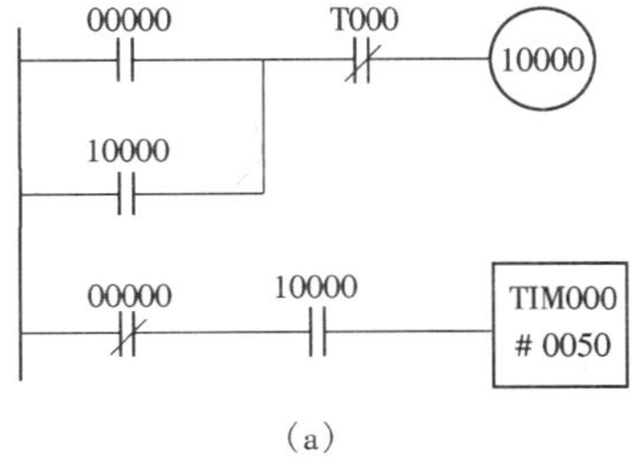

(a)

地址	指令	操作数
00000	LD	00000
00001	OR	10000
00002	AND-NOT	T000
00003	OUT	10000
00004	LD-NOT	00000
00005	AND	10000
00006	TIM	000
		#0050

(b)

图 3-36　失电延时型时间继电器电路

(a) 梯形图；(b) 语句表

【例 3-8】　设计双延时定时器电路。

解　用图 3-37 所示电路可实现通电、断电都能延时的定时器。图中，00000 为定时器输入，10000 为定时器输出线圈。10000 闭合时，TIM00 定时，时间到后 10000 为 ON，00000 断开时，TIM01 定时，时间到后，使 10000 为 OFF。

【例 3-9】　闪光电源振荡电路。

解　利用 PLC 实现的闪光电源，通断时间调整方便，使用灵活。图 3-38 所示电路可产生特定通断间隔的时序脉冲，作为闪光电源振荡电路。图中，当 00000 接通时，TIM000 开始定时，同时 10000 为 ON；0.8s 后 TIM000 常开触点闭合，常闭触点打开，TIM001 开始定时，同时 10000 为 OFF；0.6s 后 TIM001 动断触点打开，TIM000 线圈断电，其常闭触点闭合，常开触点打开，10000 又为 ON，同时，TIM001 线圈失电，其常闭触点闭合。一个扫描周期后，TIM000 线圈重新得电，如此重复执行，在 10000 上就可得到特定通断间隔的输出。TIM000 决定通延时时间，TIM001 决定断延时时间。

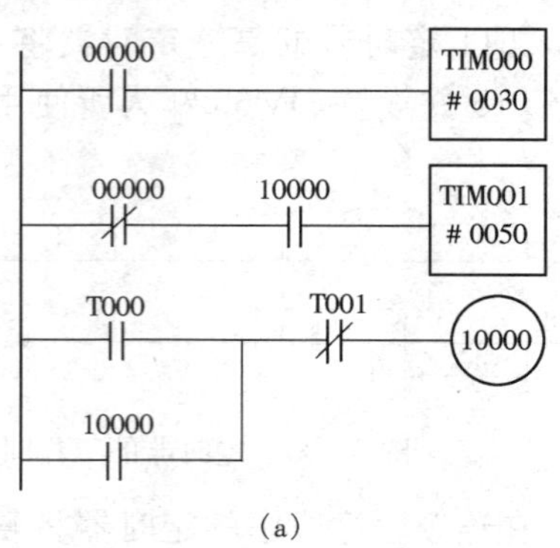

地址	指令	操作数
00000	LD	00000
00001	TIM	000
		＃0030
00002	LD-NOT	00000
00003	AND	10000
00004	TIM	001
		＃0050
00005	LD	T000
00006	OR	10000
00007	AND-NOT	T001
00008	OUT	10000

(b)

图 3-37 双延时定时器电路

(a) 梯形图；(b) 语句表

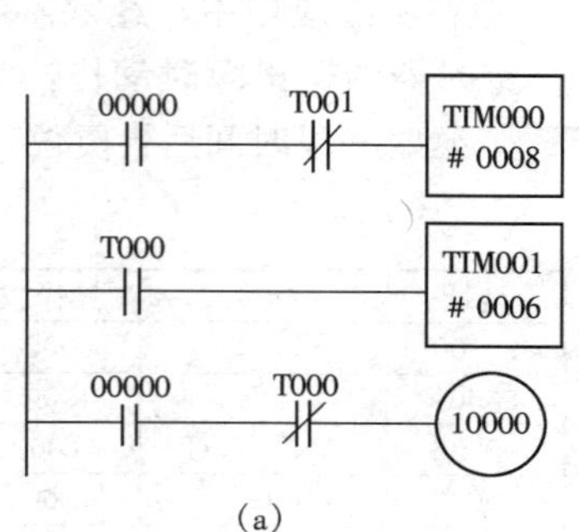

地址	指令	操作数
00000	LD	00000
00001	AND-NOT	T001
00002	TIM	000
		＃0008
00003	LD	T000
00004	TIM	001
		＃0006
00005	LD	00000
00006	AND-NOT	T000
00007	OUT	10000

(b)

图 3-38 闪光电源振荡电路

(a) 梯形图；(b) 语句表

2. 普通计数器

普通计数器 CNT 为递减计数器指令，说明如下：

(1) 计数范围为 0～9999。

(2) 计数器工作时，在计数脉冲的前沿减 1，当计数值为 0000 时产生一个输出。

(3) 复位输入为高电平时，计数器当前值返回到设定值。

(4) 控制计数器的程序必须依照计数输入电路、复位输入电路和计数器线圈的顺序输入到 CPU 中，如图 3-39 所示。

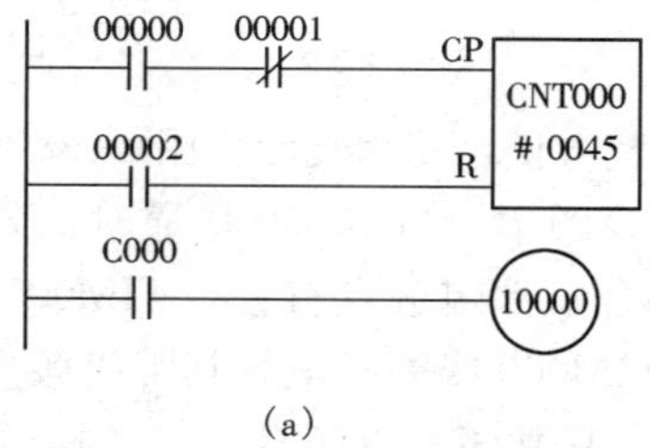

地址	指令	操作数
00000	LD	00000
00001	AND-NOT	00001
00002	LD	00002
00003	CNT	000
		＃0045
00004	LD	C000
00005	OUT	10000

(b)

图 3-39 计数器的使用方法

(a) 梯形图；(b) 语句表

(5) 如果同时有计数和复位输入出现，则复位输入优先。此后，既使复位输入消失，计数器也不进行计数。

(6) 当发生掉电故障时，当前值存入内存，计数器不复位。

要注意的是，定时器与计数器的设定值可由 I/O 继电器通道、内部辅助继电器通道，保持继电器通道的内容来确定；定时器/计数器的编号共享 000～511，但不能给定时器和计数器分配相同的编号。

【例 3-10】 用计数器设计一个停电保持定时器。

解 计数器具有停电保持功能，用时钟脉冲信号作为计数脉冲输入，则可以实现停电保持定时器，如图 3-40 所示。其中，T000 构成脉冲发生器，每隔 0.1s 发一个脉冲，脉冲宽度为 0.1s（由设定值决定）。因此该定时器的定时范围为 0～999.9s，单位为 0.1s，00001 为 ON 时，定时器复位。

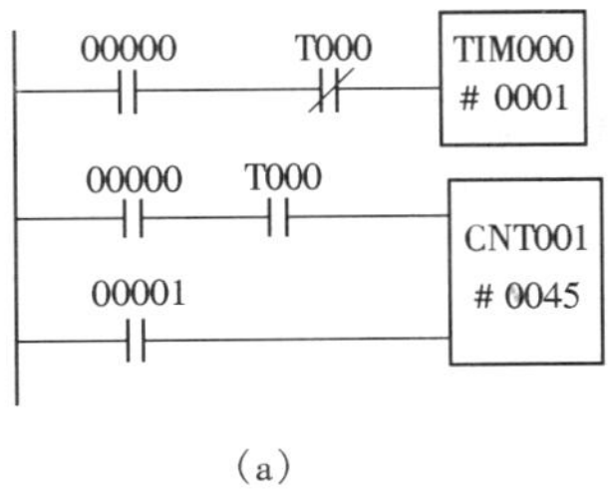

(a)

地址	指令	操作数
00000	LD	00000
00001	AND-NOT	T000
00002	TIM	000
		＃0001
00003	LD	00000
00004	AND	T000
00005	LD	00001
00006	CNT	001
		＃0045

(b)

图 3-40 停电保持定时器电路

(a) 梯形图；(b) 语句表

【例 3-11】 用计数器设计一个长时定时器。

解 利用 PLC 计数器的扩展，可以方便地实现长时定时器，如图 3-41 所示，可实现 30 天的定时。如果要实现 1 年定时，只要将 C002 的设定值改为 365 即可。

(a)

地址	指令	操作数
00000	LD	00000
00001	AND-NOT	T000
00002	TIM	000
		＃0600
00003	LD	T000
00004	LD	25315
00005	OR	C001
00006	CNT	001
		＃1440
00007	LD	C001
00008	LD	25315
00009	OR	00001
00010	CNT	002
		＃0030
00011	LD	C002
00012	OUT	10000

(b)

图 3-41 长时定时器电路

(a) 梯形图；(b) 语句表

3. 可逆计数器

可逆计数器CNTR（12）的指令格式见图3-42。当加1计数（UP）信号或减1计数（DOWN）信号有脉冲前沿到来时，计数器当前值加1或减1；若UP和DOWN信号同时出现，则计数器无操作。CNTR的编程顺序为：UP端、DOWN端、复位（R）端，最后是计数器线圈。CNT与CNTR（12）指令的比较见表3-4。

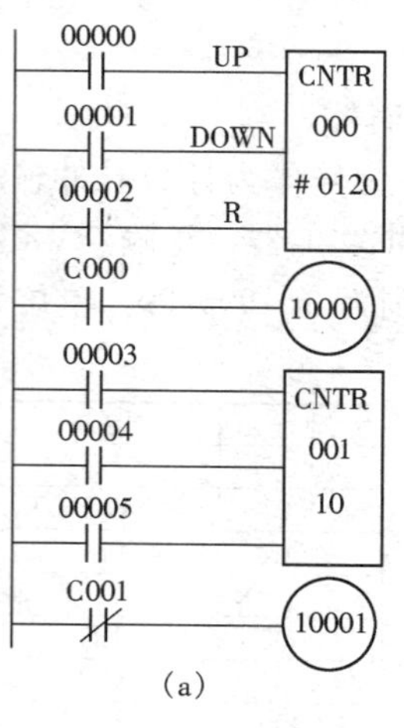

(a)

地址	指令	操作数
00000	LD	00000
00001	LD	00001
00002	LD	00002
00003	CNTR（12）	000
		#0120
00004	LD	C000
00005	OUT	10000
00006	LD	00003
00007	LD	00004
00008	LD	00005
00009	CNTR（12）	001
		10
00010	LD-NOT	C001
00011	OUT	10001

(b)

图3-42 可逆计数器的使用

（a）梯形图；（b）语句表

表3-4　　CNT与CNTR（12）指令的比较

比较项目	CNT	CNTR（12）
计数器类型	递减式（减一计数）	双向可逆式
操作数组成	计数器号N和设定值SV	
设定值SV	设定值范围0000～9999（必须是BCD数），SV设定可在程序中设定，也可由外部通过数据通道设定	
计数器操作过程	当计数脉冲从OFF变为ON（上升沿）时，当前计数器减1；当计数器当前值为0000时（计数到）输出为ON；当复位（R）信号由OFF变为ON时，当前值重新为设定值SV，且不接受输入	在递增输入（II）/递减输入（DI）信号由OFF变为ON时，当前值进行加1/减1操作，若两个输入信号同时为ON，不进行计数。当复位（R）信号由OFF变为ON，当前值为0000，且不接受输入

CNTR为一环形可逆计数器，其执行时序如图3-43所示。在没有任何输入信号时，计数器当前值为0000，这时再减1后、计数器的当前值变为设定值，产生计数输出；当有下一个减1信号（DOWN）后输出结束。若计数器的当前值为设定值时，再加1后，计数器的当前值变为0000，同时产生计数输出，直至有下一个加1信号（UP）输入。当复位信号（R）到来时，计数器的当前值复位到0000，但不产生计数输出。CNTR的编号与TIM/CNT共享，但不能重复，设定值可以是常数，也可以由I/O通道、内部辅助继电器通道或保持器通道来设定，但通道内容必须是4位BCD码。

【例3-12】 试用可逆计数器设计公共场所满员报警装置。

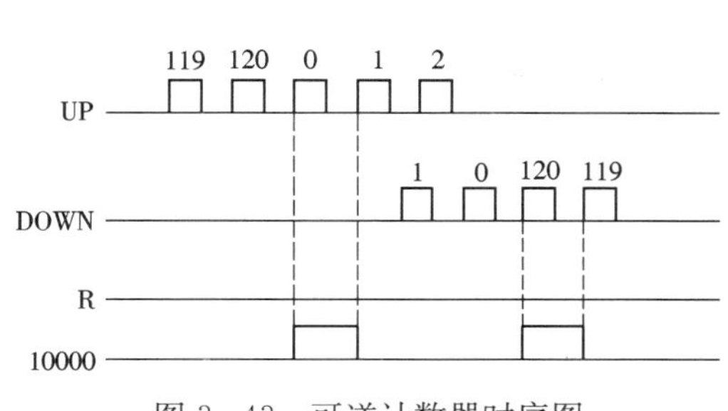

图 3-43　可逆计数器时序图

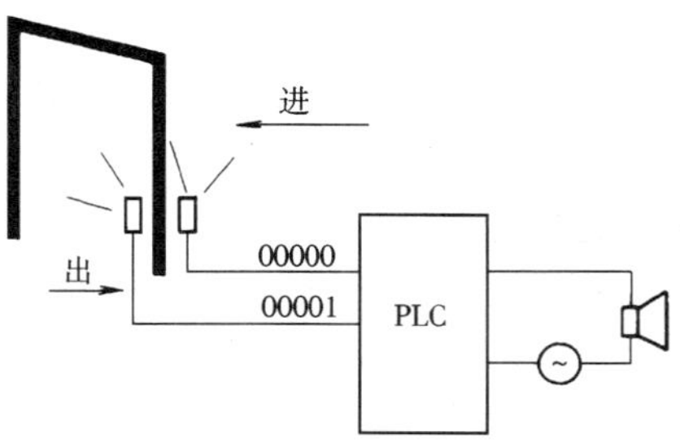

图 3-44　公共场所满员报警装置

解　图 3-44 所示报警装置，在门的两侧分别安装一红外检测开关，当有人进入时，必然是先挡住门外的检测开关，反之，当有人出来时，则先挡住门里的检测开关。因此，只要判断检测开关的动作顺序，就可以知道是有人进入，还是有人出来，从而通过 CNTR 进行加减计数，当人数超过规定值（整定值）时，计数器产生输出，接通报警器。控制电路如图3-45 所示。

在图 3-45 中所示电路中，通过检测 00000 和 00001 的前沿和后沿来判断是有人进入还是有人出来。当 00000 的前沿和 00001 的后沿有效时，表明有人进入，CNTR 加 1；当 00001 的前沿和 00000 的后沿有效时，表明有人出来，则 CNTR 减 1。当总人数达 100 时，再有人进入，则计数器当前值变为 0000，同时产生输出，接通 10000，驱动报警器。

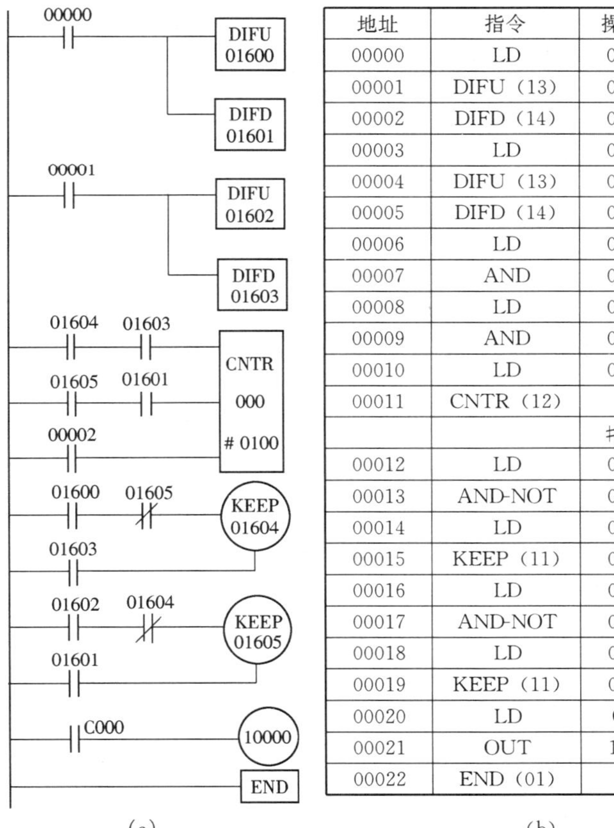

地址	指令	操作数
00000	LD	00000
00001	DIFU（13）	01600
00002	DIFD（14）	01601
00003	LD	00001
00004	DIFU（13）	01602
00005	DIFD（14）	01603
00006	LD	01604
00007	AND	01603
00008	LD	01605
00009	AND	01601
00010	LD	00002
00011	CNTR（12）	000
		＃0100
00012	LD	01600
00013	AND-NOT	01605
00014	LD	01603
00015	KEEP（11）	01604
00016	LD	01602
00017	AND-NOT	01604
00018	LD	01601
00019	KEEP（11）	01605
00020	LD	C000
00021	OUT	10000
00022	END（01）	

（a）　　（b）

图 3-45　公共场所满员报警电路

（a）梯形图；（b）语句表

第四节 解析法编程

一、电路类型

如果把PLC的梯形图理解为电路，若按输入与输出的关系分，则有组合电路与时序电路两种；若按输入的确定性情况分，则有确定电路与随机电路两种。

1. 组合电路

凡是输出仅与输入的当前情况有关，而与输入的历史情况无关的梯形图称为组合电路，其特点是：

(1) 无反馈，或不用锁存（或置位）及计数指令。

(2) 输出的状态仅由输入元件状态的组合直接反映，其结果是惟一的。

(3) 电路状态转换，可以一次实现，没有中间状态的过渡。

(4) 所需输入元件多，但电路简单可靠。

2. 时序电路

凡是输出不仅与输入的当前情况有关，而且还与输入的历史状况有关的梯形图，称为时序电路。最简单的时序电路，就是带有自锁环节的起停电路。时序电路的特点是：

(1) 反馈：其输出线圈不仅受输入信号控制，还直接或间接受自身触点的控制，或是用了计数或锁存（或置位）指令，能记住输入信号已经作用过的状况。

(2) 多解：同样的输入现况，可以有多种输出。其间的不同，是由输入的历史状况区分开的。电路的历史状况可用计数器、锁存器（或置位）记录，也可用通过自身触点的反馈去做相应的记录。

(3) 顺序：时序电路的多解的实际取值是由其工作顺序确定的。而工作顺序又是一个节拍、一个节拍展开的。所谓节拍是指两次输入间的时间间隔。对PLC而言，输入仅看成是外端的。内部器件间的互相作用或自作用（反馈），可不必与继电器电路一样，也看成输入。它是顺序执行指令实现控制的，不存在继电器电路那样的竞争问题，故不必把节拍分得很细。

节拍也可用输出变化划分，即把它定义为两次输出变化间的时间间隔。分析时序电路一般要一个节拍、一个节拍地分析，设计时序电路，也要一个节拍、一个节拍地考虑。

时序电路由于记忆的缘故，所需的输入元件少些。这对于一些难以使用较多的输入信号的场合，是方便的。但时序电路相对也比组合电路复杂些。研究时序，总是假设：

1) 同一时间，仅存在一个输入；

2) 两次输入的间隔足以使PLC执行完所有指令。

多数的PLC梯形图是时序电路，而且这两条假设，也总是能被满足的。

应该指出，这里讲的时序电路都是异步时序电路，节拍转换没有统一的同步脉冲信号进行控制。

3. 确定电路

如果控制对象工作过程或顺序是确定的，与其对应的控制电路即为确定电路。多数PLC梯形图为确定电路。

确定电路的设计首先要弄清这个确定的过程或顺序，然后再依过程的展开或顺序的推进情况逐步地设计。

确定电路有组合的，也有时序的。不过，时序的更多些，因为既是确定的，把它设计成时序的，输入信号可以减少。

确定电路可用通电表反映它的工作情况。

4. 随机电路

如果对象的工作过程或顺序不是确定的，或不是固定不变的，其对应的控制电路即为随机电路。

随机电路也可列通电表，那就要把它所有的可能情况都列出（如能看得清楚，“对称”的情况也可不列）。随机电路的设计过程是分别可能的情况，逐一分析它的工作过程，然后分别作设计，最后再综合在一起，即为所设计的电路。

二、惟一性原则

所有输入元件（输入继电器）及内部辅助继电器、输出继电器所处的某种工作状态，简称逻辑条件。它所对应的触点电路输出应该是惟一的。要想用相同的逻辑条件产生不同的输出，是不可能的。这称触点电路正常工作的惟一性原则，是电路正常工作必须遵守的条件。从本质上讲，这是因为逻辑与触点输出之间的关系为组合逻辑函数关系，而组合逻辑函数是单值函数，一种输入只对应一种输出。违背这个原则设计的触点电路，逻辑上是混乱的，称为逻辑条件相混，其设计意图也是不可能实现的。

梯形图电路多为时序电路，仅就输出继电器与输入继电器之间的关系而言，不是惟一对应的，这里主要是输出继电器、内部辅助继电器都有“记忆”的作用，可用本身触点反馈，也可用置位指令实现这个“记忆”。前面提到，时序电路的工作是按节拍展开的。内部辅助及输出继电器若有多个连续的 ON 的节拍，把第一个节拍定义为启动节拍，其相应的动作称启动；连续 ON 后的第一个 OFF 节拍定义为结束节拍，其相应的动作称结束。有了这个定义，梯形图电路的惟一性原则可表述为：在某种逻辑条件下，所对应的内部辅助及输出继电器的启动、结束应是惟一的。要想在相同的逻辑条件下，使辅助及输出继电器在某个节拍启动（或结束）是不可能的。这是因为，时序电路“分解”之后，启动与结束分别也都是组合逻辑函数，也是单值的，因而也应遵循这个原则。

梯形图出现相混时，可适当增加内部辅助继电器，以增加反映逻辑条件的变量，并因此把相混分开。从理论上讲，每增加一个内部辅助继电器，即可使可区分的状态增加一倍。

三、用解析法编程的步骤

惟一性原则给梯形图设计，或 PLC 编程增加了约束，但也给进行设计和编程带来了入手思路。

这里介绍的解析编程就是从分析惟一性原则入手的，具体步骤是：

（1）列原始通电表：根据 PLC 工作对象的情况，划分工作节拍，并确定各个节拍的输入与输出的对应关系，初列通电表，这个表也称原始通电表。它仅是设计要求的“表格化”而已，用它可反映输出与输入在各个节拍的对应关系。

（2）惟一性设计：对原始通电表进行惟一性检查，若查有相混的节拍，用增加内部辅助电器的方法加以区分。然后，再查所加的辅助继电器工作是否符合惟一性原则。若也有相混的，再加、再查，直至全部满足惟一性原则为止。

（3）列逻辑表达式：根据通电表列写各输出继电器及内部辅助继电器的逻辑表达式。

(4) 逻辑化简：对逻辑表达式进行化简，以得到最简式。

(5) 画梯形图：依最简式画梯形图。

四、设计举例

【例 3-13】 有一用于使用两种液体进行混合的装置，见图 3-46。控制要求是：起始状态容器是空的，三个阀门（X1、X2、X3）均关闭，搅拌电机 M 不工作，液面传感器 L、I、H 也处于 OFF 状态。启动操作后，先是 X1 阀门打开，液体 A 流入容器。当达到 I 时，I 变为 ON，使 X1 阀门关闭，同时 X2 打开，使液体 B 流入。当液面到达 H 时，H 变为 ON，X2 阀门关闭，并启动搅拌电机 M，对两种液体进行搅拌，搅拌 10s 后，搅拌电机 M 停止工作，同时打开阀门 X3，把混合液放出，直到 L 传感器变为 OFF，且再过 2s，阀门 X3 关闭，并又开始新的周期。若要停止操作，可按停车按钮，待完成一个工作循环后，停止工作。

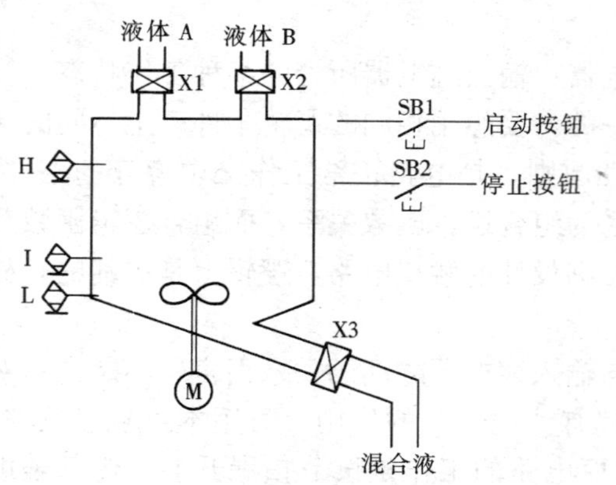

图 3-46 两种液体混合装置

解 设计过程：

(1) 通道分配：

输入：SB1——00000

SB2——00001

H——00002

I——00003

L——00004

输出：X1——10000

X2——10001

X3——10002

M——10003

时间继电器：搅拌定时——T1M000

排放延时——T1M001

(2) 列通电表：

表 3-5 [例 3-13] 通 电 表

节拍	当前输入	00002	00003	00004	00000	00001	10000	10001	10002	10003	TIM000	TIM001
0		0	0	0	0	0	0	0	0	0	0	0
1	00000	0	0	0	1	0	1	0	0	0	0	0
2	$\overline{00000}$	0	0	0	0	0	1	0	0	0	0	0
3	00004	0	0	1	0	0	1	0	0	0	0	0
4	00003	0	1	1	0	0	0	1	0	0	0	0
5	00002	1	1	1	0	0	0	0	0	1	1	0
6	T000	1	1	1	0	0	0	0	1	0	0	0
7	$\overline{00002}$	0	1	1	0	0	0	0	1	0	0	0
8	$\overline{00003}$	0	0	1	0	0	0	0	1	0	0	0
9	$\overline{00004}$	0	0	0	0	0	0	0	1	0	0	1
10	T001	0	0	0	0	0	0	0	0	0	0	0

对原始通电表进行检查知：X1启动主要靠00000信号，其他X1为OFF的节拍均无此信号，所以，不存在相混。但是，第二循环及以后的循环，无启动信号，为使X1启动，可用T001帮忙。这相当于把1、10节拍合并。X1断电，其信号为I，其他ON节拍也无此信号，故也不存在相混。

X2于第4节拍工作，其他节拍都不工作。第4节拍时I、L均为ON，而H为OFF。这种情况还出现在第7节拍。但第7节拍时X3为ON，而第4节拍时X3为OFF，因此可把第4与第7节拍的逻辑条件区分开。故对X2而言，惟一性原则也满足。

X3于第6节拍启动，它用的信号为T000，是惟一的。其断电于第10节拍，用的信号为T001也是惟一的。

M于第5节拍工作，这时H为ON。第6节拍也是这个情况。但两者可用T000区分开，故M也不存在相混。

T000靠H为ON启动，是惟一的。

T001靠X3为ON且L为OFF启动，也是惟一的。

这样，通电表的惟一性设计后，原始通电表不变。

停车按钮SB2的输入是随机的，但它输入后可对其进行记忆（中间继电器01600），并用这记忆的信号去“切断”T000与X1的联系，即可达到目的。其在通电表中的表示略。

（3）列逻辑表达式：

对X1：启动电路为 $00000+\overline{01600}\cdot T001$；其保持电路应为 $\overline{00004}\cdot 10000$。

对X2：保持电路不用，启动电路用作工作电路，应为 $00003\cdot\overline{00002}\cdot\overline{10002}$。

对X3：启动电路为T000；其保持电路为 $\overline{T001}\cdot 10002$。

对M：其保持电路不用，启动电路即为工作电路，为 $00002\cdot\overline{T000}$

对T000：工作电路为00002。

对T001：工作电路为 $10002\cdot\overline{00004}$。

对停车电路01600：其启动电路为00001；保持电路为 $\overline{T001}\cdot 01600$。

这样，完整的逻辑表达式为

$10000=00000+\overline{01600}\cdot T001+\overline{00004}\cdot 10000$

$10001=00003\cdot\overline{00002}\cdot\overline{10002}$

$10002=T000+\overline{T001}\cdot 10002$

$10003=00002\cdot\overline{T000}$

$T000=00002$

$T001=10002\cdot\overline{00004}$

$01600=00001+\overline{T001}\cdot 01600$

（4）画梯形图：如图3-47所示。

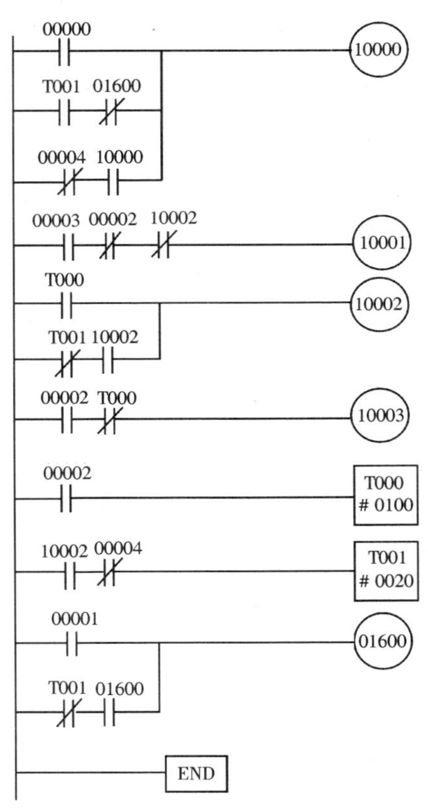

图3-47　解析法设计的［例3-13］梯形图

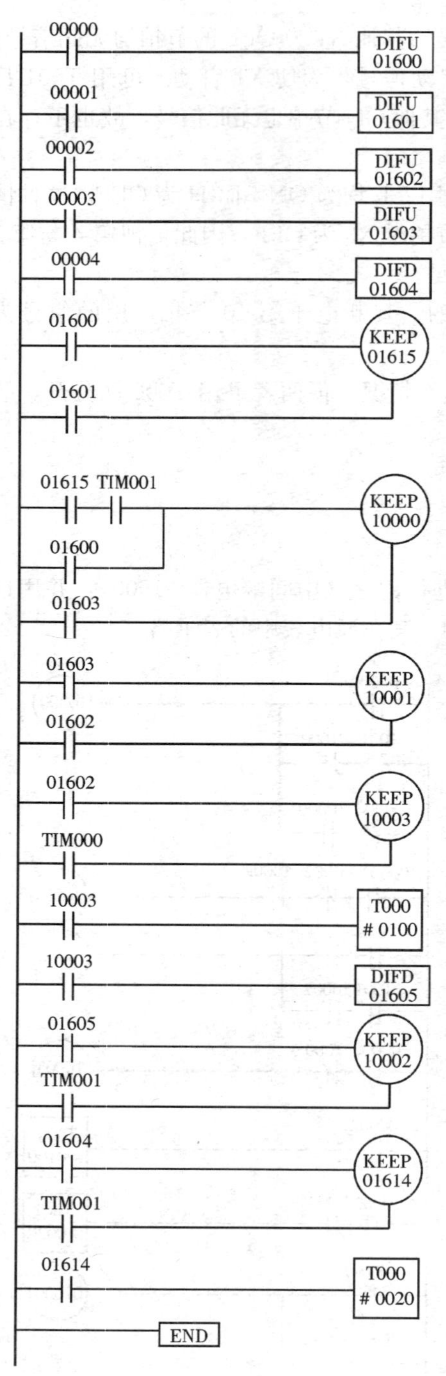

图 3-48 经验法设计的［例 3-13］梯形图

图 3-48 为用经验分析法设计的梯形图。根据系统的控制要求，及 I/O 通道分配情况，采用一些中间继电器实现控制要求。在设计中，首先对输入信号进行微分处理。在初始状态，各继电器均为 OFF，按启动按钮 00000 后，使中间继电器 01615 旨为 ON，为电路循环工作做准备；同时 01600 使 10000 为 ON 并保持。当液位到达 I 时，01603 使 10000 复位，同时使 10001 为 ON，放入液体 B；当液位到达 H 时，01602 使 10001 复位，同时使 10003 为 ON，自动搅拌电机 M 启动，定时 10s 后，T000 使 10002 为 ON，打开 X3，放出混合液体，待液位下降到 L 时，L 从 ON 变为 OFF，下沿微分指令 DIFD 使 01604 为 ON 一个扫描周期，从而使 01614 为 ON 并保持，启动定时器 TIM001，2s 后，T001 常开触点接通 10000 的循环启动回路，进入下一个操作周期。

当按下停止按钮时，01601 使 01615 为 OFF，待混合液体放完后，T001 不能使 10000 为 ON，系统执行完本周期的操作后，停留在初始状态。

【例 3-14】 如图 3-49 所示，小车可以左行、右行、停车，LS 为小车位置检测开关，PB 为呼叫按钮，SB 为启动按钮，试设计行车方向自动控制电路。控制要求：呼叫按钮号与小车停车位置号相等时，无论是否按下启动按钮 SB 小车都停止；呼叫按钮号大于停车位置号时，按下启动按钮 SB 小车右行；呼叫按钮号小于停车位置号时，按下启动按钮 SB 小车左行。

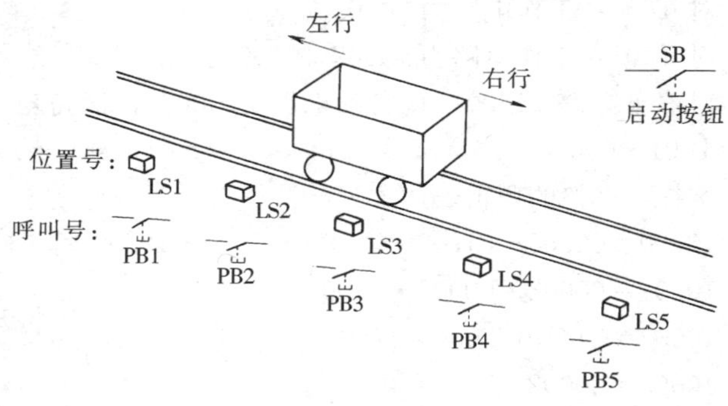

图 3-49 小车运行示意图

解 设计过程：

（1）通道分配如下：

输入：

SB：00000

LS1：00001

LS2：00002

LS3：00003

LS4：00004

LS5：00005

PB1：00006

PB2：00007

PB3：00008

PB4：00009

PB5：00010

输出：

右行：10000

左行：10001

（2）通电表。所设计的电路为随机电路，如果从输入入手，按所有可能情况列写通电表，将相当复杂，也没有必要。如果从输出考虑，由于它只有向左、向右两种情况，因此便于归纳。先不考虑启动按钮，仅考虑位置开关 LS 及呼叫按钮 PB 与向右、向左输出的置位与它们的逻辑关系，其通电表见表 3-4。由于它是随机的，从输出考虑可以省略节拍的概念。这也是处理电路通电表的一种方法。

表 3-6　［例 3-14］　通　电　表

<table>
<tr><th colspan="2">输　出</th><th colspan="10">输　入</th></tr>
<tr><th>10000</th><th>10001</th><th>LS1</th><th>LS2</th><th>LS3</th><th>LS4</th><th>LS5</th><th>PB1</th><th>PB2</th><th>PB3</th><th>PB4</th><th>PB5</th></tr>
<tr><td rowspan="10">S</td><td rowspan="10"></td><td>0</td><td>0</td><td>0</td><td>1</td><td>0</td><td rowspan="4">0</td><td rowspan="4">0</td><td rowspan="4">0</td><td rowspan="4">0</td><td rowspan="4">1</td></tr>
<tr><td>0</td><td>0</td><td>1</td><td>0</td><td>0</td></tr>
<tr><td>0</td><td>1</td><td>0</td><td>0</td><td>0</td></tr>
<tr><td>1</td><td>0</td><td>0</td><td>0</td><td>0</td></tr>
<tr><td>0</td><td>0</td><td>1</td><td>0</td><td>0</td><td rowspan="3">0</td><td rowspan="3">0</td><td rowspan="3">0</td><td rowspan="3">1</td><td rowspan="3">0</td></tr>
<tr><td>0</td><td>1</td><td>0</td><td>0</td><td>0</td></tr>
<tr><td>1</td><td>0</td><td>0</td><td>0</td><td>0</td></tr>
<tr><td>0</td><td>1</td><td>0</td><td>0</td><td>0</td><td rowspan="2">0</td><td rowspan="2">0</td><td rowspan="2">1</td><td rowspan="2">0</td><td rowspan="2">0</td></tr>
<tr><td>1</td><td>0</td><td>0</td><td>0</td><td>0</td></tr>
<tr><td>1</td><td>0</td><td>0</td><td>0</td><td>0</td><td>0</td><td>1</td><td>0</td><td>0</td><td>0</td></tr>
<tr><td>R</td><td></td><td>0</td><td>0</td><td>0</td><td>0</td><td>1</td><td>0</td><td>0</td><td>0</td><td>0</td><td>1</td></tr>
<tr><td rowspan="3">R</td><td rowspan="3">R</td><td>0</td><td>0</td><td>0</td><td>1</td><td>0</td><td>0</td><td>0</td><td>0</td><td>1</td><td>0</td></tr>
<tr><td>0</td><td>0</td><td>1</td><td>0</td><td>0</td><td>0</td><td>0</td><td>1</td><td>0</td><td>0</td></tr>
<tr><td>0</td><td>1</td><td>0</td><td>0</td><td>0</td><td>0</td><td>1</td><td>0</td><td>0</td><td>0</td></tr>
<tr><td></td><td>R</td><td>1</td><td>0</td><td>0</td><td>0</td><td>0</td><td>1</td><td>0</td><td>0</td><td>0</td><td>0</td></tr>
</table>

续表

<table>
<tr><th colspan="2">输　出</th><th colspan="10">输　　入</th></tr>
<tr><th>10000</th><th>10001</th><th>LS1</th><th>LS2</th><th>LS3</th><th>LS4</th><th>LS5</th><th>PB1</th><th>PB2</th><th>PB3</th><th>PB4</th><th>PB5</th></tr>
<tr><td rowspan="10"></td><td rowspan="10">S</td><td>0</td><td>1</td><td>0</td><td>0</td><td>0</td><td rowspan="4">1</td><td rowspan="4">0</td><td rowspan="4">0</td><td rowspan="4">0</td><td rowspan="4">0</td></tr>
<tr><td>0</td><td>0</td><td>1</td><td>0</td><td>0</td></tr>
<tr><td>0</td><td>0</td><td>0</td><td>1</td><td>0</td></tr>
<tr><td>0</td><td>0</td><td>0</td><td>0</td><td>1</td></tr>
<tr><td>0</td><td>0</td><td>1</td><td>0</td><td>0</td><td rowspan="3">0</td><td rowspan="3">1</td><td rowspan="3">0</td><td rowspan="3">0</td><td rowspan="3">0</td></tr>
<tr><td>0</td><td>0</td><td>0</td><td>1</td><td>0</td></tr>
<tr><td>0</td><td>0</td><td>0</td><td>0</td><td>1</td></tr>
<tr><td>0</td><td>0</td><td>0</td><td>1</td><td>0</td><td rowspan="2">0</td><td rowspan="2">0</td><td rowspan="2">1</td><td rowspan="2">0</td><td rowspan="2">0</td></tr>
<tr><td>0</td><td>0</td><td>0</td><td>0</td><td>1</td></tr>
<tr><td>0</td><td>0</td><td>0</td><td>0</td><td>1</td><td>0</td><td>0</td><td>0</td><td>1</td><td>0</td></tr>
<tr><td rowspan="6"></td><td rowspan="6"></td><td rowspan="5">0</td><td rowspan="5">0</td><td rowspan="5">0</td><td rowspan="5">0</td><td rowspan="5">0</td><td>0</td><td>0</td><td>0</td><td>0</td><td>1</td></tr>
<tr><td>0</td><td>0</td><td>0</td><td>1</td><td>0</td></tr>
<tr><td>0</td><td>0</td><td>1</td><td>0</td><td>0</td></tr>
<tr><td>0</td><td>1</td><td>0</td><td>0</td><td>0</td></tr>
<tr><td>1</td><td>0</td><td>0</td><td>0</td><td>0</td></tr>
<tr><td colspan="5">任意组合</td><td>0</td><td>0</td><td>0</td><td>0</td><td>0</td></tr>
</table>

从通电表知，对 10000、10001，其 S、R 电路的逻辑条件，与可能出现的逻辑条件均不相混，故此表满足惟一性原则。

(3) 列逻辑表达式。由于这里的输入 LS、PB 出现时，都仅为一个 ON，这为我们列逻辑表达式提供了方便，即仅考虑变量本身，其他可不考虑。具体如下：

对 10000S 电路：

S1＝PB5 (LS4 ＋ LS3 ＋ LS2 ＋ LS1) ＋ PB4 (LS3 ＋ LS2 ＋ LS1) ＋ PB3 (LS2 ＋ LS1) ＋PB2LS1

对 10000R 电路：

R1＝PB5LS5＋PB4LS4＋PB3LS3＋PB2LS2

对 10001S 电路：

S2＝PB1 (LS2 ＋ LS3 ＋ LS4 ＋ LS5) ＋ PB2 (LS3 ＋ LS4 ＋ LS5) ＋ PS3 (LS4 ＋ LS5) ＋PB4LS5

对 10001R 电路：

R2＝PB1LS1＋PB2LS2＋PB3LS3＋PB4LS4

(4) 画梯形图。列出逻辑式后，可画出对应的梯形图，不过还要考虑几个实际问题：

1）选择按钮给出的是短信号，按后即复原，故须对其锁存。可用内部辅助继电器01601～01605分别为PB1～PB5作记忆。其逻辑式为：

$$01601 = PB1 + \overline{LS1} \cdot (01601)$$

其余类推。这里用到位后的信号LS1作为断电输入信号，故其保持电路为$\overline{LS1}$·（01601）。

用了01601～01605后，即用它代换上述逻辑式中的PB1～PB5。

2）启动输入信号SB应作为10000、10001的置位电路的条件之一，可以连锁（IL～ILC）的形式加入。

3）实际电路应尽可能简化，以节省指令系数。

4）10000与10001必须有互锁。

考虑以上四点后可画出梯形图如图3-50所示。本梯形图把KEEP10000等指令画在前而OUT01601等画在后，可保证到达要求位置时，10000和10001先复位，然后01601等才复位。否则，即前后调一下，会使10000和10001等不能复位。

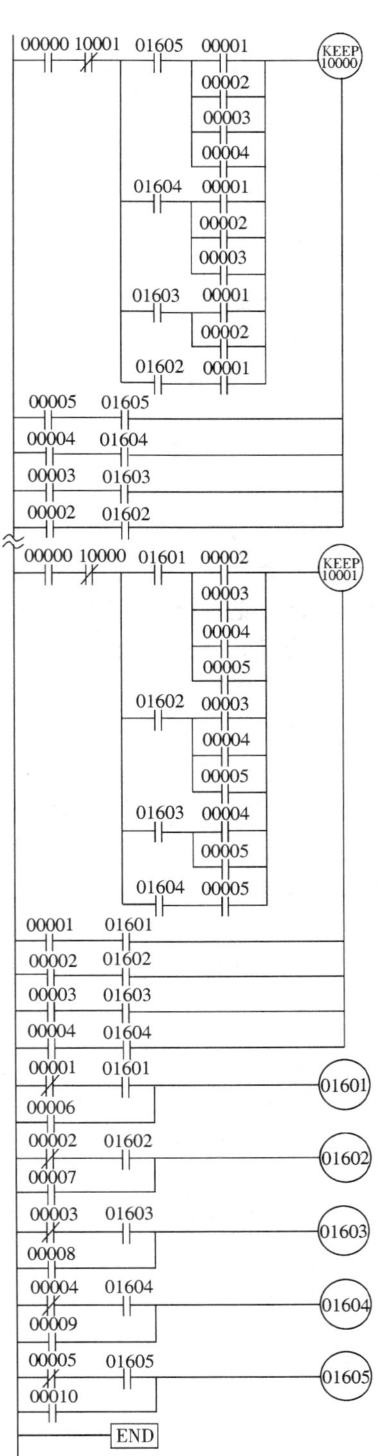

图3-50　［例3-14］图

【例3-15】　设计单按钮控制电路。设计要求：按钮反复动作，到第4节拍时，产生输出，第6节拍时，停止输出，电路复原。具体的要求见原始通电表，即表3-7。

表3-7　　［例3-15］　通　电　表

节拍	当前输入	00000	10000
0		0	0
1	00000	1	0
2	$\overline{00000}$	0	0
3	00000	1	0
4	$\overline{00000}$	0	1
5	00000	1	1
6	$\overline{00000}$	0	0

解　首先进行惟一性设计：从启动看，第4节拍和第2及第6节拍相混；从断电看，第6节拍和第4节拍相混。按上述分析，画出它的相混表，见表3-8。

表 3-8　　　　[例 3-15]　相　混　表

节　拍	当前输入	00000	10000	相　混　表
0		0	0	d　E　g
1	00000	1	0	f
2	$\overline{00000}$	0	0	d　G
3	00000	1	0	F
4	$\overline{00000}$	0	1	D　e
5	00000	1	1	
6	$\overline{00000}$	0	0	d　E

有相混时，将逻辑条件相同者分成一组，占一列，用英文字母命名。启动节拍处标大写字母，其他与逻辑条件相混的节拍标与其同名的小写字母，然后，在同名的大小写字母间的节拍画上竖实线，其余的画竖虚线。画时，应把第一节拍看作最后一个节拍的次拍。这主要因为电路总是要循环工作的，故需这么处理。显然，在各组的实线处须建立分界线，以便把相混的情况区分开。为了节省内部辅助继电器（对 PLC 此问题不大），最好“一线多用”，即用一个分界线，能区分尽可能多的组的相混。

从表 3-8 可看出，只要在 3、5 节拍处建分界线，即可把上述相混区分开。

由于分界线是靠内部辅助继电器工作状态改变来建立的，所以，建分界线的节拍与在它之前的节拍的逻辑条件也不能相混。查所建分界线是否相混时，发现第 3 节拍的分界线建立条件与第 1 节拍相混，故应在第 2 节拍再建一分界线。再查第 2 节拍的分界线又与第 0 节拍（即第 6 节拍）相混，故还应于第一节拍建分界线。之后再查，再不相混了。

从表 3-8 知，需建 4 条分界线、一个继电器可区分两条分界线，故需用 2 个内部辅助继电器，并设其为 01601、01602。

内部辅助继电器可按“依次通，全通后再依次断”的原则对其进行工作设定。如这里的 01602 的取值为 0 的区，在第一条分界线处（即第一节拍），令 01601ON、01602OFF；第二条分界线处（即第 2 节拍），令 01601ON、01602ON（依次通的原则）；第三分界线处，令 01601OFF、01602ON（全通后，依次断开）。到每 5 节拍，令 01601OFF、01602OFF，电路复原，又可建一个分界线。

按上述设置后，通电表见表 3-9。再查表，没有相混。

表 3-9　　　　处理后的通电表

节　拍	当前输入	00000	10000	01601	01602
0		0	0	0	0
1	00000	1	0	1	0
2	$\overline{00000}$	0	0	1	1
3	00000	1	0	0	1

续表

节　拍	当前输入	00000	10000	01601	01602
4	$\overline{00000}$	0	1	0	1
5	00000	1	1	0	0
6	$\overline{00000}$	0	0	0	0

该表仅有 4 个逻辑变量，用卡诺图求解比较方便。卡诺图每格中有三种值：一为 1，是特解的最小项；一为 0，必须为 0 的最小项；一为 d，为任意项。分别对 10000、01601、01602 求解的卡诺图的步骤是：

（1）填写卡诺图。每格都要依给定的逻辑条件填入合适的值。

（2）画卡诺圈。要把所有含 1 的格全覆盖。

（3）列逻辑式。把能包含所有 1 的最简式组成逻辑表达式。

求解情况如图 3-51 所示。

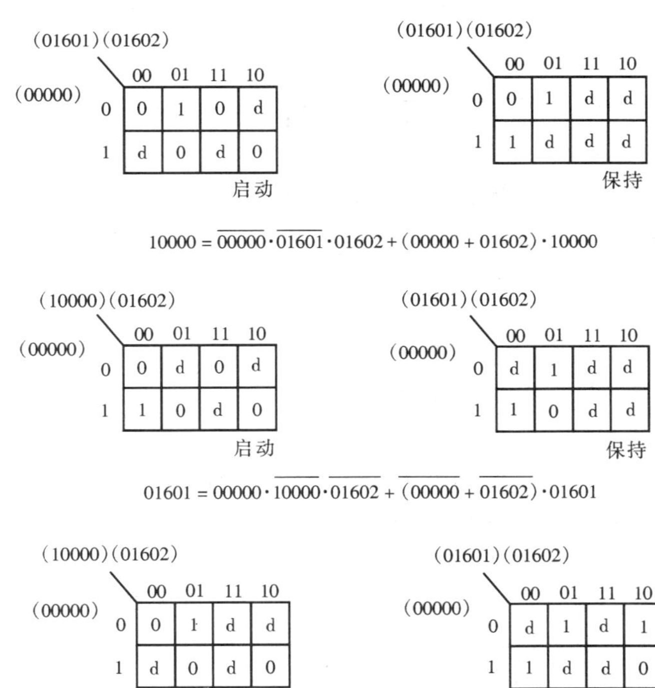

$$10000 = \overline{00000}\cdot\overline{01601}\cdot 01602 + (00000 + 01602)\cdot 10000$$

$$01601 = 00000\cdot\overline{10000}\cdot\overline{01602} + (\overline{00000} + \overline{01602})\cdot 01601$$

$$01602 = \overline{00000}\cdot 01601 + (\overline{00000} + \overline{10000})\cdot 01602$$

图 3-51　［例 3-15］卡诺图

求出逻辑表达式后，可画出对应的梯形图，如图 3-52 所示。

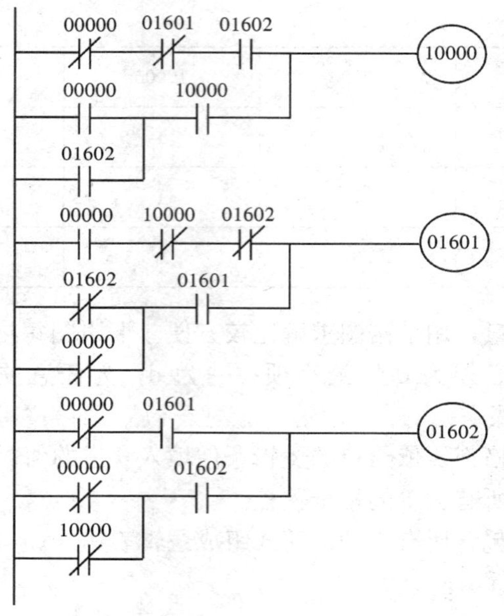

图 3-52　图 3-51 对应的梯形图

第五节　波形图法编程

波形图，是信号随时间变化的图形。以这种图形为基础，进行 PLC 程序设计，称波形图法。这种方法适用于定时或计数的程序，系统复杂时，可将其动作分解，其局部也可使用这种方法。

这个方法的设计步骤为：

(1) 画出输入、输出信号的波形图，建立起准确的时间对应关系。

(2) 确定定时关系，设计定时逻辑程序。

找出临界点，即输出信号应出现变化点，并以这些点为界限，把时段划分为若干时间区间。进而，依各时间区间形成条件，建立对应的逻辑程序。若形成条件有“相混”（如同上节所述）的情况，可用计数器或定时器区分。

(3) 确定时间区间与动作的对应程序。

这可按输出要求进行设计，一般为组合逻辑的问题，是不难进行的。

【例 3-16】　两台电机顺序控制。要求：按下启动按钮后，M1 运转 10s，停止 5s，M2 与 M1 相反，即 M1 停止时 M2 运行，M1 运行时 M2 停止，如此循环往复，直至按下停车按钮。

解

(1) 通道分配：

输入：

启动按钮：00000；

停车按钮：00001。

输出：

M1 电机接触器线圈：10000；

M2电机接触器线圈：10001。

(2) 画波形图。为了使逻辑关系清晰，用中间继电器01600作为运行控制继电器，且用TIM000控制M1运行时间，TIM001控制M1停车时间。根据要求画出波形图如图3-53所示。

(3) 列逻辑关系表达式：

$10000=01600\cdot\overline{T000}$

$10001=01600\cdot\overline{10000}$

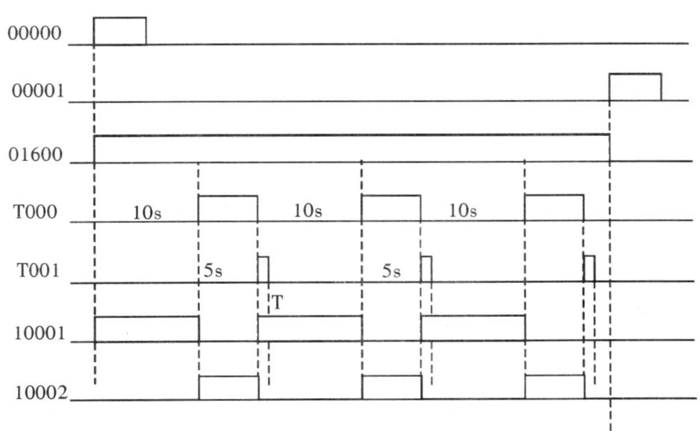

图3-53　[例3-16] 波形图

(4) 画梯形图。由图3-53可以看出，TIM000和TIM001组成振荡电路，结合 [例3-9] 可以画出梯形图如图3-54所示。最后，还应分析一下所画梯形图是否符合控制要求。

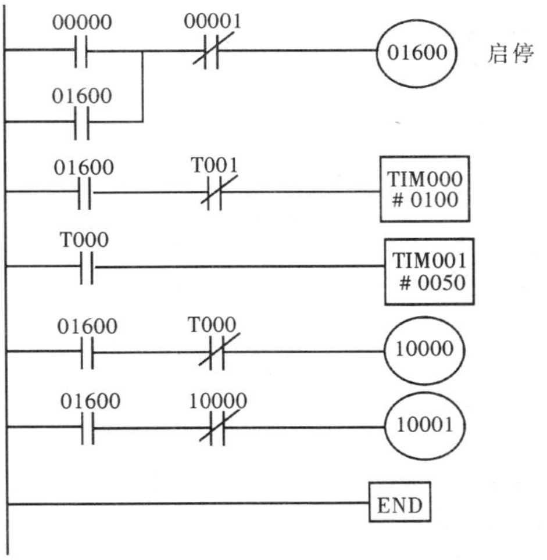

图3-54　[例3-16] 梯形图

【例3-17】　设计喷泉电路。假设喷泉有A、B、C三组喷头，工作过程按图3-55所示，即：启动后，A先喷5s，后B、C同时喷，5s后B停，再5sC停，而A、B又喷，再2s，C也喷。持续5s后全部停喷。再3s重复前述过程。

解

(1) 通道分配：

00000：启动按钮；

00001：停止按钮；

A、B、C：10000、10001、10002；

(2) 画波形图。从图3-55知，它有7个临界点，组成6个时序区间。这6个时序区间可用6个定时（TIM000～TIM005）予以区分。这6个定时器的工作波形见图3-56。

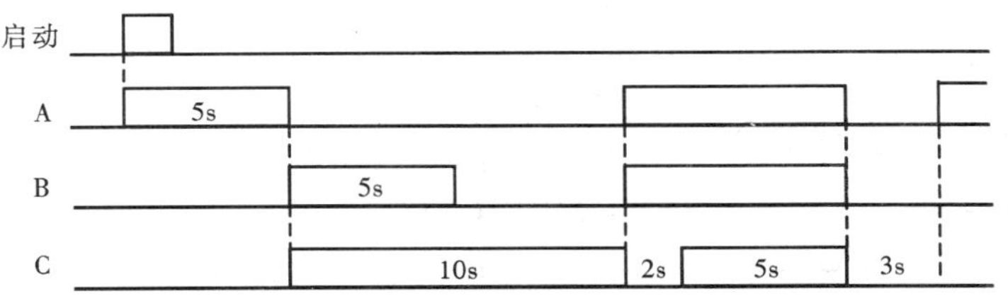

图3-55　喷泉电路工作过程

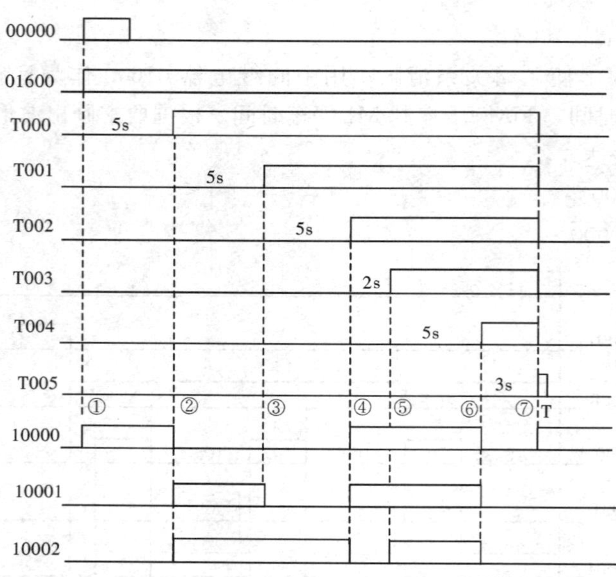

图 3-56 喷泉电路波形图

(3) 列逻辑关系表达式。从波形图知，其 6 个时间区间的逻辑条件可由定时器的工作状态划分。其依次关系为：

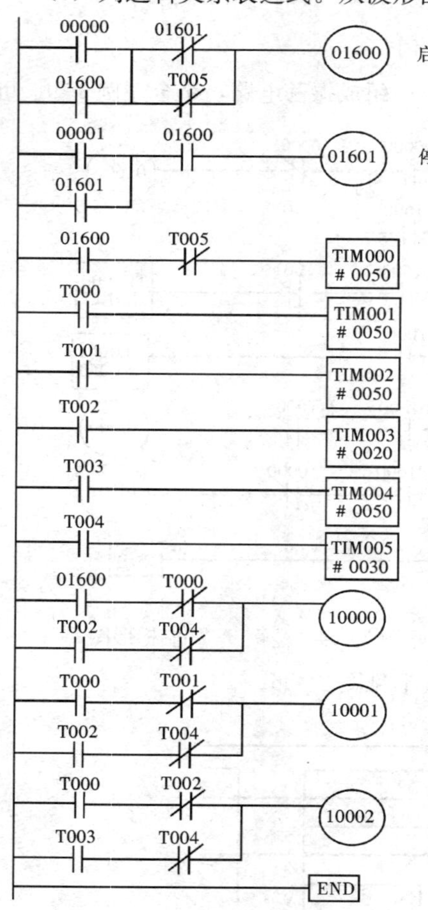

图 3-57 喷泉电路梯形图

1～2 区间的条件为：$01600 \cdot \overline{T000}$

2～3 区间的条件为：$T000 \cdot \overline{T001}$

3～4 区间的条件为：$T001 \cdot \overline{T002}$

4～5 区间的条件为：$T002 \cdot \overline{T003}$

5～6 区间的条件为：$T003 \cdot \overline{T004}$

6～7 区间的条件为：T004

这 6 个区间的输出状态按设计要求，可相应使 A、B 或 C 产生输出。

逻辑关系表达式如下：

$A=10000=01600 \cdot \overline{T000}+T002 \cdot \overline{T004}$

$B=10001=T000 \cdot \overline{T001}+ T002 \cdot \overline{T004}$

$C=10002= T000 \cdot \overline{T002}+ T003 \cdot \overline{T004}$

(4) 画梯形图。依逻辑关系表达式可画出梯形图如图 3-57 所示。

这里，00000 为启动信号，它 ON 后可使 01600 为 ON 并保持。01600 为 ON 则启动 TIM000。经 5s 延时，它的常开触点 ON，启动 TIM001。又经 5s 延时，TIM001 常开触点 ON，继而启动 TIM002。又经 5s 延时，TIM002 常开触点 ON，继而启动 TIM003……以此类推，直到 TIM005 工作。经 3s 延时，其常闭触点 TIM005 OFF。

TIM005 常闭触点 OFF 有两个效果：

一是若未按下 00001（未使其停止工作），则它只使

TIM000暂停工作，而TIM000停止工作，将使TIM001停止工作……直到TIM005自身也停止工作，所有定时器均复位，这时，TIM005常闭触点又恢复为ON状态。TIM000又工作，进入下一个循环。

二是若已按下00001（要结束循环工作），则01601为ON，TIM005的常闭触点将使01600为OFF。01600 OFF后，TIM000将不再工作，自然循环不会再重复。

00001按后由于有自保持，01601可保持0状态。它使01600的OFF只能靠TIM005的常闭点实现。这就保证了结束工作只能在循环结束时才会发生。

第六节　用PLC改造原继电-接触设备

在我国，许多企业都存在大量的陈旧设备急需革新和改造。用无触点的PLC控制取代原有的硬接线继电器控制系统，是PLC的主要应用之一。

一、基本步骤

（1）了解原系统工艺要求，熟悉继电器电路图。

用PLC取代继电器电路时，一般只是取代中间继电器部分，而外部输入部件如按钮、转换开关、行程开关等以及外部执行部件如接触器、电磁阀、信号灯等则均应保留，并以适当的方式与PLC相连接。PLC梯形图可以结合系统工艺要求，由继电器电路图转化而来。

（2）确定相应的PLC输入/输出点数。

根据输入设备和输出设备的情况，可以确定PLC的输入/输出点数。要注意的是：在选择PLC时，要留有5%～10%的余量作备用。这样，万一在调试或运行中有损坏或需要改进某些功能而增加I/O点时，则可以很容易满足要求。

（3）将原继电器电路图改画成PLC梯形图。

在进行这种电路的转换时，往往要对原电路进行一些处理，以便于进行PLC控制，符合PLC编程要求。

（4）按PLC的输入/输出通道分配进行外部接线。

这一步亦可与程序设计同步进行，以缩短工期，详细内容参见有关手册。

（5）总体调试，交付使用。

在调试过程中，应充分利用PLC提供的功能。首先确认各输入信号状态；然后逐个核对输出点状态，最后再通过PLC去控制生产设备，实际试运行。

二、对输入/输出信号的处理

为了减少PLC的输入/输出数量，降低成本，在进行设备改造时，往往要对输入/输出进行一定的处理。

（1）几个常闭串联或常开并联触点可合并后与PLC相连，只占用一个输入点，如图3-58所示。

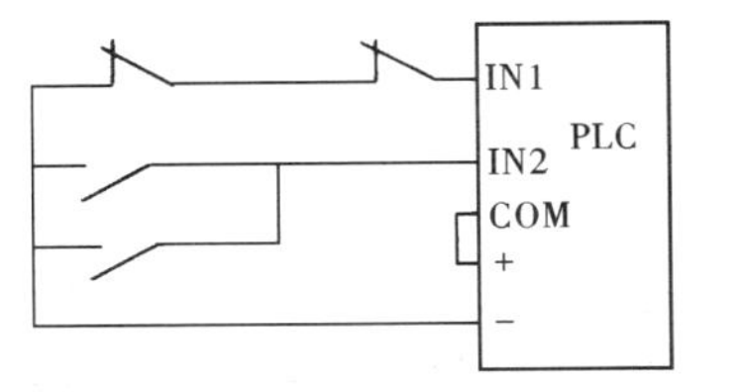

图3-58　串并联点的处理

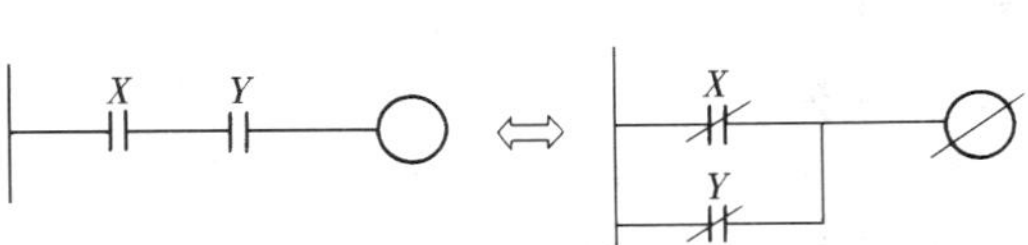

图3-59　触点变换

(2) 利用触点的控制规律，可将触点的连接方式进行一定的变换。例如$\overline{X\cdot Y}=\overline{X}+\overline{Y}$，对应于图 3-59 所示电路形式。

(3) 利用单按钮启停电路，使启停控制只通过一个按钮来实现，既节省 PLC 点数，又减少外部按钮及其配线。

(4) 对一些需手动运行且与其他设备没有连锁的设备，可将 PLC 的手动按钮设置在 PLC 外部，如图 3-60 所示。

(5) 通断状态完全相同的两个负载并联后，可共同占用一个输出点，见图 3-61。

(6) 通过外部的或 PLC 控制的转换开关，使每个 PLC 输出点可以控制两个以上不同时工作的负载，见图 3-61。

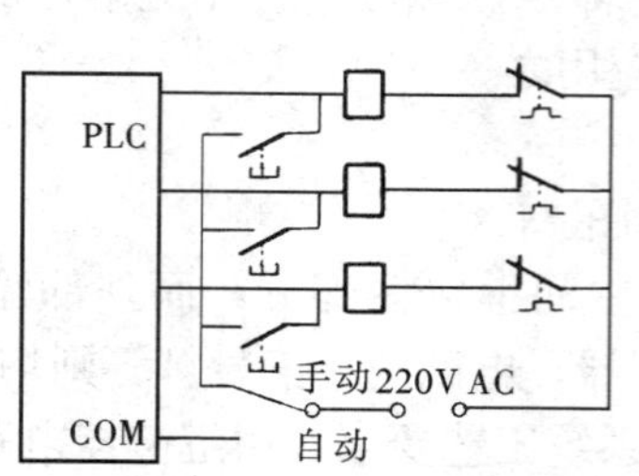

图 3-60　手动控制外部接线

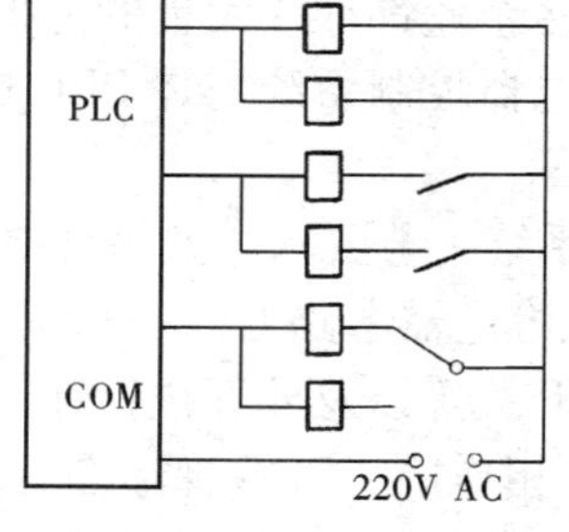

图 3-61　输出设备的处理

(7) 常闭输入触点的处理。如果输入为常闭触点，则梯形图中对应的点应为常开型，若将输入改为常开型，则梯形图中对应的点应为常闭型。通常，为了便于分析电路，同时减少输入点的通电时间，把外部输入点均选为常开型，而内部电路按其应有的状态来设计。但是，有些情况，如急停按钮，通常都应为常闭型输入，以保证紧急故障时的处理速度。这时改为 PLC 控制时，也以原常闭状态输入为好。

【例 3-18】　将某继电器控制的卧式镗床改为 PLC 控制。原电路见图 3-62。

解　设计过程：

(1) 了解原系统工艺要求。镗床的主轴电机是双速异步电机，中间继电器 KA1 和 KA2 控制主轴电机的启动和停止；接触器 KM1 和 KM2 控制主轴电机的正反转；接触器 KM3、KM4 和时间继电器 KT 控制主轴电机的变速；接触器 KM5 用来短接串在定子回路的制动电阻；SL1、SL2 和 SL3、SL4 是变速操纵盘上的限位开关；SL5、SL6 是主轴进刀与工作台移动互锁限位开关；SB1、SB2 为正、反转启动按钮，SB3、SB4 为正、反转点动按钮。速度继电器在主轴电机正转时触点 KV1、KV3 闭合，主轴电机反转时触点 KV2 闭合。

(2) 确定 PLC 输入点数。

1) 图 3-66 中有一个 SL3 和 SL1 常开触点的串联电路和它们的常闭触点的并联电路。由于

$$\overline{SL3\cdot SL1}=\overline{SL3}+\overline{SL1}$$

即 SL3 和 SL1 的常开触点的串联电路对应的“与”逻辑表达式取反后即为它们的常闭触点的并联电路对应的逻辑表达式。因此在 PLC 外部电路中，将 SL3 和 SL1 的常开触点串联后接在 PLC 的 00007 端，则在梯形图上，00007 的动断形式与 SL3 和 SL1 常闭触点的并联电路相对应。

2) SL2 和 SL4 由于在电路中只有并联这一种使用形式，所以可共同占有一个输入端。

3) SL5、SL6 及热继电器 FR 常闭触点只在电路中出现一次，并且与 PLC 的输出负载相串联，不应作为 PLC 的输入信号。具体的输入通道分配如图 3-63 所示。

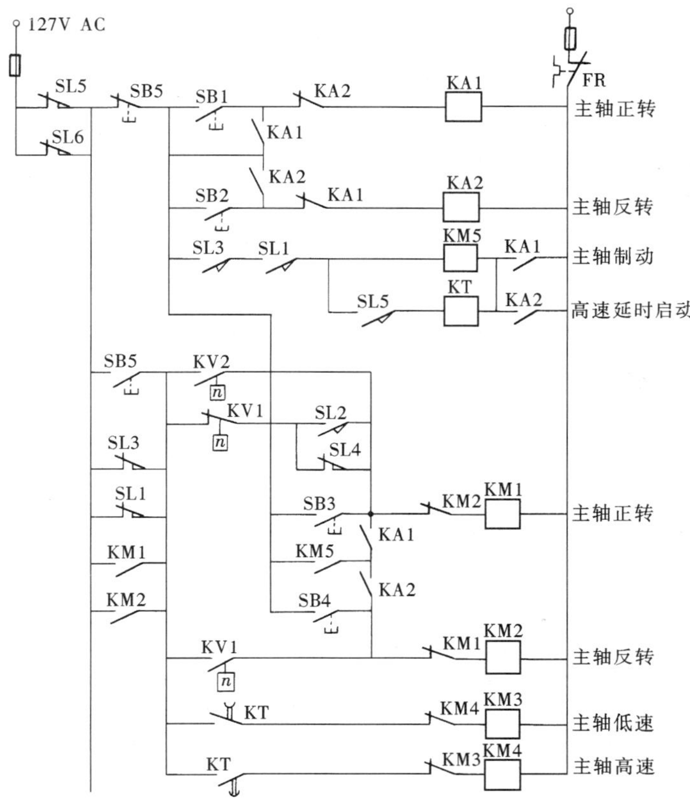

图 3 - 62　卧式镗床继电器电路图

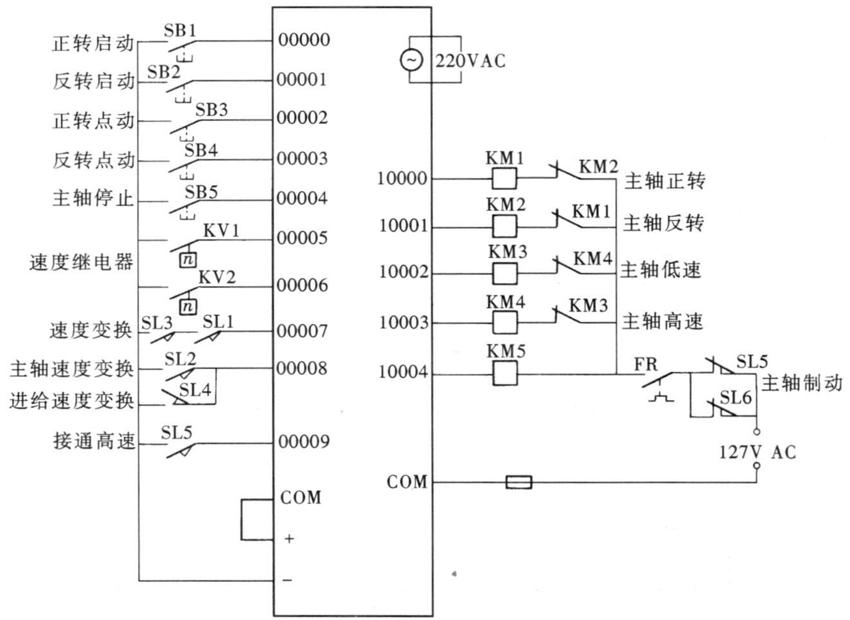

图 3 - 63　输入/输出（I/O）分配及外部接线

（3）确定 PLC 的输出点数。应注意：中间继电器、时间继电器只在 PLC 内部使用，不占用

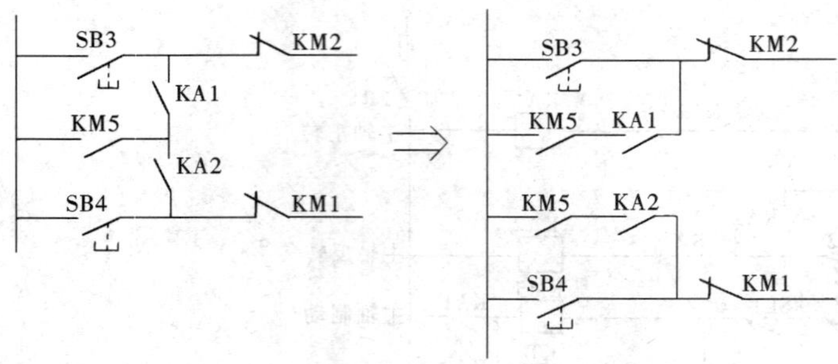

图 3-64 局部等效电路

输出点；另外，KM1、KM2 及 KM3、KM4 应在输出端互锁，以免 PLC 输出故障时造成设备事故。输出通道分配见图 3-63。

（4）将继电器电路图改画成梯形图。首先应对原电路作适当改动：所有的触点均应放在线圈左边；对复杂电路应进行化简，如图 3-64 所示。图 3-62 所示电路对应的梯形图如图 3-65 所示。

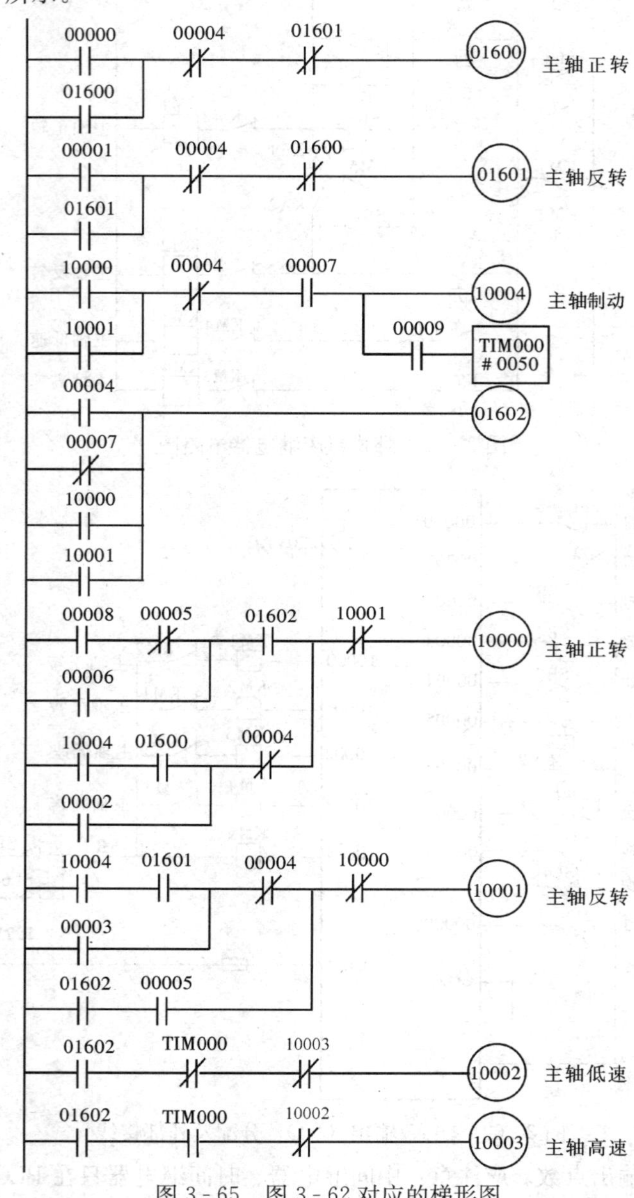

图 3-65 图 3-62 对应的梯形图

习　　题

3-1　写出图 3-66 对应的指令语句表。

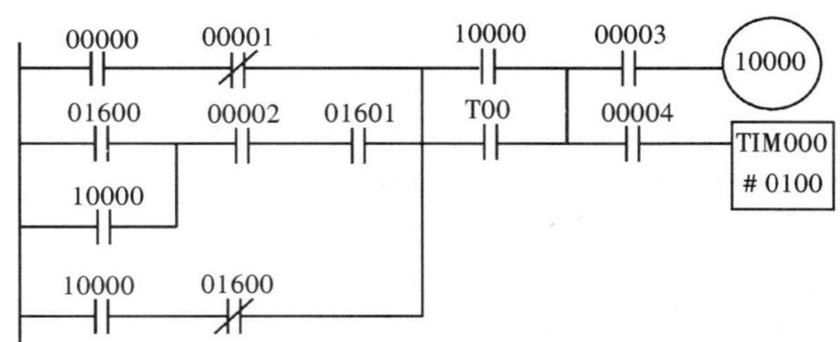

图 3-66　习题 3-1 图

3-2　画出下列指令语句表对应的梯形图。

(1)

LD	00000
OR	00001
AND-NOT	00002
OR	00003
LD	00004
AND	00005
OR	00006
AND-LD	
OR	00007
OUT	10000

(2)

LD	00000
AND	00001
OUT	TR0
AND-NOT	01601
OUT	01600
LD	TR0
OUT	01601
LD	01600
LD	C000
OR	25315
CNT	000
	＃0002
LD	01600
OR	01601
OR	10000
AND-NOT	C000
OUT	10000

3-3 对图3-67所示各梯形图进行化简，然后写出指令语句表。

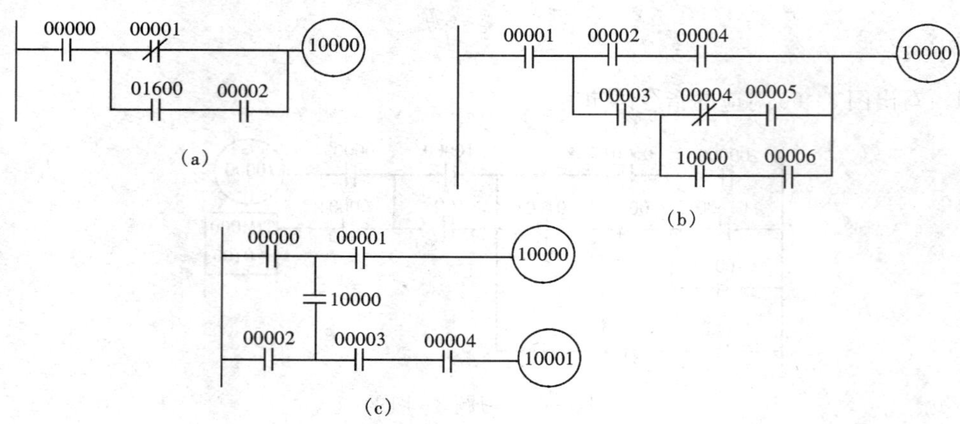

图3-67 习题3-3图

3-4 画出图3-68梯形图对应的指令语句表。

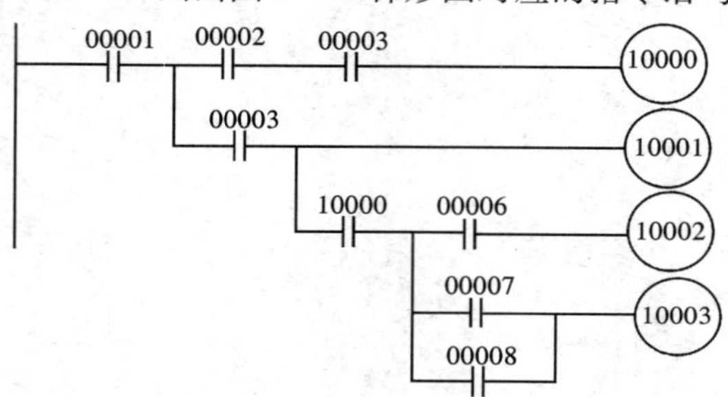

图3-68 习题3-4图

3-5 画出图3-69梯形图对应的波形图。

3-6 有一个用四条皮带运输机的传输系统，分别用四台电动机M1～M4驱动，如图3-70所示。控制要求如下：

(1) 启动时，先启动最后一条皮带，每延时2s后，依次启动其他皮带机，即M4 $\xrightarrow{2s}$ M3 $\xrightarrow{2s}$ M2 $\xrightarrow{2s}$ M1。

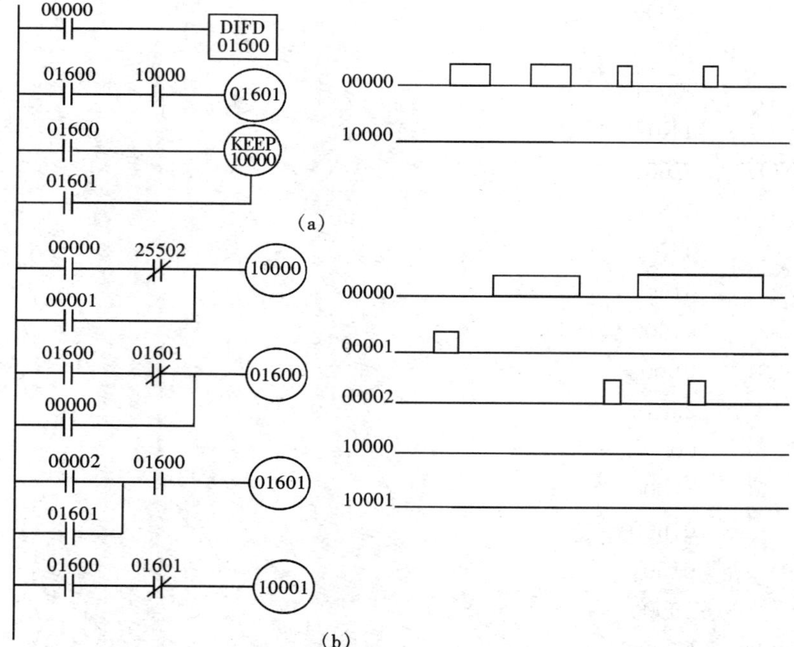

图3-69 习题3-5图

(2) 停止时，先停最前面一条皮带，每延时 5s 后，依次停止其他皮带机，即 M1 $\xrightarrow{2s}$ M2 $\xrightarrow{2s}$ M3 $\xrightarrow{2s}$ M4。

(3) 当某条皮带机发生故障时，该皮带机及其前面的皮带机立即停下，而后面的皮带机按停止顺序依次停车。

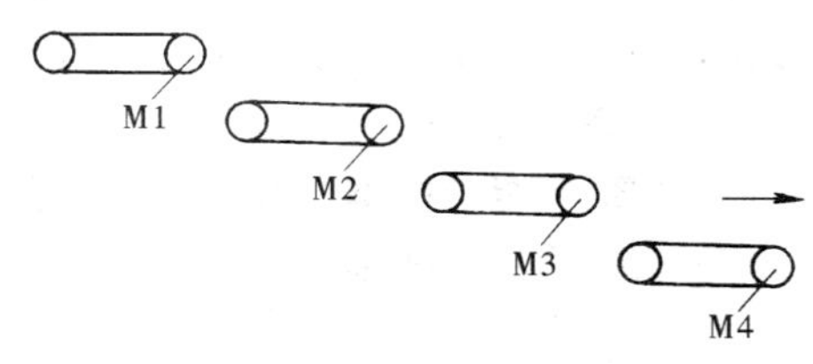

图 3-70　习题 3-6 图

试设计满足上述控制要求的 PLC 控制程序。

3-7　传送带产品检测：用红外传感器检测传送带上的产品，若 20s 内无产品通过，则传送带停止，同时报警。设检测信号从 00002 端子输入，传送带由 10000 点驱动，报警信号由 10001 点控制，00000 为启动按钮，00001 为停止按钮。

3-8　某机床动力头的进给运动如图 3-71 所示，00000 为启动按钮，按一次则动力头完成一个工作循环。启动时，动力头处于最左边，10000、10001、10002 分别驱动三个电磁阀。试设计 PLC 程序。

3-9　用 PLC 实现下述控制要求，分别画出其梯形图。

(1) 电动机 M1 先启动后，M2 才能启动，M2 能单独停车。

(2) M1 启动后，M2 才能启动，M2 可以点动。

(3) M1 启动 10s 后，M2 自行启动。

(4) M1 启动 10s 后，M2 启动，同时 M1 停止。

(5) M1 启动后，M2 才能启动；M2 停止后，MI 才能停止。

3-10　一个用于检测和计算送到包装机装配线上的产品数量的控制电路如图 3-72 所示。当计数器计到 12 个产品时，电路接通一个电磁线圈，2s 后，电磁线圈自动断开。试用 PLC 取代该继电器控制线路。

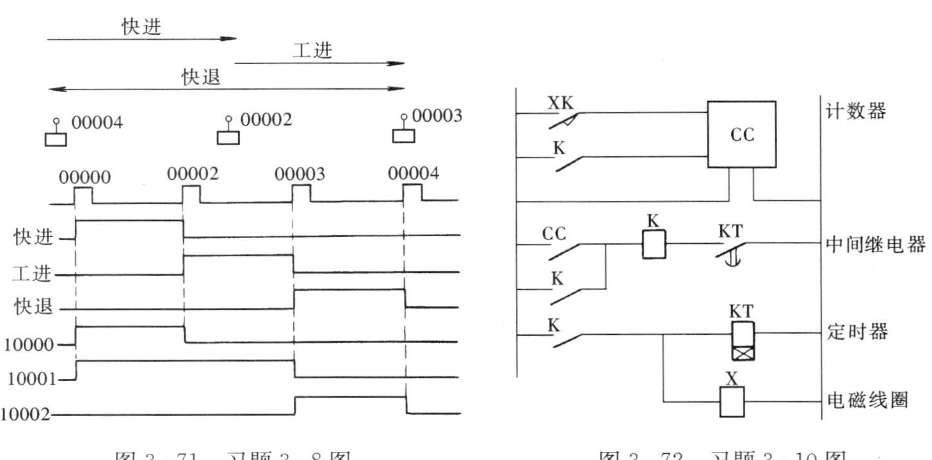

图 3-71　习题 3-8 图　　　图 3-72　习题 3-10 图

3-11　用 PLC 控制三个接触器 KM1、KM2、KM3 动作。要求：按下启动按钮后，KM1、KM 2 启动，10s 后，KM2 断电，再过 5s 后，KM3 接通，按停车按钮后，KM1、KM3 断电。

3-12　试设计用 PLC 实现的密码锁控制。有 8 个按钮 SB1～SB8，其控制要求为：

(1) SB7 为启动按钮，按下 SB7 才可以进行开锁作业。

（2）SB1、SB2、SB5为可按压键。开锁条件：SB1设定按压次数为3次，SB2设定按压次数为2次，SB5设定按压次数为4次，如按此条件依次按键，则密码锁打开。

（3）SB3、SB4为不可按压键，一按压报警器就响，发出警报。

（4）SB6为复位按键，按下SB6，重新开始开锁作业。

（5）SB8为停止按健，按下SB8，停止开锁作业。

第四章　PLC 功能指令及其应用

随着 PLC 技术的发展，其数据处理指令越来越多，功能也越来越强，使当今的 PLC 不仅可方便地用于逻辑量的控制，而且也可方便地用于模拟量的处理与控制。数据处理指令很多，占 PLC 指令集的相当大部分。大都以字、多字为单位操作。具体有：传送指令、比较指令、移位指令、译码指令、数字运算指令、逻辑运算指令等等。

第一节　数 据 处 理 指 令

一、数据传送类指令

1. 数据传送指令

数据传送指令 MOV（21）/MVN（22）用来把一个通道的数据或 4 位 16 进制常数直接或取反后送到一个指定通道。其指令格式和功能见表 4 - 1。

表 4 - 1　　数据传送指令 MOV（21）/MVN（22）

<table>
<tr><th>指令名称</th><th>助记符　操作数</th><th>梯形图符号</th><th>功　能</th><th>操作数范围</th></tr>
<tr><td>传送</td><td>MOV（21）—
S
D</td><td>MOV（21）—
S
D</td><td rowspan="2">将指定通道的数据或一个 4 位 16 进制常数传送到目的通道
S：源数据
D：目的通道</td><td rowspan="2">S：IR、SR、HR、AR、LR、TC、DM、*DM、#
D：IR、HR、AR、LR、DM、*DM</td></tr>
<tr><td>微分传送</td><td>@MOV（21）—
S
D</td><td>@MOV（21）—
S
D</td></tr>
<tr><td>取反传送</td><td>MVN（22）—
S
D</td><td>MVN（22）—
S
D</td><td rowspan="2">将指定通道的数据或一个 16 进制常数取反后，传送到目的通道</td><td rowspan="2">S：IR、SR、HR、AR、LR、TC、DM、*DM、#
D：IR、HR、AR、LR、DM、*DM</td></tr>
<tr><td>微分取反传送</td><td>@MVN（22）—
S
D</td><td>@MVN（22）—
S
D</td></tr>
</table>

说明：①上述指令有微分型和非微分型之分，微分型指令在工作时只执行一次，而非微分型指令在每个扫描周期都被执行。② 传送指令对标志位的影响见表 4 - 2。③ 不能指定 TC 作为传送目的通道，如需要在执行程序时改变 TC 的当前值，可使用 BEST（71）指令。

表 4 - 2　　数据传送指令 MOV（21）/MVN（22）标志位的影响

25503（ER）	• *DM 的内容不是 BCD 数据时，或超出 DM 区时 ON • 除了上述情况外 OFF • 25503 ON 时，指令不执行
25506（=）	• 传送、取反传送的数据为 0000 时 ON，0000 以外时 OFF

【例 4-1】　传送指令举例。

解　如图 4-1 所示，当 00000 为 ON 时，MOV 指令把指定的常数＃F8C5 传送到 DM0010，MVN 指令则把＃F8C5 取反后再送到 DM0011。

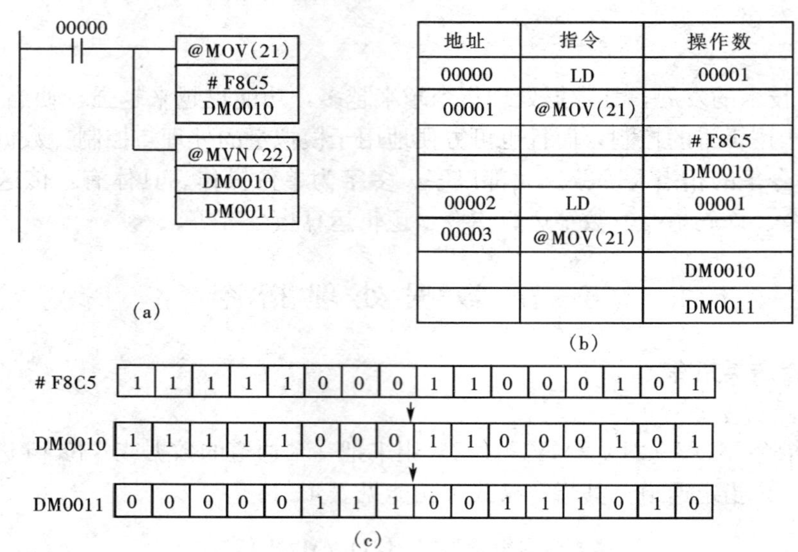

地址	指令	操作数
00000	LD	00001
00001	@MOV(21)	
		# F8C5
		DM0010
00002	LD	00001
00003	@MOV(21)	
		DM0010
		DM0011

(b)

图 4-1　传送指令应用

(a) 梯形图；(b) 语句表；(c) 执行结果

2. 位传送指令

位传送指令 MOVB (82) /@MOVB (82) 用于将源通道 S 的指定位的内容传送到目的通道 D 的指定位，其指令格式及功能见表 4-3。

表 4-3　　位传送指令 MOVB (82) /@MOVB (82)

指令名称	助记符　操作数	梯形图符号	功　　能	操作数范围
位传送	MOVB (82) — S Bi D	MOVB (82) / S / Bi / D	位传送：将源通道 S 的指定位的内容传送到目的通道 D 的指定位 注：立即数 Bi 可以取 0000～FFFFH	源通道 S：IR、SR、HR、AR、LR、TC、DM、* DM、＃ 控制字 Bi：IR、SR、HR、AR、LR、TC、DM、* DM、＃ 目的通道 D：IR、HR、AR、LR、DM、* DM
微分型位传送	@MOVB (82) — S Bi D	@MOVB (82) / S / Bi / D		

说明：① 上述指令也有微分型和非微分型之分。② 上述指令对标志位的影响见表 4-4。③ Bi 的最右边两个数字和最左边的两个数字都必须在 00～15 之间。最右边两个数字（第 0～7 位）是源通道的指定位号；最左边的两个数字（第 8～15 位）是目的通道的指定位号。④ Bi 或 D 不能使用 DM6644～

表 4-4　　位传送指令 MOVB (82) /@MOVB (82) 对标志位的影响

25503 (ER)	• 控制数据不是 BCD 数据时 ON • * DM 的内容不是 BCD 数据时，或超出 DM 区时 ON • 除了上述情况外 OFF • 25503 ON 时，指令不执行

DM6655。

【例 4-2】　位传送指令举例。

解　如图 4-2 所示，当 00000 为 ON 时，由控制字 035CH 的数据指定源通道 DM0000 的第 02 位的内容向目的通道 100CH 的第 12 位进行传送。

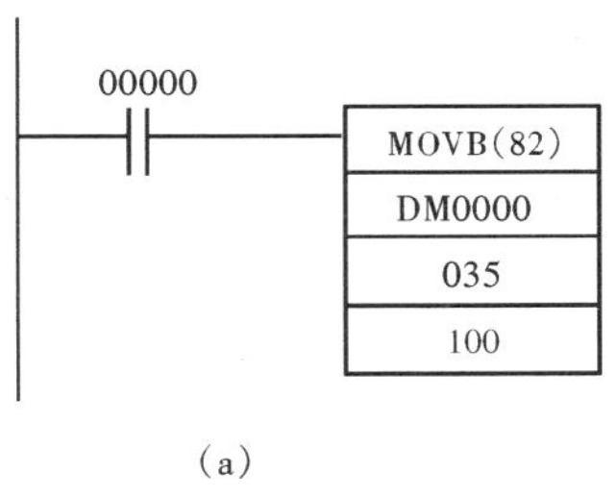

(a)

地址	指令	操作数
00000	LD	00000
00001	MOVB(82)	
		DM0000
		035
		100

(b)

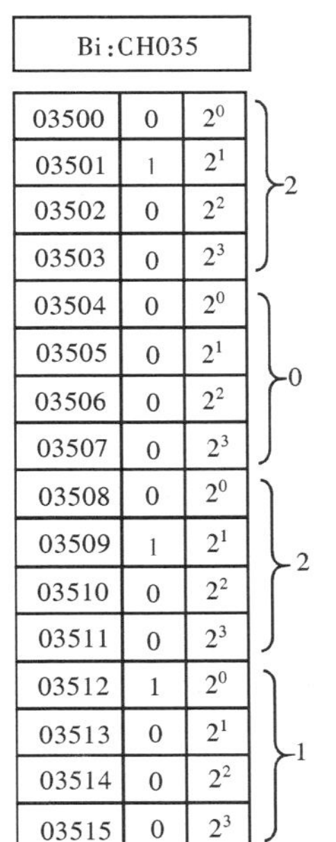

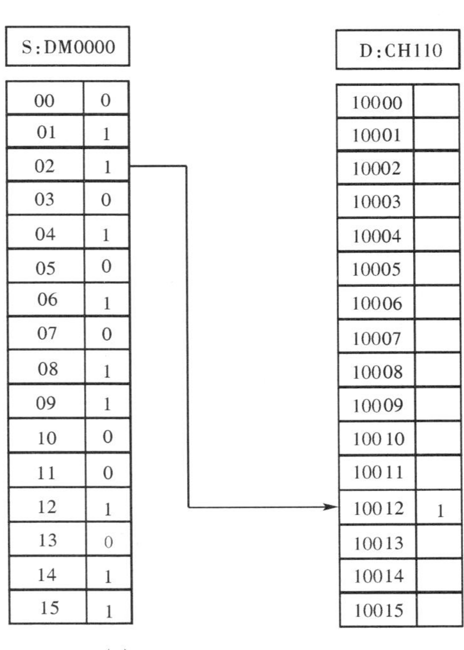

(c)

图 4-2　位传送指令举例

(a) 梯形图；(b) 语句表；(c) 执行过程

3. 字传送指令

字传送指令 MOVD (83) /@MOVD (83) 用于将源通道 S 的指定数位的内容传送到目的通道 D 的指定位，其指令格式及功能见表 4-5。

说明：① 上述指令也有微分型和非微分型之分。② 上述指令对标志位的影响见表 4-6。③ 该指令一次最多可传送 4 个数字共计 16 位。要传送的数字在通道中的位置和要传送的数字个数，由 Bi 指定的通道内容确定。Bi 指定的通道由 4 位十六进制组成，其含义如图 4-3 所示。

表 4-5　　字传送指令 MOVD (83) /@MOVD (83)

指令名称	助记符　操作数	梯形图符号	功　能	操作数范围
字传送	MOVD (83) — S Bd D	MOVD (83) S Bd D	数字传送：将 S 通道的指定数位的内容传送到 D 通道的指定位 S：源通道号或数据 Bd：控制数据 D：目的通道	S：IR、SR、HR、AR、LR、TC、DM、*DM、# Bd /D：IR、HR、AR、LR、DM、*DM
微分型字传送	@MOVD (83) — S Bd D	@MOVD (83) S Bd D		

表 4-6　　字传送指令 MOVD (83) /@MOVD (83) 对标志位的影响

25503 (ER)	• 控制数据的第 0 位～第 3 位，如果不在 0～3 内，则 ON • *DM 的内容不是 BCD 数据时，或超出 DM 区时 ON • 除了上述情况外 OFF • 25503 ON 时，指令不执行

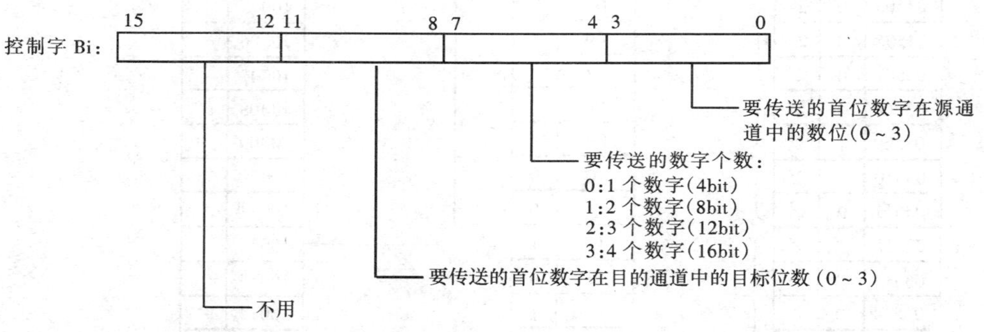

图 4-3　控制字 Bi 的含义

【例 4-3】　字传送指令举例。其中，CH035 的内容为 0201，DM0000 的内容为 56BA。

解　此例为 1 位的数字传送。当 00000 为 ON 时，由控制字 CH035 的内容可知，其工作过程为：从 DM0000 的第 1 个数字位开始传送，只传送 1 个字，传送到 DM0003 的第 2 个数字位。如图 4-4 所示。

如果将控制字 CH035 的内容改为 0211，则其传送结果如图 4-5 所示。

4. 块传送指令

块传送指令 XFER (70) /@XFER (70) 用来将几个相邻通道的内容分别传送到另外几个相邻通道中，其指令格式及功能见表 4-7。

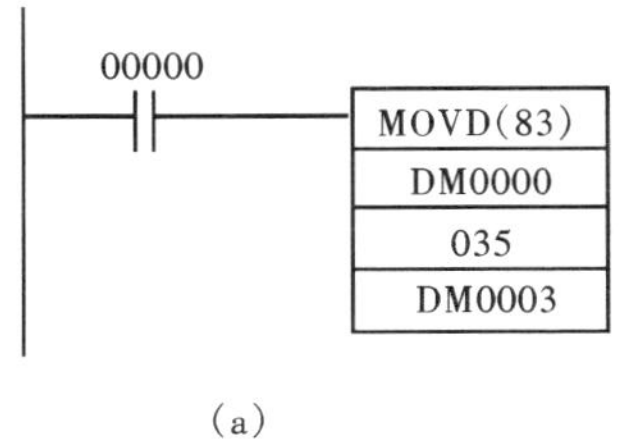

(a)

地址	指令	操作数
00000	LD	00000
00001	MOVD (83)	
		DM 0000
		035
		DM0003

(b)

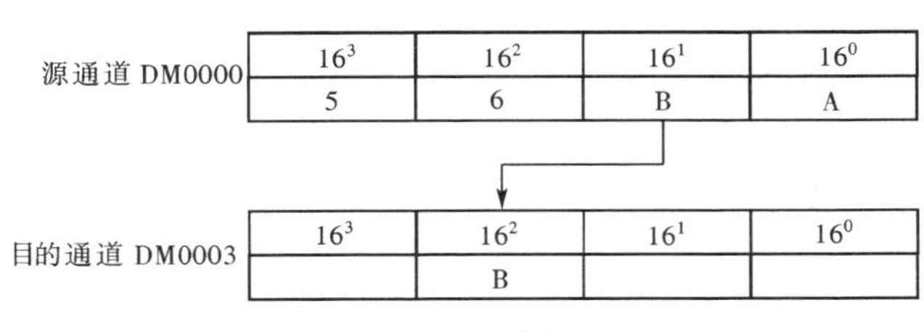

(c)

图 4-4　字传送指令举例

(a) 梯形图；(b) 语句表；(c) 执行过程

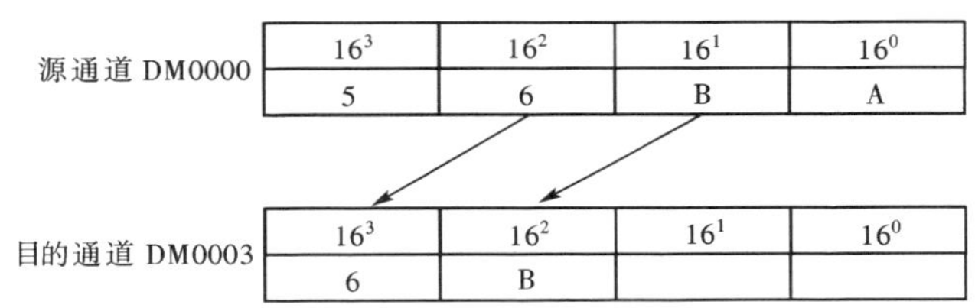

图 4-5　多字传送举例

表 4-7　　块传送指令 XFER (70) /@XFER (70)

指令名称	助记符　操作数	梯形图符号	功　能	操作数范围
块传送	XFER (70) — N S D	XFER (70) / N / S / D	将几个相邻通道的内容分别传送到另外几个相邻通道中 N：传送通道数 S：传送源起始通道 D：传送目的起始通道	N：IR、SR、HR、AR、LR、TC、* DM、# S/D：IR、HR、AR、LR、TC、DM、* DM
微分型块传送	@XFER (70) — N S D	@XFER (70) / N / S / D		

说明：①上述指令有微分型和非微分型之分。②上述指令对标志位的影响见表 4-8。③S 和 D 可以在同一数据区，但这个数据块不能是同一数据区的相同的通道。

表 4-8 块传送指令 XFER(70)/@XFER(70)对标志位的影响

25503(ER)	·N数据不是BCD数据，传送源、传送目的终了通道超出数据区时ON ·*DM的内容不是BCD数据时，或超出DM区时ON ·除了上述情况外OFF ·25503 ON时，指令不执行

【例4-4】 块传送指令举例。其中，CH001、CH002、CH003的内容分别为1234、0000、FFFF，N为#0003。

解 当输入00000为ON时，IR区的CH001～003的内容分别向DM0010～0012传送。如图4-6所示。

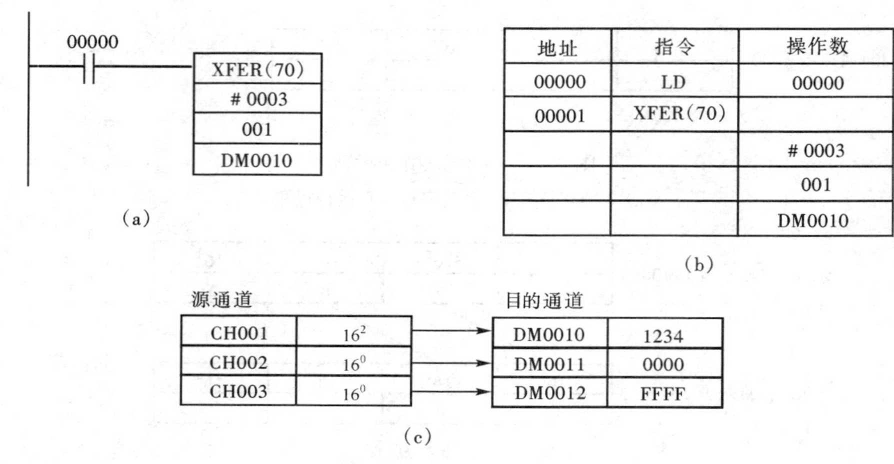

图4-6 块传送指令举例

(a)梯形图；(b)语句表；(c)执行过程

5. 块设置指令

块设置指令BSET(71)/@BSET(71)用于将某一通道的数据或立即数传送到几个连续的目的通道中，其指令格式及功能见表4-9。

表 4-9 块设置指令 BSET(71)/@BSET(71)

指令名称	助记符 操作数	梯形图符号	功 能	操作数范围
块设置	BSET(71) — S B E	BSET(71) S B E	将某一通道的数据或立即数传送到几个连续的目的通道中 S：源数据 B：传送目的起始通道号 E：传送目的终了通道号	S：IR、SR、HR、AR、LR、TC、DM、*DM、# B/E：IR、HR、AR、LR、TC、DM、*DM
微分型块设置	@BSET(71) — S B E	@BSET(71) S B E		

说明：① 上述指令有微分型和非微分型之分。② 上述指令对标志位的影响见表 4 - 8。③利用 BSET 指令可以改变定时器/计数器设定值，而用 MOV/MVN 则不行。

表 4 - 10　　块设置指令 BSET（71）/@BSET（71）对标志位的影响

25503（ER）	• B、E 不在同一区域，或指定为 B>E 时 ON • * DM 的内容不是 BCD 数据时，或超出 DM 区时 ON • 除了上述情况外 OFF • 25503 ON 时，指令不执行

【例 4 - 5】　块设置指令举例。

解　如图 4 - 7 所示，当 00000 为 ON 时，立即数 1234 向 DM0000～DM0511 传送；当 00001 为 ON 时，CH211 的内容送入 TIM005 作为改变后的设定值。

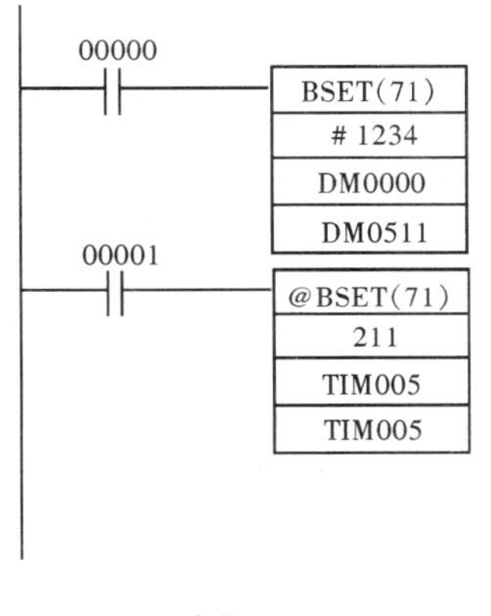

(a)

地址	指令	操作数
00000	LD	00000
00001	BSET(71)	
		# 1234
		DM0000
		DM0511
00002	LD	00000
00003	@BSET(71)	
		211
		TIM005
		TIM005

(b)

00000 为 ON 时　# 1234 → DM0000、DM0001 …… DM0511

00001 为 ON 时　CH211 → TIM005

(c)

图 4 - 7　块传送指令举例

(a) 梯形图；(b) 语句表；(c) 执行过程

6. 数据分配指令

数据分配指令 DIST（80）/@DIST（80）用于将源通道的数据传送到目的通道中去。与 MOV 指令不同的是，传送目的通道号时由基地址 D 和偏移量 C 这两部分的和决定，其指令格式及功能见表 4 - 11。

说明：① 上述指令有微分型和非微分型之分。② 上述指令对标志位的影响见表 4 - 12。③ 当 C 的 12～15 位=0～8，DIST（80）可用于单字分配操作，C 的整个内容提供一个偏移 Δ 。当执行条件为 ON 时，DIST 将 S 的内容复制到 D+Δ 中。④ 当 C 的 12～15 位=9，

DIST（80）可用于堆栈操作，C的其他3个数字指定堆栈（000～999）中的字数，D的内容为堆栈指针。当执行条件为ON时，DIST将S的内容复制到（D）+1+Δ的内容，即1加上D的内容加上Δ决定目的字，然后D的内容增1。在用于堆栈操作时，必须使用微分型指令，或与DIFU或DIFD指令配合使用；此外，在进行堆栈操作之前，务必初始化堆栈指针。

表4-11　　数据分配指令DIST（80）/@DIST（80）

指令名称	助记符　操作数	梯形图符号	功　能	操作数范围
数据分配	DIST（80）— S D C	DIST（80） / S / D / C	将源通道的数据传送到目的通道中去。传送目的通道号时由基地址D和偏移量C这两部分的和决定 S：源通道号 D：目的通道基地址 C：偏移量	S：IR、SR、HR、AR、LR、TC、DM、*DM、# D：IR、HR、AR、LR、TC、DM、*DM C：IR、SR、HR、AR、LR、TC、DM、*DM、# 注：C必须为BCD数据
微分型数据分配	@DIST（80）— S D C	@DIST（80） / S / D / C		

表4-12　　数据分配指令DIST（80）/@DIST（80）对标志位的影响

25503（ER）	·C数据不是BCD数据时，超出数据区时ON ·*DM的内容不是BCD数据，或超出DM区时ON ·除了上述情况之外为OFF ·25503ON时，指令不执行
25506（=）	传送数据为0000时ON，0000以外时为OFF

【例4-6】　使用DIST（80）指令将#00FF复制到HR20+Δ，LR10的内容为#3005。

解　如图4-8所示，当00000为ON时，#00FF复制到HR25（即HR20+5）。

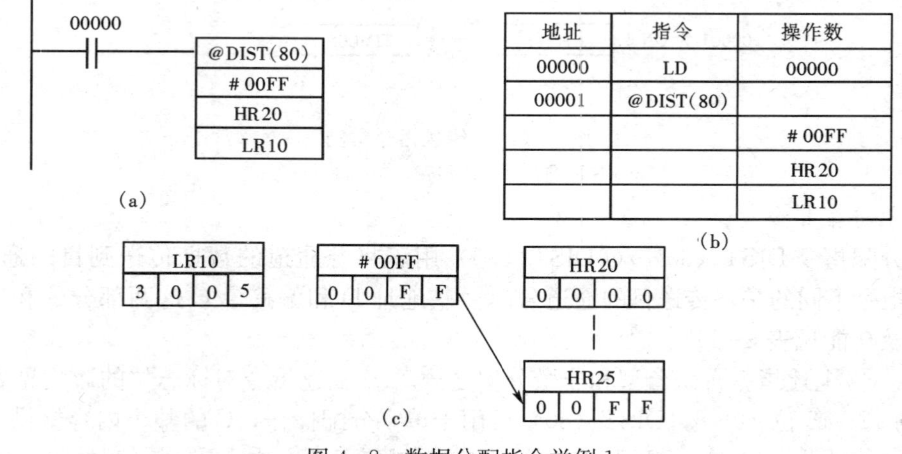

地址	指令	操作数
00000	LD	00000
00001	@DIST(80)	
		# 00FF
		HR20
		LR10

(b)

图4-8　数据分配指令举例1

(a) 梯形图；(b) 语句表；(c) 执行过程

【例 4-7】　使用 DIST（80）指令在 DM0001～DM0005 之间产生一个堆栈，DM0000 作为堆栈指针。其中，IR001＝FFFF，IR035＝9005。

解　当 00000 第一次为 ON 时，IR001 的内容送入 DM0001；00000 第二次为 ON 时，栈指针递增，IR001 的内容送入 DM0002，如图 4-9 所示。

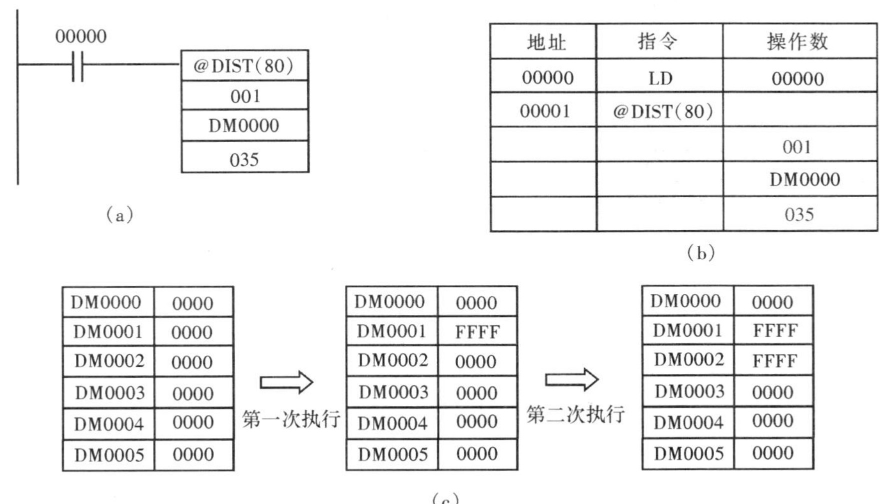

图 4-9　数据分配指令举例 2

（a）梯形图；（b）语句表；（c）执行过程

7. 变址传送指令

变址传送指令 COLL（81）/@COLL（81）也是用于将源通道的数据传送到目的通道。但这里的源通道地址由基地址 S 与偏移量 C 之和决定，其指令格式及功能见表 4-13。

表 4-13　　变址传送指令 COLL（81）/@COLL（81）

指令名称	助记符　操作数	梯形图符号	功　能	操作数范围
COLL（81）	COLL（81）— S C D	COLL（81） S C D	将源通道的数据传送到目的通道。源通道地址由基地址 S 与偏移量 C 之和决定 S：源通道基地址 D：偏移量 C：目的通道号	S：IR、SR、HR、AR、TC、DM、* DM、# C/D：IR、HR、AR、LR、TC、DM、* DM 注：C 必须为 BCD 数
@COLL（81）	@COLL（81）— S C D	@COLL（81） S C D		

说明：① 该指令的源通道地址必须与基地址 S 在同一数据区；② COLL 的源通道地址采用间接寻址方式寻址，DIST 的目的通道采用间接寻址方式寻址；③ COLL 指令对标志位的影响与 DIST 指令相同。

【例 4-8】　使用 COLL 指令将 DM0000＋Δ 的内容复制到 IR001。其中，IR010＝＃0005，即Δ＝5，DM0005＝00FF。

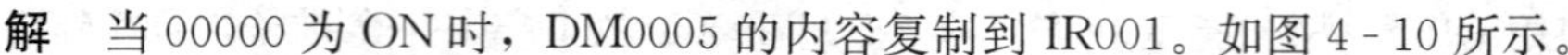

解 当00000为ON时，DM0005的内容复制到IR001。如图4-10所示。

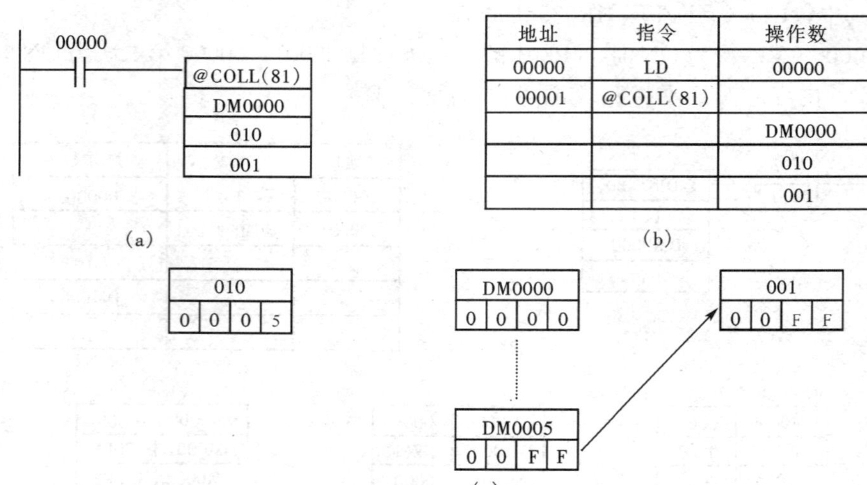

图4-10 变址传送指令举例

(a) 梯形图；(b) 语句表；(c) 执行过程

8. 数据交换指令

数据交换指令XCHG (73) / @XCHG (73) 用于实现两通道间的数据交换，其指令格式及功能见表4-14。

表4-14　　数据交换指令XCHG (73) / @XCHG (73)

指令名称	助记符　操作数	梯形图符号	功　能	操作数范围
数据交换	XCHG (73) — E1 E2	XCHG (73) E1 E2	两通道数据交换 E1：交换通道号1 E2：交换通道号2 E1 ⇌ E2	E1/E2：IR、HR、AR、LR、TC、DM、* DM
微分型数据交换	@XCHG (73) — E1 E2	@XCHG (73) E1 E2		

说明：① 该指令可实现两个不同通道之间的一对一数据交换。若要实现多个通道的数据一起交换，可使用数据块传送指令XFER (70)，以其他区域作为暂存区进行交换，如图4-11所示。② 数据交换指令对标志位的影响见表4-15。

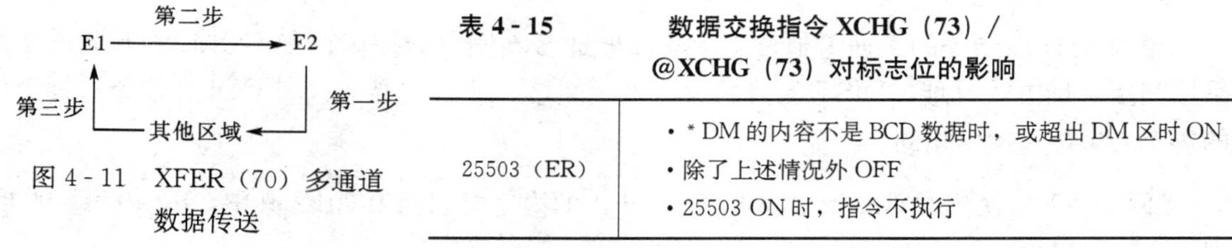

图4-11 XFER (70) 多通道数据传送

表4-15　　数据交换指令XCHG (73) / @XCHG (73) 对标志位的影响

25503 (ER)	• * DM的内容不是BCD数据时，或超出DM区时ON • 除了上述情况外OFF • 25503 ON时，指令不执行

【例 4-9】　XCHG（73）指令应用举例。

解　当 00000 为 ON 时，CPU 每次扫描执行到 XCHG（73）指令时，IR001 和 DM0010 的数据都将进行交换。为避免这种反复交换，可使用微分型指令@XCHG（73），以保证在 00000 为 ON 时，只执行一次数据交换操作，如图 4-12 所示。

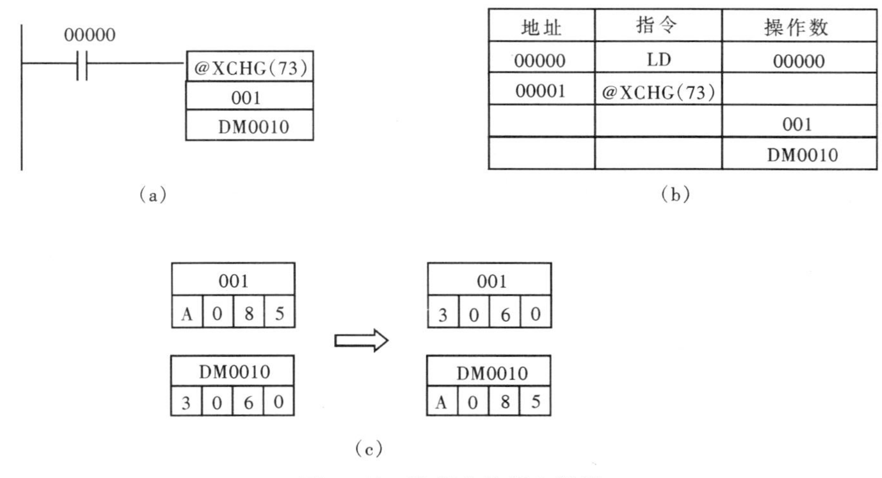

地址	指令	操作数
00000	LD	00000
00001	@XCHG(73)	
		001
		DM0010

图 4-12　数据交换指令举例

（a）梯形图；（b）语句表；（c）执行过程

二、移位指令

1. 移位寄存器

移位寄存器包括普通移位寄存器 SFT（10）和可逆移位寄存器 SFTR（84）/@SFTR（84），见表 4-16。

表 4-16　移位寄存器 SFT（10）和可逆移位寄存器 SFTR（84）/@SFTR（84）

指令名称	助记符　操作数	梯形图符号	功　能	操作数范围
移位	SFT（10）　D1 D2	IN / CP / R SFT（10） D1 D2	按位进行移位 IN：数据输入端 CP：移位脉冲 R：复位输入	D1/D2：IR、HR、AR、LR
可逆移位	SFTR（84）— C D1 D2	SFTR（84） C D1 D2	将指定通道中的数据左移或右移一位，带进位 C：控制字	C：IR、HR、AR、LR、DM、*DM、# D1/D2：IR、HR、AR、LR、DM、*DM
微分型可逆移位	@SFTR（84）— C D1 D2	@SFTR（84） C D1 D2		

说明：上述指令中，D1 为起始通道号，D2 为结束通道号。

SFT（10）的执行过程：当移位脉冲输入端 CP 有脉冲前沿时，数据输入端 IN 的状态被移入D1通道的最低位，D1至D2的所有通道中的数据依次向上移动一位，D2的最高位丢失。

SFT（10）的复位输入端R为ON时，将使D1至D2通道的所有位置0，并且不接受数据输入。

SFT（10）指令允许多个数据通道连续移位。但D1至D2必须设在同一继电器区或数据区，并使D1≤D2。若设定D1=D2，则表示是16位的移位寄存器。

【例4-10】 SFT（10）指令应用举例。

解 如图4-13所示，起始通道号与结束通道号相同，表示在IR010一个通道内移位。01000、01001、10000与00000、00001的关系如图4-13（c）所示。

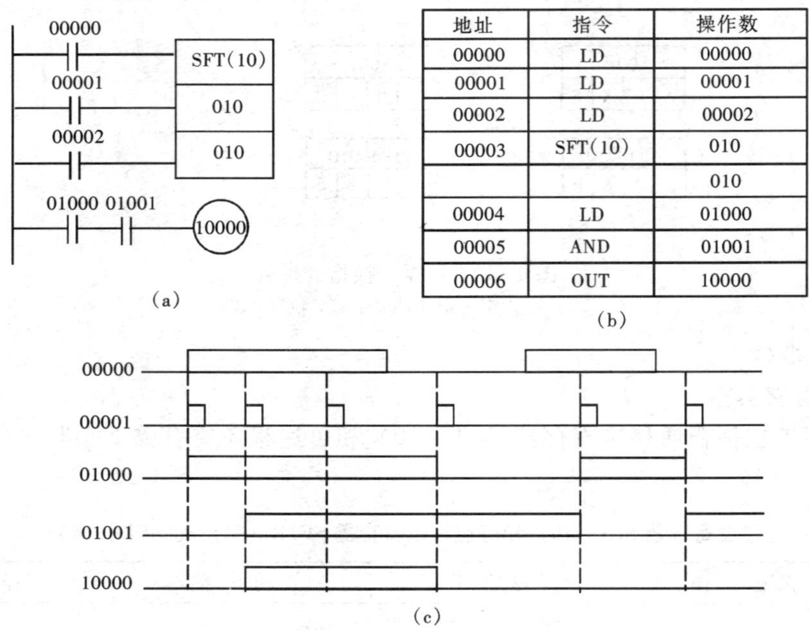

地址	指令	操作数
00000	LD	00000
00001	LD	00001
00002	LD	00002
00003	SFT(10)	010
		010
00004	LD	01000
00005	AND	01001
00006	OUT	10000

图4-13 SFT（10）指令举例
（a）梯形图；（b）语句表；（c）执行过程

【例4-11】 48位移位寄存器。

解 如图4-14所示，D1=HR10，D2=HR12，则移位在HR10、HR11、HR12三个通道间进行，如图4-14（b）所示。

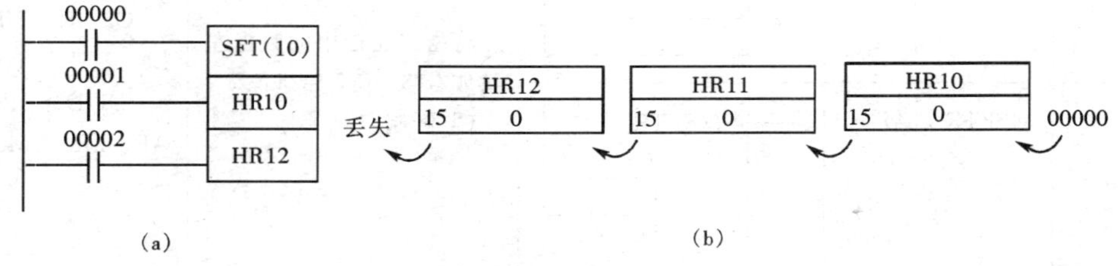

图4-14 48位移位寄存器
（a）梯形图；（b）执行过程

【例 4-12】　小车循环运行：设 00000、00001、00002、00003 为小车的四个检测位置，00000 为原始位置，启动 00004，停止 00005，右行 10000，左行 10001。按下启动按钮后，小车从原位开始运行，按下停止按钮后，小车完成当前循环后停于原位。运行过程如图 4-15 所示。

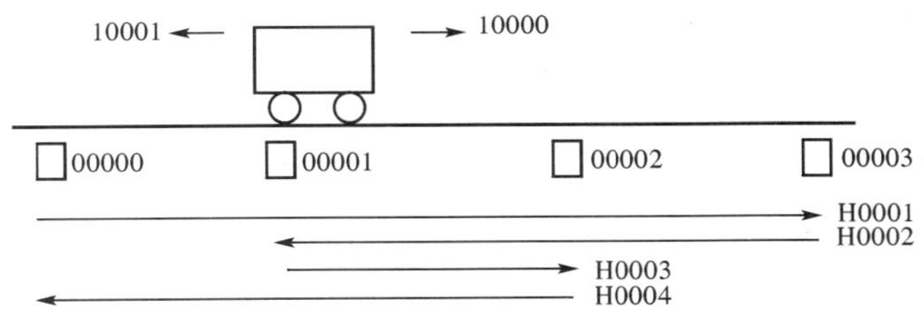

图 4-15　小车循环运行示意图

解　如图 4-16 所示，H0000 作为启动的初值，当 H0000 为 ON 时，如果 SFT 得到移位脉冲，则可将 ON 信号移入 H0001，开始第一个工步；各位置有检测信号发出时，发出相应的移位脉冲，使 H00 通道按位移位，执行各工步的动作；按下停止按钮后，IR01600 为 OFF，使当前循环结束后初值不能为 ON，从而停止运行。

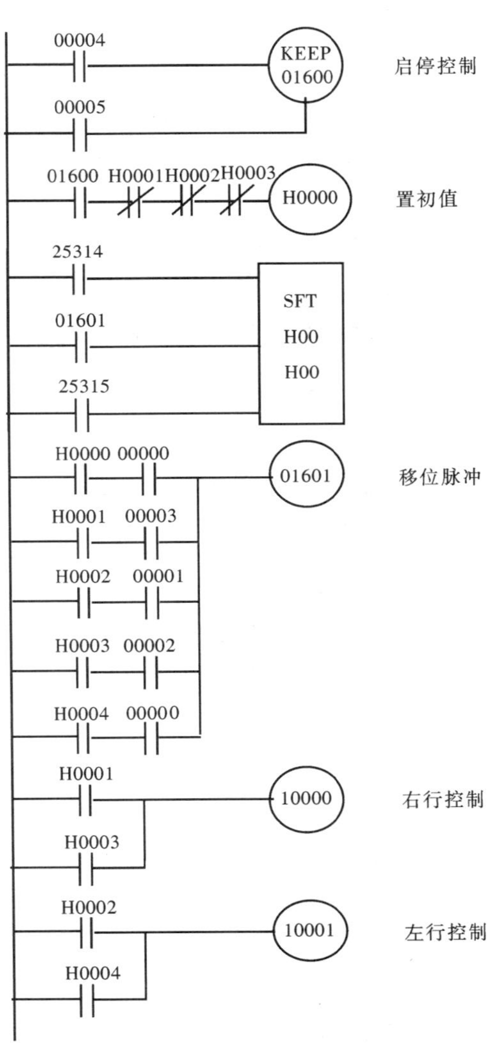

图 4-16　小车循环运行梯形图

SFTR/@SFTR 是可切换移位方向的移位寄存器指令。它指定一个或几个连续通道的数据按位左移或右移。D1 和 D2 应在同一数据区内，并且 D1≤D2。

C 是控制字，其含义如图 4-17 所示。

控制字 C 的第 12 位为 ON 时，在有移位脉冲（控制字的第 14 位）的上升沿（OFF→ON）时，控制字的第 13 位（输入数据）被移进通道 D1 的第 0 位，同时各个位内容一位一位地向左移，D2 通道的第 15 位内容移入进位标志位；控制字 C 的第 12 位为 OFF 时，控制字的第 13 位在移位脉冲（控制字的第 14 位）的上升沿（OFF→ON）被移进通道 D2 的第 15 位，同时各个位的内容均向右移一位，D1 通道的第 0 位内容移入进位标志位。控制字 C 的第 15 位为 ON 时，D1～D2 的全部位，以及进位全部为 0，并且不接受输入信号。

对于 SFTR 指令，为保证在移位输入 ON 时只移位一次，可使用 @ SFTR（84）指令。SFTR（84）/@SFTR（84）指令对标志位的影响见表 4-17。

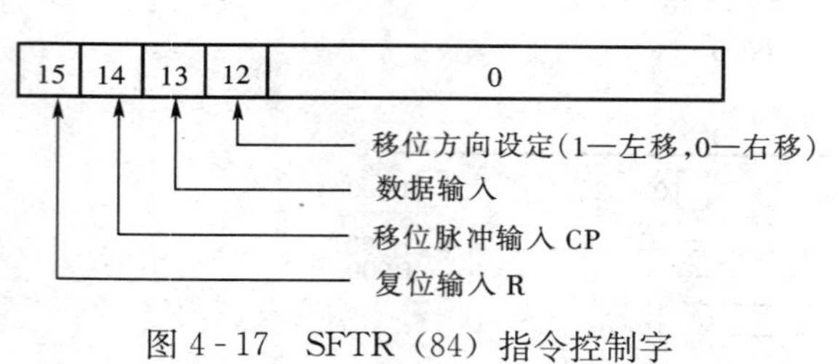

图 4-17 SFTR (84) 指令控制字

表 4-17 SFTR (84) /@SFTR (84) 指令对标志位的影响

25503 (ER)	·D1 和 D2 通道区域相异时，设定成 D1>D2 时 ON ·* DM 的内容不是 BCD 数据或超出 DM 区时 ON ·除了上述情况外为 OFF ·25503 ON 时，指令不执行
25504 (CY)	·在移位方向上的最终位移位为 1 时 ON，移位为 0 时为 OFF ·复位输入 ON 时 OFF

【例 4-13】 SFTR (84) 指令应用举例。

解 SFTR (84) 指令在使用时应与 DIFU (13) 指令配合使用（如图 4-18 所示），或直接使用微分型指令@SFTR (84)（如图 4-19 所示）。

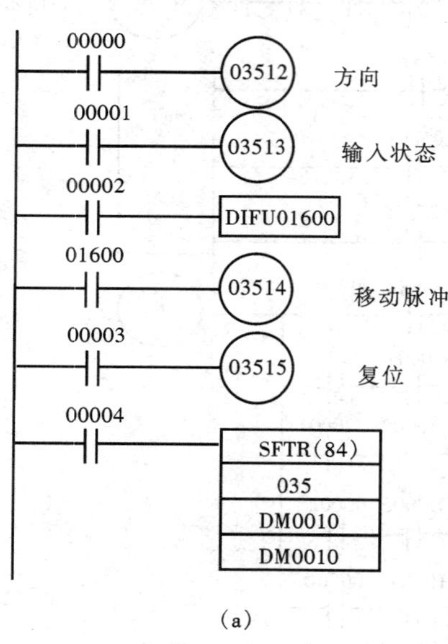

(a)

地址	指令	操作数
00000	LD	00000
00001	OUT	03513
00002	LD	00001
00003	OUT	03513
00004	LD	00002
00005	DIFU(13)	01600
00006	LD	01600
00007	OUT	03514
00008	LD	00003
00009	OUT	03515
00010	LD	00004
00011	SFTR(84)	
		035
		DM0010
		DM0010

(b)

图 4-18 SFTR (84) 的应用

(a) 梯形图；(b) 语句表

2. 算术移位指令

算术移位指令有算术左移 ASL (25) 和算术右移 ASR (26)，用来将指定通道内数据向左或向右移动一位。其指令格式及功能见表 4-18。

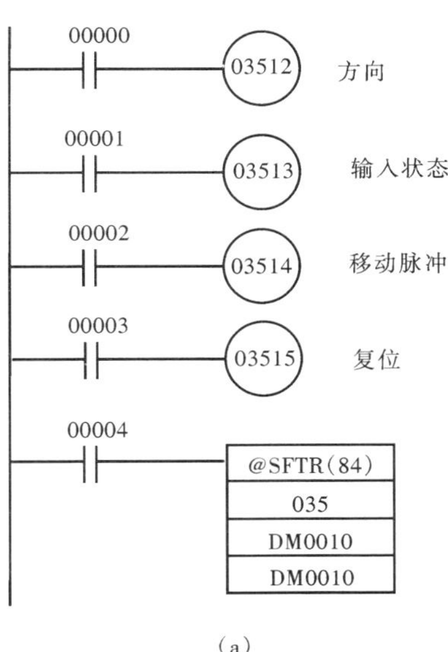

(a)

地址	指令	操作数
00000	LD	00000
00001	OUT	03512
00002	LD	00001
00003	OUT	03513
00004	LD	00002
00005	OUT	03514
00006	LD	00003
00007	OUT	03515
00008	LD	00004
00009	@SFTR(84)	
		035
		DM0010
		DM0010

(b)

图 4-19　@SFTR（84）的应用
(a) 梯形图；(b) 语句表

表 4-18　算术左移/右移指令 ASL（25）/ASR（26）

指令名称	助记符　操作数	梯形图符号	功　能	操作数范围
算术左移	ASL（25）— D	ASL（25） / D	通道内数据向左移动一位 D：数据通道号	D：IR、HR、AR、LR、DM、* DM
微分型算术左移	@ASL（25）— D	@ASL（25） / D		
算术右移	ASR（26）— D	ASR（26） / D	通道内数据向右移动一位 D：数据通道号	
微分型算术右移	@ASR（26）— D	@ASR（26） / D		

算术移位指令对标志位的影响见表 4-19。

表 4-19　算术左移/右移指令对标志位的影响

25503（ER）	• * DM 内容不是 BCD 数据时或超出 DM 区时 ON • 除了上述情况外为 OFF • 25503 ON 时，指令不执行	25504（CY）	进位标志移入 1 时 ON，移入 0 时为 OFF
		25506（=）	数据通道的内容为 0000 时 ON，而 0001～FFFFH 时为 OFF

【例 4-14】　ASL（25）指令应用举例。

解　当 00000 为 ON 时，微分型 ASL（25）指令执行一次，执行过程如图 4-20 所示。

【例 4-15】　ASR（26）指令应用举例。

解　当 0000 为 ON 时，微分型 ASR（26）指令执行一次，执行过程如图 4-19 所示。

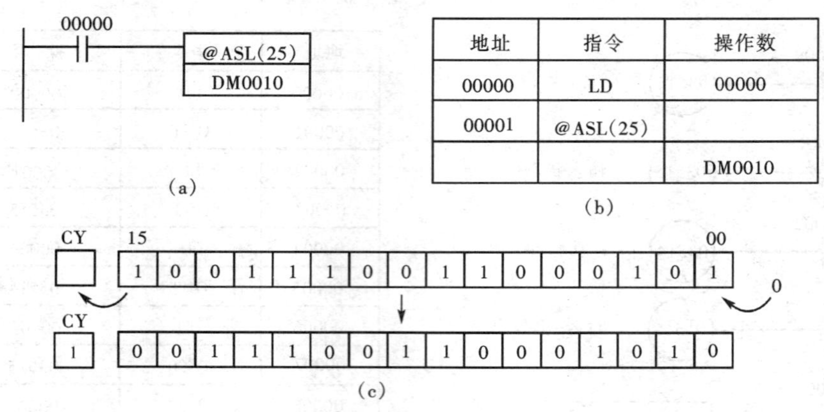

图 4-20　ASL（25）指令应用

（a）梯形图；（b）语句表；（c）执行结果

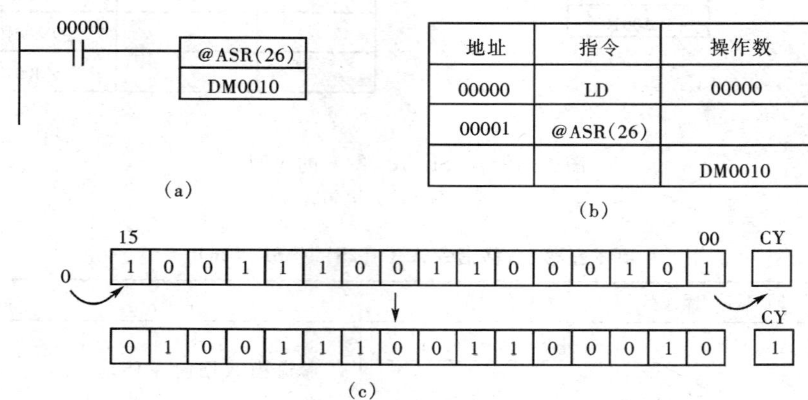

图 4-21　ASR（26）指令应用

（a）梯形图；（b）语句表；（c）执行结果

3. 循环移位指令

循环移位指令也有左移和右移之分，其指令格式及功能见表 4-20。

表 4-20　　循环左移/右移指令 ROL（27）/ROR（28）

指令名称	助记符　操作数	梯形图符号	功　能	操作数范围
循环左移	ROL（27）— D	ROL（27） D	通道内数据循环左移一位 D：数据通道号	D：IR、HR、AR、LR、DM、* DM
微分型循环左移	@ROL（27）— D	@ROL（27） D		
循环右移	ROR（28）— D	ROR（28） D	通道内数据循环右移一位 D：数据通道号	
微分型循环右移	@ROR（28）— D	@ROR（28） D		

循环移位指令对标志位的影响见表 4-21。

表 4-21　　循环左移/右移指令 ROL（27）/ROR（28）对标志位的影响

25503（ER）	・＊DM 的内容不是 BCD 数据时或超出 DM 区时 ON ・除了上述情况外为 OFF ・25503 ON 时，指令不执行
25504（CY）	进位标志移入 1 时 ON，移入 0 时为 OFF
25506（=）	数据通道的内容为 0000 时 ON，而 0001～FFFFH 时为 OFF

【例 4-16】　ROL（27）指令应用举例。

解　当 0000 为 ON 时，微分型 ROL（27）指令执行一次，执行过程如图 4-22 所示。

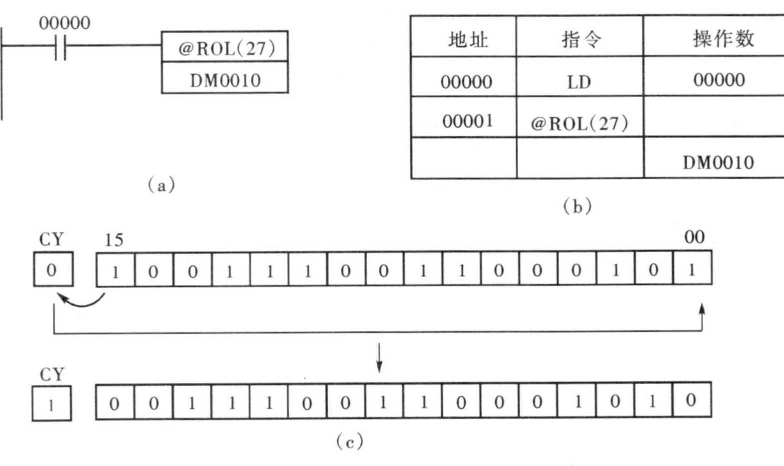

地址	指令	操作数
00000	LD	00000
00001	@ROL(27)	
		DM0010

(b)

图 4-22　ROL（27）指令应用
（a）梯形图；（b）语句表；（c）执行结果

【例 4-17】　ROR（28）指令应用举例。

解　当 0000 为 ON 时，微分型 ROR（28）指令执行一次，执行过程如图 4-23 所示。

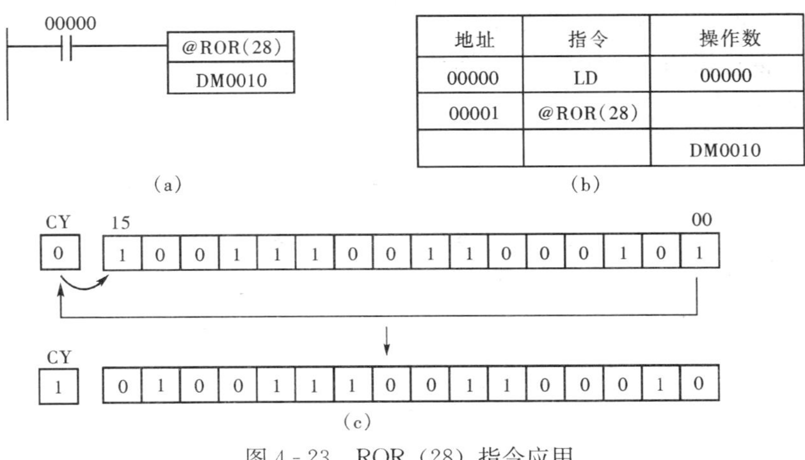

地址	指令	操作数
00000	LD	00000
00001	@ROR(28)	
		DM0010

(b)

图 4-23　ROR（28）指令应用
（a）梯形图；（b）语句表；（c）执行结果

4. 字移位指令

字移位指令包括一位数字左移 SLD（74）、一位数字右移 SRD（75）和字移位 WSFT

(16)。一位数字左移 SLD(74)用来将多个十进制位依次左移；一位数字右移 SRD(75)用来将多个十进制位依次右移；字移位 WSFT(16)用来以通道为单位将数据从指定的开始通道向结束通道依次移动一个字(16 位)。指令格式及功能见表 4-22。

表 4-22　一位数字左移/右移指令 SLD(74)/SRD(75)和字移位指令 WSFT(16)

<table>
<tr><th>指令名称</th><th>助记符　操作数</th><th>梯形图符号</th><th>功　能</th><th>操作数范围</th></tr>
<tr><td>一位数字左移</td><td>SLD(74)—
D1
D2</td><td>SLD(74)
D1
D2</td><td rowspan="2">将指定的多个通道的数据依次左移一个数字(四位),最低位补 0,最高位丢失</td><td rowspan="6">D1/D2：IR、HR、AR、LR、DM、* DM</td></tr>
<tr><td>微分型一位数字左移</td><td>@SLD(74)—
D1
D2</td><td>@SLD(74)
D1
D2</td></tr>
<tr><td>一位数字右移</td><td>SRD(75)—
D1
D2</td><td>SRD(75)
D1
D2</td><td rowspan="2">将指定的多个通道的数据依次右移一个数字(四位),最高位补 0,最低位丢失</td></tr>
<tr><td>微分型一位数字右移</td><td>@SRD(75)—
D1
D2</td><td>@SRD(75)
D1
D2</td></tr>
<tr><td>字移位</td><td>WSFT(16)—
D1
D2</td><td>WSFT(16)
D1
D2</td><td rowspan="2">以通道为单位将数据从开始通道向结束通道依次移动一个字(16 位),开始通道中补 0,结束通道中数据丢失
D1：开始通道
D2：结束通道</td></tr>
<tr><td>微分型字移位</td><td>@WSFT(16)—
D1
D2</td><td>@WSFT(16)
D1
D2</td></tr>
</table>

说明：① D1 和 D2 必须在同一数据区内，并且 D1≤D2。② SLD 和 SRD 指令允许多个通道连续移位，但连接的长度应在 50 个通道以下，否则将发生电源故障。③ 上述指令对标志位的影响见表 4-23。

表 4-23　SLD(74)/SRD(75)和 WSFT(16)对标志位的影响

25503(ER)	· D1、D2 通道不在同一数据区时或 D1>D2 时 ON · * DM 的内容不是 BCD 数据时或超出 DM 区时 ON · 除上述情况外为 OFF · 25503 ON 时，指令不执行

【例 4-18】　SLD(74)指令应用举例。

解　设 DM0010＝＃3B61，DM0011＝＃A085，执行过程如图 4-24 所示。

【例 4-19】　SRD(75)指令应用举例。

解　设 DM0010＝＃3B61，DM0011＝＃A085，执行过程如图 4-25 所示。

【例 4-20】　WSFT(16)指令应用举例。

解　设 DM0010＝＃3B61，DM0011＝＃A085，DM0012＝＃F0C2，执行过程如图 4-26 所示。

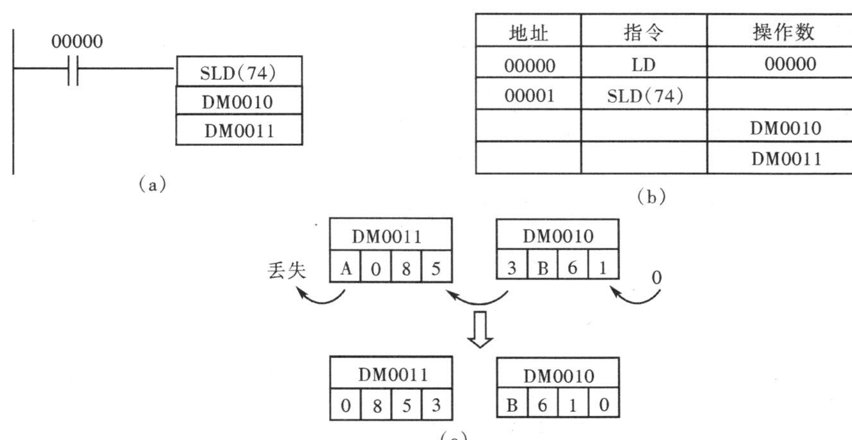

地址	指令	操作数
00000	LD	00000
00001	SLD(74)	
		DM0010
		DM0011

图 4-24　一位数据左移指令举例
(a) 梯形图；(b) 语句表；(c) 执行过程

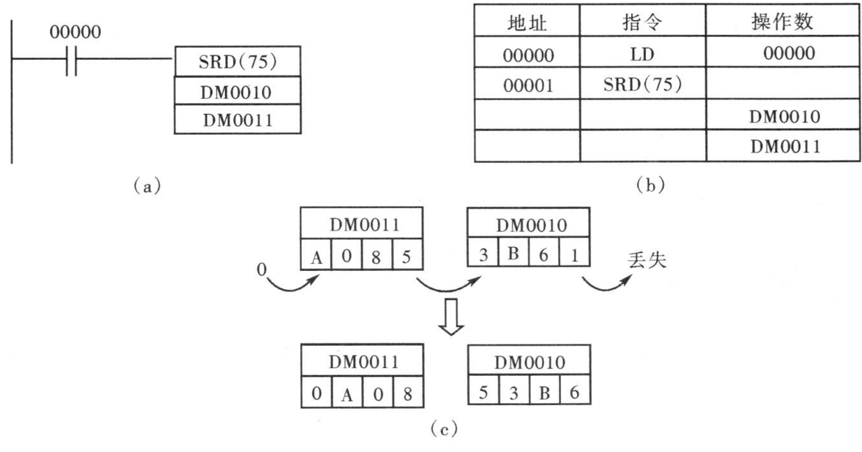

地址	指令	操作数
00000	LD	00000
00001	SRD(75)	
		DM0010
		DM0011

图 4-25　一位数据右移指令举例
(a) 梯形图；(b) 语句表；(c) 执行过程

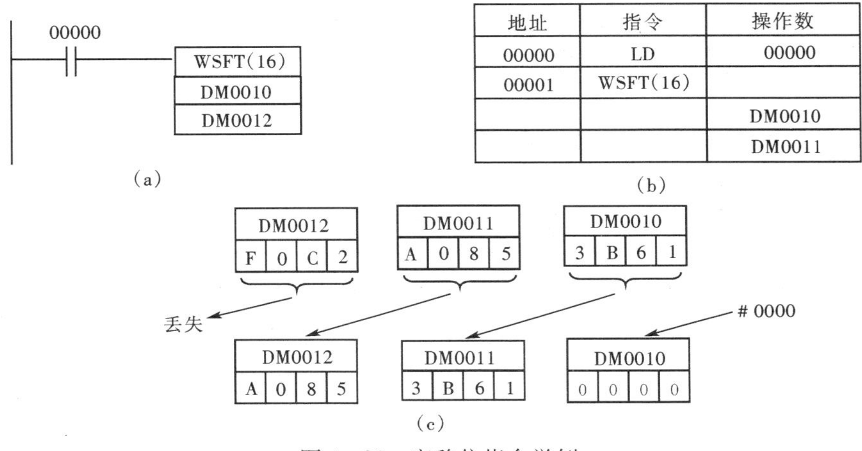

地址	指令	操作数
00000	LD	00000
00001	WSFT(16)	
		DM0010
		DM0011

图 4-26　字移位指令举例
(a) 梯形图；(b) 语句表；(c) 执行过程

三、比较指令

1．数据比较指令

数据比较指令 CMP（20）用于在常数与通道或两个通道之间进行数据比较，其指令格式及功能见表 4-24。

表 4-24　　　数据比较指令 CMP（20）

指令名称	助记符　操作数	梯形图符号	功　能	操作数范围
数据比较	CMP（20）— C1 C2	CMP（20） C1 C2	比较常数与通道或两个通道的数据 C1：比较数据 1 C2：比较数据 2	C1/C2：IR、SR、HR、AR、LR、TC、DM、* DM

数据比较指令 CMP（20）指令对标志位的影响见表 4-25。

表 4-25　　　数据比较指令 CMP（20）对标志位的影响

25503（ER）	• * DM 的内容不是 BCD 数据时或超出 DM 区时 ON • 除了上述情况外为 OFF • 25503 ON 时，指令不执行	25505（>）	比较结果 C1>C2 时为 ON
		25506（=）	比较结果 C1=C2 时为 ON
		25507（<）	比较结果 C1<C2 时为 ON

【例 4-21】　CMP（20）指令应用举例。

解　CMP（20）指令在使用时，直接影响比较标志的状态，如果三个标志均要使用，则应采用图 4-27 所示的方法编程。

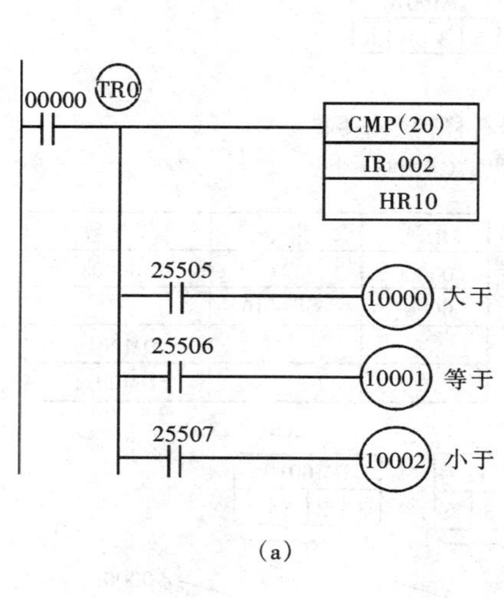

(a)

地址	指令	操作数
00000	LD	00000
00001	OUT	TR0
00002	CMP(20)	
		002
		HR10
00003	AND	25505
00004	OUT	10000
00005	LD	TR0
00006	AND	25506
00007	OUT	10001
00008	LD	TR0
00009	AND	25507
00010	OUT	10002

(b)

图 4-27　CMP（20）指令应用举例

（a）梯形图；（b）语句表

【例 4-22】　用比较指令实现单按钮启停电路。

解　利用比较指令与 CNT 指令配合，也可实现单按钮启停控制，如图 4-28 所示。当 00000

第一次为 ON 时，计数器当前值减 1，变为＃0001，此时数据比较指令的执行结果为两数相等，则 25506 为 ON，使 10000 为 ON；当 00000 第二次为 ON 时，计数器当前值又减 1，变为＃0000，产生计数输出，一周期后自身复位至整定值＃0002，此时数据比较指令的执行结果为 C000 小于＃0001 或 C000 大于＃0001，则 25506 为 OFF，使 10000 为 OFF；当 00000 再为 ON 时，重复上述过程。

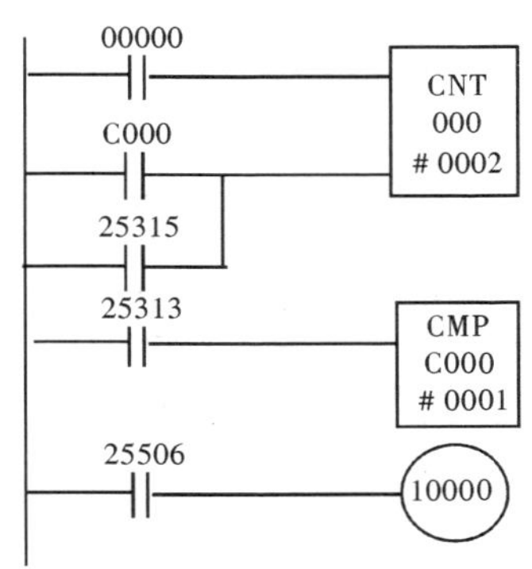

图 4-28　用 CMP 实现的单按钮电路

要注意的是，当数据比较指令的条件满足时，CPU 每一次扫描时，数据比较指令都将被执行，如果要求只执行一次，则要使用 DIFU/DIFD 指令。

【例 4-23】　行车方向自动控制示意图，如图 4-29 所示。当某一位置有呼叫信号时，无论小车停在哪个位置，都将立即行驶到呼叫位置后停下。

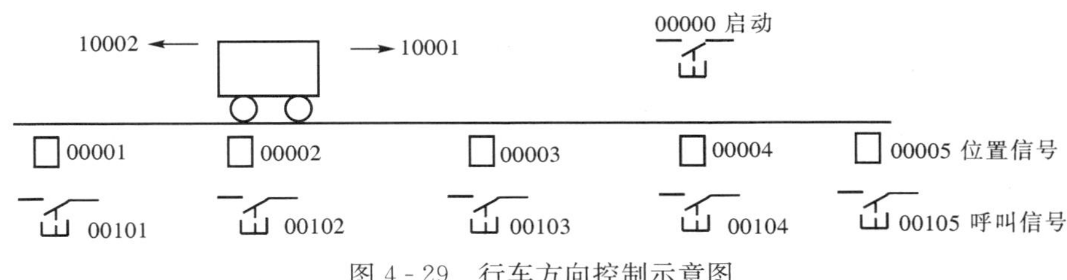

图 4-29　行车方向控制示意图

解　可首先通过数据传送指令将位置号和呼叫号暂存到 H00 和 H01 中，然后利用比较指令，比较其大小关系，决定小车的行进方向。

如图 4-30 所示为用 MOV、CMP 指令构成的行车方向自动控制电路。本电路中，通过 MOV 指令将小车位置号、呼叫按钮号分别存放在 HR00 及 HR01 通道中。当 25506 为 OFF 时，小车允许启动。有两种情况可以使启动电路中的 25506 为 ON：一个是通道 HR01 中的内容为 0，即呼叫按钮没有按下，此时＃0000 与（HR01）比较的结果相等，而不进行 HR01 与 HR02 的比较；另一个条件是 HR00 与 HR01 的通道内容相同，即已满足运行要求，到达停车位置。若不是上述两种情况，则不停车。当 01600 为 ON，且 01601 为 OFF 时，HR00、HR01 两通道内容进行比较。若（HR00）＞（HR01），则 25505 为 ON，使 10001 为 ON，小车右行；若（HR00）＜（HR01），则 25507 为 ON，使 10002 为 ON，小车左行；若（HR00）＝（HR01），则 25506 为 ON，使 01600 为 OFF，10001、10002 均为 OFF，停车。同时，常数＃0000 送入 HR01，使电路复原。将 10001、10002 常闭触点相互串入对方控制电路实现互锁，避免同时为 ON。另外，10001、10002 的常闭触点串联后控制呼叫信号连锁电路，使得小车一旦启动，就不再接受呼叫按钮命令，直到小车停止，电路复原，才可接受新的命令。

2. 块比较指令

使用块比较指令 BCMP（68）/@BCMP（68）时，应首先指定一个用于比较的数据、一个数据块和一个存放比较结果的通道。数据块中包括 32 个连续的通道，由 T 指定起始通道号，从 T 开始每两个连续的通道作为一组，共有 16 组。通道中的 32 个数据可由用户设

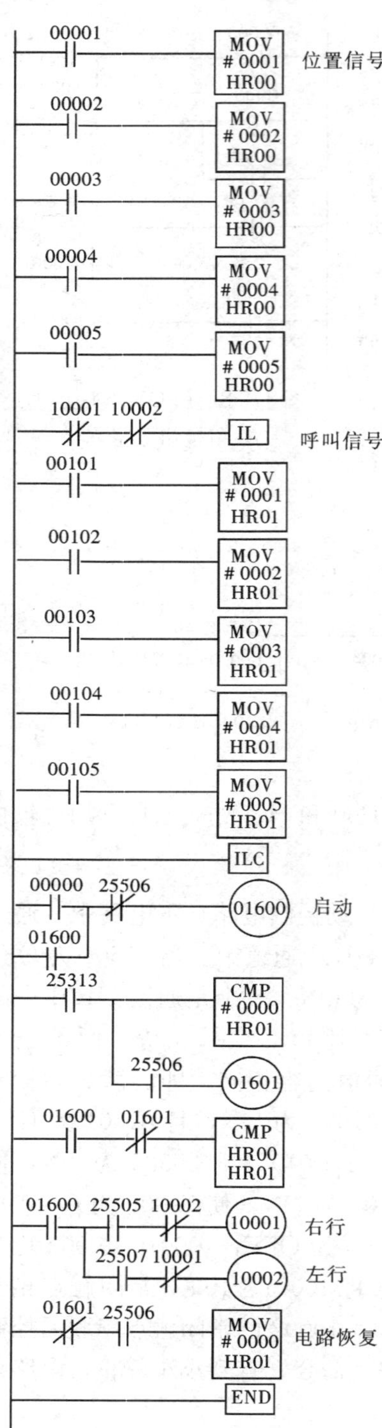

图 4-30 行车方向控制梯形图

置或随机存放，但是每组数据中数值小的数据存入通道号低的通道中。比较结果分别存入比较结果输出通道 D 的对应位，见表 4-26。

表 4-26 块比较指令 BCMP（68）/@BCMP（68）

指令名称	助记符 操作数	梯形图符号	功 能	操作数范围
块比较	BCMP（68）— S T D	—BCMP（68） S T D	当 S 值位于上、下限值之间时，在结果通道的对应位位置 1，否则置 0。 S：比较数据通道号 T：数据块起始通道号 D：比较结果输出通道号	S：IR、SR、HR、AR、LR、TC、DM、* DM、# T：IR、HR、LR、TC、DM、* DM D：IR、HR、AR、LR、DM、* DM
微分型块比较	@BCMP（68）— S T D	—@BCMP(68) S T D		

说明：① 块比较指令的具体操作过程如图 4-31 所示。② 把每一组数据中的第一个数据（数值相对小的）作为比较的下限值，把第二个数据（数值相对大的）作为比较的上限值。用指定的比较数据分别和每组数据进行比较，当比较数据大于等于下限值，并且小于等于上限时，该组比较的结果为“1”，否则比较结果为“0”，比较结果写入结果通道 D 中与该组对应的位中。③ 比较数据和数据块中的数据必须使用相同的数制。④ 上述指令对标志位的影响见表 4-27。

表 4-27 块比较指令 BCMP（68）/@BCMP（68）对标志位的影响

25503（ER）	· T+31 通道超出数据区时 ON · * DM 的内容不是 BCD 数据时，超出 DM 区时 ON · 除上述情况外为 OFF · 25503 ON 时，指令不执行

【例 4-24】 块比较指令应用举例。

解 如图 4-32 所示。

3. 表比较指令

使用表比较指令 TCMP（85）/@TCMP（85）时，应首先指定一个用于比较的数据，同时指定一个数据表和一个存放比较结果的通道。数据表

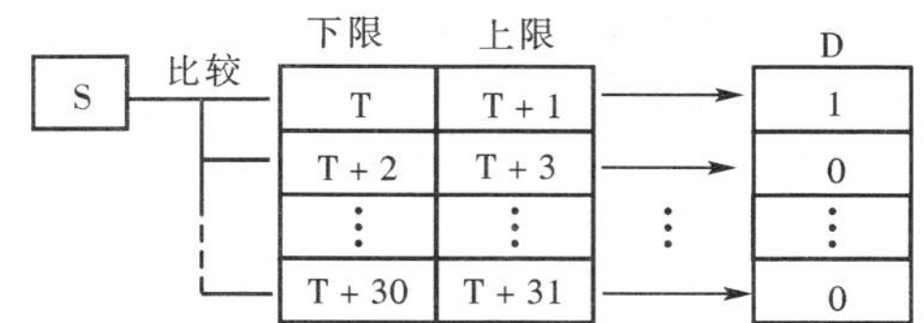

图 4 - 31　块比较指令操作过程

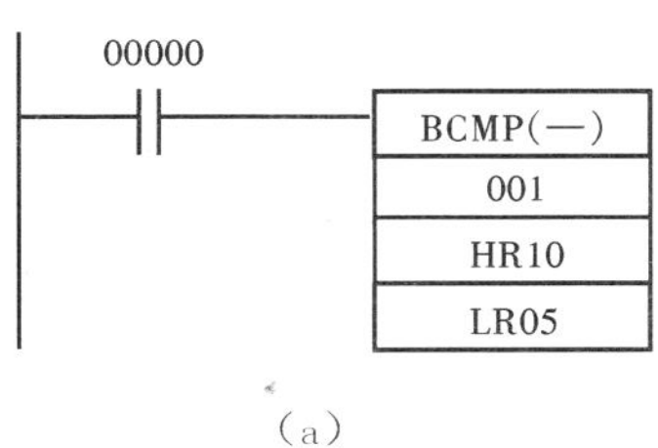

（a）

地址	指令	操作数
00000	LD	00000
00001	BCMP(—)	
		001
		HR10
		LR05

（b）

S	
001	0210

下限		上限		D:LR05	
HR10	0000	HR11	0100	LR0500	0
HR12	0101	HR13	0200	LR0501	0
HR14	0201	HR15	0300	LR0502	1
HR16	0301	HR17	0400	LR0503	0
HR18	0401	HR19	0500	LR0504	0
HR20	0501	HR21	0600	LR0505	0
HR22	0601	HR23	0700	LR0506	0
HR24	0701	HR25	0800	LR0507	0
HR26	0801	HR27	0900	LR0508	0
HR28	0901	HR29	1000	LR0509	0
HR30	1001	HR31	1100	LR0510	0
HR32	1101	HR33	1200	LR0511	0
HR34	1201	HR35	1300	LR0512	0
HR36	1301	HR37	1400	LR0513	0
HR38	1401	HR39	1500	LR0514	0
HR40	1501	HR41	1600	LR0515	0

（c）

图 4 - 32　块比较指令应用举例
（a）梯形图；（b）语句表；（c）执行过程

中有 16 个连续的通道，指定其起始通道号。结果通道 D 中的每一位对应于数据表中的每一个通道数据的比较结果，见表 4 - 28。

表 4-28 **表比较指令 TCMP (85) /@TCMP (85)**

指令名称	助记符 操作数	梯形图符号	功 能	操作数范围
表比较	TCMP (85) — S T D	TCMP (85) S T D	表格比较：数据表中各通道的数据与指定的比较数据依次比较，若两者相等，则在结果通道对应位置置 1，否则置 0 S：比较数据通道号 T：数据表格起始通道号 D：比较结果输出通道号	S：IR、SR、HR、AR、LR、TC、DM、* DM、# T：IR、HR、LR、TC、DM、* DM D：IR、HR、AR、LR、DM、* DM
微分型表比较	@TCMP (85) — S T D	@TCMP (85) S T D		

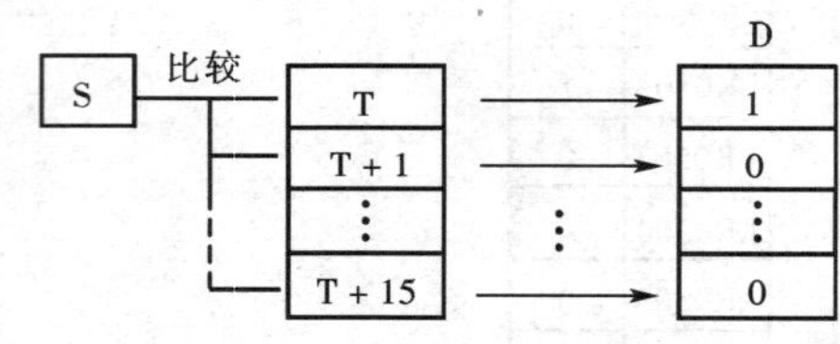

图 4-33 块比较指令操作过程

说明：① 表比较指令的具体操作过程如图 4-33 所示。② 把数据表中每一通道的数据依次与指定的数据比较，若两者相等，则 D 中与该通道对应位写入“1”，否则写入“0”。③ S 中的比较数据和数据表中的数据必须使用相同的数制。④ 上述指令对标志位的影响，见表 4-29。

【例 4-25】 表比较指令应用举例。

解 当 00000 为 ON 时，IR001 通道的数据 # ABCD 与 DM0000～DM0015 中的数据分别进行比较。若相等，则 IR035 的相应位为“1”，否则为“0”，如图 4-34 所示。

表 4-29 **表比较指令对标志位的影响**

25503 (ER)	• T+31 通道若超出数据区时 ON • * DM 的内容不是 BCD 数据时或超出 DM 区时 ON • 除上述情况外为 OFF • 25503 ON 时指令不执行
25506 (=)	• 比较结果输出通道 D 的内容为 0000H（即 16 个通道不一致）时 ON，否则 OFF

四、数据变换指令

1. 二/十进制转换指令

二/十进制转换指令包括 BCD 数转换成二进制数指令 BIN (23) /@ BIN (23)、BINL (58) / @ BINL (58)，以及二进制数转换成 BCD 数指令 BCD (24) /@ BCD (24)、BCDL (59) /@ BCDL (59)，其功能和数据内容见表 4-30。

表 4-30　二/十进制转换指令

指令名称	助记符　操作数	梯形图符号	功　能	操作数范围
单通道十/二进制转换	BIN (23) — S D	BIN (23) S D	BCD 数转换成二进制数 S：源通道号 D：转换结果通道号	S：IR、SR、HR、AR、LR、TC、DM、*DM D：IR、HR、AR、LR、DM、*DM
微分型单通道十/二进制转换	@BIN (23) — S D	@BIN (23) S D		
双通道十/二进制转换	BINL (58) — S D	BINL (58) S D	双通道 BCD 数转换为二进制数 S：源通道低通道号 D：转换结果通道低通道号	
微分型双通道十/二进制转换	@BINL (58) — S D	@BINL (58) S D		
单通道二/十进制转换	BCD (24) — S D	BCD (24) S D	二进制数转换成 BCD 数 S：源通道号 D：转换结果通道号	
微分型单通道二/十进制转换	@BCD (24) — S D	@BCD (24) S D		
双通道二/十进制转换	BCDL (59) — S D	BCDL (59) S D	双通道二进制数转换成 BCD 数 S：源通道低通道号 D：变换结果通道低通道号	
微分型双通道二/十进制转换	@BCDL (59) — S D	@BCDL (59) S D		

二/十进制转换指令对标志位的影响见表 4-31。

表 4-31　二/十进制转换对标志位的影响

25503 (ER)	十/二进制转换	• S/ (S+1) 通道不是 BCD 数据时 ON • *DM 的内容不是 BCD 数据时，超出 DM 区时 ON
	二/十进制转换	• 变换结果 D/ (D+1、D) 的内容超过 9999～99999 时 ON • *DM 的内容不是 BCD 数据时，超出 DM 区时 ON
25506 (=)	• 变换结果通道的内容为 0 时 ON，除此以外为 OFF	

【例 4-26】　BIN 指令应用举例。

解　设 (IR010) =3452，

$$3452=3328+112+12$$
$$=13\times16^2+7\times16^1+12\times16^0$$
$$=0D7C$$

指令的执行过程如图 4-35 所示。

【例 4-27】　BINL 指令应用举例。

解　当 00000 为 ON 时，BINL (58) 将 IR010 和 IR011 中的十进制数转换成二进制数传送到 LR20 和 LR21 中，如图 4 - 36 所示。

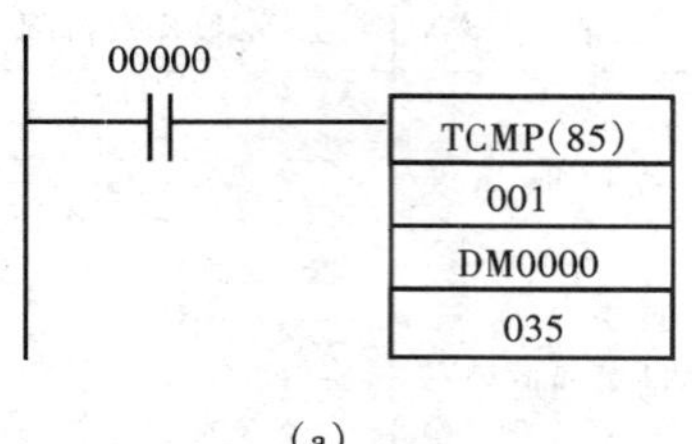

(a)

地址	指令	操作数
00000	LD	00000
00001	TCMP(85)	
		001
		DM0000
		035

(b)

S:IR001 | T ~ T + 15:DM0000 ~ 0015 | D:IR035

001 ABCD

T ~ T + 15:DM0000 ~ 0015		D:IR035	
DM0000	ABCD	03500	1
DM0001	0321	03501	0
DM0002	0473	03502	0
DM0003	0211	03503	0
DM0004	DF10	03504	0
DM0005	0444	03505	0
DM0006	ABCD	03506	1
DM0007	4321	03507	0
DM0008	ABCD	03508	1
DM0009	EC01	03509	0
DM0010	1234	03510	0
DM0011	2D43	03511	0
DM0012	0000	03512	0
DM0013	AF3D	03513	0
DM0014	ABCD	03514	1
DM0015	1110	03515	0

(c)

图 4 - 34 表比较指令应用举例

(a) 梯形图；(b) 语句表；(c) 执行过程

【例 4 - 28】 BCD 指令应用举例。

解 设（IR010）＝10EC，

$$
\begin{aligned}
10EC &= 1\times16^{3}+14\times16^{1}+12\times16^{0} \\
&= 4096+224+12 \\
&= 4332
\end{aligned}
$$

指令的执行过程如图 4 - 37 所示。

【例 4 - 29】 BCDL 指令应用举例。

解 当 00000 为 ON 时，BCDL（59）将 IR010 和 IR011 中的十进制数转换成二进制数传送到 LR20 和 LR21 中。

设（IR010）＝320A，（IR011）＝002D，

$$
\begin{aligned}
002D320A &= 2\times16^{5}+13\times16^{4}+3\times16^{3}+2\times16^{2}+10\times16^{0} \\
&= 2961930
\end{aligned}
$$

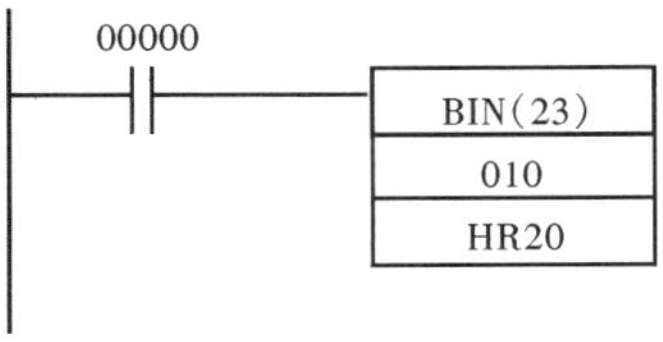

00000
BIN(23)
010
HR20

(a)

地址	指令	操作数
00000	LD	00000
00001	BIN(23)	
		010
		HR20

(b)

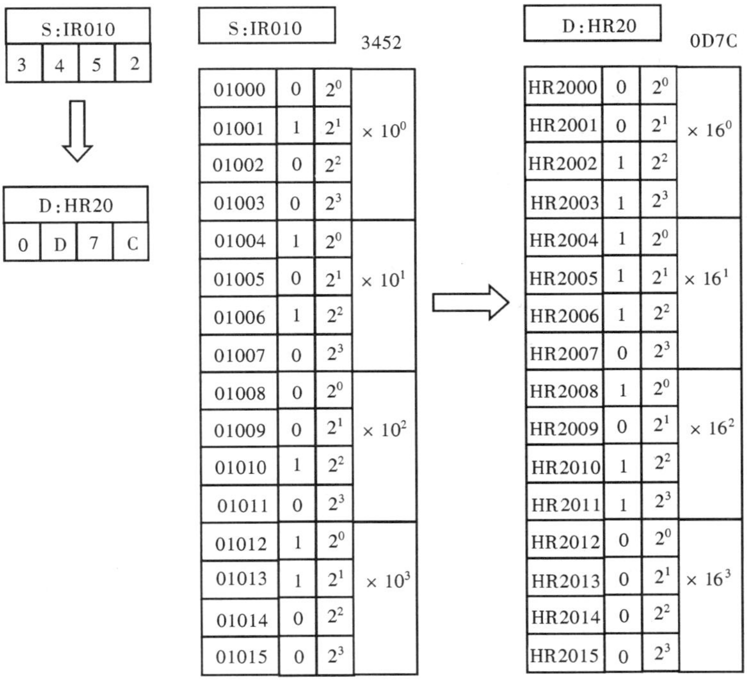

S:IR010
3 4 5 2
D:HR20
0 D 7 C
S:IR010
3452
01000 0 2^0
01001 1 2^1 × 10^0
01002 0 2^2
01003 0 2^3
01004 1 2^0
01005 0 2^1 × 10^1
01006 1 2^2
01007 0 2^3
01008 0 2^0
01009 0 2^1 × 10^2
01010 1 2^2
01011 0 2^3
01012 1 2^0
01013 1 2^1 × 10^3
01014 0 2^2
01015 0 2^3
D:HR20
0D7C
HR2000 0 2^0
HR2001 0 2^1 × 16^0
HR2002 1 2^2
HR2003 1 2^3
HR2004 1 2^0
HR2005 1 2^1 × 16^1
HR2006 1 2^2
HR2007 0 2^3
HR2008 1 2^0
HR2009 0 2^1 × 16^2
HR2010 1 2^2
HR2011 1 2^3
HR2012 0 2^0
HR2013 0 2^1 × 16^3
HR2014 0 2^2
HR2015 0 2^3

(c)

图 4-35　BIN 指令应用举例

(a) 梯形图；(b) 语句表；(c) 执行过程

指令的执行过程如图 4-38 所示。

00000
BINL(58)
010
LR20

(a)

地址	指令	操作数
00000	LD	00000
00001	BINL(58)	
		010
		LR20

(b)

S+1:IR011
S:IR010
0 0 2 0 0 0 5 0
× 10^7 × 10^6 × 10^5 × 10^4 × 10^3 × 10^2 × 10^1 × 10^0
D+1:LR21
D:LR20
0 0 0 3 0 D 7 2
× 16^7 × 16^6 × 16^5 × 16^4 × 16^3 × 16^2 × 16^1 × 16^0

(c)

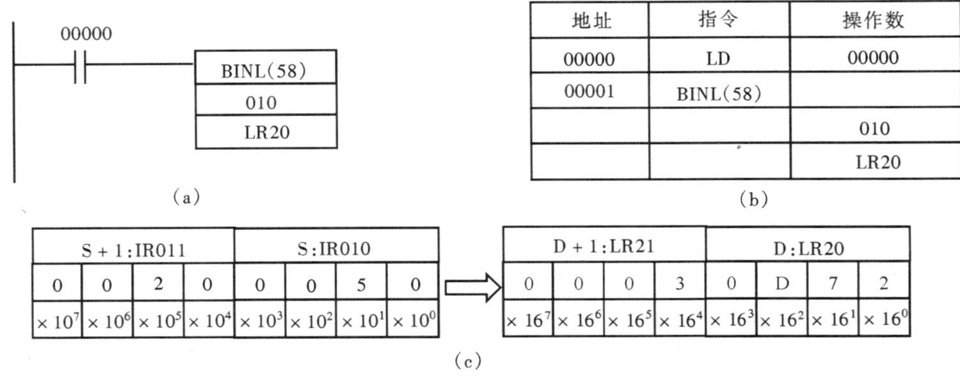

图 4-36　BINL 指令应用举例

(a) 梯形图；(b) 语句表；(c) 执行过程

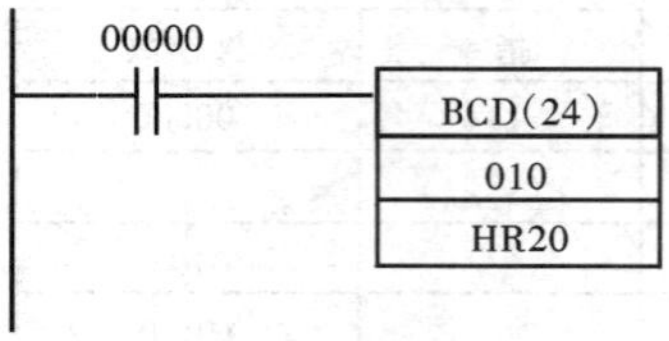

00000

BCD(24)

010

HR20

(a)

地址	指令	操作数
00000	LD	00000
00001	BCD(24)	
		010
		HR20

(b)

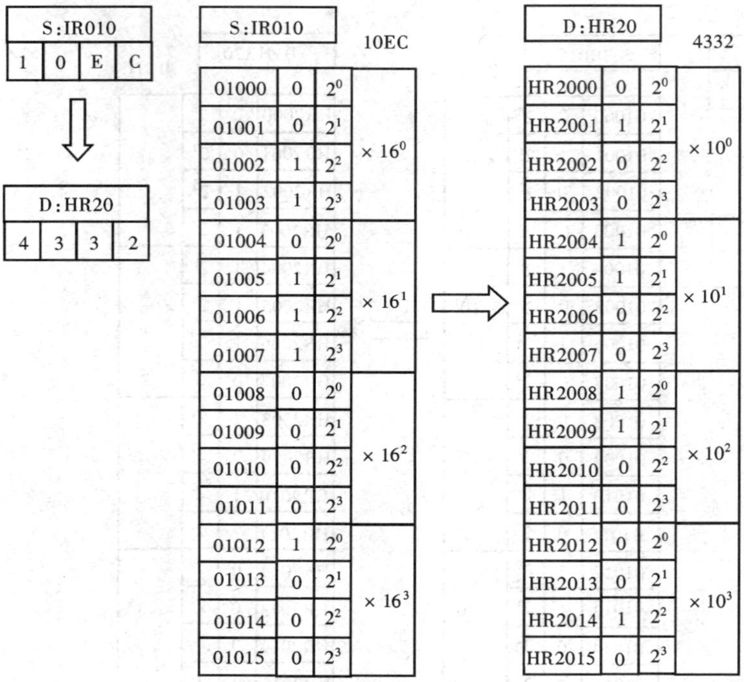

S:IR010			
1	0	E	C

⇓

D:HR20			
4	3	3	2

S:IR010 10EC

位	值	权	
01000	0	2^0	$\times 16^0$
01001	0	2^1	
01002	1	2^2	
01003	1	2^3	
01004	0	2^0	$\times 16^1$
01005	1	2^1	
01006	1	2^2	
01007	1	2^3	
01008	0	2^0	$\times 16^2$
01009	0	2^1	
01010	0	2^2	
01011	0	2^3	
01012	1	2^0	$\times 16^3$
01013	0	2^1	
01014	0	2^2	
01015	0	2^3	

⇒

D:HR20 4332

位	值	权	
HR2000	0	2^0	$\times 10^0$
HR2001	1	2^1	
HR2002	0	2^2	
HR2003	0	2^3	
HR2004	1	2^0	$\times 10^1$
HR2005	1	2^1	
HR2006	0	2^2	
HR2007	0	2^3	
HR2008	1	2^0	$\times 10^2$
HR2009	1	2^1	
HR2010	0	2^2	
HR2011	0	2^3	
HR2012	0	2^0	$\times 10^3$
HR2013	0	2^1	
HR2014	1	2^2	
HR2015	0	2^3	

(c)

图 4-37 BCD指令应用举例

(a) 梯形图；(b) 语句表；(c) 执行过程

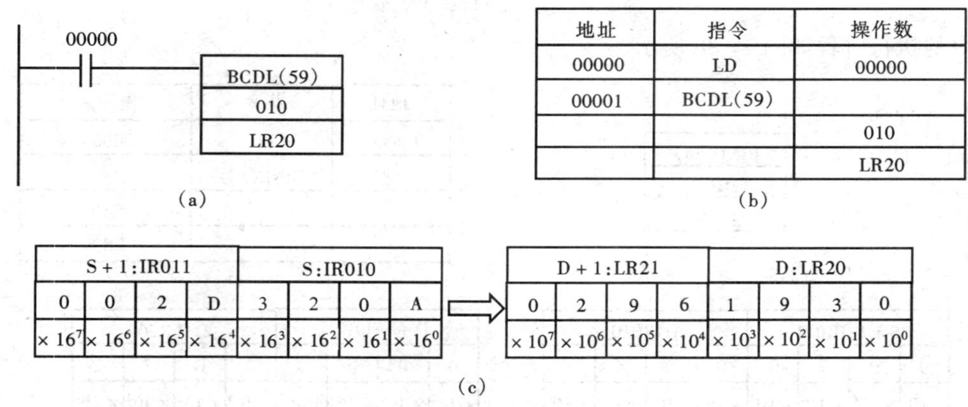

地址	指令	操作数
00000	LD	00000
00001	BCDL(59)	
		010
		LR20

(b)

S+1:IR011				S:IR010			
0	0	2	D	3	2	0	A
$\times 16^7$	$\times 16^6$	$\times 16^5$	$\times 16^4$	$\times 16^3$	$\times 16^2$	$\times 16^1$	$\times 16^0$

⇒

D+1:LR21				D:LR20			
0	2	9	6	1	9	3	0
$\times 10^7$	$\times 10^6$	$\times 10^5$	$\times 10^4$	$\times 10^3$	$\times 10^2$	$\times 10^1$	$\times 10^0$

(c)

图 4-38 BCDL 指令应用举例

(a) 梯形图；(b) 语句表；(c) 执行过程

2. 数字译码/编码指令

数字译码/编码指令包括 4-16 译码 MLPX（76）/@ MLPX（76）和 16-4 编码 DMPX（77）/

@ DMPX（77）指令，其功能和格式见表 4 - 32。

表 4 - 32　　数字译码指令 MLPX（76）/@MLPX（76）

指　　令	助记符　操作数	梯形图符号	功　　能	操作数范围
数字译码	MLPX（76）— S K D	MLPX（76） S K D	数字译码：将指定通道的 4 位十六进制数译成 0～15 的十进制数 S：源通道号 K：控制字 D：结果输出起始通道号	S：IR、SR、HR、AR、LR、TC、DM、* DM K：IR、HR、LR、TC、DM、* DM、# D：IR、HR、AR、LR、DM、* DM
微分型数字译码	@MLPX（76）— S K D	@MLPX（76） S K D		
数字编码	DMPX（77）— S D K	DMPX（77） S D K	数字编码：将源通道中为“1”的最高位转换成一个十六进制数输出至结果通道 S：源通道的起始通道号 D：结果通道号 K：控制字	
微分型数字编码	@DMPX（77）— S D K	@DMPX（77） S D K		

说明：① 用 MLPX（76）对多位数字译码时，第一个要译码的数字位可任意指定，译码结果输出至 D；第二个要译码的数字必须是紧邻的第二个数字位的高位数字，译码结果输出至 D+1，以此类推；用 DMPX（77）对多位数字编码时，第一个源通道的编码数字放在结果通道中由控制字指定的数字位中，其他通道的编码数字放在该数字位+1 以后，连续变换的数据通道应在同一数据区内。② MLPX（76）的控制字格式如下：

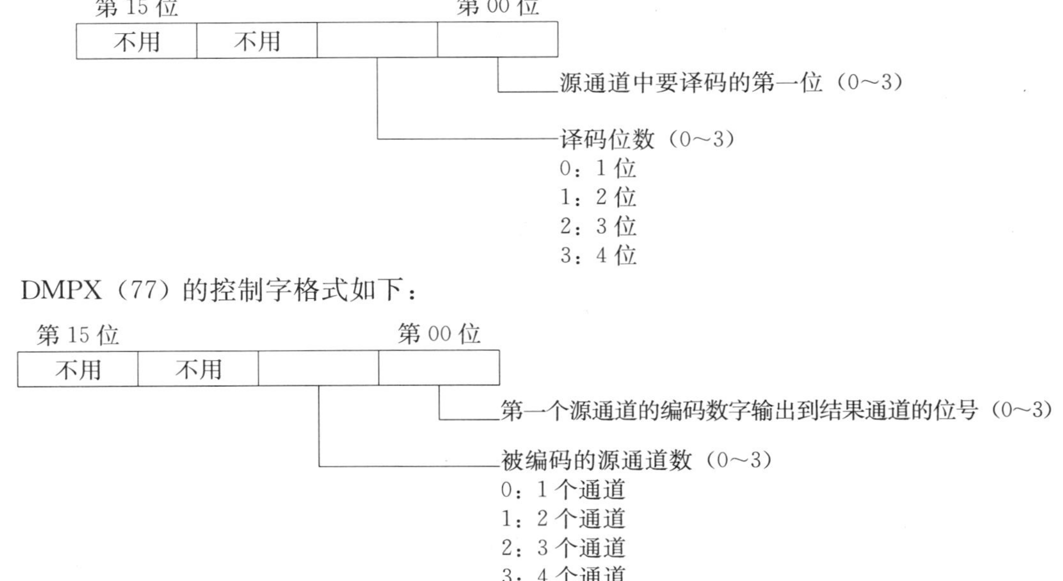

③ 译码/编码指令对标志位的影响见表 4-33。

表 4-33　　译码/编码指令对标志位的影响

25503（ER）	· 位指定不正确或 S+1～S+3 通道超出数据区时 ON · * DM 的内容不是 BCD 数据或超出 DM 区时 ON · 编码输入通道（S，S+1，S+2，S+3）的数据为 0 时 ON · 除上述情况外为 OFF · 25503 ON 时，指令不执行

【例 4-30】　MLPX（76）指令应用举例。

解　设控制字 K＝3B01，这里 3B 与控制无关，0 表示译码位数为 1 位，1 表示以 LR00 的第 1 位的值 2 为译码对象。指令的执行过程如图 4-39 所示。

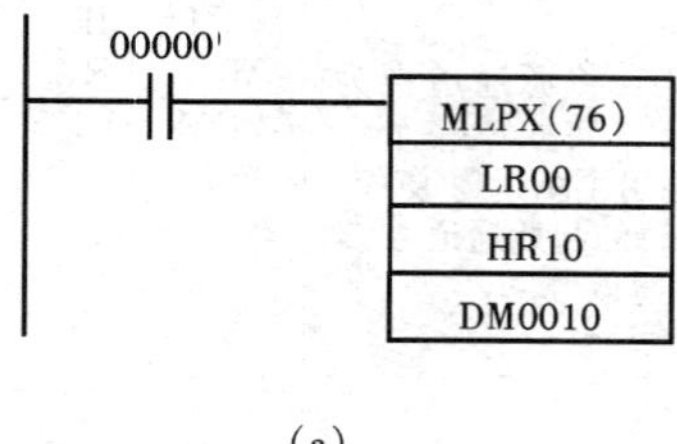

(a)

地址	指令	操作数
00000	LD	00000
00001	MLPX(76)	
		LR00
		HR10
		DM0010

(b)

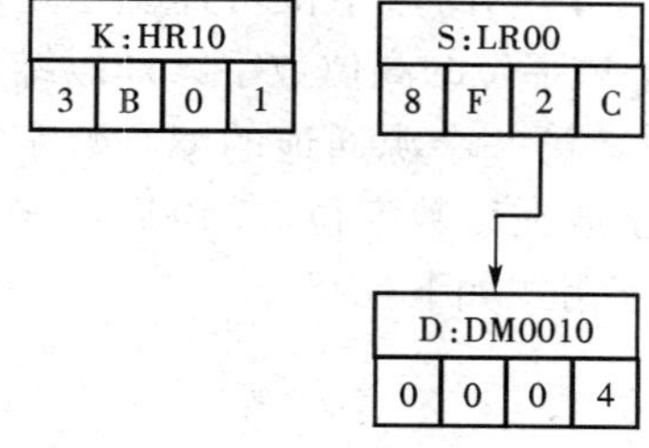

S:LR00　8F2C

位	值	权	位数
LR0000	0	2^0	0 位
LR0001	0	2^1	
LR0002	1	2^2	
LR0003	1	2^3	
LR0004	0	2^0	1 位
LR0005	1	2^1	
LR0006	0	2^2	
LR0007	0	2^3	
LR0008	0	2^0	2 位
LR0009	0	2^1	
LR0010	0	2^2	
LR0011	0	2^3	
LR0012	0	2^0	3 位
LR0013	0	2^1	
LR0014	0	2^2	
LR0015	0	2^3	

D:DM0010　0004

位	权	倍率	值
00	2^0	$\times 10^0$	0
01	2^1		0
02	2^2		1
03	2^3		0
04	2^0	$\times 10^1$	0
05	2^1		0
06	2^2		0
07	2^3		0
08	2^0	$\times 10^2$	0
09	2^1		0
10	2^2		0
11	2^3		0
12	2^0	$\times 10^3$	0
13	2^1		0
14	2^2		0
15	2^3		0

(c)

图 4-39　MLPX（76）指令应用举例

(a) 梯形图；(b) 语句表；(c) 执行过程

在此例中，若控制字 K＝＃0031，则转换结果如图 4-40 所示。

S: 6, E, D, 5

	15															00
D	0	1	0	0	0	0	0	0	0	0	0	0	0	0	0	0
D+1	0	0	1	0	0	0	0	0	0	0	0	0	0	0	0	0
D+2	0	0	0	0	0	0	0	0	0	0	1	0	0	0	0	0
D+3	0	0	0	0	0	0	0	0	0	1	0	0	0	0	0	0

图 4-40　MLPX（76）指令多位译码举例

【例 4-31】　DMPX（77）指令应用举例。

解　设控制字 K＝4A01，其中，4A 与控制无关，0 表示编码通道数为 1，1 表示 DM0010 的第 1 位为输出起始位。指令的执行过程如图 4-41 所示。

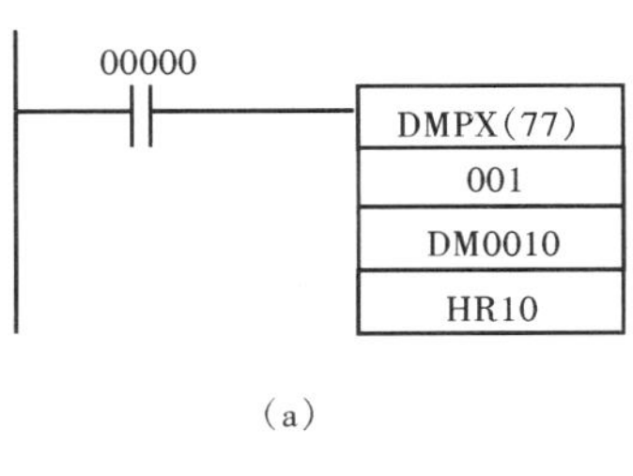

(a)

地址	指令	操作数
00000	LD	00000
00001	DMPX(77)	
		001
		DM0010
		HR10

(b)

K:HR10: 4 A 0 1

S:IR001: 0 3 A 7

D:DM0010: 9

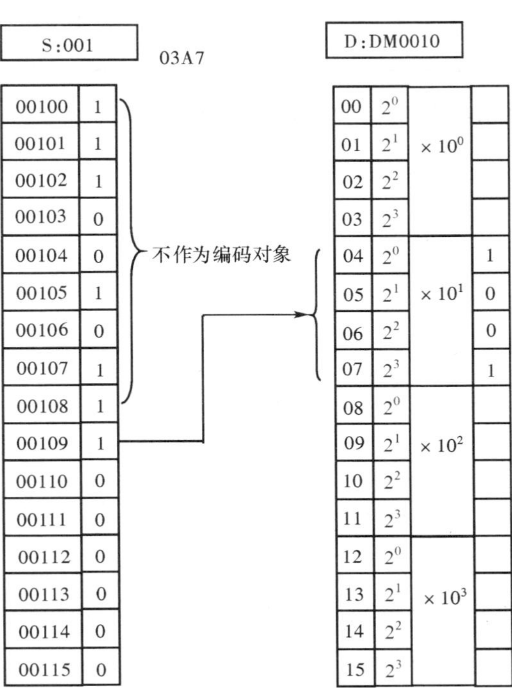

(c)

图 4-41　DMPX（77）指令应用举例
(a) 梯形图；(b) 语句表；(c) 执行过程

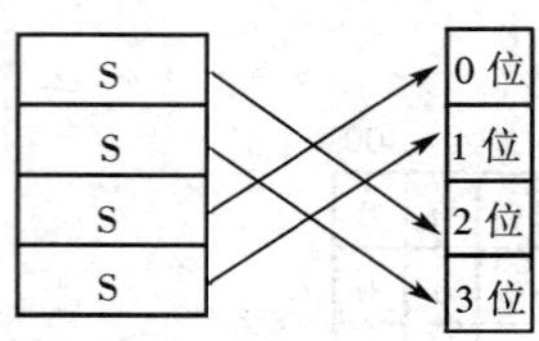

图 4-42 DMPX（77）指令多位编码举例

在此例中，若控制字 K=＃0032，则表示源通道的第 2 位为输出起始位，编码通道数为 4 个，其转换过程如图 4-42 所示。

3. 七段译码器指令

七段译码指令 SDEC（78）/@ SDEC（78）用于将通道中的十六进制数变换为能在七段数码显示器上显示的代码。其指令格式及功能见表 4-34。

表 4-34　　七段译码指令 SDEC（78）/@SDEC（78）

指令名称	助记符　操作数	梯形图符号	功　能	操作数范围
七段译码	SDEC（78）— S K D	SDEC（78） S K D	将通道中的十六进制数变换为能在七段数码显示器上显示的代码 S：源通道号 K：控制字 D：结果存放起始通道号	S：IR、SR、HR、AR、LR、TC、DM、*DM K：IR、HR、AR、LR、DM、*DM、TC D：IR、HR、AR、LR、DM、*DM
微分型七段译码	@SDEC（78）— S K D	@SDEC（78） S K D		

说明：①控制字 K 的格式如下：

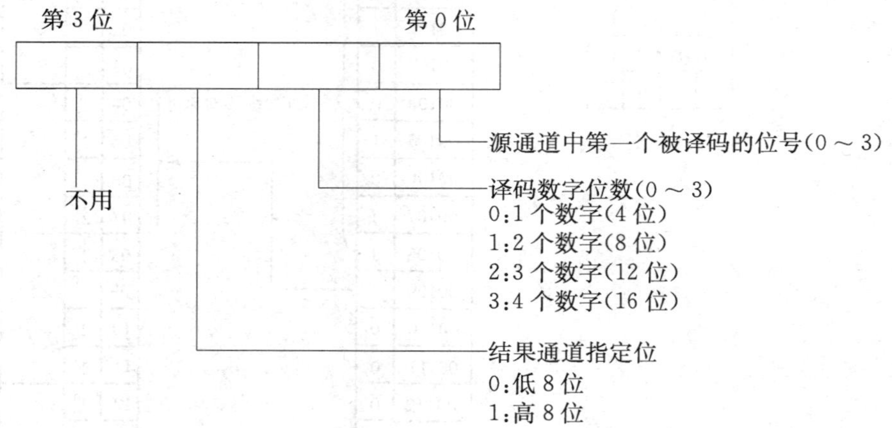

②对标志位的影响见表 4-35。③七段显示代码见表 4-36。

表 4-35　　七段译码指令对标志位的影响

25503（ER）	· 位指定数据为不正确值时，D+1、D+2 超出数据区时 ON · *DM 的内容不是 BCD 数据时，超出 DM 区时 ON · 除上述情况外为 OFF · 25503 ON 时，指令不执行

表 4-36　　七段显示代码表

变换数据的内容					输出数据								七段显示
数据	位内容					g	f	e	d	c	b	a	
0	0	0	0	0	0	0	1	1	1	1	1	1	
1	0	0	0	1	0	0	0	0	0	1	1	0	
2	0	0	1	0	0	1	0	1	1	0	1	1	
3	0	0	1	1	0	1	0	0	1	1	1	1	
4	0	1	0	0	0	1	1	0	0	1	1	0	
5	0	1	0	1	0	1	1	0	1	1	0	1	
6	0	1	1	0	0	1	1	1	1	1	0	1	
7	0	1	1	1	0	0	1	0	0	1	1	1	
8	1	0	0	0	0	1	1	1	1	1	1	1	
9	1	0	0	1	0	1	1	0	1	1	1	1	
10	1	0	1	0	0	1	1	1	0	1	1	1	
11	1	0	1	1	0	1	1	1	1	1	0	0	
12	1	1	0	0	0	0	1	1	1	0	0	1	
13	1	1	0	1	0	1	0	1	1	1	1	0	
14	1	1	1	0	0	1	1	1	1	0	0	1	
15	1	1	1	1	0	1	1	1	0	0	0	1	

【例 4-32】　七段译码指令应用举例。

解

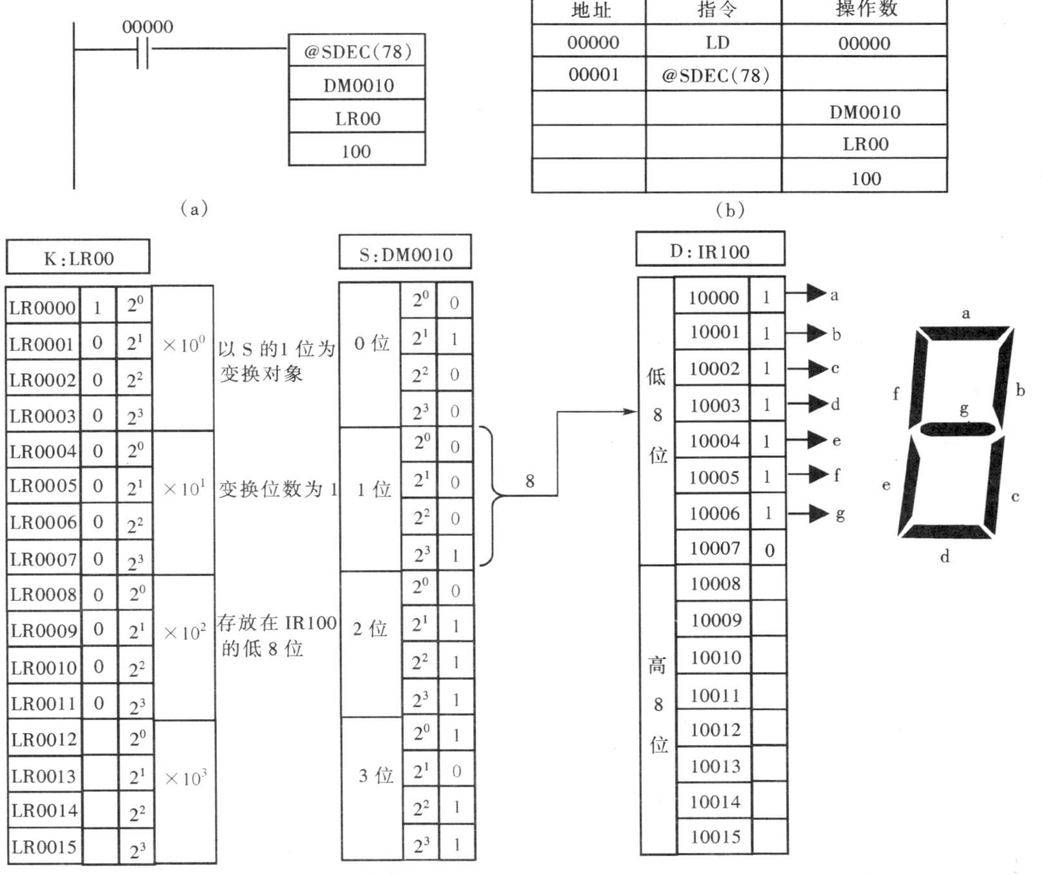

地址	指令	操作数
00000	LD	00000
00001	@SDEC(78)	
		DM0010
		LR00
		100

图 4-43　七段译码指令举例

(a) 梯形图；(b) 语句表；(c) 执行过程

第二节 数据运算指令

一、BCD运算

1. 加1/减1指令

加1/减1指令用于将指定通道中的内容加1或减1，然后再送回到该通道中，其指令功能和格式见表4-37。

表4-37 加1/减1指令

指令名称		助记符 操作数	梯形图符号	功能	操作数范围
加1指令	INC（38）	INC（38）— D	INC（38） D	通道中的数据加1 D：数据通道号	D：IR、HR、AR、LR、DM、*DM
	@INC（38）	@INC（38）— D	@INC（38） D		
减1指令	DEC（39）	DEC（39）— D	DEC（39） D	通道中的数据减1 D：数据通道号	
	@DEC（39）	@DEC（39）— D	@DEC（39） D		

加1/减1指令对标志位的影响见表4-38。

表4-38 加1/减1指令对标志位的影响

25503（ER）	·通道的内容不是BCD时ON ·*DM的内容不是BCD数据时或超出DM区时ON ·除上述情况外为OFF ·25503 ON时，指令不执行
25506（=）	·加1/减1结果为0时ON，除此以外为OFF

【例4-33】 对100个通过传送带的工件称重，并将每个工件的重量存入DM0101～DM0200中，如图4-44所示。

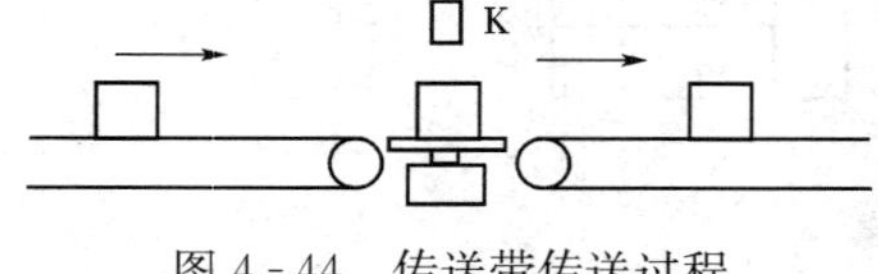

图4-44 传送带传送过程

解 当工件传送到电子秤上时，光电开关K为ON，此信号通过00001送入PLC，使DM0100中的地址加1。同时电子秤将工件重量值从输入通道010送到DM0100间接寻址的DM通道中。在存入工件重量的数据之前，先将DM0101～DM0200清零。因为DM0100用于目的通道的间接寻址，所以将常数100送入DM0100作为目的通道递增的初始值。然后，将DM0100中的目标地址与#0200比较，如果不到200，则利用LE标志（25507）来判断是否允许再对地址号加1。传送带的工作过程及梯形图分别如图4-44和图4-45所示。

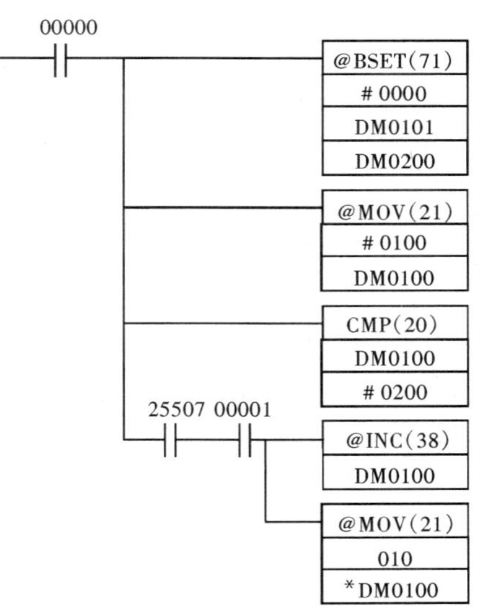

图4-45　[例4-33]梯形图

2. 置进位/清进位指令

置进位/清进位指令用于对进位标志CY进行置1和清0操作。在进行加减或移位操作之前一般都应先执行CLC指令，以保证运算结果正确。见表4-39。

许多指令在执行时都会影响进位标志，见表4-40。

3. BCD加法/减法指令

指令格式及功能见表4-41。

表4-39　置进位标志指令和清进位标志指令

指令名称		助记符　操作数	梯形图符号	功　　能	操作数范围
置进位标志	STC（40）	STC（40）—	—[STC（40）]	置进位标志CY 1→CY	—
	@STC（40）	@STC（40）—	—[@STC（40）]		
清进位标志	CLC（41）	CLC（41）—	—[CLC（41）]	清进位标志CY 0→CY	—
	@CLC（41）	@CLC（41）—	—[@CLC（41）]		

表4-40　影响进位标志位CY的指令

名　　称		指　　令	功能代码	CY	
				1	0
加法	BCD加	ADD/@ADD	30	加法运算结果溢出	运算无溢出
	BCD双字长加	ADDL/@ADDL	54		
	BIN加	ADB/@ADB	50		
减法	BCD减	SUB/@SUB	31	减法运算结果为负	减法运算结果为正
	BCD双字长减	SUBL/@SUBL	55		
	BIN减	SBB/@SBB	51		
移位	算术左移	ASL/@ASL	25	当左移位MSB的内容为1或者右移位LSB的内容为1时，被移位	当左移位MSB的内容为0或者右移位LSB的内容为0时，被移位
	循环左移	ROL/@ROL	27		
	算术右移	ASR/@ASR	26		
	循环右移	ROR/@ROR	28		
	可逆移位寄存器	SFTR/@SFTR	84		
置进位		STC/@STC	40	执行STC/@STC指令时	
清进位		CLC/@CLC	41		执行CLC/@CLC指令时
结束		END	01		执行END指令时

表 4-41　　　　BCD 加法/减法指令

指令名称	助记符　操作数	梯形图符号	功　能	操作数范围
ADD (30) (单字长)	ADD (30) — S1 S2 D	ADD (30) S1 S2 D	将两个 4 位 BCD 数连同进位标志 CY 进行相加，其结果输出至指定通道 S1：被加数通道号 S2：加数通道号 D：运算结果通道号	S1/S2：IR、SR、HR、AR、LR、TC、* DM、DM、# D：IR、HR、AR、LR、DM、* DM
@ADD (30) (单字长)	@ADD (30) — S1 S2 D	@ADD (30) S1 S2 D		
ADDL (54) (双字长)	ADDL (54) — S1 S2 D	ADDL (54) S1 S2 D	将两个通道中的 8 位 BCD 数作带进位加法，并将结果输出至指定通道 S1：被加数起始通道号 S2：加数起始通道号 D：运算结果起始通道号	
@ADDL (54) (双字长)	@ADDL (54) — S1 S2 D	@ADDL (54) S1 S2 D		
SUB (31) (单字长)	SUB (31) — S1 S2 D	SUB (31) S1 S2 D	将两个 4 位 BCD 数连同进位标志 CY 进行相减，其结果输出至指定通道 S1：被减数通道号 S2：减数通道号 D：运算结果通道号	
@SUB (31) (单字长)	@SUB (31) — S1 S2 D	@SUB (31) S1 S2 D		
SUBL (55) (双字长)	SUBL (55) — S1 S2 D	SUBL (55) S1 S2 D	对两个通道（双字）中的 8 位 BCD 数连同进位标志 CY 进行减法，并将结果输出至指定通道 S1：被减数起始通道号 S2：减数起始通道号 D：运算结果起始通道号	
@SUBL (55) (双字长)	@SUBL (55) — S1 S2 D	@SUBL (55) S1 S2 D		

表 4-42　　　　BCD 加法指令对标志位的影响

25503 (ER)	· 运算数据不是 BCD 时 ON · * DM 的内容不是 BCD 数据时或超出 DM 区时 ON · 除上述情况外为 OFF · 25503 ON 时，指令不执行
25504 (CY)	· 运算结果有进位（借位）时 ON，无进位（借位）时 OFF
25506 (=)	· 运算结果通道（对单字长指令为 D 通道，对双字长指令为 D 和 D+1 通道）的内容为 0 时 ON，除此以外为 OFF

【例 4-34】　ADD（30）指令应用举例。

解　若 00002 为 ON，CLC（41）将清除 CY，将 IR030 的内容与一个常数 6103 相加，结果存放到 DM0100 中，然后根据 CY（25504）的状态将 0 或 1 送入 DM0101。这就保证了来自最后一个数字的任何进位可出现在 R+1，以便整个结果在以后的处理中可以作为一个 8 位的数据处理。如图 4-46 所示。

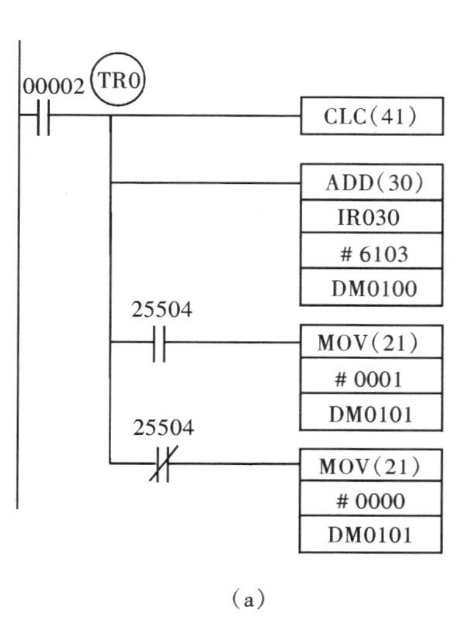

（a）

地址	指令	操作数
00000	LR	00002
00001	OUT	TR0
00002	CLC(41)	
00003	AND(30)	
		030
		#6103
		DM0100
00004	AND	25504
00005	MOV(21)	
		#0001
		DM0101
00006	LD	TR0
00007	ANDNOT	25504
00008	MOV(21)	
		#0000
		DM0101

（b）

图 4-46　ADD（30）指令应用举例
（a）梯形图；（b）语句表

【例 4-35】　12 位 BCD 数相加。

解　设两个 12 位 BCD 数分别存放于 LR20～LR22 和 DM0010～0012 中，当 00000 为 ON 时，程序将这两个数相加，结果存放于 HR10～HR13 中。

其中，两个数的低 8 位用 ADDL（54）相加，即 LR20 和 LR21 的内容加 DM0010 和 DM0011，并将结果置于 HR10 和 HR11；高 4 位及低 8 位运算产生的进位由 ADD（30）执行加法运算；最后，通过两个 0 相加，将第二部分加法得到的进位置于 HR13 中。执行该运算的程序见图 4-47。

【例 4-36】　单字长 BCD 数相减。

解　当 00002 为 ON 时，图 4-46 所示程序首先清 CY，然后从 IR010 中减去 DM0100 的内容和 CY，并将结果送到 HR20。若 CY 由于执行 SUB（31）而置位，则 HR20 中的结果被从 0 减去（先清 CY）以得到真正的结果，并送回 HR20。同时将 HR2100 置 ON 以表示结果为负。若 CY 由于执行 SUB（31）没被置位，则结果为正数，第二步相减不执行，且 HR2100 不置 ON。HR2100 的自锁可保证在程序重新扫描 CY 时不会将其置 OFF。

对于负数结果，得到正确答案的过程如下：

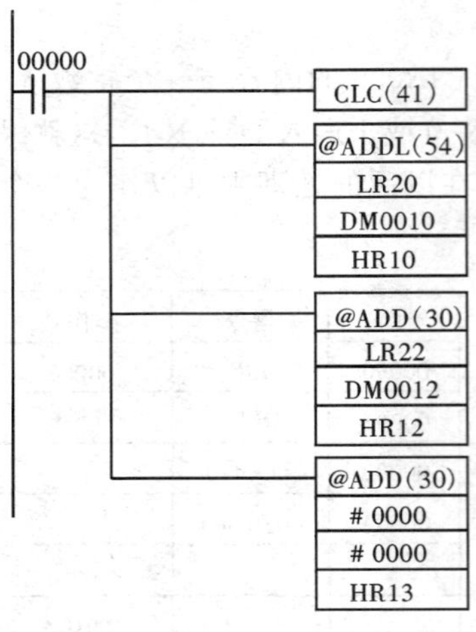

(a)

地址	指令	操作数
00000	LR	00000
00001	CLC(41)	TR0
00002	@ADDL(54)	
		LR20
		DM0010
		HR10
00003	@ADD(30)	
		LR22
		DM0012
00004	@ADD(30)	
		# 0000
		# 0000
		HR13

(b)

图 4-47 12 位 BCD 加法

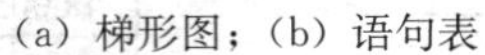
(a) 梯形图；(b) 语句表

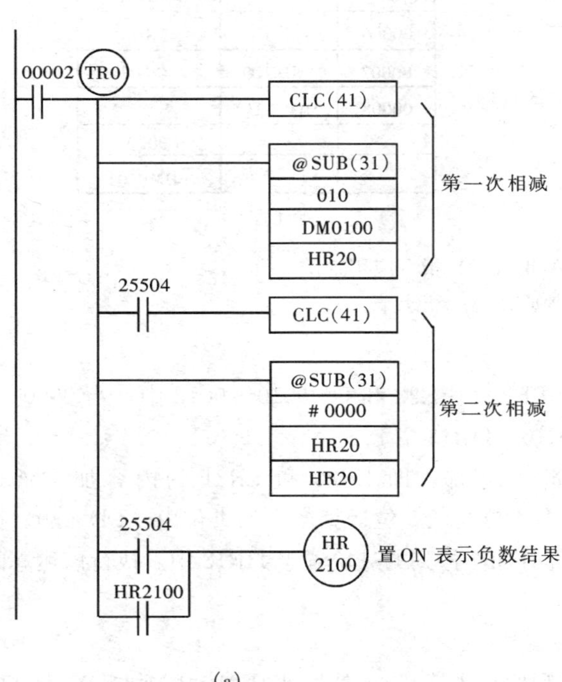

(a)

地址	指令	操作数
00000	LR	00002
00001	OUT	TR0
00002	CLC(41)	
00003	@SUB(31)	
		010
		DM0100
		HR20
00004	AND	25504
00005	CLC(41)	
00006	@SUB(31)	
		# 0000
		HR20
		HR20
00007	LD	TR0
00008	AND	25504
00009	OR	HR2100
00010	OUT	HR2100

(b)

图 4-48 SUB (31) 指令应用举例

(a) 梯形图；(b) 语句表

第一次相减：IR（010）－DM0100－CY＝1029－3452－0

＝1029＋（10000－3452）

＝7577＝HR20，　　CY＝1（有借位）

第二次相减：＃0000－HR20－CY＝0－7577－0

＝0＋（10000－7577）－0

＝2423，　　CY＝1（结果为负）

【例 4-37】　双字长 BCD 数相减。

解　在本例中，用 BSET（71）来清除 DM0000 和 DM0001 的内容，以使得到的负数结果能从 0 中减去（不能直接输入一个 8 位常数）。程序的执行过程与例 4-35 相似，梯形图见图 4-47。

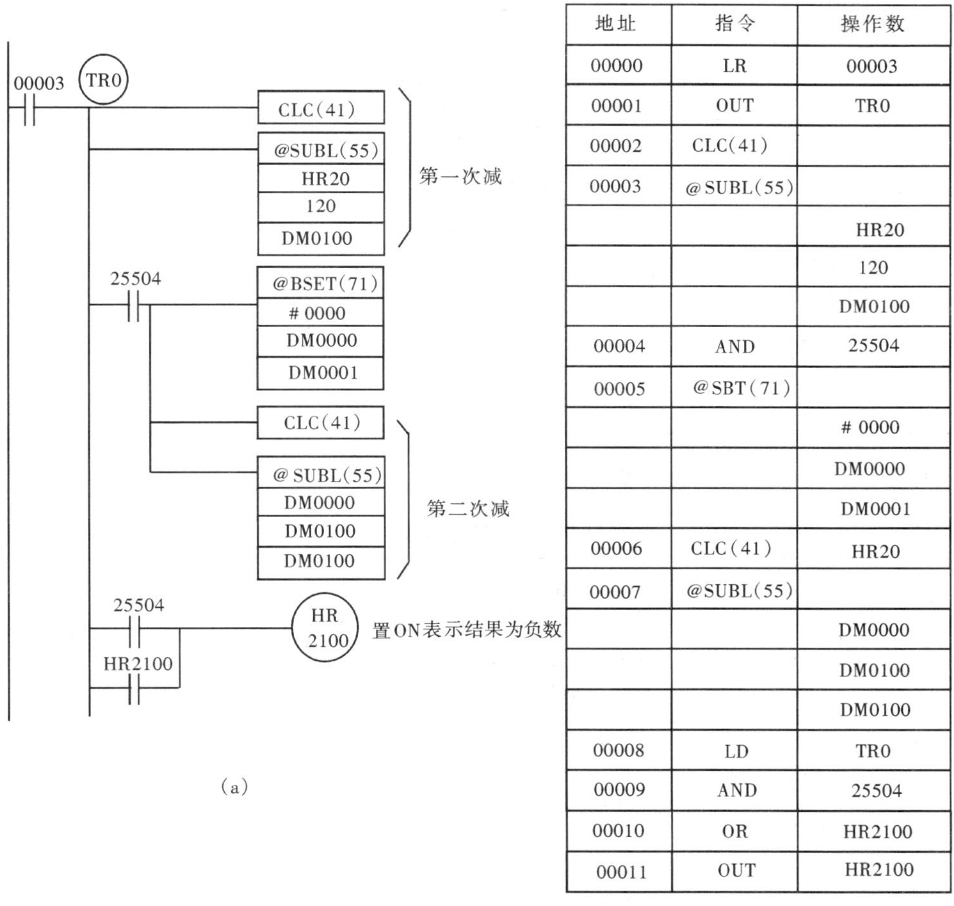

地址	指令	操作数
00000	LR	00003
00001	OUT	TR0
00002	CLC(41)	
00003	@SUBL(55)	
		HR20
		120
		DM0100
00004	AND	25504
00005	@SBT(71)	
		# 0000
		DM0000
		DM0001
00006	CLC(41)	HR20
00007	@SUBL(55)	
		DM0000
		DM0100
		DM0100
00008	LD	TR0
00009	AND	25504
00010	OR	HR2100
00011	OUT	HR2100

(b)

图 4-49　双字长 BCD 数相减举例

（a）梯形图；（b）语句表

4. BCD 乘法指令

BCD 乘法指令分为单字长和双字长两种，单字长指令运算结果为 8 位，所以输出占 2

个通道，D和D+1应在同一数据区；而双字长指令运算结果是16位，所以输出占4个通道，D~D+3应在同一数据区。见表4-43。

表4-43　　BCD 乘 法 指 令

<table>
<tr><th>指　　令</th><th>助记符　操作数</th><th>梯形图符号</th><th>功　　能</th><th>操作数范围</th></tr>
<tr><td>MUL (32)
(单字长)</td><td>MUL (32) —
S1
S2
D</td><td>MUL (32)
S1
S2
D</td><td rowspan="2">将两个4位BCD数单通道相乘，其结果输出至指定通道
S1：被乘数起始通道号
S2：乘数起始通道号
D：运算结果起始通道号</td><td rowspan="4">S1/S2：IR、SR、HR、AR、LR、TC、DM、*DM、#
D：IR、HR、AR、LR、DM、*DM</td></tr>
<tr><td>@MUL (32)
(单字长)</td><td>@MUL (32) —
S1
S2
D</td><td>@MUL (32)
S1
S2
D</td></tr>
<tr><td>MULL (56)
(双字长)</td><td>MULL (56) —
S1
S2
D</td><td>MULL (56)
S1
S2
D</td><td rowspan="2">将两个8位BCD数双通道相乘，并将结果输出至指定通道
S1：被乘数起始通道号
S2：乘数起始通道号
D：运算结果起始通道号</td></tr>
<tr><td>@MULL (56)
(双字长)</td><td>@MULL (56) —
S1
S2
D</td><td>@MULL (56)
S1
S2
D</td></tr>
</table>

BCD乘法指令对标志位的影响见表4-44。

表4-44　　BCD乘法指令对标志位的影响

25503 (ER)	· 乘数、被乘数数据不是BCD时ON · *DM的内容不是BCD数据或超出DM区时ON · 除上述情况外为OFF · 25503 ON时，指令不执行
25504 (CY)	· 运算结果为负值时ON
25506 (=)	· 运算结果为0时ON，除此之外为OFF

【例4-38】　BCD乘法举例。

解　如图4-50所示，当00000为ON时，IR013的内容与DM0005的内容相乘，结果存放于HR07和HR08中。

5. BCD除法指令

BCD除法指令见表4-45。

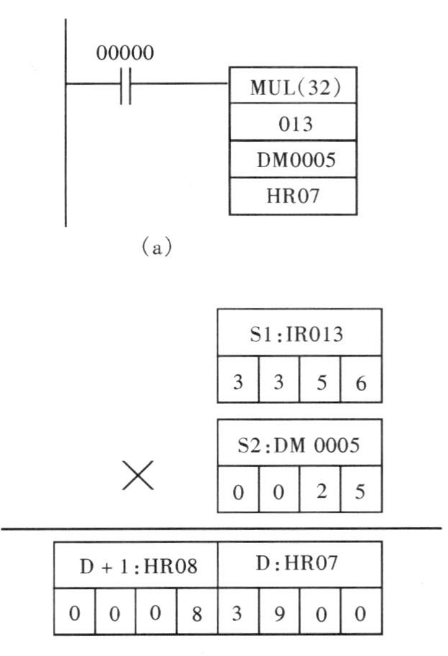

地址	指令	操作数
00000	LD	00000
00001	MUL(32)	
		013
		DM0005
		HR07

(b)

图4-50　BCD乘法举例
(a) 梯形图；(b) 语句表；(c) 执行过程

表4-45　　BCD 除 法 指 令

指　　令	助记符　操作数	梯形图符号	功　　能	操作数范围
DIV (33) (单字长)	DIV (33) — S1 S2 D	DIV (33) S1 S2 D	将两个4位（单通道）BCD数作除法运算，并把商和余数分别输出到指定通道 S1：被除数起始通道号 S2：除数起始通道号 D：运算结果起始通道号	S1/S2：IR、SR、HR、AR、LR、TC、DM、*DM、# D：IR、HR、AR、LR、DM、*DM
@DIV (33) (单字长)	@DIV (33) — S1 S2 D	@DIV (33) S1 S2 D		
DIVL (57) (双字长)	DIVL (57) — S1 S2 D	DIVL (57) S1 S2 D	将两个8位（双通道）BCD数作除法运算，并把商和余数分别输出到指定通道 S1：被除数起始通道号 S2：除数起始通道号 D：运算结果起始通道号	
@DIVL (57) (双字长)	@DIVL (57) — S1 S2 D	@DIVL (57) S1 S2 D		

BCD除法指令商和余数占用的通道见表4-45，对标志位的影响见表4-46。

表 4-46　　商和余数占用的通道

指　令　名　称	商占用的通道	余数占用的通道
DIV/@DIV	D	D+1
DIVL/@DIVL	D和D+1 (其中，D存储商的低字位)	D+2和D+3 (其中，D+2存储余数的低字位)

表 4-47　　BCD除法指令对标志位的影响

25503 (ER)	·除数、被除数数据不是BCD数据时ON ·* DM的内容不是BCD数据时，超出DM区时ON ·除数数据为0时ON ·运算结果商的有效范围超出时ON ·除上述情况外为OFF ·25503 ON时，指令不执行
25506 (=)	·运算结果商为0时ON，除此之外为OFF

【例 4-39】　BCD除法举例。

解　如图4-51所示，当00000为ON时，IR020的内容除以DM0005的内容，结果存放于DM0017中，余数存放于DM0018中。

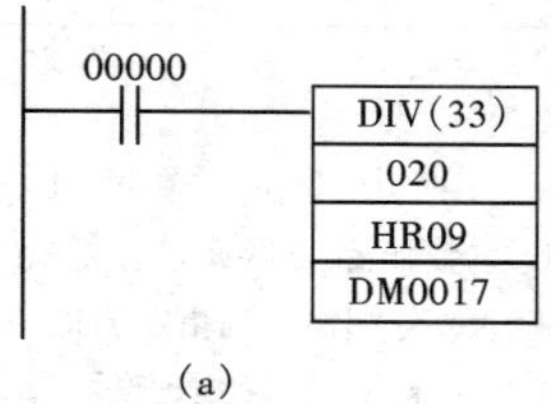

(a)

地址	指令	操作数
00000	LD	00000
00001	DIV(33)	
		020
		HR09
		DM0017

(b)

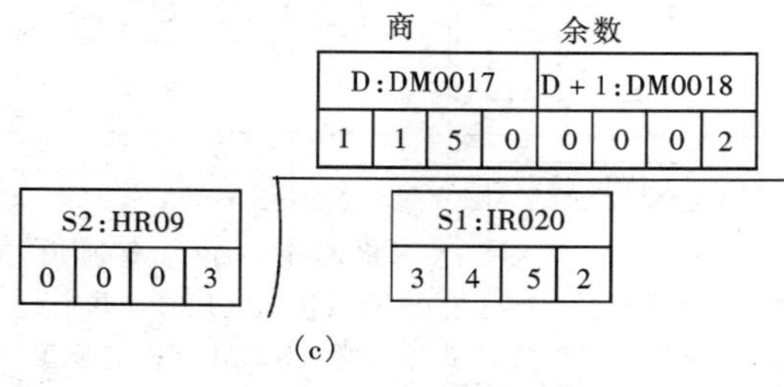

(c)

图 4-51　BCD除法举例
(a) 梯形图；(b) 语句表；(c) 执行过程

6. BCD平方根指令

见表4-48。

BCD平方根指令的源数据是8位BCD数，占2个通道S+1和S，而运算结果只取4位整数占1个通道。对标志位的影响见表4-49。

表 4-48　**BCD 平方根指令 ROOT（72）/@ROOT（72）**

<table>
<tr><th>指　　令</th><th>助记符　操作数</th><th>梯形图符号</th><th>功　　能</th><th>操作数范围</th></tr>
<tr><td>ROOT（72）</td><td>ROOT（72）—
S
D</td><td>ROOT（72）
S
D</td><td rowspan="2">求一个 8 位 BCD 数的平方根，并对运算结果取 4 位整数输出至指定通道 D
S：源数据起始通道号
D：运算结果通道号</td><td rowspan="2">S：IR、HR、AR、LR、TC、DM、*DM、#
D：IR、HR、AR、LR、DM、*DM</td></tr>
<tr><td>@ROOT（72）</td><td>@ROOT（72）—
S
D</td><td>@ROOT（72）
S
D</td></tr>
</table>

表 4-49　**BCD 平方根指令对标志位的影响**

25503（ER）	• S、S+1 通道中的内容不是 BCD 数据时 ON • *DM 的内容不是 BCD 数据或超出 DM 区时 ON • 除上述情况外为 OFF • 25503 ON 时，指令不执行
25506（=）	• 运算结果为 0 时 ON，除此之外为 OFF

【例 4-40】　BCD 平方根指令举例。

解　执行过程如图 4-52 所示。

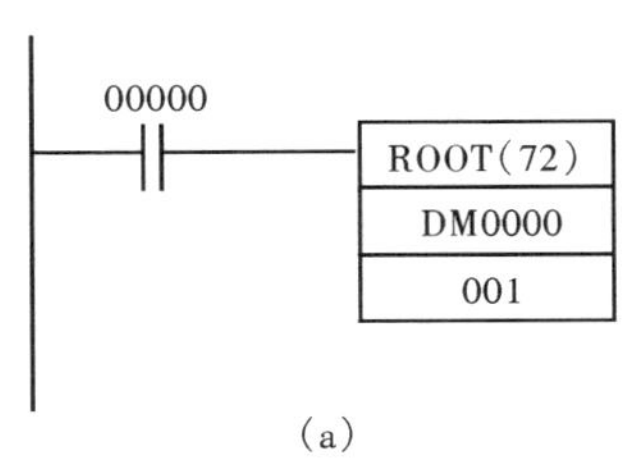

(a)

地址	指令	操作数
00000	LD	00000
00001	ROOT(72)	
		DM0000
		001

(b)

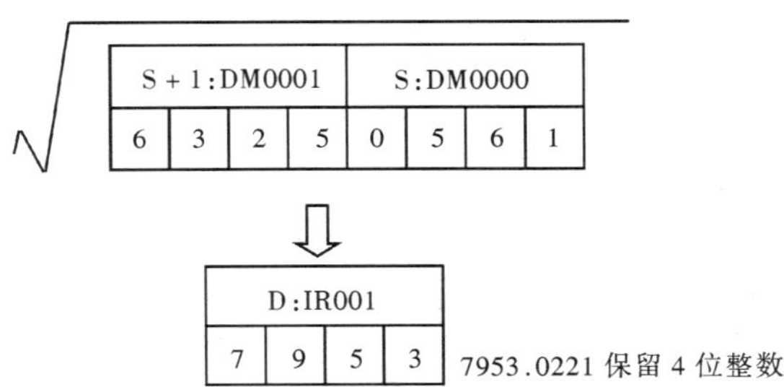

图 4-52　BCD 平方根指令举例

(a) 梯形图；(b) 语句表；(c) 执行过程

二、二进制运算

二进制运算指令见表 4-50。二进制运算与 BCD 运算非常相似，其中，对二进制减法，与 BCD 减法一样，当被减数小于减数时，运算结果为负数，这时运算结果以补数形式输出，此时可用#0000减去这个数，得到结果的真值。

表 4-50 二进制运算指令

指　令	助记符　操作数	梯形图符号	功　能	操作数范围
ADB（50）（加法）	ADB（50）— S1 S2 D	ADB（50） S1 S2 D	将两个16位二进制数及其进位标志CY作加法运算，并将运算结果输出至指定通道 S1：被加数通道号 S2：加数通道号 D：运算结果通道号	S1/S2：IR、SR、HR、AR、LR、TC、DM、*DM、# D：IR、HR、AR、LR、DM、*DM
@ADB（50）（加法）	@ADB（50）— S1 S2 D	@ADB（50） S1 S2 D		
SBB（51）（减法）	SBB（51）— S1 S2 D	SBB（51） S1 S2 D	将两个16位二进制数及其进位标志CY作减法运算，并将运算结果输出到指定通道 S1：被减数通道号 S2：减数通道号 D：运算结果通道号	
@SBB（51）（减法）	@SBB（51）— S1 S2 D	@SBB（51） S1 S2 D		
MLB（52）（乘法）	MLB（52）— S1 S2 D	MLB（52） S1 S2 D	将两个16位二进制数作乘法运算，并将运算结果（32）输出到指定通道 S1：被乘数通道号 S2：乘数通道号 D：运算结果通道号	
@MLB（52）（乘法）	@MLB（52）— S1 S2 D	@MLB（52） S1 S2 D		
DVB（53）（除法）	DVB（53）— S1 S2 D	DVB（53） S1 S2 D	将两个16位二进制数作除法运算，并商和余数输出至指定通道 S1：被除数通道号 S2：除数通道号 D：运算结果起始通道号 其中D通道内容为商，D+1通道内容为余数	
@DVB（53）（除法）	@DVB（53）— S1 S2 D	@DVB（53） S1 S2 D		

二进制运算指令对标志位的影响见表 4-51。

表 4-51　　二进制运算指令对标志位的影响

标志位＼指令	ADB/@ADB	SBB/@SBB	MLB/@MLB	DVB/@DVB
25503（ER）	·＊DM 的内容不是 BCD 数据或超出 DM 区时 ON ·除上述情况外为 OFF ·25503 ON 时，指令不执行			·S2 的内容为 0000 时 ON，其余同左
25504（Cy）	运算结果有进位则 ON，没有时 OFF	若 S1<S2 运算结果为负时 ON，否则为 OFF		
25506（=）	运算结果为 0000 时 ON，除此以外为 OFF		运算结果 D+1，D 通道的内容为 00000000 时 ON，除此以外为 OFF	运算结果 D 通道（商）为 0000 时 ON，除此之外为 OFF

【例 4-41】　二进制除法举例。

解　执行过程如图 4-53 所示。

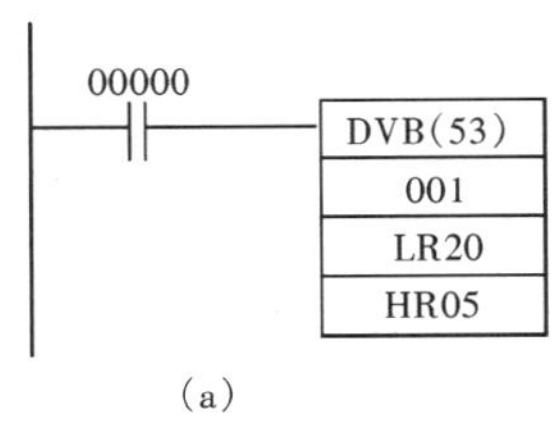

（a）

地址	指令	操作数
00000	LD	00000
00001	DVB(53)	
		001
		LR20
		HR05

（b）

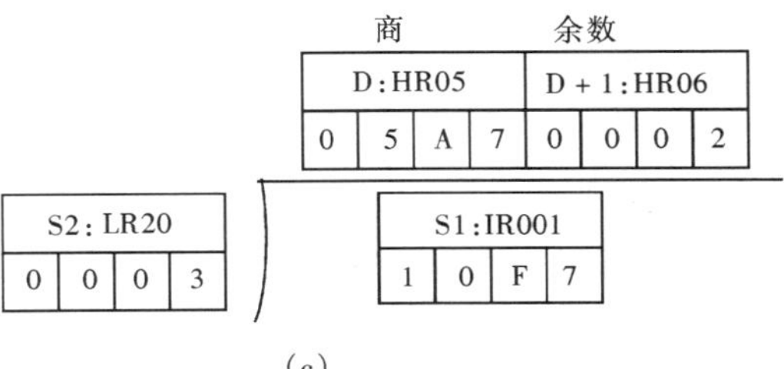

（c）

图 4-53　二进制除法举例

（a）梯形图；（b）语句表；（c）执行执程

三、逻辑运算

逻辑运算指令见表 4-52，对标志位的影响见表 4-53。

表 4-52　　逻辑运算指令

<table>
<tr><th>指　令</th><th>助记符　操作数</th><th>梯形图符号</th><th>功　能</th><th>操作数范围</th></tr>
<tr><td>COM（29）
（取反）</td><td>COM（29）—
D</td><td>COM（29）
D</td><td rowspan="2">将指定通道的数据按位求反。即将原来为ON的位清零，将原来为OFF的位置1
D：运算结果通道号</td><td rowspan="2">D：IR、HR、AR、LR、DM、*DM</td></tr>
<tr><td>@COM（29）
（取反）</td><td>@COM（29）—
D</td><td>@COM（29）
D</td></tr>
<tr><td>ANDW（34）
（逻辑与）</td><td>ANDW（34）—
S1
S2
D</td><td>ANDW（34）
S1
S2
D</td><td rowspan="2">对两个16位二进制数进行按位逻辑与运算，并将运算结果输出到指定通道
S1：运算数据1通道号
S2：运算数据2通道号
D：运算结果通道号</td><td rowspan="2">S1/S2：IR、SR、HR、AR、LR、TC、DM、*DM、#
D：IR、HR、AR、LR、DM、*DM</td></tr>
<tr><td>@ANDW（34）
（逻辑与）</td><td>@ANDW（34）—
S1
S2
D</td><td>@ANDW（34）
S1
S2
D</td></tr>
<tr><td>ORW（35）
（或）</td><td>ORW（35）—
S1
S2
D</td><td>ORW（35）
S1
S2
D</td><td rowspan="2">将两个16位二进制数进行按位逻辑或运算，并将运算结果输出到指定通道
S1：运算数据1通道号
S2：运算数据2通道号
D：运算结果通道号</td><td rowspan="2">S1/S2：IR、SR、HR、AR、LR、TC、DM、*DM、#
D：IR、HR、AR、LR、DM、*DM</td></tr>
<tr><td>@ORW（35）
（或）</td><td>@ORW（35）—
S1
S2
D</td><td>@ORW（35）
S1
S2
D</td></tr>
<tr><td>XORW（36）
（异或）</td><td>XORW（36）—
S1
S2
D</td><td>XORW（36）
S1
S2
D</td><td rowspan="2">对两个16位二进制数进行按位异或运算，并将运算结果输出到指定通道
S1：运算数据1通道号
S2：运算数据2通道号
D：运算结果通道号</td><td rowspan="2">S1/S2：IR、SR、HR、AR、LR、TC、DM、*DM、#
D：IR、HR、AR、LR、DM、*DM</td></tr>
<tr><td>@XORW（36）
（异或）</td><td>@XORW（36）—
S1
S2
D</td><td>@XORW（36）
S1
S2
D</td></tr>
<tr><td>XNRW（37）
（异或非）</td><td>XNRW（37）—
S1
S2
D</td><td>XNRW（37）
S1
S2
D</td><td rowspan="2">对两个16位二进制数进行按位异或非运算，并将运算结果输出到指定通道
S1：运算数据1通道号
S2：运算数据2通道号
D：运算结果通道号</td><td rowspan="2">S1/S2：IR、SR、HR、AR、LR、TC、DM、*DM、#
D：IR、HR、AR、LR、DM、*DM</td></tr>
<tr><td>@XNRW（37）
（异或非）</td><td>@XNRW（37）—
S1
S2
D</td><td>@XNRW（37）
S1
S2
D</td></tr>
</table>

表 4 - 53　逻辑运算指令对标志位的影响

25503（ER）	• * DM 的内容不是 BCD 数据时或超出 DM 区时 ON • 除上述情况外为 OFF • 25503 ON 时，指令不执行
25506（=）	• 运算结果为 0000 时 ON，非零为 OFF

【例 4 - 42】　逻辑与运算举例。

解　执行过程如图 4 - 54 所示。

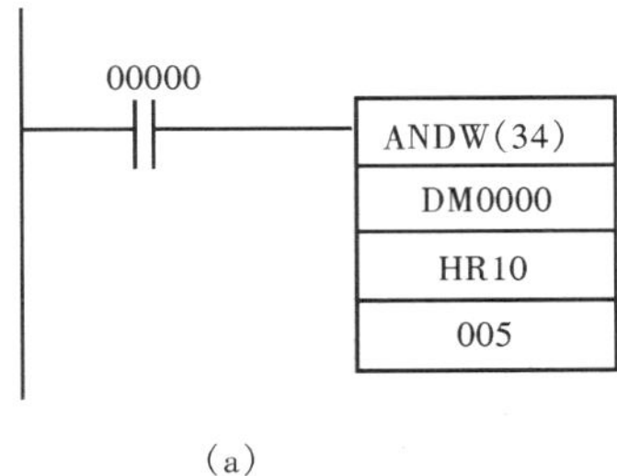

(a)

地址	指令	操作数
00000	LD	00000
00001	ANDW(34)	
		DM0000
		HR10
		005

(b)

S1:DM0000

00	0
01	1
02	1
03	0
04	1
05	0
06	1
07	0
08	1
09	1
10	0
11	0
12	1
13	0
14	1
15	1

∧

S1:HR10

HR1000	0
HR1001	1
HR1002	0
HR1003	1
HR1004	1
HR1005	0
HR1006	1
HR1007	1
HR1008	1
HR1009	0
HR1010	1
HR1011	0
HR1012	1
HR1013	1
HR1014	1
HR1015	1

⇨

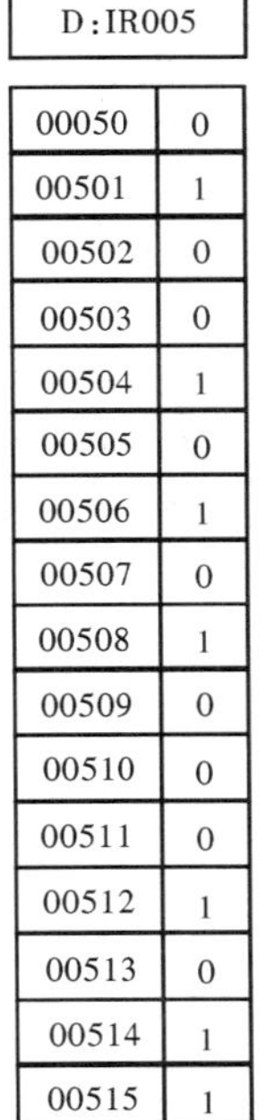

D:IR005

00050	0
00501	1
00502	0
00503	0
00504	1
00505	0
00506	1
00507	0
00508	1
00509	0
00510	0
00511	0
00512	1
00513	0
00514	1
00515	1

(c)

图 4 - 54　逻辑与指令举例

(a) 梯形图；(b) 语句表；(c) 执行过程

【例 4 - 43】　逻辑异或运算举例。

解　执行过程如图 4 - 55 所示。

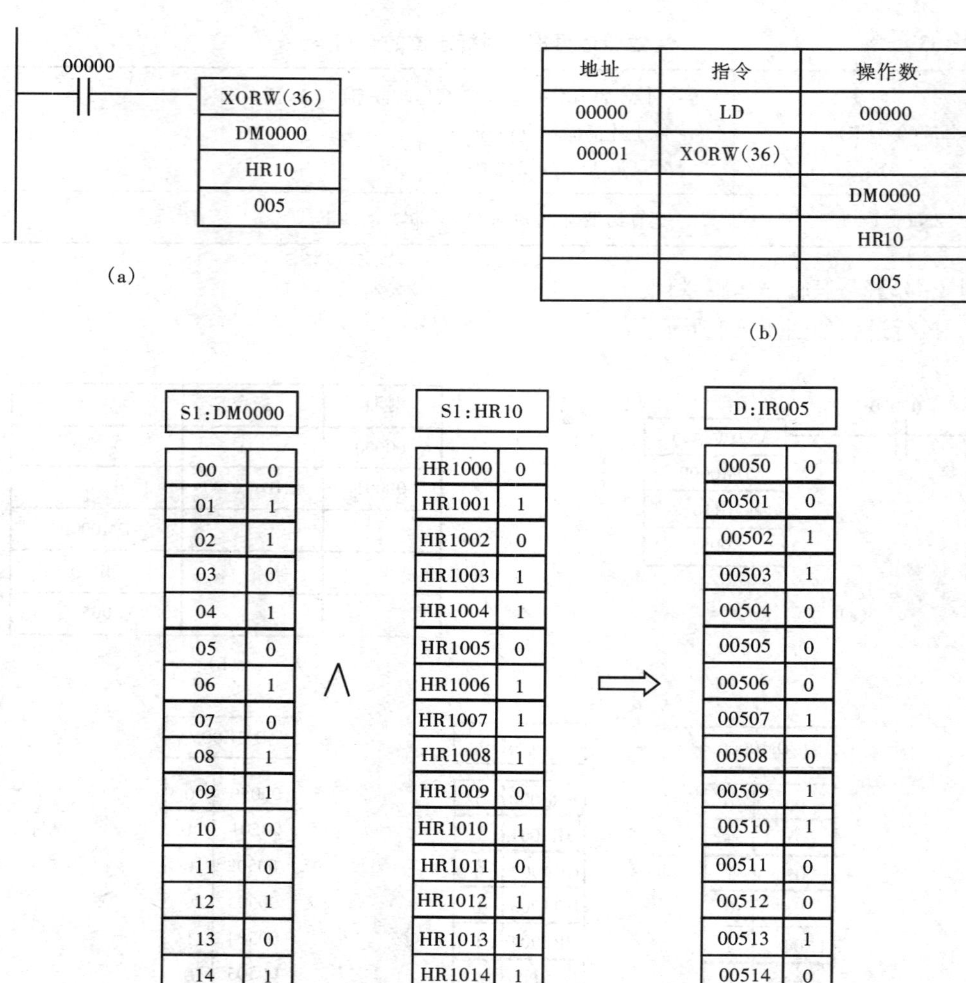

地址	指令	操作数
00000	LD	00000
00001	XORW(36)	
		DM0000
		HR10
		005

(b)

S1:DM0000		S1:HR10		D:IR005	
00	0	HR1000	0	00050	0
01	1	HR1001	1	00501	0
02	1	HR1002	0	00502	1
03	0	HR1003	1	00503	1
04	1	HR1004	1	00504	0
05	0	HR1005	0	00505	0
06	1	HR1006	1	00506	0
07	0	HR1007	1	00507	1
08	1	HR1008	1	00508	0
09	1	HR1009	0	00509	1
10	0	HR1010	1	00510	1
11	0	HR1011	0	00511	0
12	1	HR1012	1	00512	0
13	0	HR1013	1	00513	1
14	1	HR1014	1	00514	0
15	1	HR1015	1	00515	0

(c)

图 4-55　逻辑异或指令举例

(a) 梯形图；(b) 语句表；(c) 执行过程

第三节　流 程 控 制 指 令

一、子程序

对于一个较复杂的控制任务，往往可以分解为几个相对独立的较小的任务。对于那些需要重复执行的较小任务，可以将其编写成子程序的形式，在执行主程序的过程中需要调用子程序时，可以使用子程序调用指令。当子程序执行结束时，通过返回指令返回到主程序，并从当前调用子程序的断点处继续往下执行。子程序指令见表 4-54，对标志位的影响见表 4-55。

表 4-54　　子 程 序 指 令

指令		助记符　操作数	梯形图符号	功　能	操作数范围
子程序进入	SBN（92）	SBN（92）N	SBN（92）N	表示一个子程序段的开始	N：00～99
子程序返回	RET（93）	RET（93）—	RET（93）	表示一个子程序的结束	—
子程序调用	SBS（91）	SBS（91）N	SBS（91）N	调用子程序	N：00～99
	@SBS（91）	@SBS（91）N	@SBS(91)N		

说明：① 一个子程序的开始与结束用SBN和RET标记。② 子程序位于主程序之后，END指令之前，如图4-56所示。③ 用SBN总共可以定义100个子程序（N的取值为0～99），其中子程序99专用于定时中断。④ 子程序最多可以嵌套16级。⑤ 子程序的调用过程：在主程序执行过程中，当程序执行到SBN时，程序的控制就转移到子程序N，执行完SBN和RET之间的子程序后，程序返回到主程序中SBS N后面的那条指令上，如图4-57所示。调用子程序的次数不受限制。

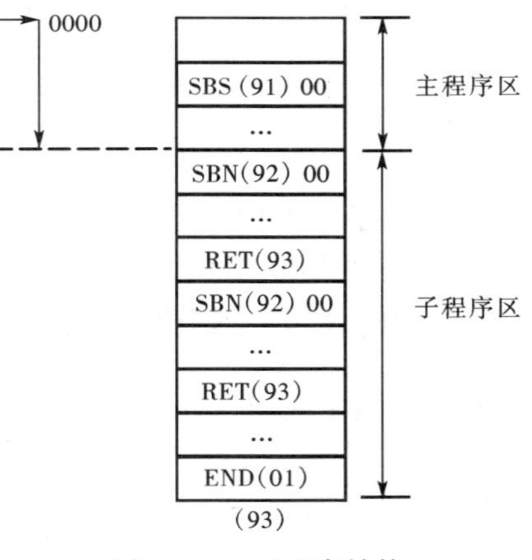

图4-56　子程序结构

表 4-55　　子程序指令对标志位的影响

25503（ER）	• 指定的子程序不存在时ON • 子程序调用了它自己时ON • 子程序嵌套超过16级 • 除上述情况外为OFF • 25503 ON时，指令不执行

二、宏指令

宏指令MCRO（99）允许用一个单一子程序代替几个具有相同结构但不同操作数的子程序。见表4-56。

表 4-56　　宏指令 MCRO（99）/@MCRO（99）

指　令	助记符　操作数	梯形图符号	功　能	操作数范围
MCRO（99）	MCRO（99）N I1 O1	MCRO（99）N I1 O1	用一个单一子程序代替几个具有相同结构但不同操作数的子程序 N：子程序编号 I1：输入起始通道号 O1：输出起始通道号	N：（000～127） I1：IR、SR、AR、DM、HR、TC、LR O1：IR、SR、AR、DM、HR、LR
@ MCRO（99）	@ MCRO（99）N I1 O1	@MCRO（99） I1 O1		

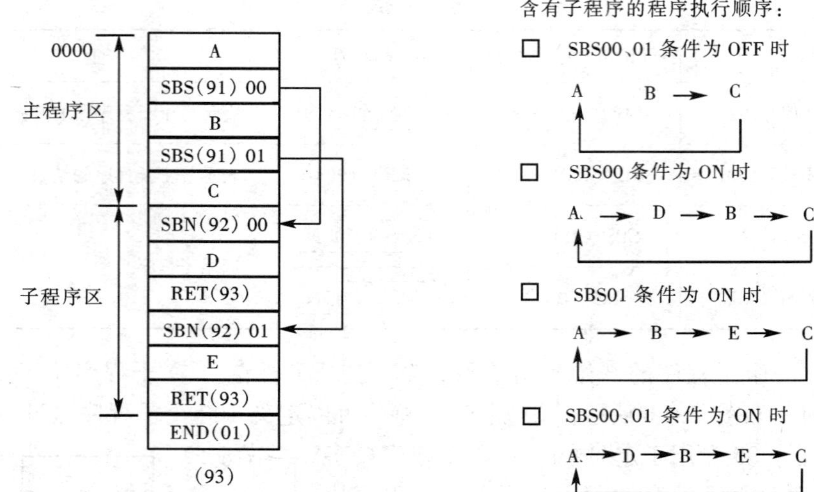

图 4-57 子程序工作流程

说明：①有 4 个输入字 IR096～IR099，4 个输出字 IR196～IR199，分配给 MCRO（99）。并当子程序被执行时这 8 个字用于子程序从 I1 至 I1+3 和 O1 至 O1+3 取出其内容。②当执行条件为 OFF 时，MCRO（99）不执行。当执行条件为 ON 时，MCRO（99）将 I1 至 I1+3 的内容拷贝到 IR096 至 IR099，将 O1 至 O1+3 的内容拷贝到 IR196 至 IR199，然后调用并执行 N 指定的子程序。当子程序完成时，IR196 至 IR199 的内容传送回 O1 至 O1+3，然后才结束 MCOR（99）。③对标志位的影响见表 4-57。

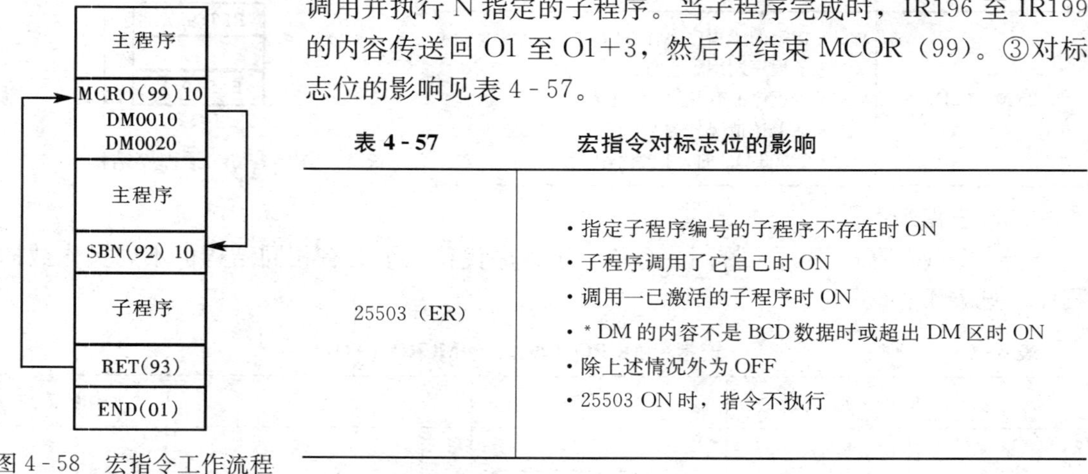

图 4-58 宏指令工作流程

表 4-57　　宏指令对标志位的影响

25503（ER）	· 指定子程序编号的子程序不存在时 ON · 子程序调用了它自己时 ON · 调用一已激活的子程序时 ON · * DM 的内容不是 BCD 数据时或超出 DM 区时 ON · 除上述情况外为 OFF · 25503 ON 时，指令不执行

【例 4-44】 宏指令应用举例。

解 如图 4-58 所示，DM0010～DM0013 的内容被拷贝到 IR096～IR099，DM0020～DM0023 的内容被拷贝到 IR196～IR199，子程序 10 被调用并执行，当子程序执行完毕，IR196～IR199 的内容被拷贝到 DM0020～DM0023。

三、中断控制指令

中断控制指令见表 4-58，中断控制码见表 4-59。

表 4-58 中断控制指令 INT (—) / @INT (—)

指 令	助记符 操作数	梯形图符号	功 能	操作数范围
INT (—)	INT (—) — CC 000 D	INT (—) CC 000 D	执行中断控制 CC：中断控制码（见表4-58说明） D：控制数据（详见举例） 注：当 CC = 002 时，DM664 至 DM665 不能用于D	CC：000 ~ 003、100、200 D：IR、SR、AR、DM、HR、TC、LR、TR、#
@INT (—)	@INT (—) — CC 000 D	INT (—) CC 000 D		

表 4-59 中断控制码含义

CC	含 义	CC	含 义	CC	含 义
000	屏蔽/不屏蔽输入中断	002	读当前屏蔽状态	100	屏蔽所有中断
001	清除输入中断	003	更新计数器设定值	200	不屏蔽所有中断

说明：①有三种类型的中断处理：a输入中断：当外部输入信号使CPU的位00000~00003中的一个变为ON时执行中断命令；b间隔定时器中断：由精度为0.1ms的间隔定时器启动中断命令（见下节）；高速计数器中断：按照高速计数器的当前值（PV）执行中断命令（见下节）。②中断优先权的定义依次为：输入中断0、输入中断1、输入中断2、输入中断3、高速计数器中断1、高速计数器中断2、间隔定时器中断0、间隔定时器中断1、间隔定时器中断2（即高速计数器中断0）。可见，输入中断0优先权最高，高速计数器中断0优先权最低。③中断服务的子程序定义也使用SBN（92）和RET（93）。因此，若不使用中断，这段子程序也可以用SBS指令调用。④处理输入中断的两种模式：输入中断模式和计数器模式。⑤中断输入设定（DM6628）：如图4-59所示。⑥计数器模式中断控制：需要向对应中断0~3的SR字写入计数操作的设定值范围是0000~FFFF，写入0000时将禁止计数操作；计数器当前值（PV）存储在对应中断0~3的SR字中，数值为0000~FFFF，见表4-60。

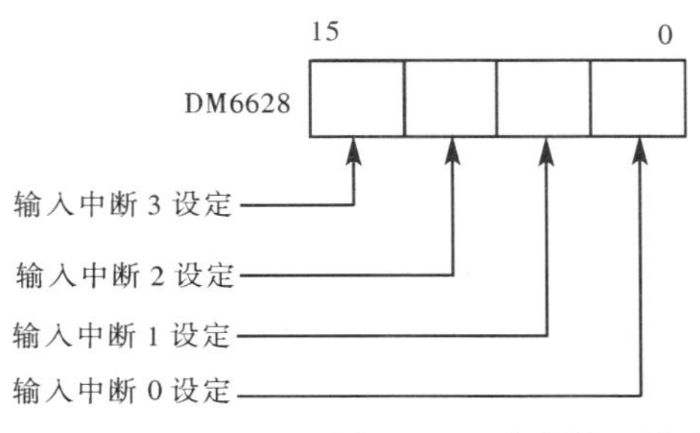

说明：
0:一般输入
1:中断输入
缺省:均为一般输入

图 4-59 中断输入设定

表 4-60 计数器模式下中断 0~3 的 SR 字

类 型	中 断	计数器PV值	类 型	中 断	计数器PV值
中断0	SR-244	SR-248	中断2	SR-246	SR-250
中断1	SR-245	SR-249	中断3	SR-247	SR-251

【例 4-45】 中断指令应用举例。要求：输入中断 0 用于输入中断模式，输入中断 1 用于计数器模式。

解 在执行程序前，首先检查 PLC 设置值：DM6628 设定为 0011（IR00000 和 IR00001 用于输入中断），其他均设为缺省值。梯形图见图 4-60。

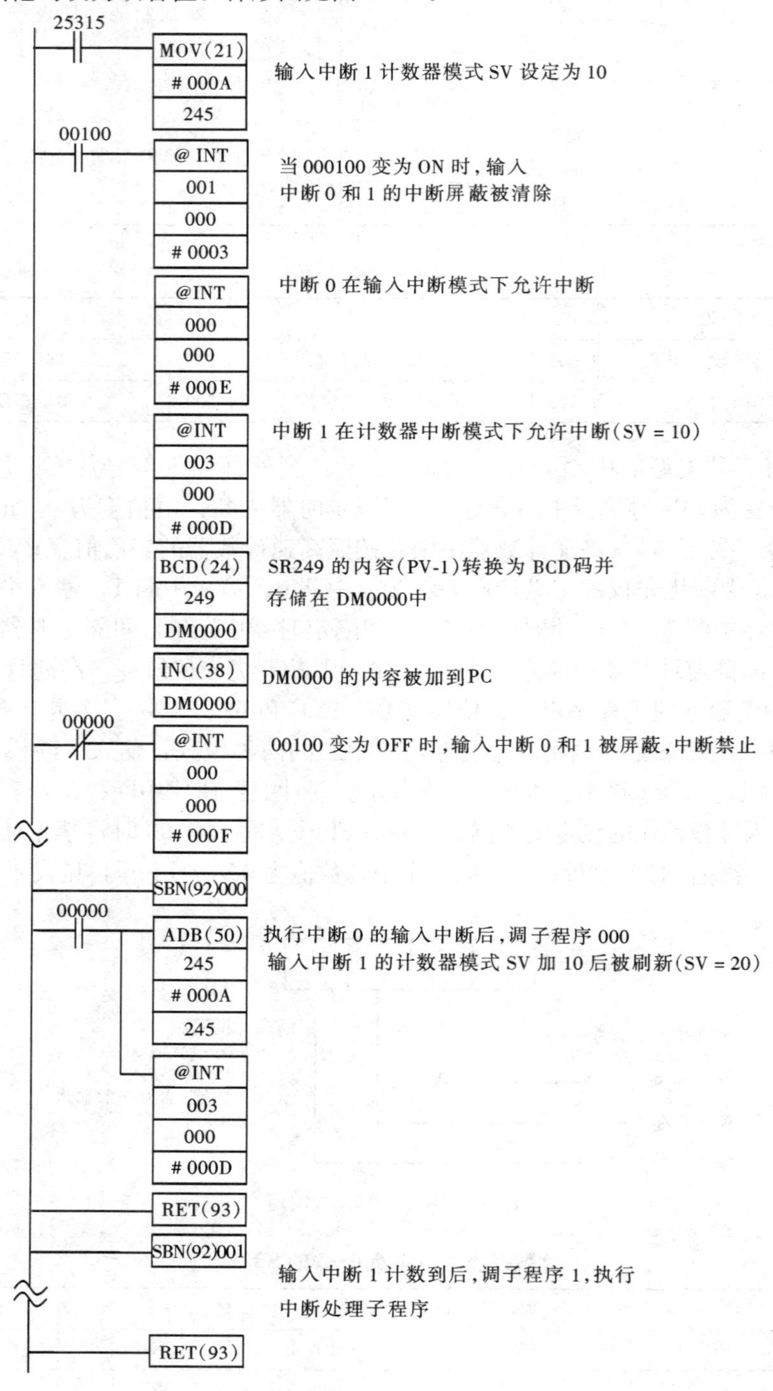

图 4-60 中断指令应用举例

程序工作时，工作过程如图 4-61 所示。其中，计数器在中断子程序执行时继续工作。当 00100 为 OFF 时，输入中断将保持屏蔽。

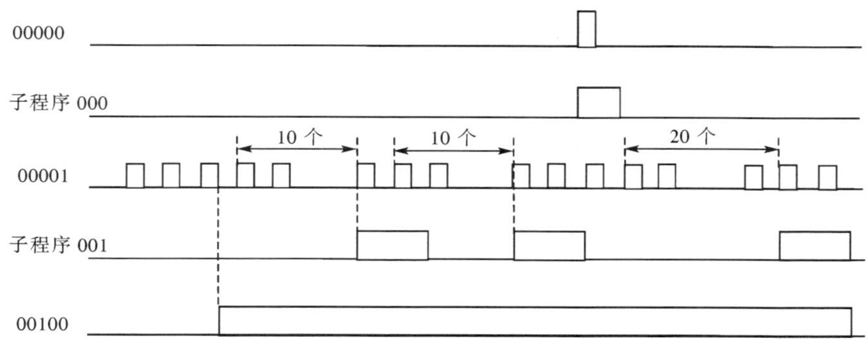

图 4-61　[例 4-43] 程序执行过程

四、步进指令

步进指令 STEP（08）和 SNXT（09）常用于在一个大程序中为各个程序段建立连接点，使程序以步为单位执行。每段程序完成后，定时器被复位，数据区被清除。可见步进指令特别适用于编写顺序控制的程序。指令功能见表 4-61。

表 4-61　步进指令 STEP（08）和 SNXT（09）

指令名称	助记符　操作数	梯形图符号	功　　能	操作数范围
步进开始	STEP（08）N	STEP（08）N	步进程序段号说明位于段首 N：程序段编号	N：IR、HR、AR、LR
步进梯形图区域终止	STEP（08）—	STEP（08）	步进程序段结束	—
步进梯形图程序步进	SNXT（09）N	SNXT（09）N	复位前一个步进段激活下一个步进段	N：IR、HR、AR、LR

说明：① STEP 指令有两种形式：STEP（08）N 用于定义一个程序段的开始，而不带 N 的指令 STEP（08）用在一系列步进程序段的最后，由 SNXT（09）N 和 STEP（08）指令作为步进梯形图区域的终止。② 要启动步进程序段，应使用与 STEP（08）N 有相同 N 的 SNXT（09）N 指令。当 SNXT（09）N 的执行条件为 ON 时，具有相同 N 的步进程序段执行，否则不执行。如图 4-60 所示。③ 每个步进程序由 SNXT（09）N 开始，当程序执行到这条指令时，复位前面使用过的定时器，并对前面使用过的数据区清零。但计数器、移位器等保持原状态。④ 在一个步进程序段中除了不能使用 END、IL、ILC、JMP、JME、SBN 指令外，编程与普通程序一样。

【例 4-46】　步进指令应用举例。

解　如图 4-62 所示。

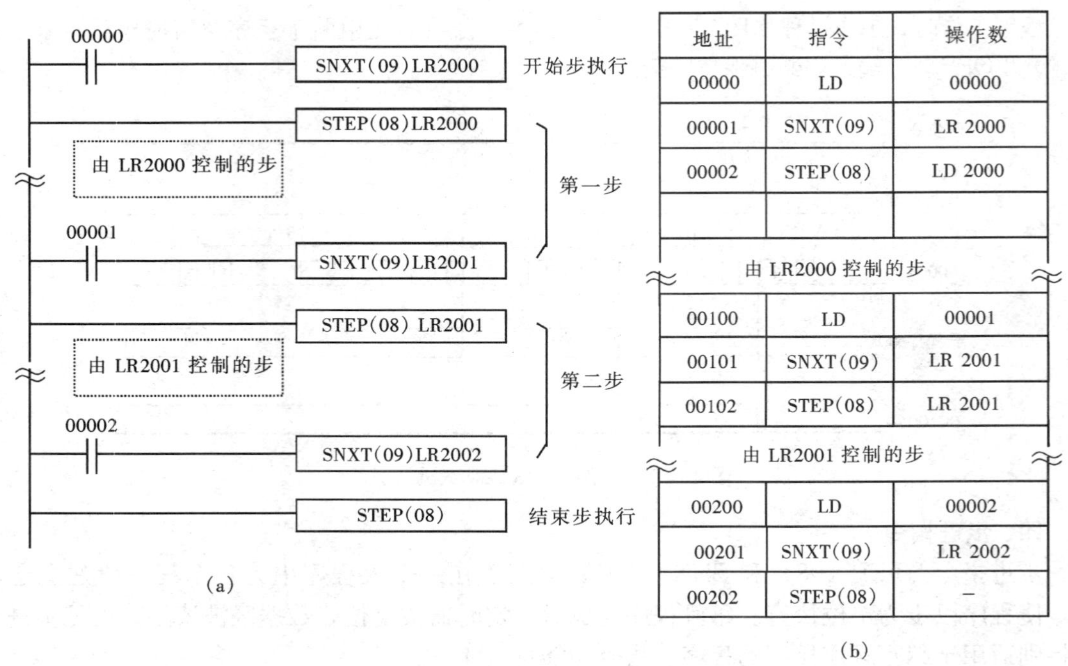

地址	指令	操作数
00000	LD	00000
00001	SNXT(09)	LR 2000
00002	STEP(08)	LD 2000
由 LR2000 控制的步		
00100	LD	00001
00101	SNXT(09)	LR 2001
00102	STEP(08)	LR 2001
由 LR2001 控制的步		
00200	LD	00002
00201	SNXT(09)	LR 2002
00202	STEP(08)	—

(b)

图 4-62 步进指令应用举例

(a) 梯形图；(b) 语句表

第四节 用流程图法编程

一、概念

流程图由圆圈、方框或菱形、连线和短横线组成。圆圈代表起始位和结束位；方框或菱形代表动作；连线代表流向；短横线代表条件。通过流程图可以把控制对象的工作状态及控制过程表示出来，然后通过步进指令把流程图转换成梯形图。

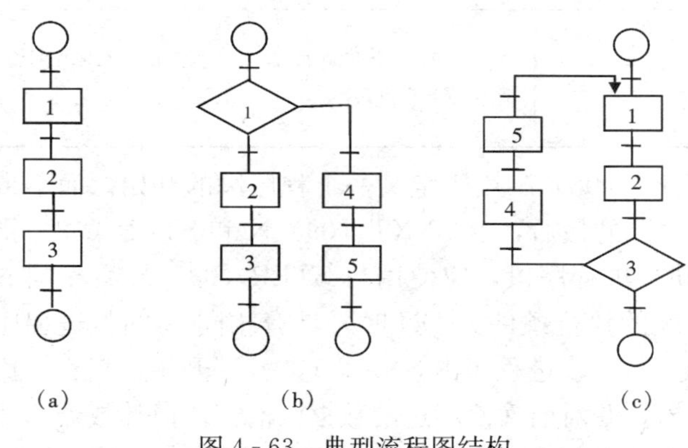

(a) (b) (c)

图 4-63 典型流程图结构

(a) 顺序程序；(b) 条件分支程序；(c) 循环程序

典型流程图的结构有三种：顺序程序、条件分支程序和循环程序。见图 4-63。

顺序程序代表确定的逻辑顺序，对应于确定电路；条件分支程序依条件不同而改变程序流程，对应于随机电路；循环程序在条件满足时选择循环执行特定程序。这三种流程图往往同时存在于一个 PLC 程序中，在设计时要根据实际要求进行适当的组合。使用步指令时，有以下几点需要注意：

(1) 步指令的启动可从任何一个步号进入，不一定非从第一位开始，只要可使对应的继电器为 ON 即可。

(2) 进入步后，启动位可不保持，步信号会自动保持。而且，即使启动信号保持，步程序完成后，也不会再启动步程序。而要再启动，必须先将启动信号复位后再重新置 ON，才能再重新启动步工作。

（3）转入新步后，旧步先复位，然后启动新步。新步与旧步不能同时为 ON。旧步复位后，除计数器外，所有输出均复位，计数器保持当前值。

（4）步指令使用的继电器不受限制，只要不重复即可。

（5）步程序可与一般程序并存，而且在一个程序中，还可有多组步进程序。只是它不能调用子程序。

二、设计步骤

用流程图法设计程序的步骤如下：

（1）把控制对象划分为步。根据工艺要求把控制对象划分为步，并明确各步间的衔接关系。①顺序关系：一步接着一步，直到最后一步。②并列关系：在某一步后，可能并列地出现两个或更多的步同时工作，且各步又继以不同的步。最后可能又归于同一个顺序步。③条件分支：在某一步后，依条件不同选择不同的分支工作。

（2）画动作过程图。根据步与步之间的关系画出动作过程图，同时明确步与动作的关系。

（3）I/O 分配。给动作和条件分配相应的 PLC 编号。

（4）设计流程图。通过把输入/输出点与各步联系起来将动作过程图转换成流程图。其中，方框，即动作与输出联系；短横线，即条件与输入联系。

（5）建立步进逻辑程序。利用 PLC 的步进指令 STEP 和 SNXT 将流程图转化成梯形图，也可通过移位指令或基本逻辑指令进行梯形图的设计，但要稍微麻烦一些。

三、举例

【例 4-47】 设计图 4-64 所示机械手的控制程序。动作过程是：向下至 A 点→夹住工件→上升→前进至 B 点→下降→松开工件→上升→退回至原位。若夹不到工件，则从 A 点上升后，不前进，且同时报警。

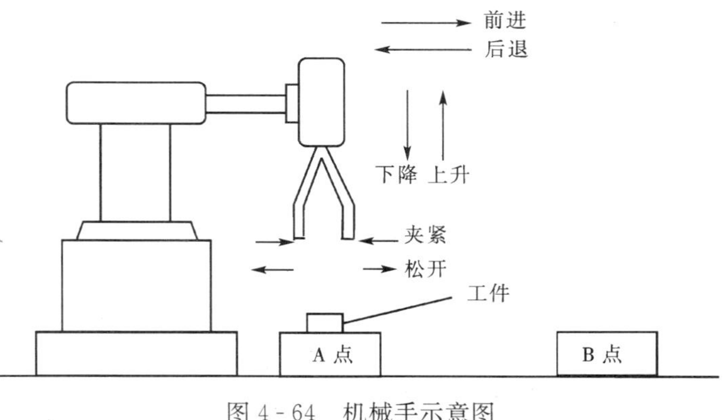

图 4-64　机械手示意图

解　设计过程为：

（1）划分步。根据题目要求，可将机械手的工作分为：向下→夹紧→上升→判断有无工件→前进→下降→松开→上升→后退，共有 10 步，分别用 LR0000～LR0009 作为步的标记。另外，还有两个停止步，用 LR0010 和 LR0011 标记。

（2）画动作过程简图。根据步的划分情况，画出该机械手的动作过程图，如图 4-65 所示。从图中可以看出它的工作过程及可能的分支。

（3）I/O 分配。

输出：

下降——10000：ON 下降；OFF 停止。

上升——10002：ON 上升；OFF 停止。

夹紧——10001：ON 松开；OFF 夹紧。

前进——10003：ON 前进；OFF 停止。

后退——10004：ON 后退；OFF 停止。

报警——10005：ON 报警；OFF 结束。

输入：

下限位——00001：ON 到达；OFF 离开。

上限位——00001：ON 到达；OFF 离开。

工件检测——00005：ON 有；OFF 无。

前进限位——00003：ON 到达；OFF 离开。

后退限位——00004：ON 到达；OFF 离开。

启动按钮——00000。

报警解除按钮——00006。

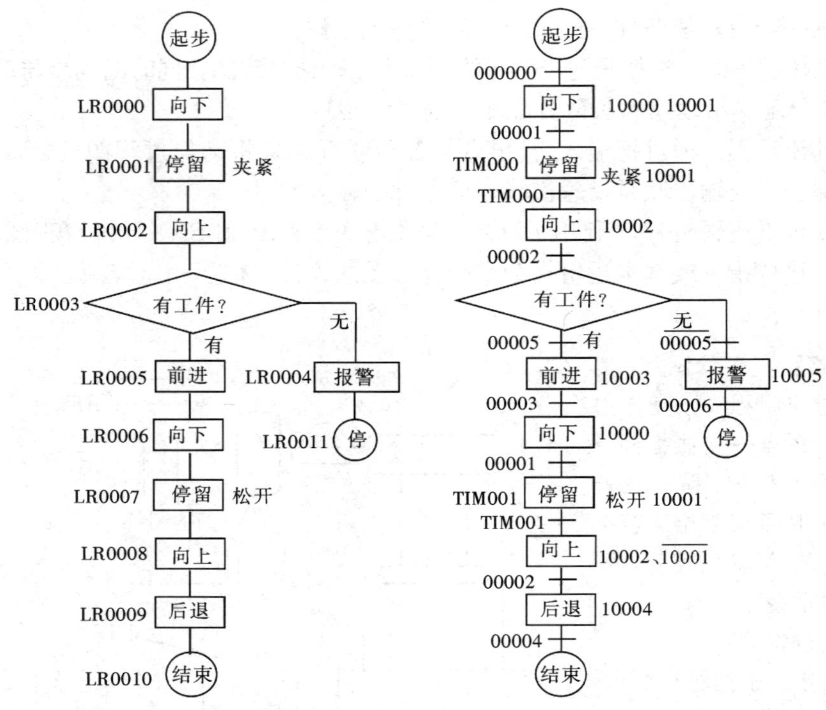

图 4-65　机械手动作过程图　　　　图 4-66　机械手流程图

(4) 流程图设计。图 4-66 为机械手流程图。工作过程如下：

① 按启动按钮后（00000ON)，进入第一步：10000ON，10001ON，机械手下降、松开；

② 到达下限位（00001ON）后，使 10000、10001 为 OFF，下降停止，同时夹紧工件，为可靠夹紧，在此延时 2s（启动 T000)；

③ T000 计时到后，10002 为 ON，机械手上升；

④ 到达上限位（00002）后，10002 为 OFF，停止上升；

⑤ 判断机械手是否夹到工件：若没夹到工件 00005 为 OFF，则 10005 为 ON 报警，机械手停止工作，这时按报警解除按钮 00006，可停止报警，程序结束；若夹到工件，则 00005 为 ON，机械手前进，10003 为 ON；

⑥ 前进到位后，00003 为 ON，停止前进，同时开始下降，即 10000 为 ON；

⑦ 到达下限位（00001）后，10001 变为 ON，松开工件，此动作也延时 2s（T001）；

⑧ T001 时间到后，10002 为 ON，机械手上升，同时，10001 为 OFF，机械手加紧（无工件）；

⑨到达上升限位（00002）后，上升停止，且 10004 为 ON，机械手后退；

⑩到达后退限位（00004）后，步进程序结束。

（5）建立步进逻辑程序。步进逻辑程序如图 4-67 所示。

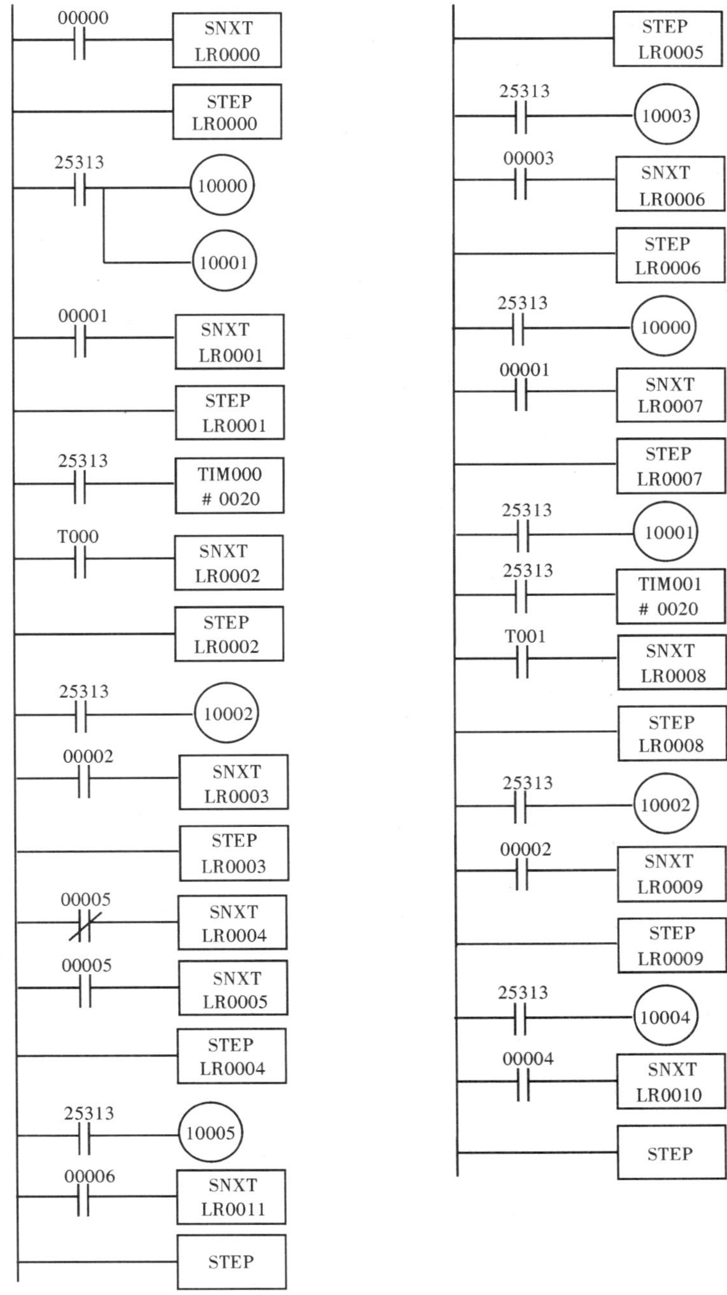

图 4-67　机械手步进梯形图

【例 4 - 48】 用步进指令实现单按钮起停控制。

解 单按钮起停控制共分为 4 步：即按钮 00000 的按（LR0000）——松（LR0001）——再按（LR0002）——再松（LR0003）。第 1 步、第 2 步使 10000 为 ON，第 3 步、第 4 步使 10000 为 OFF（什么也不用做）。流程图和梯形图见图 4 - 68。

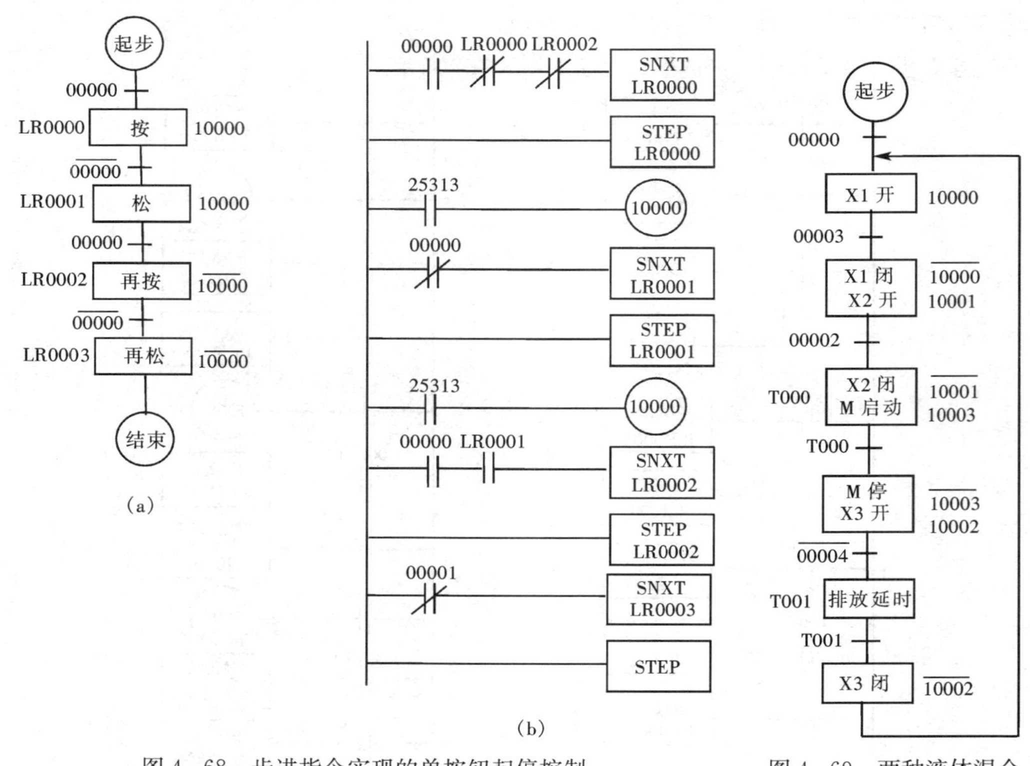

图 4 - 68 步进指令实现的单按钮起停控制

(a) 流程图；(b) 梯形图

图 4 - 69 两种液体混合装置流程图

这里的第一步中串联了 LR0001 及 LR0002 两个常闭触点，目的是使已进入步指令后，再按 00000 也不会再启动步指令；另一个 00000 触点串联一个 LR0001 的常开触点，使 00000 第一次为 ON 时，中间的步 LR0002 不能启动。

除了使用步进指令外，使用移位器也可以较好的完成步进控制。

【例 4 - 49】 用移位指令设计两种液体混合装置的 PLC 控制梯形图。

解 两种液体混合装置控制流程图见图 4 - 69。

用移位器进行步进控制时，首先要将指定的移位通道的第一位置 1，然后根据控制要求建立移位条件，当条件满足时，使移位器移位一次，则当前步截止，开启下一步，如图 4 - 70 所示。按下启动按钮时，首先通过 MOV（21）指令将 HR0000 置 1，并由该位控制 10000 为 ON，阀 X1 打开，液体 A 流入，同时保持器 HR0100 通电并锁存；当液位上升到 I 时，输入继电器 00003 接通，01603 为 ON 一个扫描周期，通过 01700 使移位器移位一次，HR0001 置 1，而 HR0000 变为 OFF（常 OFF 信号 25314 移入），即 10000 为 OFF，10001 变为 ON，阀 X1 关闭，阀 X2 打开，液体 B 流入；当液位上升至 H 时，00002 为 ON，其微分信号又使 01700 为 ON 一个扫描周期，移位器再移位一次，H0002 置 1，则阀 X2 关闭，电机 M 启动（10003 为 ON）；同时 TIM000 开始定时，时间到后，又使 01700 为 ON 一次，HR00 中各位再移位一次，则 HR0003 为 ON，此时 10003 变为 OFF，而 10002 为 ON，搅拌电机停，阀 X3 打开；当混合液排放到 L 以下时，00004 从 ON 变为 OFF，其下沿微分信号 01604 使 01700 为 ON 一个扫描周期，HR00 中各位再移位一次，即 HR0004 为 ON，此时阀 X3 仍打开；同时 TIM001 开始计时，时间到后，其常开触点使 01700 接通，移位器移位，HR0005 为 ON，此时 10002 为 OFF，阀 X3 关闭，完成一个工作循环。同时，HR0005 使 MOV 指令再执行一次，HR0000 置 1，开始下一循环。

当按下停止按钮时，00001 使 HR0100 复位，则 TIM001 计时到时不能使 01700 为 ON，故系统停止工作。

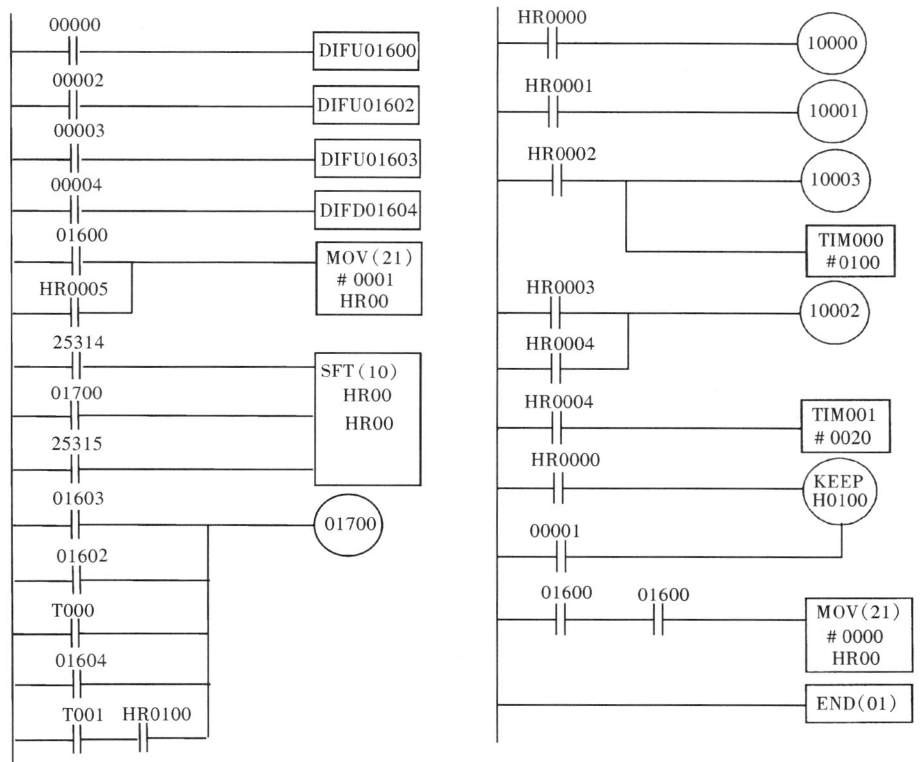

图 4-70　两种液体混合装置控制梯形图

习　　题

4-1　在某些控制场合，需要对控制信号进行分频处理。试设计一个四分频（输入 ON 二次，输出为 ON，再输入 ON 二次，输出为 OFF，并循环）的 PLC 控制程序。设输入点为 00000，输出端为 10000。

4-2　试设计彩灯控制电路，要求：9 组彩灯，启动后分两种动作交替循环进行。

（1）分三大组，1、4、7 为一组，2、5、8 为一组，3、6、9 为一组，每大组依次亮 1s。

（2）按 1 到 9 顺序，每组依次亮 1s。

4-3　试设计一个能计算下面算式的 PLC 程序，设 X_1、X_2 为 4 位十进制数。

$$Y=\begin{cases}X_1+X_2 & (X_1\leqslant X_2)\\ X_1-X_2 & (X_1>X_2)\end{cases}$$

4-4 设计一小车控制程序，如图 4-71 所示，要求启动后，小车由 A 处开始从左向右行驶，到每个位置后，均停车 2s，然后自行启动；到达 E 位置后，小车直接返回 A 处，再重复上述动作，当每个停车位置均停车 3 次后，小车自动停于 A 处。试用步进指令和移位指令两种方法设计。

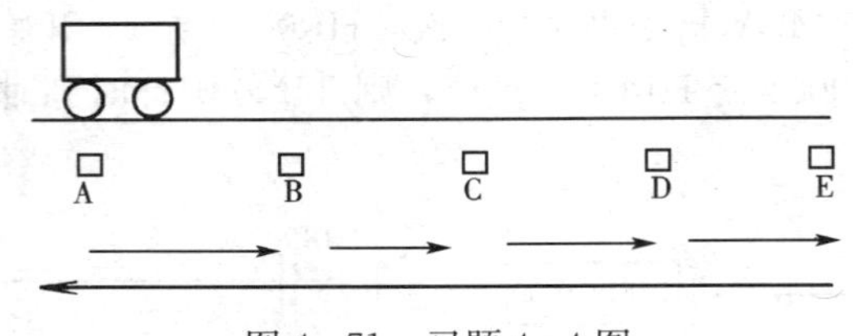

图 4-71 习题 4-4 图

4-5 设计全通全断叫响提示电路：当 3 个开关全为 ON 或全为 OFF 时，信号灯发光。

4-6 试编制能显示可逆计数器当前值的 PLC 程序。

4-7 用 10 个按钮控制一位 BCD 数码显示：按下 0 按钮时，数码显示 0；按下 1 按钮时，数码显示 1；……按下 9 按钮时，数码显示 9。试用基本指令和译码指令两种方法编制该程序。

4-8 电动葫芦起升机构的动负荷试验，控制要求如下：

(1) 可手动上升、下降。

(2) 自动运行时，上升 6s→停 9s→下降 6s→停 9s，循环运行 1h，然后发出声光信号，并停止运行。

试设计用 PLC 控制的上述系统。

4-9 要求：按下启动按钮后，能根据图 4-72 所示依次完成下列动作：

(1) A 部件从位置 1 到位置 2。

(2) B 部件从位置 3 到位置 4。

(3) A 部件从位置 2 回到位置 1。

(4) B 部件从位置 4 回到位置 3。

用 PLC 实现上述要求，画出梯形图。

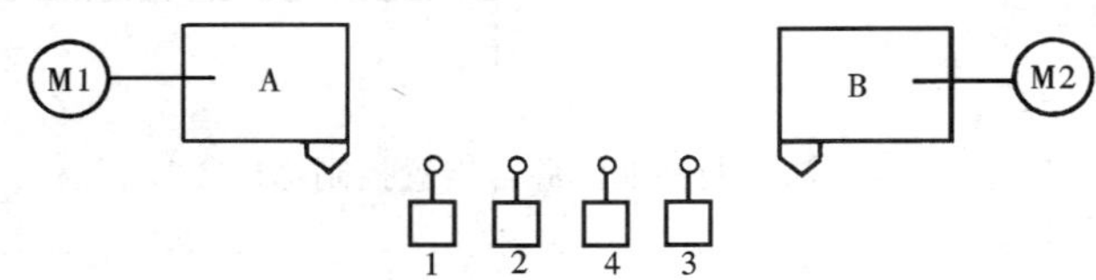

图 4-72 习题 4-9 图

4-10 试设计一个 4 层电梯 PLC 控制系统，要求：某层楼有呼叫信号时，电梯自动运行到该楼层后停止；如果同时有 2 或 3 个楼层呼叫时，依先后顺序排列，同方向就近楼层优先；电梯运行到先呼叫的楼层时，待门关严后，电梯自行启动，运行至下一个楼层。

第五章　PLC 网络与通信

第一节　网络与通信的基础知识

随着工业自动化水平的提高和生产规模的日益扩大，简单的 PLC 单机控制已无法满足大型工业现场环境的需要，用多台 PLC 结合上位计算机组成复杂的工业控制网络成为当代工业现场 PLC 控制系统的发展趋势。本章将为读者讲述网络与通信的基础知识，工业局域网的结构特点，以 OMRON 的 PLC 为例讲述 PLC 网络的组成和当今 PLC 主流网络系统的相关知识，最后以具体工业实例让读者感受 PLC 网络强大的工控能力。

如前已述，PLC 是面向工业环境的计算机，其基本通信联网原理与普通计算机相同。它也为数字设备，能识别 0 或 1 代码，如何将代表一定信息的 0、1 代码有效地由一台 PLC 传送给上位计算机或另一台 PLC，以实现多机的数据交换与信息共享，是 PLC 联网与通信的任务。

一、数据通信的基本方式

1. 并行通信与串行通信方式

数据通信主要采用并行通信和串行通信两种方式。

并行通信时数据的各个位同时传送，可以以字或字节为单位并行进行。并行通信速度快，但占用口线多，数据有几位就要求有几根传输线，故不宜进行远距离通信。计算机或 PLC 各种内部总线就是以并行方式传送数据的。另外，在主板上，各种模块之间也以并行方式通过地址总线进行通信。

串行通信时数据是一位一位顺序传送，它的传输速度虽然较并行的低，但只用一根或几根通信线，传送的距离很长，适用于 PLC 与上位机、PLC 之间、PLC 与远程 I/O 单元间的长距离信息传输。在 PLC 网络中传送数据绝大多数采用串行方式。

2. 串行通信双方信息交互方式

串行通信双方信息交互主要有三种方式。

单工通信：单工通信只需要一个信道，只有一个方向的通信而没有反向的交互。像计算机与打印机、键盘之间的数据传输就属单工通信。

半双工通信：通信双方都可以发送（接收）信息，但不能同时双向发送。这种方式线路简单，只有两条通信线，又因为它控制简单、可靠、通信成本低，从而得到广泛应用。

全双工通信：通信双方可以同时发送和接收信息。全双工通信的效率高，但控制相对复杂一些，系统造价也高。它需要两个信道，分别接收及发送。通信线至少有三条（其中一条为信号地址线），或四条（无信号地址线）。

PLC 通信多采用后两种方式。

二、数据通信的主要技术指标

（1）通信波特率：指单位时间内传送的信息量。信息量的单位可以是 bit（位），也可以是 byte（字节），时间单位可以是 s、m 甚至 h 等。

（2）误码率：指码元在传输过程中传错的比率。即 $P_c=N_c/N$。N 为传输的码元（一位二进制符号）数，N_c 为错误码元数。在计算机网络通信中，一般要求 P_c 为 $10^{-5}\sim10^{-9}$，甚至更小。

三、差错控制

为了能在传输过程中尽量降低误码率，要对传输的数据信号进行编码、错误测量和错误纠正，即所说的差错控制。

（1）编码分为检错码和纠错码。纠错码编码效率不高，因而通信中多用检错码。常见的检错码有以下两种：

1）奇偶校验码

奇偶校验码分奇校验和偶校验，一个字符一般有 8 位，低 7 位为信息位，高 1 位为奇偶校验位。以奇校验为例，它传输的信息含 1 的个数应为奇数个。当整个编码中 1 的个数为奇数，则最高位为 0，若 1 的个数为偶数，则最高位为 1。检测时只需判断 1 的个数是否为奇数即可。这种编码只需一位校验码，编码效率高。它的局限性为，若传输错误个数为偶数个，则出现漏检。

2）循环冗余码 CRC（Cyclic Redundancy Code）

又称多项式码。对于任意一个二进制码，都可与一个二进制多项式对应。如 1001011 对应 $g(x)=x^6+x^3+x^1+1$。通常，在信息位为 n 的二进制序列后，增加 $r=k-n$ 位监督位，组成长度为 k 的循环码。于是，循环码应为 $g(x)$ 的倍式。传输时，发送循环码，接收端用 $g(x)$ 去除，余式为零则正确。

（2）常见的差错控制有以下三种：

1）自动请求重传 ARQ（Automatic Repeat reQuest）

ARQ 使用检错码，并使用双向通道。在发送信息时附加一段冗余码，接收端对信息检测，若判断有传输差错，则将此信息反馈传输端，传输端重发该信息。若返回无错误信息，则发送端继续发送下条信息。

2）前向纠错 FEC（Forward Error Correction）

FEC 使用纠错码，不要求重发，实时性好。但要求接收端有复杂的译码器以对发送来的附带冗余码的信息进行解码。

3）混合纠错 HEC（Hybrid Error Control）

HEC 是 FEC 和 ARQ 相结合的差错控制方式。发送端发送的码不仅能检测出错误，而且还有一定的纠错能力。接收端收到后，首先检测错误情况，如果错误在码的纠错能力以内，则自动进行纠错；如果错误很多，超过了码的纠错能力，但能检测出来，则接收端通过反馈信道要求发送端重新发送有错的信息。其中 FEC 用来纠正最常出现的差错，减少重传次数，以增加系统通过率。而对不大经常出现的差错则由 ARQ 请求重传，以增加系统可靠性。故其性能优于单独的 FEC 和 ARQ 方式，但设备要复杂些。

四、RS-232C、RS-422/RS-485 串行通信接口

1. RS-232C 串行通信接口

RS-232C 是 1969 年由美国电子工业协会 EIA 公布的串行通信接口。RS 是英文“推荐标准”一词的缩写，232 是标识号，C 表示修改的次数，最近一次修改。它规定了数字终端设备（DTE）和数字电路终端设备（DCE）之间的信息交换的方式和功能。PLC 与上位机之间通信就是通过 RS-232C 实现的。

收、发端的数据信号是相对于信号地的，如从 DTE 设备发出的数据在使用 DB 连接器时是 3 脚相对 5 脚（信号地）的电平。典型的 RS-232 信号在正负电平之间摆动，当无数据传输时，线上为 TTL，在发送数据时，发送端驱动器输出正电平在+5～+15V 之间，负电平在－5～－15V 之间。从开始传送数据到结束，线上电平从 TTL 电平到 RS-232 电平再返回 TTL 电平。接收器典型的工作电平在+3～+12V 与－3～－12V 之间。

每个 RS-232C 接口有两个物理链接器（插头）。DTE 端（插针的一面）为公，接它的为母；DCE 端（针孔的一面）为母，接它的为公。实际使用时，计算机的串口都是公插头，而 PLC 端为母插头。与它们相连的插头正好相反。

链接器规定为 25 芯，但实际使用时 9 芯连线就够了，所以近年来多用 9 芯的链接器。

表 5 - 1 为 IBM－PC 机和 OMRON PLC 机的 9 芯 RS-232C 口引脚分配表，表 5 - 2 为引脚功能表。

表 5 - 1　　RS-232 口引脚分配表

引脚号	PLC9 芯引脚分配	计算机 9 芯引脚分配
1	FG	DCD
2	SD	RXD
3	RD	TXD
4	RS	DTR
5	CS	GND
6	5V	DSR
7	DR	RTS
8	ER	CTS
9	SG	CI

表 5 - 2　　RS-232C 引脚功能说明

引脚名称	功能说明
DCD（CD）	载波检测
RXD（RD）	接收数据
TXD（SD）	发送数据
DTR（ER）	数据终端就绪
GND（SG）	信号地
DSR（DR）	数据设备就绪
RTS（RS）	请求发送
CTS（CS）	清除发送
FG	保护接地
CI（RI）	振铃指示

一般微机多配有两个 25 芯或 9 芯的 RS-232C 串口。

PLC 上的 RS-232C 口有三种形式：

（1）PLC 的 CPU 单元内置 RS-232C 口，通信由 CPU 管理。

（2）PLC 的 CPU 外设口经通信适配器转换而形成 RS-232C 口。

（3）在 PLC 的通信板或通信单元上设置 RS-232C 口，如 OMRON 的 HOST Link 单元中就有 RS-232C 口。

有了 RS-232C 口，PLC 与计算机、PLC 与 PLC 之间可以实现通信及联网。图 5 - 1（a）为 IBM-PC 与 PLC RS-232C 口的一种常用的链接方法，图 5 - 1（b）为 PLC 与 PLC RS-232C 口的一种常用的链接方法。

RS-232C 的电气接口采取不平衡传输方式，即所谓单端通信，双极性电源供电电路。

RS-232C 有许多不足之处，主要有以下几点：

（1）传输速率低，最高为 20kbps。

（2）传输距离短，最远 15m。

（3）两个传输方向共用一根信号地线，接口使用不平衡收/发器，可能在各种信号成分间产生干扰。

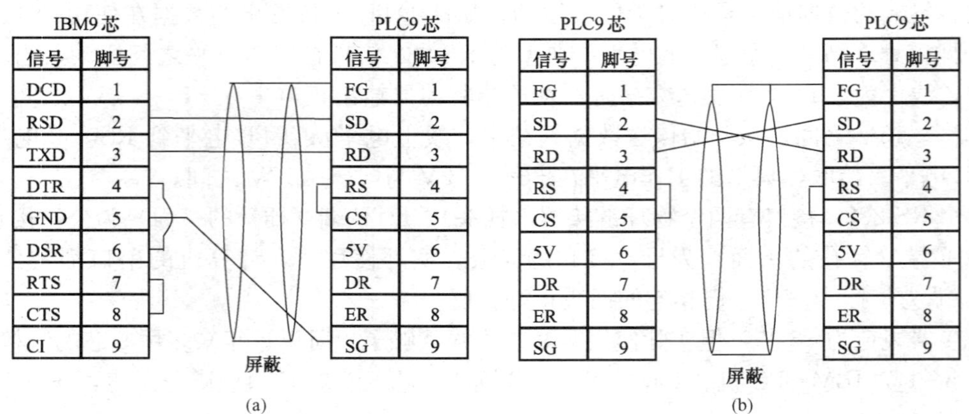

图 5-1 RS-232C 口的链接方法

(a) IBM-PC 与 PLC RS-232C 口的链接；(b) PLC 与 PLC RS-232C 口的链接

2. RS-422/485 串行通信接口

为解决 RS-232C 的不足，EIA 推出 RS-449 标准，对上述问题加以改进。目前工业环境中广泛应用的 RS-422/RS-485 就是在此标准下派生的。

RS-422/RS-485 电气接口电路采用的是平衡驱动差分接收电路，其收、发不共地，可以大大减少共地所带来的共模干扰。RS-422 和 RS-485 的区别是前者为全双工型，后者为半双工型，且增加了多点、双向通信能力，即允许多个发送器连接到同一条总线上，同时增加了发送器的驱动能力和冲突保护特性，扩展了总线共模范围。图 5-2 为各种接口的原理图。

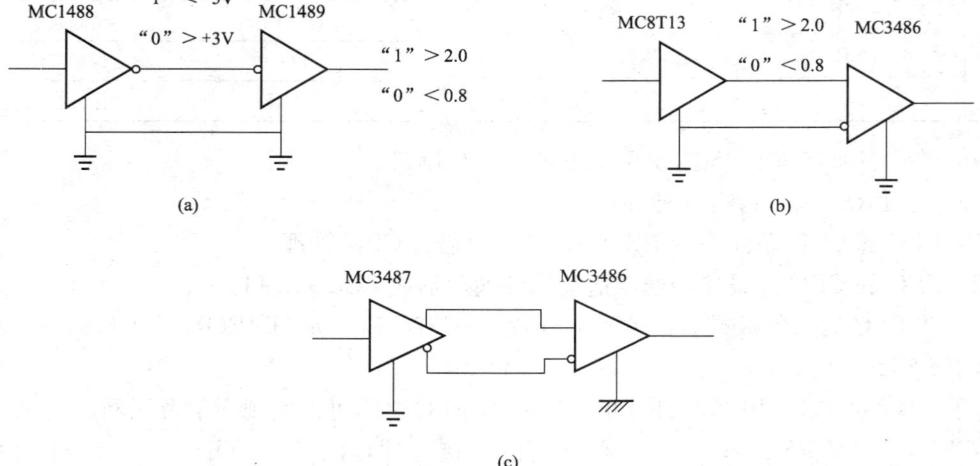

图 5-2 串行通信的三种电气接口电路

(a) 单端驱动非差分接收电路；(b) 单端驱动差分接收电路；(c) 平衡驱动差分接收电路

由图 5-2 (a) 可知，由于 RS-232C 采用单端驱动非差分接收电路，在收、发两端必须有公共地线，这样当地线上有干扰信号时，则会当作有用信号接收进来，因此，不适于在长距离、强干扰的条件下使用。而 RS-422/RS-485 则采用图 5-2 (c) 所示的接收电路，这种电路其驱动电路相当于两个单端驱动器，当输入同一信号时其输出是反相的，故如果有共模信号干扰时，接收器只接收差分输入电压，从而大大提高抗共模干扰能力，所以可进行长距离传输。

3. RS-232C、RS-422、RS-485 的比较

表 5-3 为 RS-232C、RS-422、RS-485 性能参数对照表。

表 5-3 RS-232C、RS-422、RS-485 性能参数对照表

项　目	RS-232C	RS-422	RS-485
接口电路	单端	差动	差动
传输距离（m）	15	1200	1200
最高传输速率（Mbit/s）	0.02	10	10
接收器输入阻抗（kΩ）	3～7	≥4	>12
驱动器输出阻抗（Ω）	300	100	54
输入电压范围（V）	−25～+25	−7～+7	−7～+12
输入电压阈值（V）	±33	±0.2	±0.2

普通微机一般不配备 RS-422、RS-485 口，但在工业控制微机上多有配置。普通微机欲配备上述两个端口，可通过插入通信板来扩展。在实际使用中，有时为了把距离较远的两个或多个带 RS-232C 接口的计算机链接起来进行通信和组成分散系统，通常用 RS-232C/RS-422 转换器将 RS-232C 转换成 RS-422 再进行链接，如图 5-3 所示。

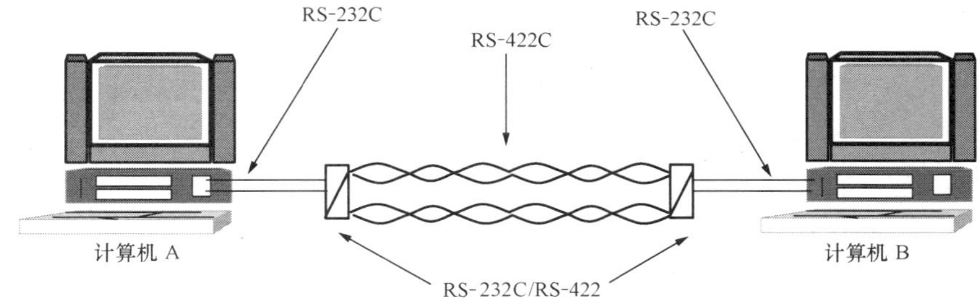

图 5-3　RS-232C/RS-422 转换传输示意图

利用 RS-422 口通信需要 4 根线，因为它是全双工的。RS-485 口为 RS-422 口的简化，只要两根通信线，采用半双工方式。一般情况下现场收发没有必要同时进行。

用 RS-485 两点传输时，在某一时刻只有一个站点可以发送数据，而另一站点只能接收。发送则由使能端控制。RS-485 用于多站互联时非常方便，可以省去很多信号线。

PLC 的不少通信单元带有 RS-232C 口或 RS-485 口，如 HOST Link 单元的 LK202 带 RS-422 口，PC Link 单元的 LK401 带 RS-485 口。

五、工业局域网概述

所谓计算机网络就是使用通信设备和通信线路，将多个地理位置相同或不同、具有相对独立功能的计算机连接在一起，在网络操作系统的控制下，按约定的通信协议进行信息交换和资源共享。

将网络中的计算机或信息交换设备称为站或节点。按站间距离长短将网络分成三类：全域网（跨国跨洲联网，通过卫星通信）、广域网（几千米到几千千米，常通过公共电报或电话线实现）和局域网（几十米到几千米，通过电缆或光缆等传输信息）。工业局域网作为局

域网的一个特例，除了具有局域网传输率高、误码率低、网络拓扑结构规则等优点外，更侧重有较强的抗干扰能力。

构成工业局域网的三大要素为：网络拓扑、传输介质、介质访问控制方式。

1. 网络拓扑

网络拓扑是指网络中节点间的几何布置。网络拓扑直接关系到整个网络的功能、性能和建设投资。常见的网络拓扑有以下三种：

(1) 星形拓扑。如图 5-4 (a) 所示，每个节点都与中央节点相连，通过中央节点进行信息交换。显然这种拓扑结构简单，建网容易，但对中央节点的依赖过强，适于低速传输。

(2) 环形拓扑。如图 5-4 (b) 所示，各节点通过中继器连成一个闭合的环网，环网上任何节点均可发送信息。信息单向经过环网上的所有节点，并被与目的地址符合的节点接收，最后回到发送节点处。这种拓扑形式结构简单，任意节点有故障可自动旁路，可靠性高，信息吞吐量大，适于工业环境。但过多节点也会影响传输率。

(3) 总线形拓扑。如图 5-4 (c) 所示，各节点通过一根总线相连，对总线有同等访问权。某节点发出的信息向两边可传至所有节点，各节点按地址号接收属于自己的信息。这种结构更为简单，介质费用低，可靠性高，易于扩充，通过中继器即可加长，PLC 工业局域网多用这种结构。

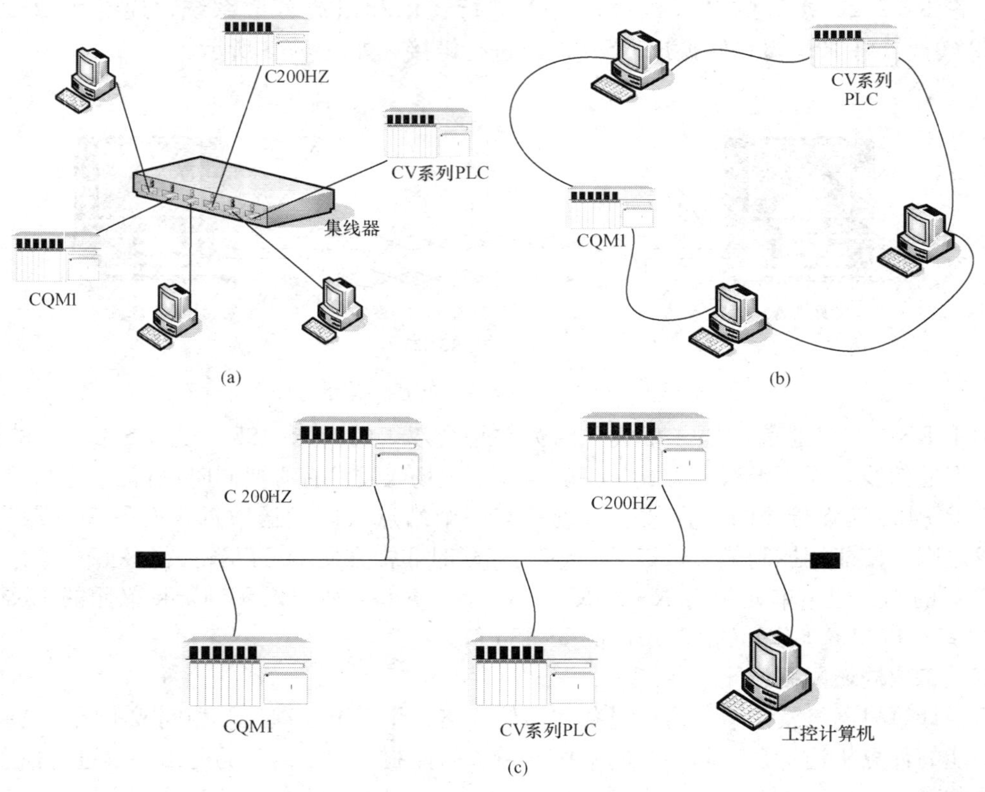

图 5-4 三种网络拓扑

(a) 星形拓扑；(b) 环形拓扑；(c) 总线形拓扑

2. 介质访问控制方式

介质访问控制是对网络通道占有权的控制。这种占有权可以是随机的争用方式，如载波监听多路访问/冲突检测方式（CSMA/CD）；也可以是受控的，如令牌总线方式和令牌环方式。

（1）CSMA/CD 方式

这种方式也称“先听后发，边发边听”方式，物理结构采用总线网络拓扑，允许网络中各站自由发送信息到总线上，但须在发送前或发送中监听总线是否空闲。当两个以上的站同时发送时，称为线路冲突，当监听到线路冲突信号时则停止发送，且已发送内容全部作废。这种方式适于站点较少的网络，一旦站点数增多，传输率大大降低。

（2）令牌环方式

物理结构采用环形拓扑，对总线的访问权以令牌为标志。令牌为一组二进制码，被依一定顺序从一个站传到下一个站，如此循环。只有得到令牌的站才有总线控制权。

（3）令牌总线方式

物理结构采用总线形式，事先指定一个顺序，令牌按此顺序传递，周而复始，逻辑上形成一个环。这种控制简单，易于实现，较令牌环更适于工业环境。

3. 传输介质

在 PLC 网络中常使用的传输介质有双绞线、同轴电缆和光缆。

（1）双绞线

常用的非屏蔽双绞线，它的最外层是一层绝缘胶皮，胶皮内包着一对或多对双绞线，每对双绞线由颜色不同的两根绝缘铜导线互相缠绕而成，以降低各对线之间的电磁干扰。由于它价格低廉，安装简单，获得广泛应用。

（2）同轴电缆

这是早期组建局域网时用的传输介质。线材中心有一根铜芯导线，外面包有一层网状铜体，最外层为电缆外皮。铜芯、铜体和外皮均用绝缘体隔开。

同轴电缆按传输频带不同可分为基带同轴电缆和宽带同轴电缆，其中基带同轴电缆常用于以太网中。

按直径光缆可分为粗缆和细缆，粗缆可靠性高，传输距离长，造价也高，多用于大型局域网。细缆速度低，可靠性差，但造价较低，安装方便，抗干扰能力强，多被中小型网络所使用，如在总线型网络中用它连接网络设备。

（3）光缆

一条光缆中常包含数条光纤，利用光学原理，先将电信号转成光信号，导入光纤，另一端用光接收机接收到光信号后，将其还原为电信号，经解码传给 CPU。

光缆具有很多优点，它的信号传输频带宽，容量大，抗干扰、抗衰减性强，传输距离远，还具有抗腐蚀能力，以上优点都使它特别适用于工业控制环境。OMRON 组网，Remote I/O \ Ethernet 等都采用光缆，其主要类型包括全塑光缆 APF、塑料护套光缆 PCF 和硬塑料护套光缆 H-PCF 三种。

第二节 OMRON PLC 通信系统综述

目前，OMRON PLC 为通信提供了庞大的技术支持，除了前述的远程 I/O 扩展技术和串行通信方式外，产品多采用模块化、单元化设计，可以根据需要灵活组建不同功能的系统，总体上分为链接系统和网络系统。

一、链接系统

OMRON PLC 提供了链接系统来实现通信，即 SYSMAC Link 系统。该系统由上位链接系统（Host Link 系统）、同位链接系统（PC Link 系统）和 I/O Link 系统三级组成。

（1）HOST Link 系统是 OMRON 较早推出且使用较多的一种网。上位机使用 HOST 通信协议与各台 PLC 通信，可以对网中的各台 PLC 进行管理和监控，适用于集中管理、分散控制的工业自动化网络。

（2）PC Link 系统的主要功能是为各台 PLC 建立数据链接（容量较小），实现数据信息共享，适用于控制范围较大，需要多台 PLC 参与控制且控制环节相互关联的场合。

（3）在远程 I/O 系统中，通过连接一个 I/O Link 单元到光纤远程 I/O 主单元来建立I/O 链路，为大规模分布式控制系统设计 I/O Link 链路，并在多个 PLC 之间实现光纤数据交换。

二、网络系统

PLC 网络的拓扑结构多为总线型，所有节点连接到一条公共的通信线上，使网络中的任何节点都可以灵活地接收和发送信息。

1. 三层网络结构

OMRON PLC 网络类型较多，功能齐全，可以适用于各种层次工业自动化网络的不同需要。从高到低可分为 3 层：信息层、控制层、器件层，如图 5 - 5 所示。由这三种网络组成的系统可实现信息系统与控制系统之间的无缝连接。

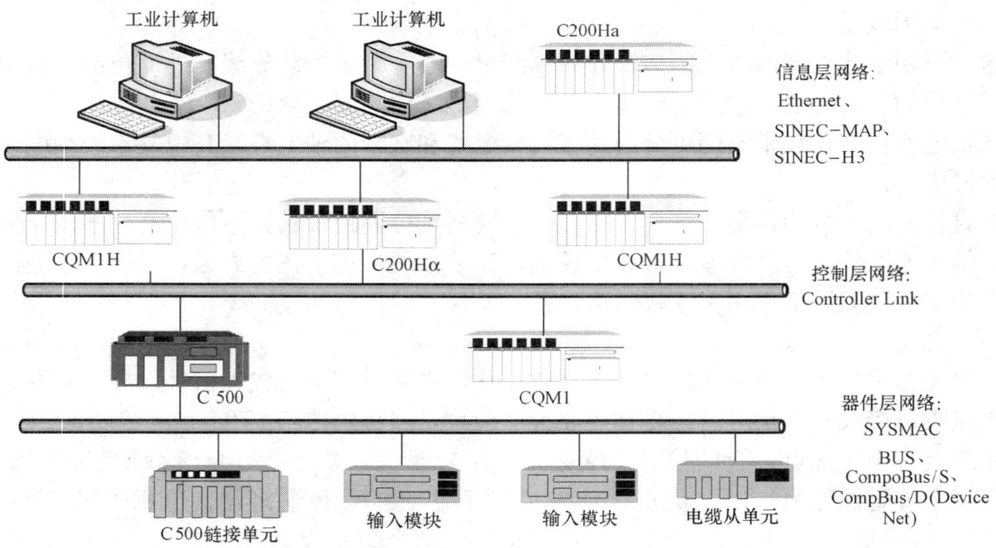

图 5 - 5　OMRON 三层网络系统

（1）信息层

第一层为信息层，包括工业 Ethernet 和 SYSNET 等网络，主要负责信息的采集和实时监控，对现场的 PLC、检测元器件和执行机构实行中央集中控制，最新的工业以太网技术（CIP 技术）在商用以太网的基础上增加了工业级的实时性，已成为最通用最高速的一种信息网络。

（2）控制层

第二层为控制层，以 Controller Link 为代表网络，控制层网络的特点是高速、高可靠性，适合 PLC 与 PLC、PLC 与其他设备之间的大量数据的高速通信。

（3）设备层

最底层网络为设备层，也称器件层，该层习惯上被称为现场总线。它们有 SYSBUS、SYSBUS/2、CompoBus/D（Device Net）、CompoBus/S、ProfiBus-DP、Modbus 等。这一层用于 PLC 与现场设备、远程 I/O 端子及现场仪表或智能设备之间的通信，设备层网络与现场设备连接方便，起到省配线的作用，并且成本低廉。

2. 各种网络简要介绍

（1）Ethernet 网（以太网）：属于大型网，它的信息处理功能很强，是 OMRON 的信息管理高层网络。以太网支持 FINS 协议，使用 FINS 命令可以进行 FINS 通信、TCP/IP 和 UDP/IP 的 Socket（接驳）服务、FTP 服务。通过以太网，OMRON 的 PLC 可以与国际互联网链接，实现最为广泛的节点信息的直接交换。

（2）SYSMAC NET 网：属于大型网，是光纤环网。它使用 C 模式或 CV 模式（FINS）指令进行信息通信，主要功能有大容量数据链接和节点间信息通信，使用于地理范围广、控制区域大的场合，是一种大型集散控制的工业自动化网络。

（3）Controller Link 网（控制器网）：是 SYSMAC Link 网的简化，相比而言，规模要小一些，但实现简单。使用 FINS 指令进行信息通信，其功能与 SYSMAC Link 网大致相同。

（4）CompoBus/D：是一种开放、多主控的器件网。开放性是其特色，它采用了美国 Allen2Bradley 公司制定的 Device Net 通信规约，其他厂家的 PLC 等控制设备，只要符合 DeviceNet 标准，就可以接入其中。该网处在 OMRON 三级网络的最低层，直接连接到从站、模拟量单元、模拟量 I/O 终端、远程 I/O 终端和 I/O 链接单元等现场设备，并可将 FINS 信息发送到上层网络。

（5）CompoBus/S：也是器件网，是一种高速 ON/OFF 系统控制总线，使用 CompoBus/S 专用通信协议。CompoBus/S 的功能不及 CompoBus/D，但它实现简单，通信速度更快。主要功能有远程开关量的 I/O 控制。

3. 网络连接

（1）网内连接

在组建网络时，根据网络类型的不同，网络内的所有节点均需安装相应的网络通信单元，如：Etherent 网的“CJ 1W2ENT11”单元、Controller Link 网的“CJ 1W2CL K21”单元、Device Net 网的“CJ 1W2DRM21”单元和 CompoBus/S 网的“CompoBus/S”单元。

（2）网络间的互联

OMRON 网络系统使用网桥连接同种类型的网络，使用网关连接不同类型的网络。如 CV、CS 系列 PLC 可构成网桥或网关连接同类或异类网络，但 α 系列机则既不能作网桥也不能作网关。各级网络互联后，可以实现网内及跨网的信息通信。网络间的通信范围限制在包括本地网在内的三级网络之内，如图 5-6 所示，其中网 2 和网 3 则可与网络中的任何站点通信，由于网络 4 到网络 1 已是四级，所以二者之间不能通信。

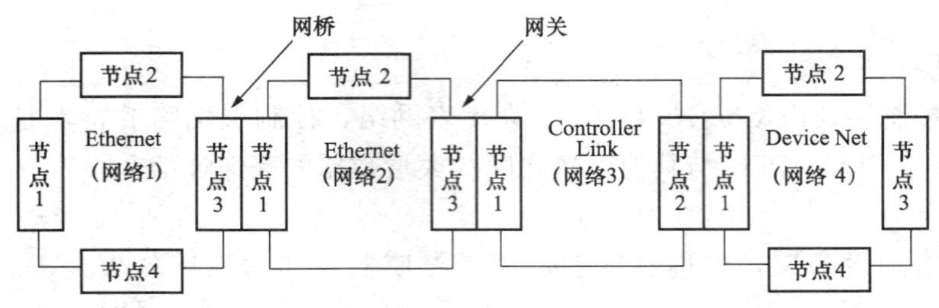

图 5-6 网络连接

OMRON PLC 的三级网络是相互独立的，根据控制系统的具体情况，既可以组成包括三级网在内的大型网络系统，也可以只采用其中的一个或两个网络，组成中小型控制网络。在本章的后续节中，将逐一介绍 Ethernet、Controller Link 和 CompoBus/D（Device Net），它们分别代表了 OMRON 上述三层网络的产品最新技术，然后列举几个具体的 OMRON PLC 网络工程实例。

第三节 OMRON 链接系统

OMRON 链接系统 SYSMAC Link 属于中型系统，采用总线结构，使用 C 模式或 CV 模式（FINS）指令进行通信，主要功能有大容量数据链接和节点间信息通信，适用于中规模的集中管理、分散控制的工业自动化网络。如前所述，SYSMAC Link 系统由 Host Link 系统、PC Link 系统、I/O Link 系统组成。由于 I/O Link 系统前已详述，这里不再赘述，仅介绍 Host Link 系统、PC Link 系统。

一、Host Link 系统

Host Link 系统即所谓的上位链接系统，是以一台微型计算机作上位机，数台可编程控制器作下位机，通过 HOST-Link 单元及串行总线互联而成的监督控制系统。在 OMRON 的 PLC 网络中还把它称为 SYSMAC WAY，这是一种主从式总线型工业局域网。

（一）Host Link 链接系统的分类

上位链接系统按通信信道共分为四类：即 RS-232C 电缆上位链接系统、RS-232C 和 RS-422 电缆上位链接系统、光缆上位链接系统和多级 HOST-Link 系统。

1. RS-232C 电缆上位链接系统

RS-232C 电缆最远通信距离为 15m，因此，不宜构成较大的上位链接系统，一般为 1∶1 结构，点对点通信，即一台上位机用 RS-232C 电缆经 HOST-Link 单元直接与一台 PLC 相连，如图 5-7 所示。

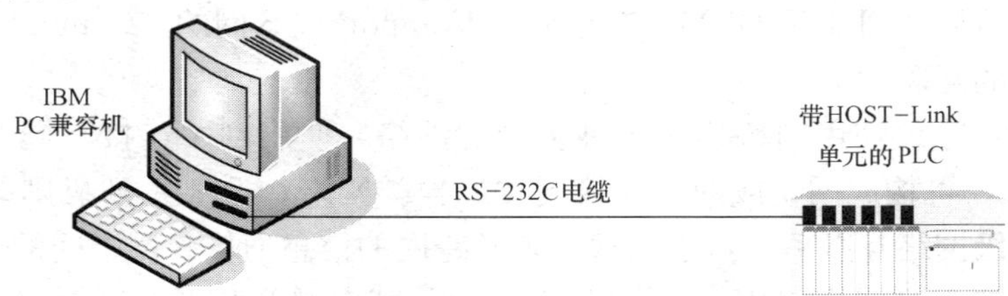

图 5-7 RS-232C 电缆链接的 HOST-Link 系统

RS-232C 电缆链接的 HOST-Link 系统所使用的 Link 单元有 3G2A5-LK201-EV1、C200H-LK201-V1、C500-LK203、3G2A6-LK201-EV1。它们的安装形式及适应的 PLC 类型见表 5-4。

表 5-4　　C 系列 HOST-Link 单元

<table>
<tr><th>型号</th><th>适配的 PC 类型</th><th>链接形式</th><th>安装形式</th></tr>
<tr><td>C200H-LK101-PV1</td><td rowspan="3">C200H
C200HS</td><td>APF/PCF/H-PCF</td><td rowspan="3">机架安装</td></tr>
<tr><td>C200H-LK201-V1</td><td>RS-232C</td></tr>
<tr><td>C200H-LK202-V1</td><td>RS-422</td></tr>
<tr><td>3G2A5-LK101-PEV1</td><td rowspan="6">C500
C1000H
C2000H</td><td>APF/PCF/H-PCF</td><td rowspan="6">机架安装</td></tr>
<tr><td>C500-LK103-P</td><td>APF/PCF/H-PCF</td></tr>
<tr><td>3G2A5-LK101-EV1</td><td>PCF/H-PCF</td></tr>
<tr><td>3G2A5-LK201-EV1</td><td>RS-232C/RS-422</td></tr>
<tr><td>C500-LK103</td><td>PCF/H-PCF</td></tr>
<tr><td>C500-LK203</td><td>RS-232C/RS-422</td></tr>
<tr><td>3G2A6-LK101-PEV1</td><td rowspan="4">C2OOH、C120
C500
C1000H
C2000H</td><td>APF/PCF/H-PCF</td><td rowspan="4">CPU 安装</td></tr>
<tr><td>3G2A6-LK101-EV1</td><td>PCF/H-PCF</td></tr>
<tr><td>3G2A6-LK201-EV1</td><td>RS-232C</td></tr>
<tr><td>3G2A6-LK202-EV1</td><td>RS-422</td></tr>
</table>

此外，还有其他方法也可以实现 PLC 与上位机 1∶1 链接。OMRON 的 CQM1、SRM1、C200HS、C200Hα 型的 PLC，有的 CPU 自带 RS-232C 通信口，这些 PLC 不需要 HOST-Link 单元就可以方便地与上位机通信。而 CQM1、CPM1A、SRM1 中不带 RS-232C 通信口的 CPU 在外设口上安装通信适配器形成 RS-232C 口，也可以与上位机链接通信。在 C200Hα 机中除 C200HE-CPU11 外，其他的 CPU 单元都可以插入通信板，通过板上配置的通信口同样可以与上位机通信。

2. RS-422 电缆上位链接系统

RS-422 电缆链接的 HOST-Link 系统如图 5-8 所示。RS-422 主干线电缆总长不得超过 500m，下引支路电缆不得超过 10m。一台上位机最多可链接 32 台 PLC，PLC 使用 RS-422 接口 HOST-Link 单元，它与适配器 3G2A9-AL001（简称 AL001）相连，AL001 有三个 RS-422 口。

3. 光缆上位链接系统

光缆上位链接系统中，上位机最多可链接 32 台 PLC，有串行结构和并行结构两种链接方式，后者可靠性高。

串行结构如图 5-9 所示，上位机和 HOST-Link 单元通过适配器 3G2A9-AL004-（P）E（简称 AL004）链接，AL004 有一个 RS-232C 口、一个 RS-422 口和一个光纤接口。PLC 的 HOST-Link 单元通过光缆直接链接。串行结构的可靠性较低，一旦一个 HOST-Link 单元

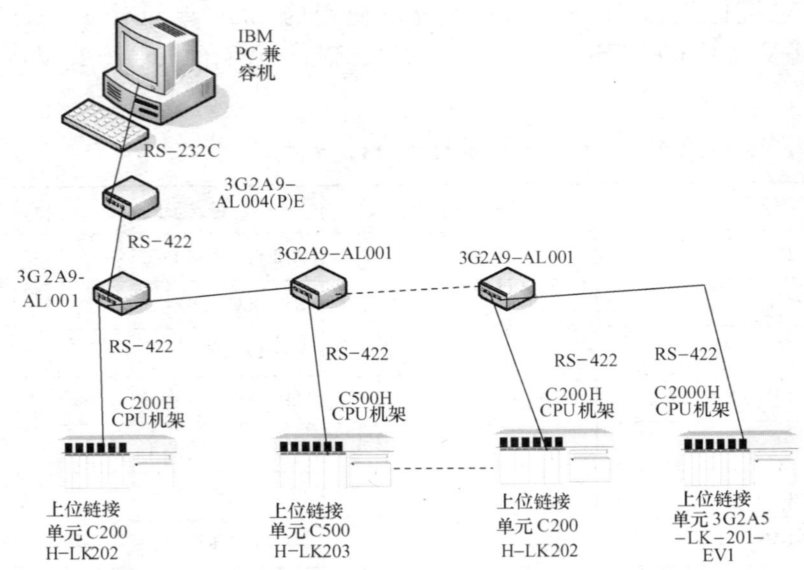

图 5-8 RS-422 电缆链接的 HOST-Link 系统

出现故障，如掉电、未链接上等，它后面所有的单元都不能与上位机通信。但这种结构简单而且减少了适配器，因此投入少一些。

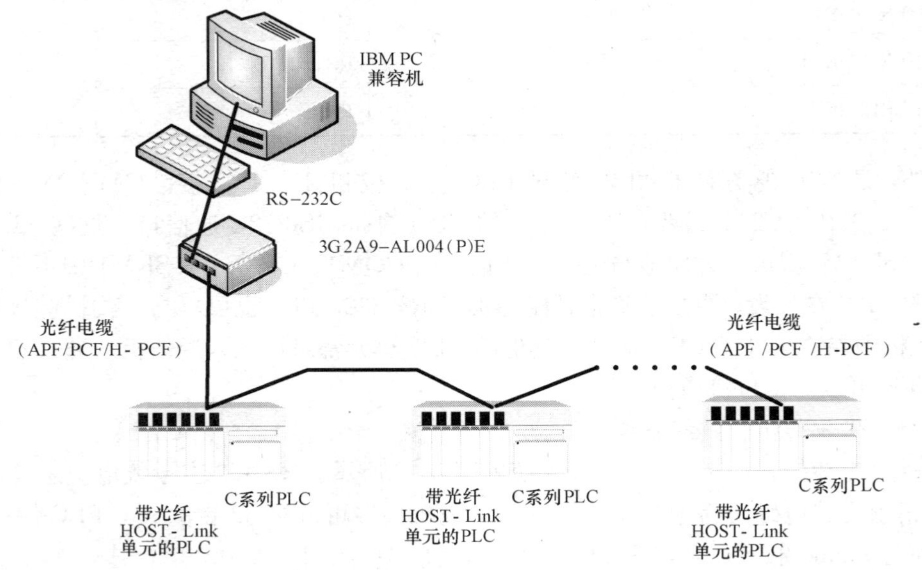

图 5-9 光缆串行链接的 HOST-Link 系统

并行结构如图 5-10 所示，每台 PC 的 HOST-Link 单元都经过适配器 AL004 通过光缆进行链接，3G2A9-AL002-（P）E（简称 AL002）有三个光纤接口。并行结构的可靠性高，当一台 PC 或 HOST-Link 单元发生故障时，信号将通过适配器绕过故障单元传送到后面的 HOST-Link 单元，不会影响后面的 PLC 的通信。但这种结构将增加投入。

4. 多级上位链接系统

在 PLC 上安装多个 HOST-Link 单元与多台上位机相连，构成多级上位链接系统，如图

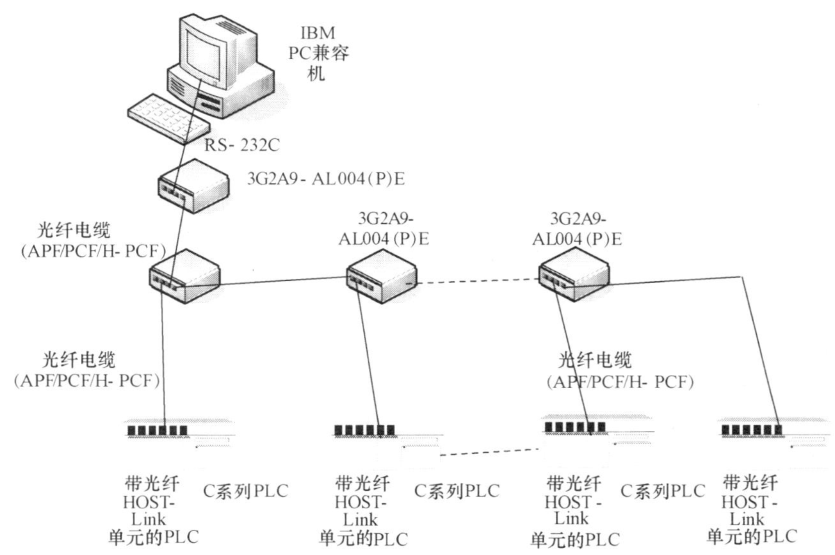

图 5-10 光缆并行链接的 HOST-Link 系统

5-11 所示。上位机 1、3 可对 C200H/C200HS、C500、C1000H/C2000H 进行控制，上位机 2 只控制 C1000H/C2000H。在图 5-11 中所有与上位机链接的电缆均采用 RS-232C 电缆，与 PLC 相连的可以是 RS-422 电缆或光缆，这取决于 Link 适配器和 HOST-Link 单元的类型。

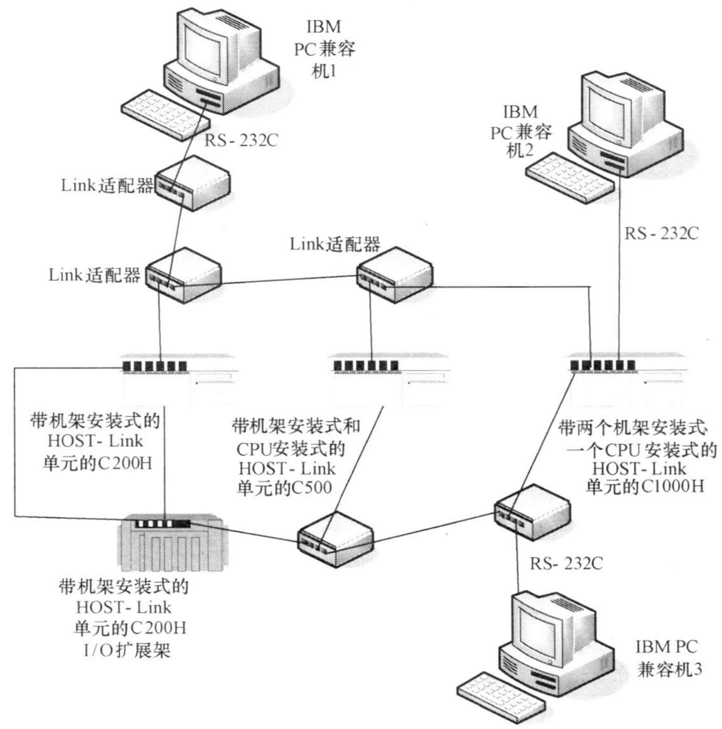

图 5-11 多级上位链接系统

（二）HOST-Link 单元通信参数的设置

C 系列 HOST-Link 单元的种类很多，如表 5-4 所示，根据其在 PLC 上的安装位置，分为机架安装和 CPU 安装两种形式，两者可以一起使用。

HOST-Link 单元是可编程控制器链入 SYSMAC WAY 工业局域网的通信结点（网络接口），必须对其通信参数进行设置后才能正常工作。

1. HOST-Link 单元的技术特性

上位机是经由自己的异步通信接口链入上位链接系统的，其通信协议随 PLC 而定。可编程控制器是经由结点 HOST-Link 单元链入上位链接系统的，HOST-Link 内部已驻留了通信软件，通信协议已固定了，只是有几个参数需要根据现场应用需要进行设置。只有这些通信参数全部设置好了，在 HOST-Link 单元中的通信协议才算全部固定下来，这时用户才能按此协议在上位机中编写通信程序。而在 PLC 中用户不用编写通信程序，因为已驻留了通信软件。HOST-Link 单元的技术特性见表 5-5。

表 5-5　HOST-Link 单元的主要技术特性

接口标准	RS-232C	RS-422	光缆通信
通信协议	异步协定　启一停同步		
波特率	300/600/1200/2400/4800/9600/19200b/s 中选用		
传输距离	最大 15m	总长最大 500m，分支 10m	最大 800m
异步数据格式	1 位启动位，7（8）位数据位，1 位奇偶校验位，2（1）位停止位可选		
特征码	ASCII 码		
差错校验	字符级奇偶校验（可选），帧一级异或校验		
可链接的最多的 PLC 数	1 台（点对点）	32 台（1 : N）	32（1 : N）

2. 3G2A5-LK201-EV1 参数的设置

各种类型的 HOST-Link 单元见表 5-4，它们的参数设置有所不同。下面仅以 3G2A5-LK201-EV1 为例来介绍，其他类型的单元详见有关手册。

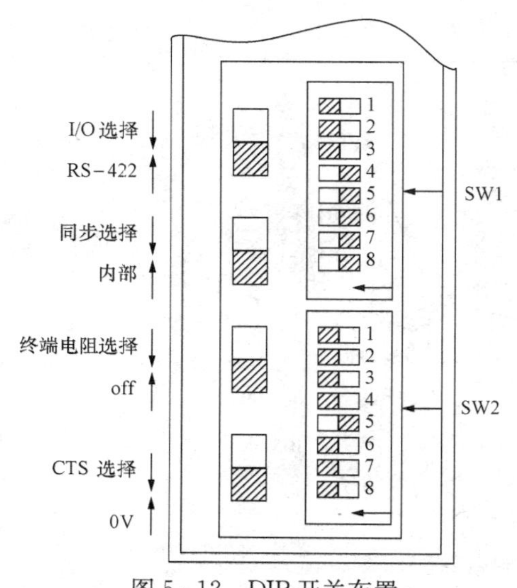

图 5-12　DIP 开关布置

上位链接单元 3G2A5-LK201-EV1 的 DIP 开关位于单元的背面，布置如图 5-12 所示。有两个组合开关 SW1 和 SW2，每个由 8 个开关组成，左边有 4 个两位开关。

（1）波特率选择：用 SW2 的开关 1～4 选择。

19200b/s ——0010

9600b/s ——1010

4800b/s ——0110

2400b/s ——1110

1200b/s ——0001

600b/s ——1001

300b/s ——0101

（2）（1 : 1）与（1 : N）选择：用 SW2 的开关 6 选择。

0—（1 ： N）即多点；

1—（1 ： 1）即点对点。

（3）命令级设置：用 SW2 的开关 7、8 设置。

0 0
1 0 } 1 级命令可使用；

0 1—1 级、2 级命令可使用；

1 0—1 级、2 级、3 级命令均可使用。

（4）设备号（又称站号）的设置：用 SW1 的开关 1～5 选择。

（5）四个两位开关的用途在图 5-12 左侧已标明。说明如下：

第 1 个开关：选 RS-232C 或 RS-422 标准。

第 2 个开关：选择同步时钟，一般应选内容同步时钟，只有当波特率大于 2400b/s 时才选外部同步。

第 3 个开关：当该为上位链接单元终端时置于 ON，非终端一律置为 OFF。

第 4 个开关：为 CTS 选择，一般置于 0V，只有当要接收外部 CTS 信号时才置于“外部”。

3. RS-232C 与 RS-422 通信接口的接线

PLC 与上位机、PLC 与 PLC 1 ： 1 通信时，使用 RS-232C 口的接线方法如图 5-1 所示。

在 RS-232C 电缆和 RS-422 电缆链接的上位链接系统中，使用 AL001 和 AL004 适配器。3G2A9-AL001-（P）E 有三个 RS-422 口，用于 PLC 的并行分支链接。AL004 实现 RS-232C 与 RS-422 的转换，AL004 和上位机之间为 RS-232C 接口，和 HOST-Link 之间为 RS-422 接口。AL004 和上位机、HOST-Link 单元的链接方法，如图 5-13 所示。

（三）上位链接系统的通信原理和通信协议

1. 上位链接系统的通信原理

上位链接系统是一种主从式总线型工业局域网。它以上位机作为该工业局域网通信的主站，其他所有链入该网的 PLC 皆为从站。主站采用轮询的方式，按一定的顺序，逐个与各从站通信，所有数据交换只在主站与从站之间进行，从站之间没有数据交换。如果两个从站之间必须交换数据，也只能通过主站中转。

当上位机采用轮询方式分配总线使用权，建立主站与某一从站的关系后，采用有应答方式进行。向从站发送数据，或者从从站中读数据，都是主站主动以命令形式发出的。对于主站发来的命令帧，从站用响应帧应答。当命令帧很长时要分成几帧发送，如图 5-14 所示。

命令帧或响应帧包含着需要通信的数据，只要能顺利实现命令帧与响应帧的应答，就能使要交换的数据顺利到达对方。

2. 上位链接系统的通信协议

上位机与上位链接单元之间正确交换数据，应确保：①波特率一致。②数据格式一致。但这还不够。因为上位链接单元中已按 OMRON 的专用通信协议配置好了通信程序，而在上位机中却没有这样的通信程序，因此还应确保：③在上位机中严格按照 OMRON 专用协议编写通信程序，这样 PLC 才能理解上位机发来的命令帧，而上位机也才能理解 PLC 发回的响应帧。响应帧在 PLC 上的上位链接单元中自动生成，在 PLC 中无须用户再编写通信程

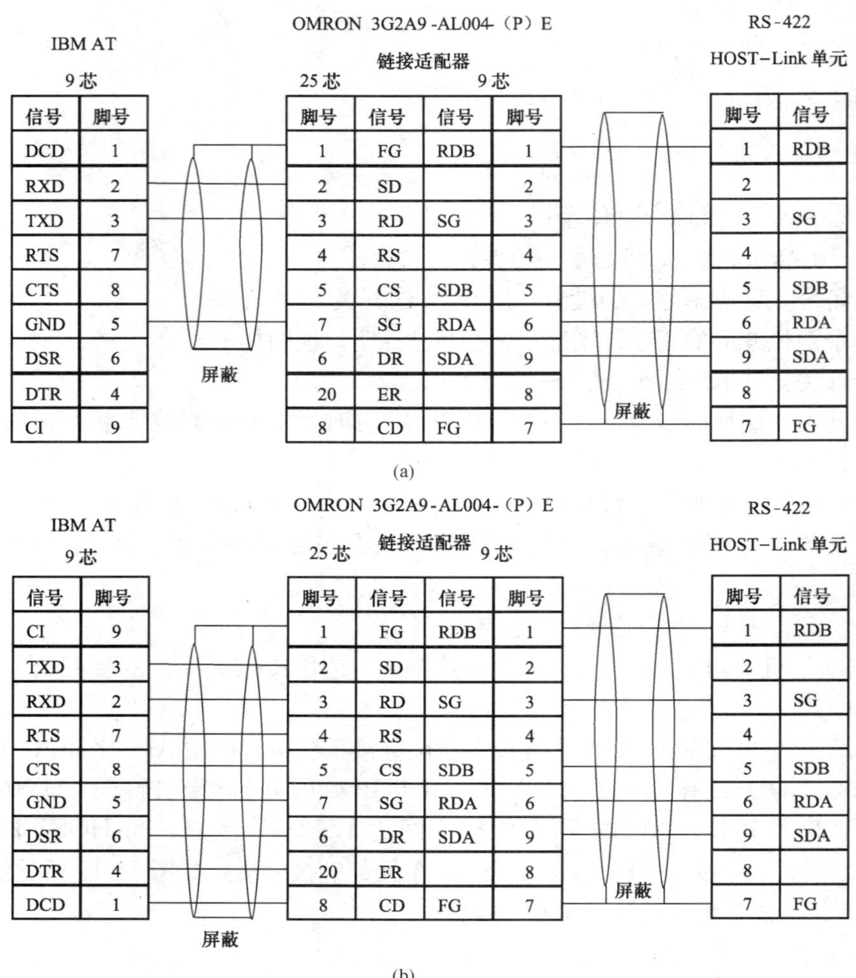

图 5-13 AL004 和上位机、HOST-Link 单元的链接

(a) 无握手信号链接；(b) 有握手信号链接

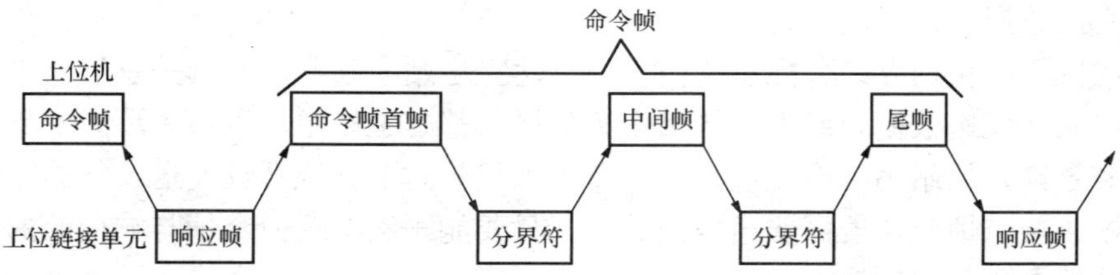

图 5-14 命令帧与响应帧应答过程

序。④用户在上位机中编写通信程序时应当只使用 PLC 上位链接单元设置的命令级中的命令，否则，PLC 的上位链接单元拒绝接收，通信将出错。

OMRON 专用协议是 3 层协议：物理层、数据链路层和应用层。因为编写通信程序是基于应用层进行的，因此用户只关心命令帧及响应帧格式，只要用户的通信程序发出的命令帧格式完全符合 OMRON 专用协议，PLC 就一定能理解。对 PLC 发回的响应帧，用户必须按其格式进行拆装、识别，才能正确分离出交换数据及有关状态信息。

(四) CQM1 的上位机链接通信

通常情况下，OMRON PLC 进行上位机链接通信有两种工具：一种是基于 C 模式命令；另一种为 FINS（CV 模式）命令。CQM1 仅支持 C 模式。

依靠上位机和 PLC 之间交换命令和响应实施上位机链接通信。CQM1 有两种通信方法可以使用：一种是通常使用的方法，从上位机发出命令给 PLC；另一种方法允许从 PLC 发出命令给上位机。

上位机与 CQM1 链接的通信命令及其使用方法参见 CQM1 的编程手册。

在一次单个发送中传送的数据块称为“帧”。一个帧最多由 131 个字符的数据组成。发送一个帧的权称为“发送权”，有发送权的单元是可以在任意给定时间发出一帧的单元，每次发送完一帧发送权就在上位 PC 之间轮换。当收到结束符（标志一个命令或响应结束的代码）或分界符（分开帧的代码）时发送权从发送单元传给接收单元。在上位机链接通信中，上位计算机一般先传送权并启动通信，PLC 随后自动发出一个响应。

在上位机链接通信中 PLC 发送命令给上位机也是可能的，此时 PLC 具有传送权并启动通信。当命令发至上位机时，数据从 PLC 单向传送至上位机。如果一个命令需要相应的响应，可以使用上位机链接通信命令将上位机的响应写到 PLC。

1. 通信指令

(1) 接收指令

接收指令格式如下：

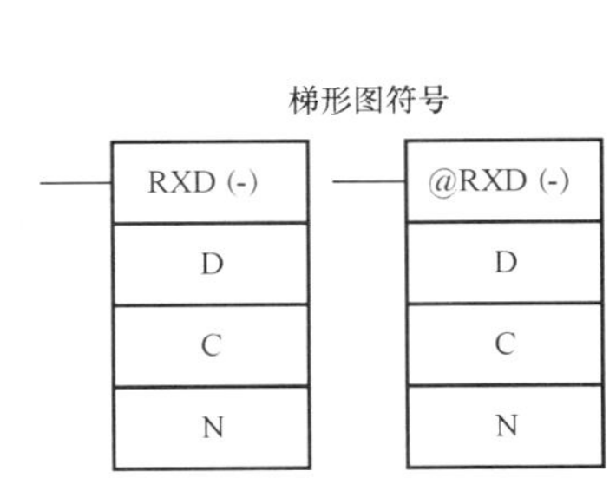

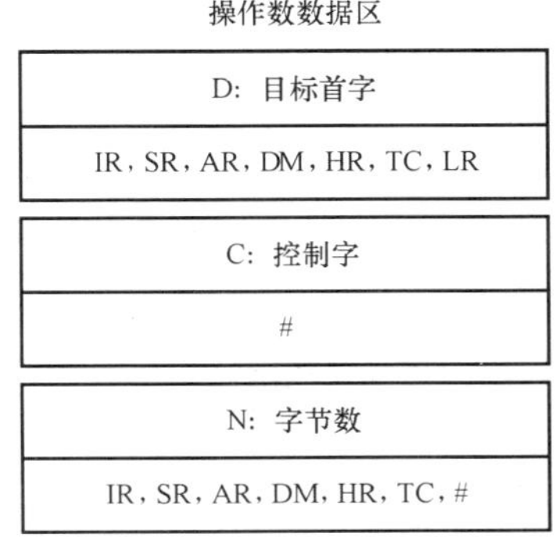

说明：

1) D 和 D+N/2−1 必须在同一数据区；DM6144～DM6655 不能用于存储 D 或 N；N 必须是＃0000～＃0256 间的 BCD 值（在上位机链接模式为＃0000～＃0061）。

2) 当执行条件为 OFF 时，RXD (-) 不执行。当执行条件为 ON 时，RXD (-) 从控制字指定的端口读出接收数据的 N 个字节，然后将其写至字 D+N/2−1。一次最多能读 256 个字节的数据。若接收了少于 N 个字节，则将读到已接收的数量。

3) 若不能用 RXD (-) 读已接收的数据，CQM1 在接收了 256 字节后就不能接收更多的数据。在接收完成标志（RS-232C 端口标志为 AR0806，外设端口标志为 AR0814）置 ON 后尽快读入数据。

4) 控制字 C：控制字的值决定读数据的端口和将数据写到内存的次序，如图 5 - 15 所示。

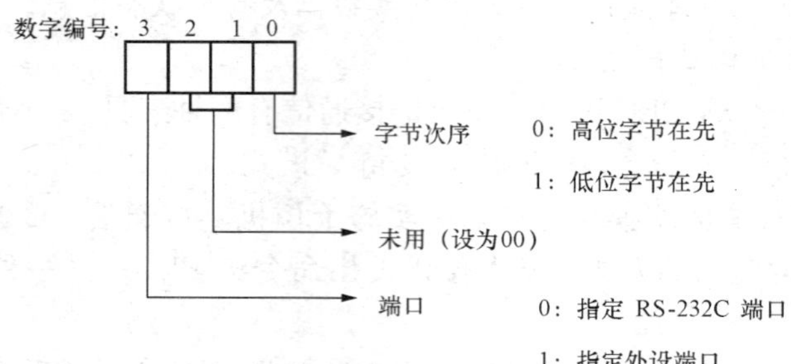

图 5-15 RXD（-）控制字含义

把数据写到内存的次序依据 C 中数字 0 的值。8 字节的数据 12345678…将按图 5-16 的方式写入。

数字0＝0

D	1	2
D+1	3	4
D+2	5	6
D+3	7	8
⋮	⋮	⋮

(a)

数字0＝1

D	2	1
D+1	4	3
D+2	6	5
D+3	8	7
⋮	⋮	⋮

(b)

图 5-16 C 中数字 0 的值

（a）数字 0=0；（b）数字 0=1

5）对标志位的影响见表 5-6。

表 5-6　　RXD（-）指令对标志位的影响

25503（ER）	• CPU 没配置 RS-232C 端口 • 其他设备未接到指定端口 • 通信设置（PC 设置）或操作数设置有错 • 间接寻址的 DM 不存在（DM 字内容不是 BCD，或超出 DM 区区限） • 目标字（D～D+N/2−1）超出数据区
AR08	• 当在 RS-232C 端口正常地接收到数据时 AR08 置 ON，执行 RXD（-）时复位 • 当在外设端口正常地接收到数据时 AR0814 置 ON，执行 RXD（-）时复位
AR09	• 存有在 RS-232C 端口中接收到的字节数，当执行 RXD（-）时复位为 0000
AR10	• 存有在外设端口中接收到的字节数，当执行 RXD（-）时复位为 0000

注　通信标志位和计数器可用指定 N=0000 或使用端口复位位来清除（SR25208 是外设端口的复位位，SR25209 是 RS-232C 的复位位）。

（2）传送指令

传送指令格式如下：

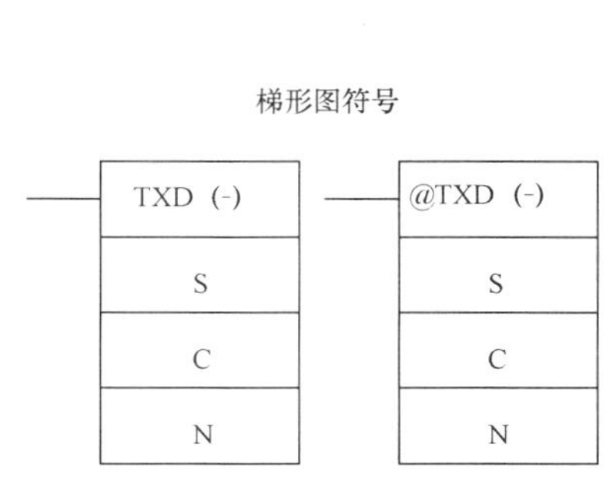

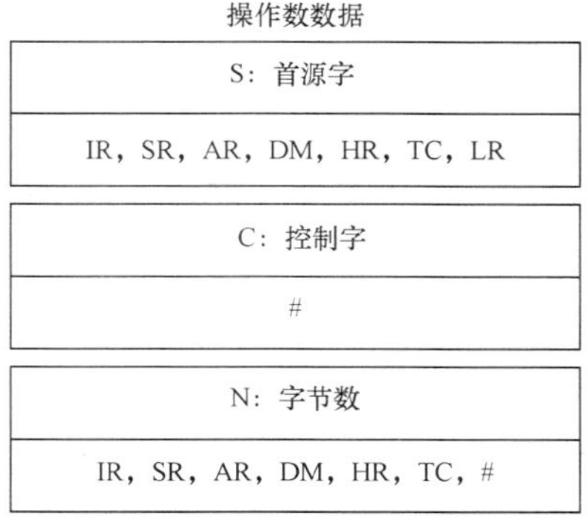

说明：

1）S 和 S+N/2−1 必须在同一数据区。DM6144～DM6655 不能用于 S 或 N。N 必须是♯0000～♯0256 间的 BCD 值（上位机链接模式为♯0000～♯0061）。

2）当执行条件为 OFF 时，TXD（-）不执行，当执行条件为 ON 时，TXD（-）从 S 至 S+N/2−1 中读 N 个字节数据，将其转换为 ASCII 码，然后输出到指定的端口。

3）标志 AR0805 在 CQM1 能通过 RS-232C 端口传送数据时为 ON，AR0813 在 CQM1 能通过外设端口传送数据时为 ON。

4）控制字：在上位机链接方式和 RS-232C 方式下，控制字的定义不同。

上位机链接方式：控制字的值决定了输出数据的端口，如图 5-17 所示。

指定数量的字节将从 S 至 S+N/2−1 中读出，转换为 ASCII 码，通过指定端口传送，如图 5-18 所示。

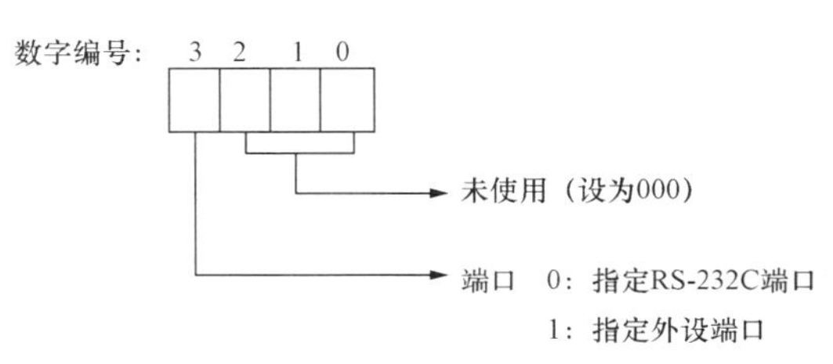

图 5-17 TXD（-）控制字含义

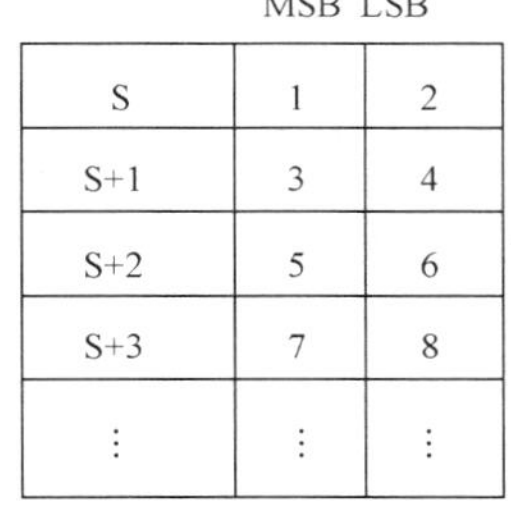

	MSB	LSB
S	1	2
S+1	3	4
S+2	5	6
S+3	7	8
⋮	⋮	⋮

图 5-18 源数据字的传送次序

图 5-19 说明了上位机链接命令（TXD）从 CQM1 发送的格式，CQM1 自动时加词头和词尾，如节点编号、标题和 FCS。

图 5-19（TXD）从 CQM1 发送的格式

用此方法使数据改变时，从 CQM1 自动传输数据，减少计算机经常监视的需要，使通信处理简单化。

在上位机链接模式中，用 TXD（-）指令进行数据传送的传输数据帧如图 5-20 所示。

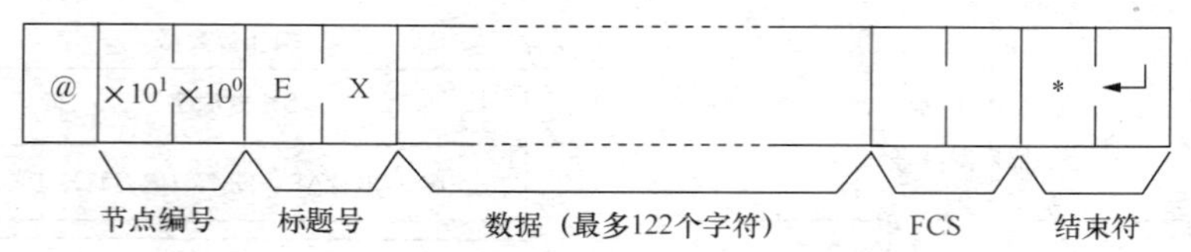

图 5-20 用 TXD（-）指令进行数据传送的传输数据帧

要复位 RS-232C 端口（即恢复初始状态），可使 SR25209 为 ON。要复位外设端口，可使 SR25208 为 ON。这些位在复位后自动为 OFF。

如果 TXD（-）指令在 CQM1 正在响应计算机的命令时执行，响应传送就会先完成，然后执行 TXD（-）指令的传输。在其他情况下，基于 TXD（-）指令的数据传输具有第一优先级。

RS-232C 方式：N 必须是＃0000～＃0256 间的 BCD 值，控制字的值决定了数据输出的端口和数据写到内存的次序。控制字的含义如图 5-21 所示。

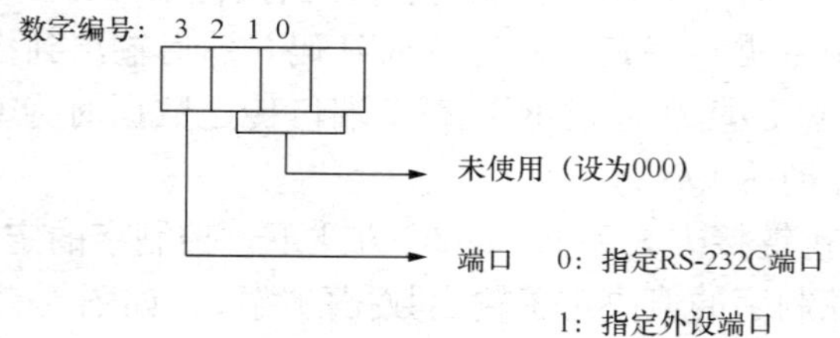

图 5-21 TXD（-）控制字含义

从 S～S+N/2−1 中读指定数量的字节，并通过指定端口发送。

当 C 的第 3 个数字为 0，如上所示的源数据字节将按这样的次序传送：12345678…。

当 C 的第 3 个数字为 1，如上所示的源数据字节将按这样的次序传送：21436587…。

注：当规定了起始和停止时，包括起始和停止代码的数据总长最大应为 256 字节。

5）对标志位的影响见表 5-7。

表 5-7 **TXD（-）指令对标志位的影响**

25503（ER）	·CPU 没配置 RS-232C 端口 ·别的设备没链接到外设端口 ·通信设置（PC 设置）或操作数设置有错 ·间接寻址的 DM 不存在（DM 字内容不是 BCD，或超出 DM 区区限） ·源字（S～S+N/2−1）超出数据区范围
AR08	·若允许通过 RS-232C 端口传送，则 AR0805 置 ON，若允许通过外设端口传送，则 AR0813 置 ON

2. RS-232C 通信

使用 RS-232C 通信，通过打印机能打印输出数据和通过条形码阅读机读数据。RS-232C 通信不支持信号交换。

（1）传送数据

1）查看 AR0805（RS-232C 端口传送准备好标志）为 ON。

2）使用 TXD（-）指令传输数据。

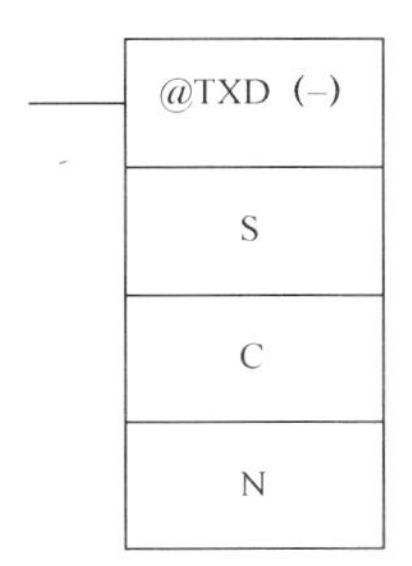

S：传输数据的开始字

C：控制数据

位00~03

0：最左边字节起始

1：最右边字节起始

位12~15

0：RS-232C端口

1：外设端口

N：传输数据的字节数（4个BCD）

0000~0256

从本指令执行到数据传输完成，AR0805（或外设端口为 AR0813）保持 OFF（在数据传输完成后再次变为 ON）。

开始和结束码不包括在指定传送的字节数内。能发送的最大传送量在有或无起始和结束码时都为 256 字节，根据是否指定起始和结束码，N 最大为 254～256。如果发送的字节数设定为 0000，只发送起始和结束码，如图 5-22 所示。

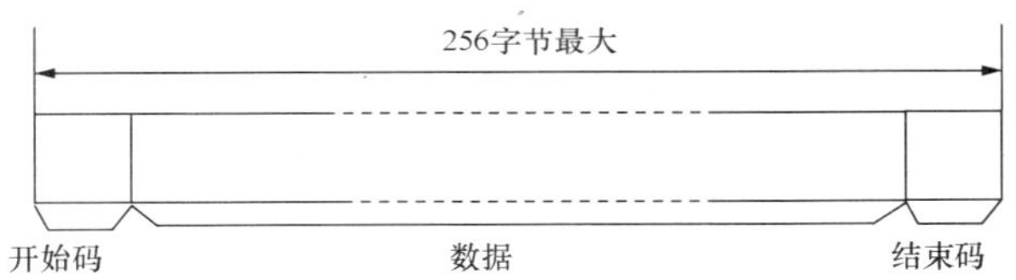

图 5-22 RS-232C 通信时的数据传送

要复位 RS-232C 端口（即恢复初始状态），使 SR25209 为 ON。要复位外设端口，使 SR25208 为 ON。在复位后这些位自动变为 OFF。

（2）接收数据

1）确认 AR0806（RS-232C 接收完成标志）或 AR0814（外设端口接收完成标志）为 ON。

2）使用 RXD（-）指令接收数据。

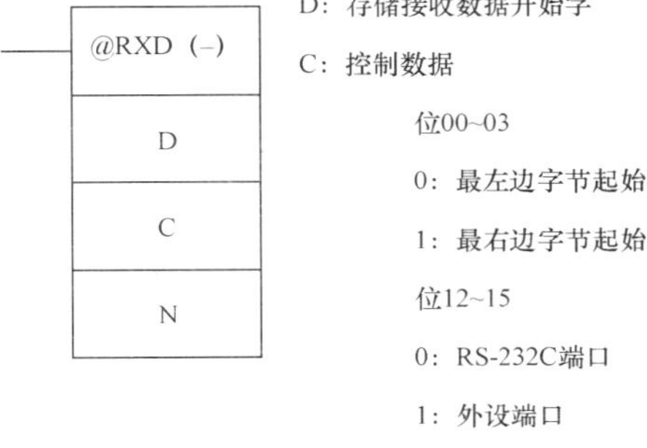

D：存储接收数据开始字

C：控制数据

位00~03

0：最左边字节起始

1：最右边字节起始

位12~15

0：RS-232C端口

1：外设端口

N：存储字节数（4个BCD）

0000~0256

3）读接收数据的结果存储在 AR 区，查看操作是否成功完成。每次执行 RXD（-）后这些位的内容将复位。

表 5-8　　接收数据的结果寄存区

RS-232C 端口	外设端口	错误
AR0800～AR0803	AR0808～AR0811	RS-232C 端口错误码（1 个 BCD） 0：正常完成 1：校验错误 2：帧错误 3：溢出错误
AR0804	AR0812	通信错误
AR0807	AR0815	接收运行溢出标志（在完成接收后，还未用 RXD 指令读数据，又接收到下一个数据）
AR09	AR10	接收的字节数

要复位 RS-232C 端口（复位初始状态），使 SR25209 为 ON。要复位外设端口，使 SR25208 为 ON。在复位后这些位自动变为 OFF。起始码和结束码不包括在 AR09 或 AR10 中（或接收的字节数）。

【例 5-1】 使用 RS-232C 端口以 RS-232C 模式传送 10 字节数据（DM0100～DM0104）到计算机，并存储从计算机接收的数据到 DM0200 开始的 DM 区。

解　执行程序前，必须进行下列 PLC 设置中的设定。

DM6645：1000（RS-232C 端口为 RS-232C 模式；标准通信条件）

DM6648：2000（没有起始码；结束码 CR/LF）

所有其他 PLC 设置设定为缺省值。从 DM0100～DM0104，每个字存储 3132。从计算机执行程序，用标准通信条件接收 CQM1 数据。

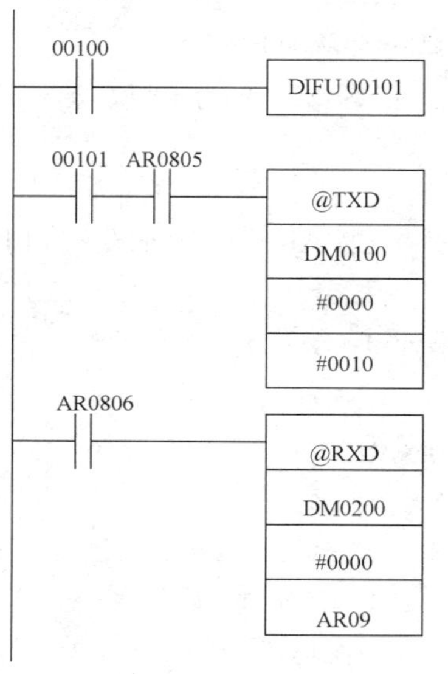

如果AR0805（传送准备好标志）为ON，当IR00100变为ON时，就会传送10字节数据（DM0100~0104），最左边字节起始。

如果AR0806（传送准备好标志）为ON后，AR09中指定数据的字节数据从CQM1接收缓冲区中读出并存储到DM0200开始的内存中，最左边字节起始。

数据如下：
"313231323132 31323132 CR LF"

二、PC Link 系统

同位链接系统又称 PC-Link 系统。它是以 PC-Link 单元作为通信单元，经电缆或光缆把数台可编程控制器互联在一起构成的 PLC 通信系统。在同位系统中每台 PLC 的地位相同。它们通过 PC-Link 单元中的 LR 公共数据区实现 PLC 之间的数据交换。

1. 同位链接系统的分类

同位链接系统从结构上分，可以分为单层同位链接系统和多层同位链接系统，单层只有1级子系统，多层包含数级子系统。从通信介质上分，可分为电缆同位链接系统和光缆同位链接系统。因此，同位链接系统共分为以下四类：

（1）电缆单层同位链接系统；

（2）电缆多层同位链接系统；

（3）光缆单层同位链接系统；

（4）光缆多层同位链接系统。

2. 同位链接系统的通信单元

（1）PC-Link 单元（PLC 链接单元）

1）C200H-LK401 单元。这是 C200H 可编程控制器构成同位链接系统的通信单元。它有两种工作模式，即多层模式和 LK009 模式。

2）C500-LK009-V1 单元（3G2A5-LK009-E）。这是用于 C2000H、C1000H、C500 等可编程控制器构成同位链接系统的通信单元。它有三种工作模式：多层模式、LK009 模式、LK003 模式。

3）C500-LK003 单元。它只能用于 C500 可编程控制器，只有 LK003 模式。

（2）适配器

1）3G2A9-AL001-E 适配器（简称 AL001）。这是在电缆同位系统中使用的适配器，它的三个端口均为 RS-422 接口。在单层与多层结构中均使用此类适配器。当同位链接系统中 PLC 的台数大于 2 时，就应当使用适配器互联。

2）3G2A9-AL002-E 适配器（简称 AL002）。这是在光缆同位链接系统中使用的适配器，它的三个端口均为 PCF 光缆接口。

3）3G2A9-AL004-E 适配器（简称 AL004）。它的三个端口一个是 PCF 光缆接口，一个是 RS-232C 接口，一个是 RS-422 接口，这种适配器用于光缆混合链接及不同总线标准互联的情况。

3. 同位链接系统的构成

（1）电缆同位链接系统的构成

图 5-23 表示了电缆单层同位链接系统和电缆多层同位链接系统的构成，说明如下：

单层同位链接系统中只有两台 PC 时可以直接用电缆链接，不需要链接适配器。

电缆同位链接系统的互联线采用屏蔽双绞线，电缆总长不超过 500m，支线不超过 10m。

图中适配器均为 3G2A9-AL001-E。

按 PLC 型号选择 PC 链接单元：C200H 选用 C200H-LK401；C2000H、C1000H、C500H 选 C500-LK009-E（或 3G2A2-LK009-E）。若构成多层同位链接系统应设置为“多层模式”；若构成单层则设置为 LK009 模式。

应该尽量少选用 LK003 PLC 链接单元及 LK003 工作模式，若非选用不可，应注意：只能构成单层同位链接系统，同位链接中只能含 C500 PLC，且应把所用的 C500-LK009-V1 或 3G2A5-LK009-E、PLC 链接单元也设置为 LK003 工作模式。

应当指出，OMRON 的一些新型 PLC 如 SRM1、CPM1A、C200HS、C200Hα 还有本书所介绍的 CQM1 等，通过其本身配置的或通信适配器上的 RS-232C 口，并在 PLC 的 DM

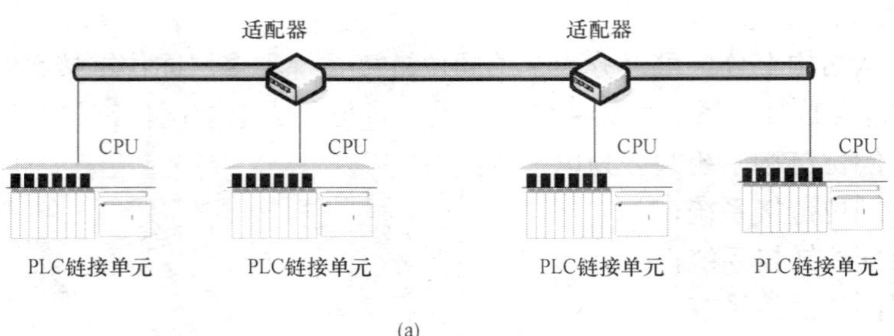

(a)

(b)

图 5-23 同位链接系统

(a) 电缆单层同位链接系统；(b) 电缆多层同位链接系统

设置区里进行必要的设定，可以很方便地实现 1 : 1 的 PLC 链接，这种情况下不需要 PC-Link 单元。

(2) 光缆同位链接系统的构成

光缆链接的同位链接系统的构成，如图 5-24 所示。说明如下：

光缆同位链接系统是用光缆互联实现的，并且光缆链接可以有效地抑制噪声和增大传输距离。

系统中使用两种适配器：3G2A9-AL004-E 和 3G2A9-AL002-E，PC 链接单元出口为 RS-422 总线，必须经过 AL004 适配器转换为光缆接口，光缆之间用 AL002 适配器互联。

PC 链接单元的选用及工作模式的设置与电缆同位链接系统相同。

多层同位链接系统也可以用光缆链接。

在 PC-Link 系统内可以建立不同层次的 PC-Link 子系统，一个多层 PC-Link 系统最多可以有 4 个子系统。单级系统最多可链接 32 台 PLC，多层系统中的每个子系统可以链接 16

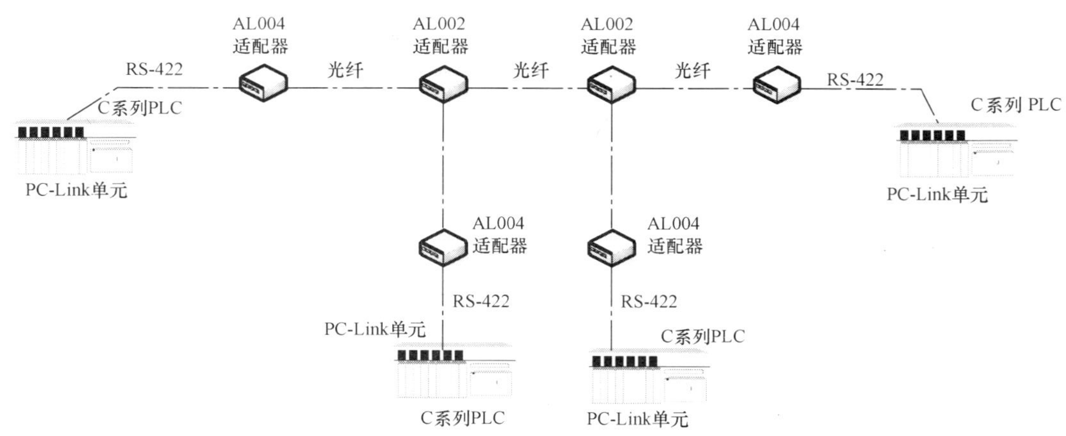

图 5-24 光缆同位链接系统

台 PLC。一台 PLC 上最多能安装两个 PC-Link 单元构成多层系统，为了区分同一台 PLC 上的两个 PC-Link 单元，所有 PC-Link 的操作级都应设置成多级模式，一个设置为级 0，另一个设置为级 1，这样，同一系统里的其他 PC-Link 单元就可以随之设置成同样的操作级。操作级决定是将 LR 区前半部分还是后半部分分配给相对应的子系统。

（3）同位链接系统的通信原理

同位链接系统中的 PLC，以 PC-Link 单元的 LR 链接继电器区作为公共数据区，LR 区作为系统中的每台 PLC 都可以直接访问的"全局 I/O"，从而实现 PLC 之间的数据交换，因此同位链接系统采用的通信方式又称"全局 I/O 方式"。

在同位链接系统中，每台 PLC 至少装一个 PC-Link 单元，最多只能装两个 PC-Link 单元。这种有两个 PC 链接单元的 PLC 即网桥。

下面先以单层同位系统或某一级子系统为例来说明其通信机理。

某一单层同位链接系统有 N 台 PLC，首先为每个 PC-Link 单元设单元号，从 0 号单元直到（n−1）号单元。在每个 PC-Link 单元中都有一个链接继电器区 LR，同位链接系统把每台 PLC 的 LR 区地址重合在一起作为公共数据区共享，就好像整个同位链接系统只有一个 LR 区一样。这个 LR 区作为"全局 I/O"为每台 PLC 共享。

假设这个系统有 n 台 PLC，把每台 PLC 的 LR 区划分成如图 5-25 所表示的邮箱结构，即把每个 LR 区都分成 n 个分格。当把 0 单元的 0＃区定义为 0＃发送区，则 1～（n−1）单元同样地址的 0＃为接收区。若 0 单元发送数据，则在所有 PLC 的 0＃接收区中将收到此数据，因此 0＃数据是相等的。每个单元只准有一个发送区，其他（n−1）个单元相同地址区划为其对应的接收区。如果一台 PLC 把自己要发送的数据写入自己的发送区，经过同位链接系统的等值化通信过程，把该发送数据传送到其他（n−1）台 PLC 对应的接收区中，那么当这台 PLC 发送数据时，其余（n−1）台 PLC 只要访问自己的 LR 区，就获得了这台 PLC 发送来的数据。

等值化通信有两种实现方法：一种为异步刷新，一种为同步刷新。异步刷新与 PLC 用户程序无关，由 PC-Link 按时间片法使用总线。每个周期，每个 PC-Link 单元都获得一个时间片，用来把自己 LR 区中发送区内容用广播方式传上总线，其余（n−1）个 PC-Link 将数据接收下来存入对应接收区，这样周而复始就实现了等值化通信。同步刷新要由用户程序中对LR区的写入操作来启动刷新，这样同样可以保持各PLC的LR区等值化，而且信道占用率低。

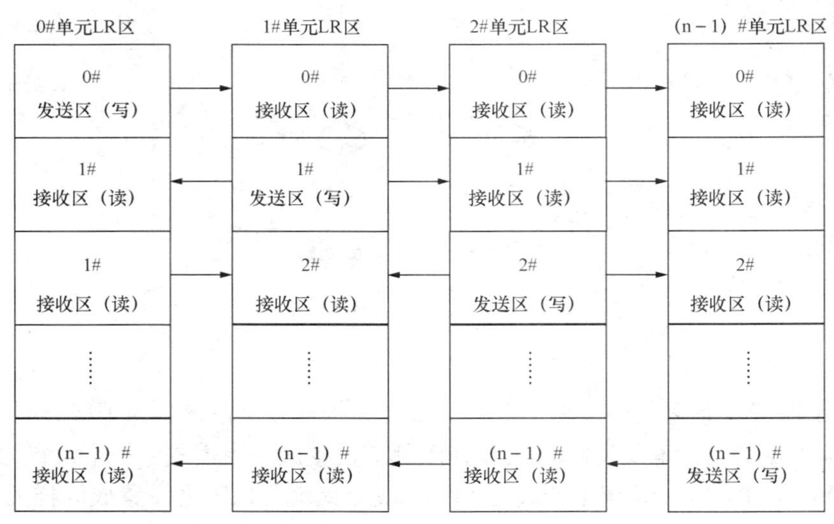

图5-25　共享LR区的邮箱结构

(4) LR区的划分

同位链接系统利用LR区进行通信，在通信前必须按邮箱结构对其划分。LR区共有64个字供通信使用，应该根据是单层还是多层同位系统及PLC的台数来进行划分。关于LR区的划分参考相应型号的手册。

在组成PC-Link网时，应注意以下几点：

1）C200H、C1000H、C2000H的LR区有64个通道（LR00～LR63），而C500只有32个通道（LR00～LR31），当C500与其他PLC建立链接时，只能使用它们的公共通道LR00～LR31，其他PLC未用的通道可用作工作位。

2）在多级系统里，级0子系统使用LR区划的前半部LR00～LR31（C500为LR00～LR15），级1子系统使用LR区的后半部LR32～LR63（C500为LR16～LR31）。

3）每个PC-Link单元能在PLC之间传送2～32个通道的数据，最小2个通道，最多32个通道。因为LR区通道的数目有限，而且这些通道要在系统内的各PC-Link单元之间均匀分配，所以当某个特定的单元所传送的通道数增加时，在此子系统内PC-Link单元的最大数必须减少，当子系统内PC-Link单元的数目增加时，则分配到每个PC-Link单元的LR通道数相应减少。

4）在PC-Link系统里，PC-Link单元的数量最好是2的乘方，即2、4、8…32，这样可以充分利用LR区的通道。如果PC-Link单元的数量不是2的乘方，则要浪费掉LR区的一些通道。例如，C200H单级别系统，PC-Link单元的数量为5（最大单元号为4），但系统按单元数8来分配通道，每个单元分配8个通道，共使用40个通道，LR区浪费掉24个通道（LR40～LR63）。

(5) PC-Link单元的设置

同位链接系统在投入运行之前，必须对PLC链接单元上的DIP开关进行正确设置，下面以 3G2A5-LK009-E 为例来说明如何设置 DIP 开关。

3G2A5-LK009-E 共设有 3 个 DIP 开关，分别为 SW1、SW2、SW3。其中 SW1 用来设置 PC 链接单元的单元号及每台 PLC 发送的点数。SW1 为一个 8 位开关，如图 5-26 所示。左边 5 位用来设置单元号，右边 3 位用来设置每台 PLC 传送的点数及每级最大单元数（只在 0 单元设置，其他单元 6、7、8 置为 OFF）。

SW2 只有 1 位，用来选择光缆或者电缆。当 SW2＝ON 时，选用光缆；当 SW2＝OFF 时，选用电缆。

SW3 为 4 位开关，其各位含义如图 5-27 所示。

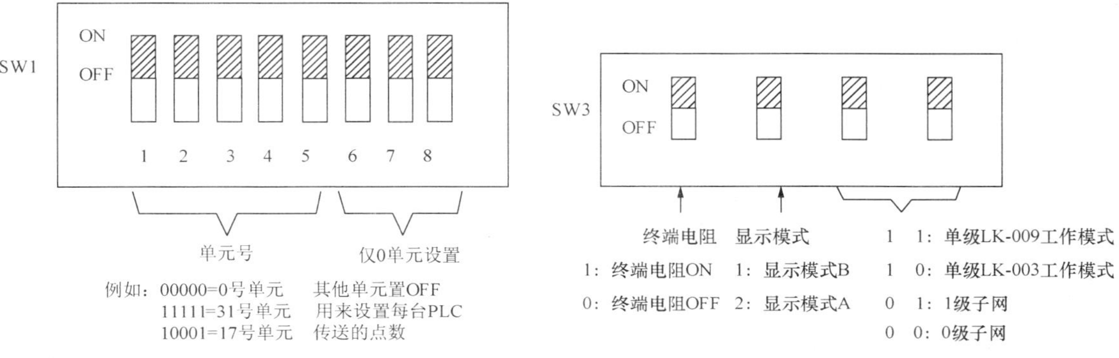

图 5-26 3G2A5-LK009-E 的 SW1 开关设置

图 5-27 3G2A5-LK009-E 的 SW3 开关设置

（6）通信端口

1）RS-232C 通信口。CQM1、SRM1、CPM1A、C200HS、C200HA 等 PLC 具有 1∶1 PLC 链接功能。两台同类型或不同类型的 PLC 之间均可通过 RS-232C 口进行 1∶1 的 PLC 链接，连线方法见图 5-1（b）。

PLC 的 RS-232C 口用于上位机链接或 1∶1 PC 链接时，都要在 DM 区里进行设定，即在编辑状态下，应用编程设备（如编程器或 SSS）修改相应 DM 字的内容。下面以 CQM1 为例，介绍 RS-232C 口的设定方法。

CQM1 的 DM6645～DM6649 专门用于 RS-232C 口的设定。现只介绍 DM6645：

位 00～位 07：

取值 00：使用标准的通信口参数，即 1 位起始位，7 位数据位，2 位停止位，9600 波特率。

取值 01：上述参数由 DM6646 设定。

位 08～位 11：

取值 0：链接字为 LR00～LR63。

取值 1：链接字为 LR00～LR31。

取值 2：链接字为 LR00～LR15。

三种设定均为 1∶1 PLC 链接。

位 12～位 15：

取值 0：通信口 RS-232C 用作上位链接。

取值 1：无协议 RS-232 通信，可用于两台 PLC 通过 TXD、RXD 命令进行通信。

取值 2：1∶1PLC 链接的被查询单元（从单元）。

取值 3：1∶1PLC 链接的轮询单元（主单元）。

两台有 RS-232C 口的 CQM1 PLC 进行 1∶1 链接时，一台 PLC 的 DM6645 的位 12～位 15 应设为 3，作为主单元，另一台 PLC 的则设为 2，作为从单元，设置其他参数，就可以实现 PLC 链接。

应当注意的是 H 型机，如 C40H、C200H，虽然也有 RS-232C 口，但不能进行 1∶1 PLC 链接。

2）RS-485/RS-422 通信口。PC-Link 单元既可使用 RS-485 口，也可使用 RS-422 口。

当使用 RS-485 口时，接线是一种两线半双工制，通信介质采用屏蔽双绞线。RS-485 的链接器为 9 针，其中针 5 为数据线 B（DB），针 7 为机架地（FG），针 9 为数据线 A（DA）。图 5 - 28（a）为两个单元的 RS-485 口的链接，屏蔽线只在每根电缆的一个末端与 FG 链接，不要两个单元都接，以免因为两个 PC-Link 单元链接时，需要链接适配器 AL001；图 5 - 28（b）为多个单元链接的示意图。

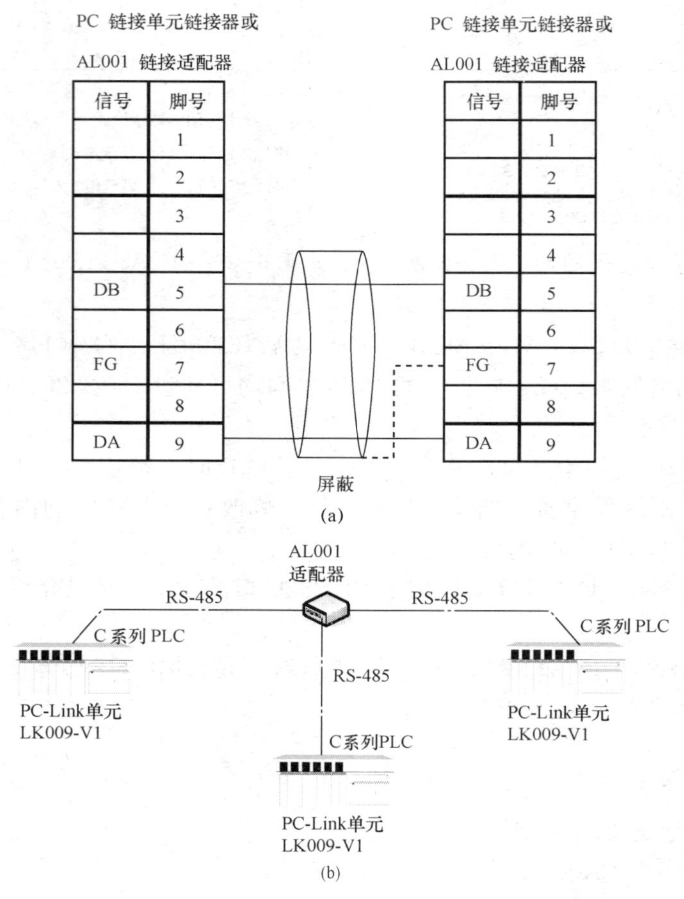

图 5 - 28 RS-485 通信口的链接

（a）两个单元的链接；（b）多个单元链接

当 PC-Link 单元设定传输线为电缆和光缆的组合时，使用 RS-422 口，此时要用到链接适配器 AL002、AL004，接线如图 5 - 29（a）所示。AL002 与 AL004 之间为光缆链接，PC-Link 单元与 AL004 之间为电缆链接，接线是四线半双工。

RS-422 口的针 1 为接收数据 B（RDB），针 5 为发送数据 B（SDB），针 6 为接收数据 A

(RDA)，针 7 为机架地 (FG)，针 9 为发送数据 A (SDA)。图 5-29 (b) 为 PC-Link 单元与 AL004 的接线图。

屏蔽线同样只在每根电缆的一端与 FG 链接，以阻止电流流动。

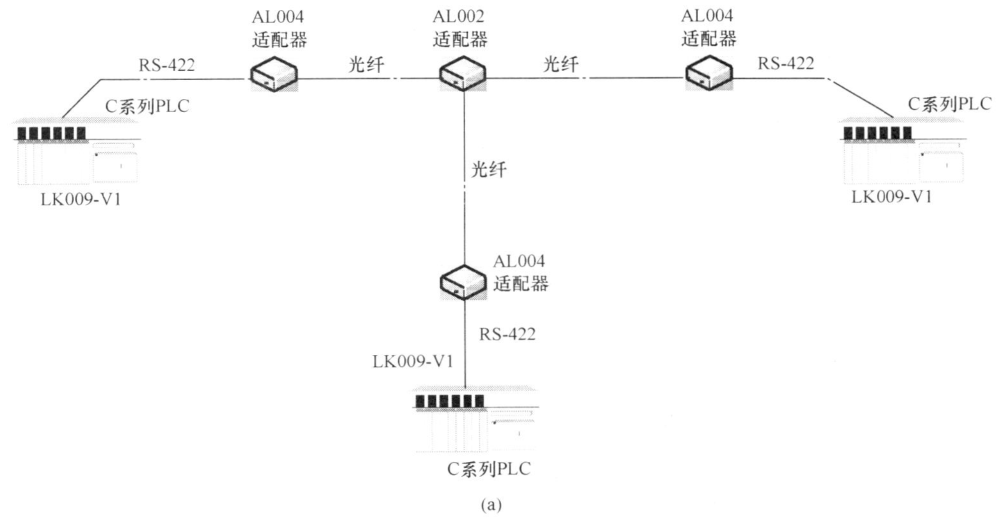

(a)

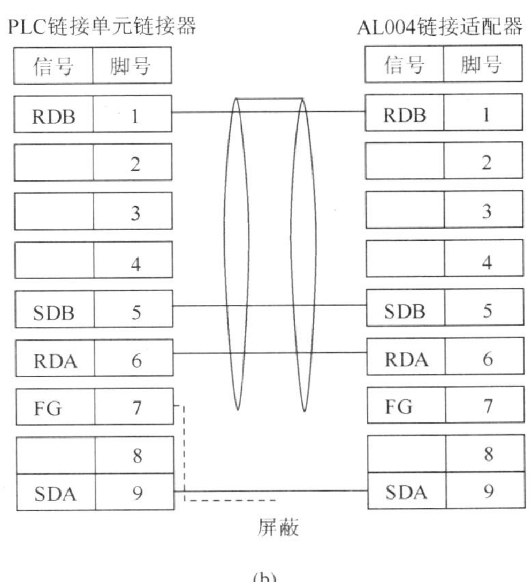

(b)

图 5-29 RS-422 通信口的链接

(a) AL002 与 AL004 的接线图；(b) PC-Link 单元与 AL004 的接线图

4. CQM1PLC 的 1∶1 链接通信

如果 2 个 CQM1 通过 RS-232C 端口链接进行 1∶1 链接时，它们能共享公共 LR 区。2 个 CQM1 进行 1∶1 链接时，一个为主站，另一个为从站。但外设端口不能使用 1∶1 链接。

1∶1 链接允许 2 个 CQM1 共享 LR 区数据，如图 5-30 所示。当数据写入一个链接单元的 LR 区的字时，它将自动地同时写入另一个单元的相同字中。每一个 PLC 指定了能写的字和指定了被其他 PLC 写的字。PLC 能够读（但不能写）被其他 PLC 写的字。

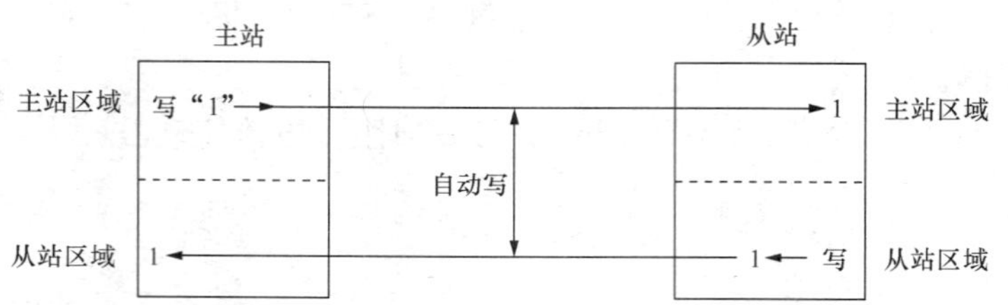

图 5-30 CQM1PLC1 对 1 链接

根据设定的主站、从站和链接字，每个 PLC 使用的字如表 5-9 所示。

表 5-9　　1∶1 链接通信使用的字

DM6645 设定	LR00～LR63	LR00～LR31	LR00～LR15
主站字	LR00～LR31	LR00～LR15	LR00～LR07
从站字	LR32～LR63	LR16～LR31	LR08～LR15

如果正确地设定了主站和从站，1∶1 链接在 2 个 CQM1 都上电后自动开始，其工作与 CQM1 的工作模式无关。

【例 5-2】 校验使用 RS-232C 端口执行 1∶1 链接的条件。

解 执行程序前，设定下列 PLC 设置参数。

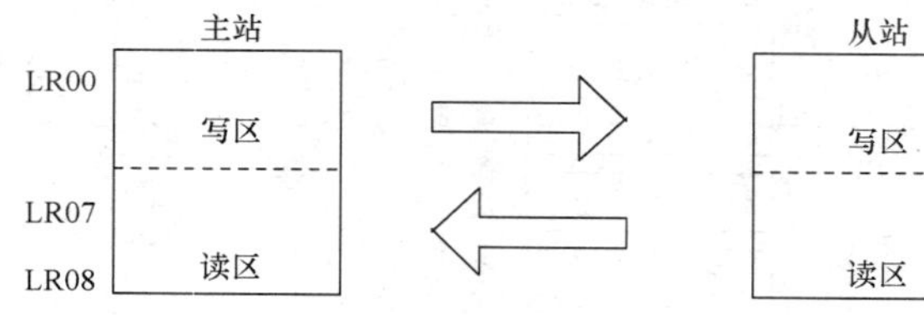

图 5-31 ［例 5-2］图

主站 DM6645：3200（1∶1 链接主站；使用 LR00～LR15），如图 5-31 所示。

从站 DM6645：2000（1∶1 链接从站）。

执行程序后，主站和从站相同，每个单元的 IR001 状态映射到其他单元的 IR100。同样，其他单元 IR001 的状态映射到本单元的 IR100。IR001 是输入字，IR100 是输出字。

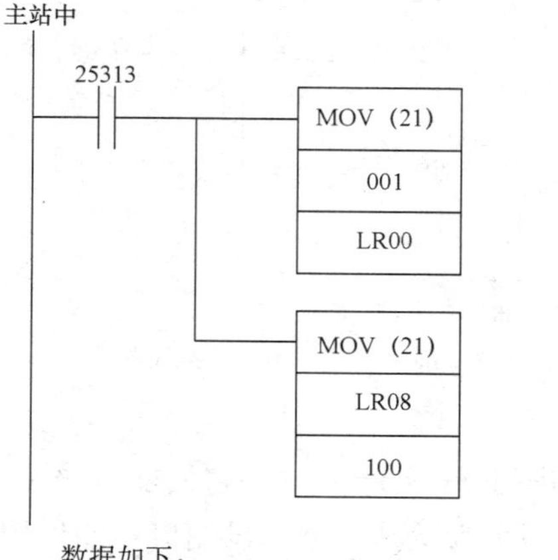

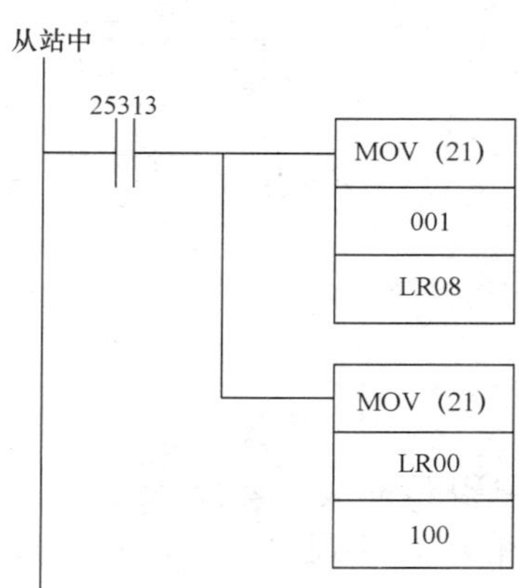

数据如下：

“31323132313231323132 CR LF”

第四节　典型 PLC 网络

一、Ethernet 网络系统

1. 以太网构成

Etherenet（以太网）是 PLC 的高层网络，有很强的信息处理、管理和监控功能，20 世纪 70 年代出现并很快应用于工业控制。Etherent 网通常由段（Segment）构成，支持 TCP/IP、UDP/IP 和 FINS 协议，采用 UTP 双绞线和 RJ245 接头连接，通过中继器可适当延长段距离或增加网络节点。网络中的计算机用于对 PLC 的编程及监控，实现控制与管理的一体化。PLC 之间或 PLC 与上位计算机之间可采用 FINS 协议传输数据，并能实时接收现场发送的电子邮件。以太网的基本结构如图 5-32 所示。

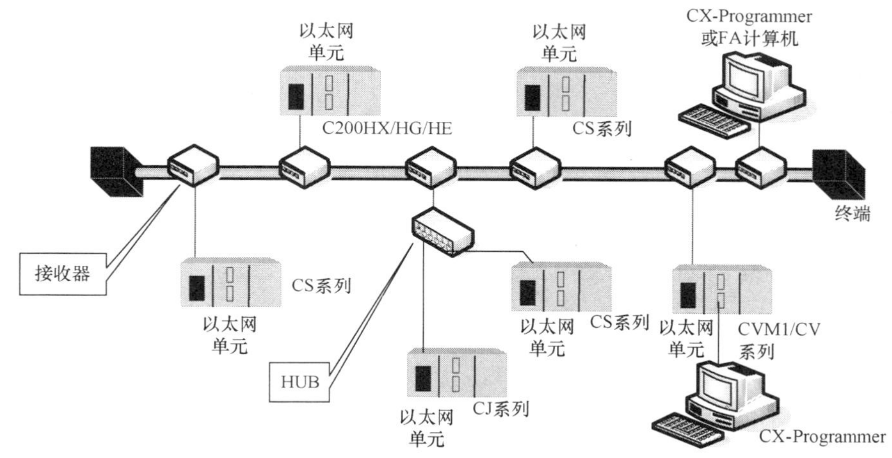

图 5-32　以太网基本结构

其中，接收器和连接的 PLC 之间的接收电缆不能超过 50m，HUB 下接的 PLC 之间的电缆不能超过 100m，总线间两相邻节点间介质长度应为 2500m 的整数倍。以太网的介质访问采用 CAMA/CD 方式，属基带传输，最大传输率为 10Mb/s，节点采用 15 针以太网连接器接入网络。

可作为节点组建以太网的 OMRON PLC 有 CS 系列、CJ 系列、CV 系列、CVM1 和 SYSMACα 系列机。它们要连入以太网，必须通过与各自机型对应的以太网单元（见表 5-10）。而 SYSMACα 系列比较特殊，这种机型要安装插上以太网卡的 PC 卡单元 C200HW-PCU01，还要在 CPU 单元上插上通信板单元 C200HW-C0M01/04-E，最后将两个单元用总线连接单元 C200HW-CE01/02 连接。

表 5-10　　不同机型对应的以太网单元

机　型	以　太　网　单　元
CS 系列	CS1W-ETN01（10BAST-5）或 CS1W-ETN11（10BAST-T）
CJ 系列	CJ1W-ETN11（10BAST-T）
CV 系列	CV500-ETN01

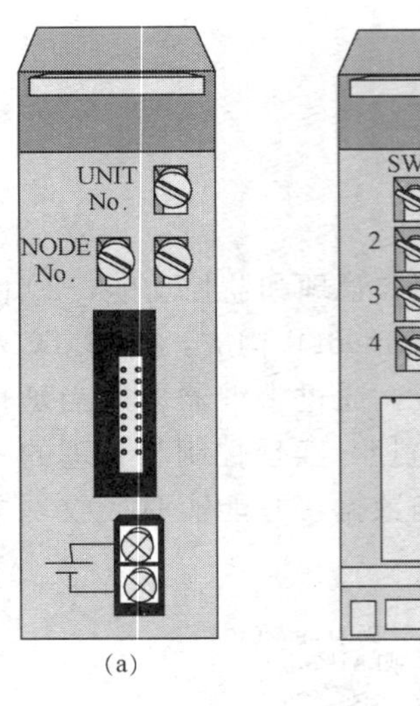

(a) (b)

图 5-33 CS系列以太网单元正面、背面板图
(a) 正面；(b) 背面

2. 以太网的设置

Ethernet 网络的设置（以 CS 系列机为例）分为硬件设置和软件设置。

以太网节点的设置过程为：

(1) 首先在以太网单元上设置，开关均为十六进制，如图 5-33 所示。

1) ENT 单元的单元号：由 UNIT No. 开关确定，范围由 0 到 F，该地址在 CPU 总线区，范围为 CIO 1500 到 CIO 1899，每个单元分配 25 个字，出厂值为 0。

2) ENT 单元的节点号：由 NODE No. 确定旋转开关对应的两组 16 进制数字地址，范围有 0127E，出厂值为 01。

3) 本地 IP 地址：由旋转开关 SW1～SW8 设置，该地址用来识别以太网号和该网络上的主机节点号，由 32 位二进制数组成，分 4 段以十进制数表示。如 IP 号 10000010 00010100 00100100 00001000 表示十进制的 130.20.36.8，则开关设置成：

SW1	SW2	SW3	SW4	SW5	SW6	SW7	SW8
01H	04H	01H	04H	02H	04H	00H	08H

要注意的是，起始 IP 地址不可为 7FH；后八位为主机号，不能全为 0 或 1。当节点较多时，引入子网号不能设为全 1。

(2) 软件设置主要通过编程设备如 CX2Programmer 软件对网络单元进行以下设置：

1) I/O 表：可以利用编程器创建，依次按键 FUN、SHIFT、$\frac{\text{CH}}{{}^*\text{DM}}$、CHG，此时提示键入四位口令，如键入 9912、WRITE，此时又提示是否保留设置，键入 0 删除，键入 1 保留。

2) 创建 IP 路由器表：包括本地网络表和中继网络表，现举例说明。

【例 5-3】 如图 5-34 所示的 PLC 网络，创建该网络的路由表。

解 本地网络表指每个节点的通信单元或通信板的单元号与所属网络的对应关系表，由单元号和本地网络地址（范围 0～127）组成。

中继网络表指本地节点与不相邻的网络中节点进行信息传递时，在不相邻节点遇到的第一个节点的路径。

因此，路由表见表 5-11。

表 5-11 [例 5-3] 的路由表

PLC	序号	本地网络地址	单元号	终点网络	中继网络	中继节点
PLC1	1	01	00	01	02	03
	2			03	02	03

续表

PLC	序号	本地网络地址	单元号	终点网络	中继网络	中继节点
PLC2	1	01	01	01	02	03
	2			03	02	03
PLC3	1	01	02	03	01	06
	2	02	03			
PLC4	1	01	04	02	01	04
	2			03	01	06
PLC5	1	01	05	02	01	04
	2	03	06			
PLC6	1	03	07	01	03	07
	2			02	03	07
PLC7	1	03	08	01	03	07
	2			02	03	07

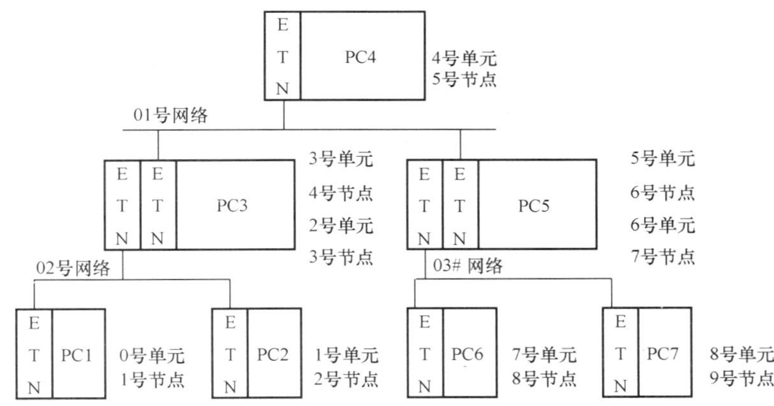

图 5-34 RS-232C 口的链接方法

3）其他设置：还要进行 CPU 总线单元数据 CIO 区和 DM 区分配。每个 CIO 单元分配 25 个字，为 $n=$［CIO1500＋（25×单元号）］～［CIO1500＋（25×单元号）＋25］。每个 DM 区分配 100 个字，即 $m=$［DM30000＋（100×单元号）］～［DM3000＋（100×单元号）＋100］。

还有一些启动参数的设置，如以太网单元地址转换方法为自动，FINS UDP 端口号设为 9600 等，其缺省值可参见使用手册。

3. FINS 通信协议

FINS（Factory Interface Network Service）是 OMRON 公司专有的，用于 OMRON 三层网络间的通信协议。

FINS 指令包含指令和响应系统，其格式由 FINS 报头、指令代码、响应代码和正文等几部分组成。FINS 信息由发布指令 CMND（490）、SEND/RECV 等发送或接收，只要单元或通信板支持 FINS 命令，则 PLC 无需编程可自动响应。

由于以太网通信用 IP 地址，而 FINS 协议只识别节点号，因此要进行转换。常用的转换方法有以下两种：

(1) 地址自动转换生成法：

远程 IP 地址=（本地 IP 地址 AND 子网掩码）OR 远程 FINS 节点号

(2) IP 地址表转换法：

用 CX-Programmer 预先设置 FINS 节点号和 IP 地址的对应关系。

另外，也可将两种方法结合，先启用 IP 地址表转换法，若找不到 FINS 地址，则改为自动生成。

接下来介绍几个用于 FINS 信息传递的指令。CMND（490）用于发送并接收响应，SEND（90）是将 I/O 数据从本地节点发送到指定节点，这 2 条命令都支持 1：N 传输。网络命令中包含所要传送和接收信息的存储区地址、网络地址、节点地址和单元地址等信息，这些信息以一组 4 位十六进制数据的形式表示，通过 MOV 指令发送到 PLC CPU 中，按预先的约定实现定时或不定时的信息交换。每个 PLC 有 8 个通信端口，可以同时执行 8 条通信指令。但由于每个通信端口一次只能执行一条通信指令，因此每个 PLC 一次最多只能同时发送或接收 8 条信息。上位计算机根据读取到的通信端口允许标志 A202、通信完成标志 A214、通信端口完成标志 A203 和通信端口错误标志 A219 等标志字来监控网络的通信状态。网络指令支持 PLC 的 CIO、W、H、A、T、C 和 DM 区域的数据存取。网络命令在执行时只支持 ON 条件及上升沿微分，不支持下降沿微分和立即刷新功能。

传送命令 CMND（490）

命令格式：[CMND（490） S D C]

S：源节点发送开始字；

D：目标节点接收开始字；

C：控制数据开始字，包括 6 组 4 位数字；

C+0：命令数据字节；

C+1：应答数据字节；

C+2：目标网络地址；

C+3：目标单元地址；

C+4：重复次数及通信端口号；

C+5：响应监视时间。

网络发送 SEND（090）

命令格式：[SEND（090） S D C]

S：本地节点开始字；

D：目标节点开始字；

C：控制数据开始字，包括 5 组 4 位数字；

C+0：传送字数；

C+1：目标网络地址；

C+2：目标单元地址、节点号；

C+3：重复次数及通信端口号；

C+4：响应监视时间。

4. Socket 服务

Socket 服务也称接驳服务，Socket 作为一种接口，支持 TCP/UDP 协议。实现 Socket 服务一般有两种方法，一是使用 Socket 请求开关，一是利用 FINS 通信的 CMND 命令。

使用 Socket 请求开关时，可连接 8 个 TCP/UDP Socket。每个以太网单元的 DM 区从 m+18 开始到 m+97 为 Socket 服务参数 1 区到 8 区，每区 10 个字，可设置发送/接收数据地址、TCP/UDP 的 Socket 服务及端口号等。而 CIO 区的 n+2 到 n+19 是服务请求开关。在每个 n+1 单元里存放了 Socket 状态字，用于打开 UDP 时检测系统关于 Socket 服务的状态。

利用 FINS 通信的 CMND 命令也可实现 Socket 服务，即在执行 CMND 指令时，Socket 服务请求指令也可传送到以太网上，且最多可连接 16 个 Socket。

二、Controller Link 网络系统

Controller Link 是 OMRON 提供的一种工厂自动化网络（FA），属于控制层网络，由它构成 PLC 与上位机的通信连接系统。它与 PC Link 的区别在于，它不但支持 PLC 与 PLC 之间的通信，还支持网络信息通信功能，如用信息服务进行数据传送；支持 FINS 指令，在上位计算机运行 CX2Programmer 软件经 RS-2232C 连接到 Cont roller Link 网，可实现 PLC 与 PLC 之间及与元器件网之间的编程、监控和传送 FINS 信息。它还支持 SEND（90）、RECV（98）指令。

1. Controller Link 网络组成

通过它可在 PLC 和上位机计算机之间方便、灵活地发送和接收大容量数据包，支持能共享数据的数据链接和在需要时发送和接收数据的信息服务。某网络采用屏蔽双绞线电缆或光纤连接，最大传输距离随波特率而变，在采用两层中继器的情况下，波特率在 500kbit/s 时，传输距离可达 3000m，最大支持 62 个节点；用光缆连接时，可连接 20km 外的远程设备。Controller Link 是 OMRON 网络系统的核心，它是一种使用令牌总线通信的网络，这种总线型拓扑结构具有最大的灵活性，易于扩充和维护，满足系统可扩展性的需求。由于采用了分布式控制技术，可确保 Controller Link 网络不会因某个站点故障而崩溃，提高了系统的稳定性。

图 5-35 给出了用扁平电缆连接的 Controller Link 网络结构，网络主要由各类 PLC、对应于不同 PLC 的 Controller Link 单元（CLK）、带 Controller Link 支持卡的计算机组成。

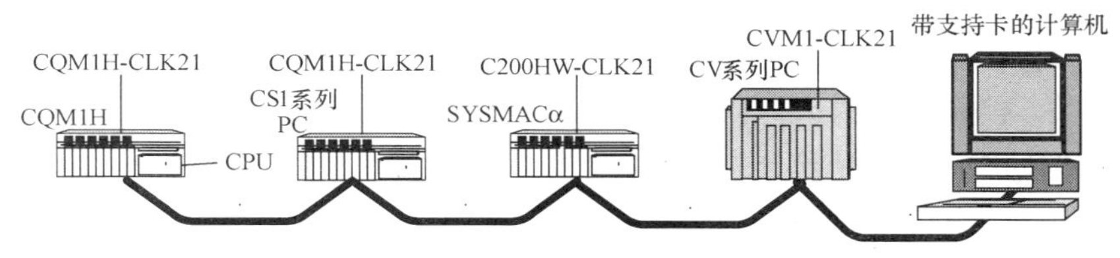

图 5-35　RS-232C 口的链接方法

Controller Link 单元使用前要进行一系列设置，主要包括单元号和节点地址、波特率和操作级别、终端电阻和网络路由表。不同的 CLK 单元具体设置有所区别，可参看使用说明书，这里不再详述。

2. Controller Link 网的信息通信

在 Controller Link 网络中，同样可以使用 OMRON 自行开发的 FINS 协议，而无须建立复杂的用户程序。PLC 之间、PLC 和上位机之间信息通信的实现方式为命令/响应格式，

即本地节点发出命令后，接收节点要返回响应结果。PLC 执行 SEND/RECV 指令不需要接收响应程序，Controller Link 网中 CV 系列机、CS 系列机、C200Hα 机之间便可利用该指令发送信息。需要注意的是，C200HZ/HX/HG/HE PLC 不支持 FINS 指令 CMND，可以通过 CLK 单元自动转换命令格式，使这几种机型可处理这些信息。

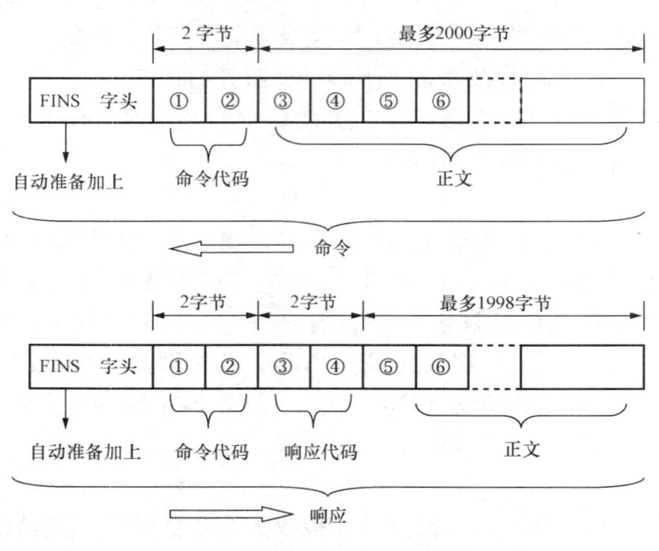

图 5 - 36 RS-232C 口的链接方法

SEND/RECV 指令用于读写 I/O存储区的内容。

CMND 指令用于断续读取内存，写入 PC 时钟，读/写文件存储器，读取 PC 型号、状态及其他信息，改变 PC 运行方式等操作。前面已叙述该指令，这里以 CV 系列机为例，对其进一步阐述。如图 5 - 36 所示，CMND 指令发送的 FINS 信息均为十六进制数据。FINS 命令代码由两个字节的数据组成，一个 FINS 命令必须以两个字节命令代码开头，其他参数放在命令代码的后面。

三、CompoBus/D 网络系统

CompoBus/D 是 OMRON 一种开放式的网络，它遵循 Device Net（器件网）开放现场网络标准，非 OMRON 公司的生产设备，如主单元和从单元，也可以链接到该网络上。CompoBus/D 是 OMRON 主推的网络之一，它的内容丰富，功能很强。随着各种新器件或单元的不断推出，CompoBus/D 的功能越来越强。

CompoBus/D 支持下列两种类型的通信：

（1）远程 I/O 通信：即无需 CPU 编写特别的程序，装有主单元 PLC 的 CPU 可以直接读写从单元的 I/O 点，从而实现远程控制。

（2）信息通信：安装主单元 PLC 的 CPU 单元执行特殊指令 SEND、RECV、CMND、IOWR，向其他主单元、安装主单元 PLC 的 CPU 单元、从单元、甚至其他公司的主单元和从单元读写信息，控制它们的运行。

CompoBus/D 网的系统配置分为两种：

（1）带配置器的系统

如图 5 - 37 所示的配置器是运行于个人计算机上的应用软件，作为 CompoBus/D 网络上的一个节点运行。含有配置器的 CompoBus/D 系统能对远程 I/O 区域字进行柔性分配，且一台 PLC 可安装多个主单元，一个网络上也可有多个主单元并存，并能对通信参数进行设定。

（2）不带配置器的系统

当 CompoBus/D 网络中只有一个主单元时，可以不带配置器，如图 5 - 38 所示。

其中主单元支持 CV 系列、C200HZ/HX/HG/HE/HS 的 PLC 之间，PLC 和远程 I/O 之间的通信。

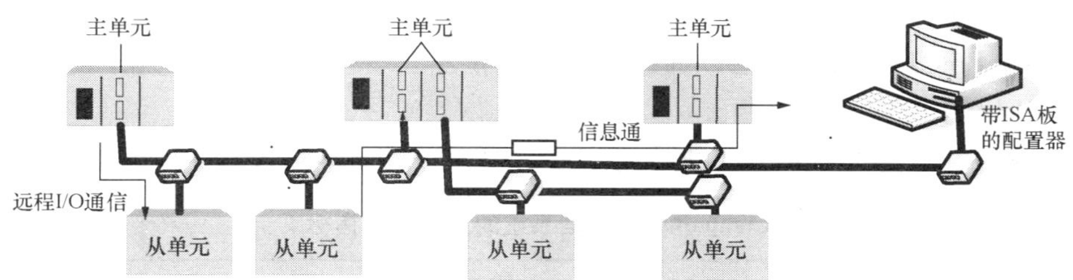

图 5-37 带配置器的系统配置

从单元可以有以下选择：

1）普通 I/O 终端：可为 8 点和 16 点两种模块，也可为晶体管输入、输出。

2）传感器终端：接收来自带插头的光电开关和接近开关的信号，有 16 点输入和 8 点输入/8 点输出两种模块，输出信号能用于传感器教学和外部诊断。

3）远程适配器：用于将 G7D 和其他 I/O 端子组合在一起进行继电器输出、电力 MOSFET 输出等等，为 16 点输入、16 点输出。

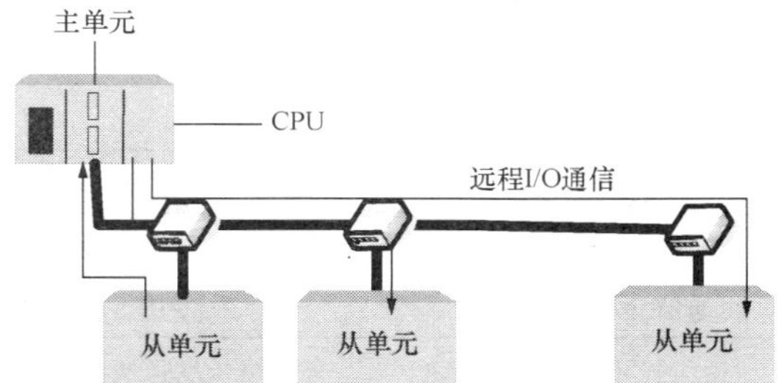

图 5-38 不带配置器的系统配置

4）模拟量 I/O 终端：用于将模拟数据转为数字量，模拟输入端子在 2 路和 4 路之间选择（用 DIP 开关），输出为 2 路输出。输入、输出均有 1～5V、0～10V、－10～10V、0～20mA 和 4～20mA 五种类型。

5）I/O Link 单元。

6）温度输入终端：提供 TC（热电偶）或 RTD（热电阻）输入。

CompoBus/D 系统的链接如图 5-39 所示。

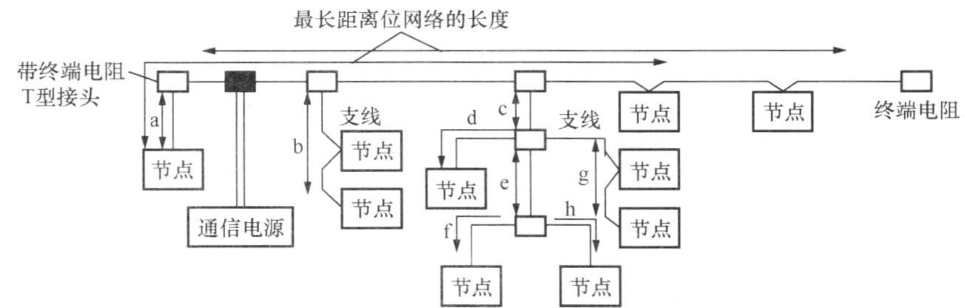

图 5-39 CompoBus/D 系统的链接图

两端连接有终端电阻的电缆为干线，但干线长度不一定是网络的最大长度，两个最远节点之间的距离和两个终端电阻之间距离的最大者为网络长度，如图 5-39 所示。从干线分出的支线电缆称为支线。每一个节点通过 T 分支或 M 分支方式连接到 CompoBus/D 网络中，从一条分支线可以产生第二条分支。通信采用 5 芯电缆，电缆有粗缆和细缆。支线长度不超过 6m，网络最大长度和支线总长度受电缆类型（粗或细）及通信波特率限制，见表 5-12。使用粗电缆，网络最大长度可达 500m，总的支线长度可达 156m。在图 5-39 中使用粗电缆，且通信波特率为 125kbps 时，应满足下列条件：①总的网络长度：≤500m；②支线：a≤6m，c+

d≤6m，c+g≤6m，c+e+f≤6m，c+e+h≤6m；③a+b+c+d+e+f+g+h≤156m。

在 CompoBus/D 网络中，必须通过 5 芯电缆供给每一个节点通信电源，通信电源不应该作为内部回路电源或 I/O 电源。

表 5-12 列出了 CompoBus/D 通信系统的主要技术指标。

表 5-12　　CompoBus/D 通信系统的主要技术指标

项　目		规　　格
通信协议		Device Net
支持的连接（通信）		主-从：远程 I/O 和 Explicit 信息 点对点：FINS 信息 以上两种都遵守 Device Net 规格
连接形式		M 多分支和 T 型分支组合连接（干线或支线）
通信波特率		500kbps，250kbps，或 125kbps（可选择）
通信介质		专用 5 芯电缆（2 根信号线，2 根电源线，1 根屏蔽线）
通信距离	500kbps	网络长度：最大 100m；支线长度：最大 6m；总支线长度：最大 39m
	250kbps	网络长度：粗线 250m，细线 100m；支线长度：最大 6m；总支线长度：最大 78m
	125kbps	网络长度：粗线 500m，细线 100m；支线长度：最大 6m；总支线长度：最大 156m
通信电源		24VDC，外部供给
最大节点数		64 节点（包括配置器在内）
最大主单元数		没有配置器：1　带配置器：63
最大从单元数		63 个从单元
出错控制		CRC 出错检查

图 5-40 为装有 CQM1—DRT21 的 CQM1 PLC I/O 字的分配，字的分配从 PLC 左侧开始，输入从 IR001 开始，输出从 IR100 开始。

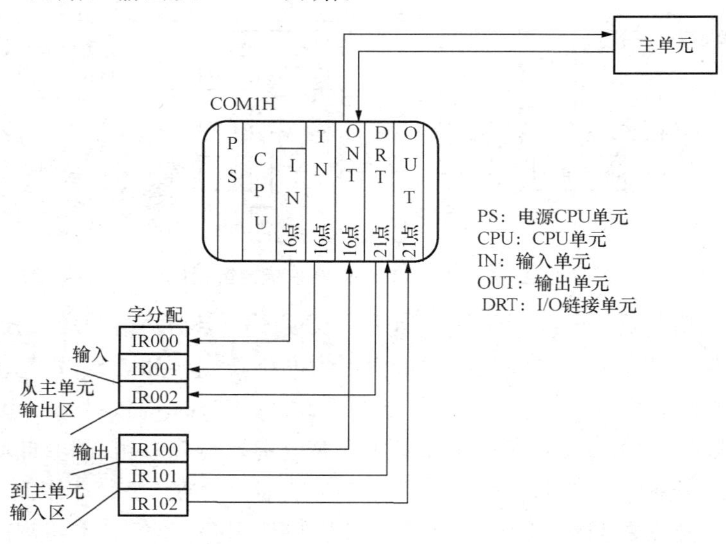

图 5-40　CQM1 PLC I/O 字的分配

第五节　PLC 网络通信工程实例

网络设计应注意的一些问题：

（1）网络类型的选择。Device Net 网，只用于控制现场，通过 I/O 单元直接监控一个或一组设备；Controller Link 网不仅能对一个区域的多个 CompoBus/D 网进行监控和管理，还能直接监控现场设备，兼有 Ethernet 网和 CompoBus/D 网的功能，应用较灵活；Ethernet 网是 PLC 网络的最高层次，企业的管理层通过 Ethernet 网对整个网络或大的区域的 Controller Link 网进行监控、管理和发布命令。但 Ethernet 网不能直接连接现场设备，至少与 Controller Link 和 CompoBus/D 两种网络中的一种同时使用，它的命令必须通过才能实施。

（2）组网成本。在 OMRON PLC 的三级网络中，Ethernet 网的通信速度快但工程造价较高，Controller Link 次之，CompoBus/D 网相对成本较低。目前应用较多的是 Controller Link 网和 CompoBus/D 网。

在设计网络时，要根据使用和控制要求、工作范围及所传送信息的实时程度，确定组建大型、中型还是小型 PLC 网络。

一、污水处理 PLC 控制网络

结合污水处理 PLC 自动控制系统，举例使读者对 PLC 网络系统的组成和应用有一个更切实的了解。

这是一个由中小型 PLC 组成的水厂网络控制系统，满足水厂总规模为日供水 50 万 m^3 的控制需求，并为后续扩建预留接口。

污水处理主要有取水、药剂的投加、混凝、平流沉淀、送水等几个工艺过程。

自来水生产工艺主要具有以下特点：

（1）各生产工艺段相对独立，单体设备多。

（2）采集的数据量大，整个系统共有数字量输入、输出超过 3000 路，模拟量输入、输出超过 1000 路，且工艺参数种类多，包括压力、流量、温度、差压、液位、电流、电压、功率等，但上下游相关联的生产参数少。

（3）自来水生产具有连续性、不可替代性和不间断性。

（4）各工艺段距离远，设备分散，组网相对复杂。

根据以上特点，选用 OMRON 的中小型 PLC 对各工艺段生产设备分散控制，利用 OMRON Controller Link 组成控制层网络，在各工艺段控制室和中控室设置上位机，构建人机界面进行生产管理和对生产数据进行后续处理。全厂控制网络如图 5－41 所示。

在取水及送水工艺段上，主要设备由多台大型的离心水泵和 10kV 高压直配电机组成。每一电机由相应的高压配电柜控制，因此为每一面高压配电柜选用一台 Sepam2000（施耐德生产，专用于配电柜控制的小型 PLC）进行数据采集和控制；每一泵阀在现场选用一台 OMRON CPM2A 用于数据采集和控制，通过 RS-422 接口连成网络，由控制室的 OMRON C200HG 中型 PLC 利用 FINS 协议与它们通信，对其读写数据和进行统一调度，这样可以节省大量的数据采集电缆，而且当某台 PLC 发生故障时可以方便地断开其维修而不影响其他设备的正常生产。

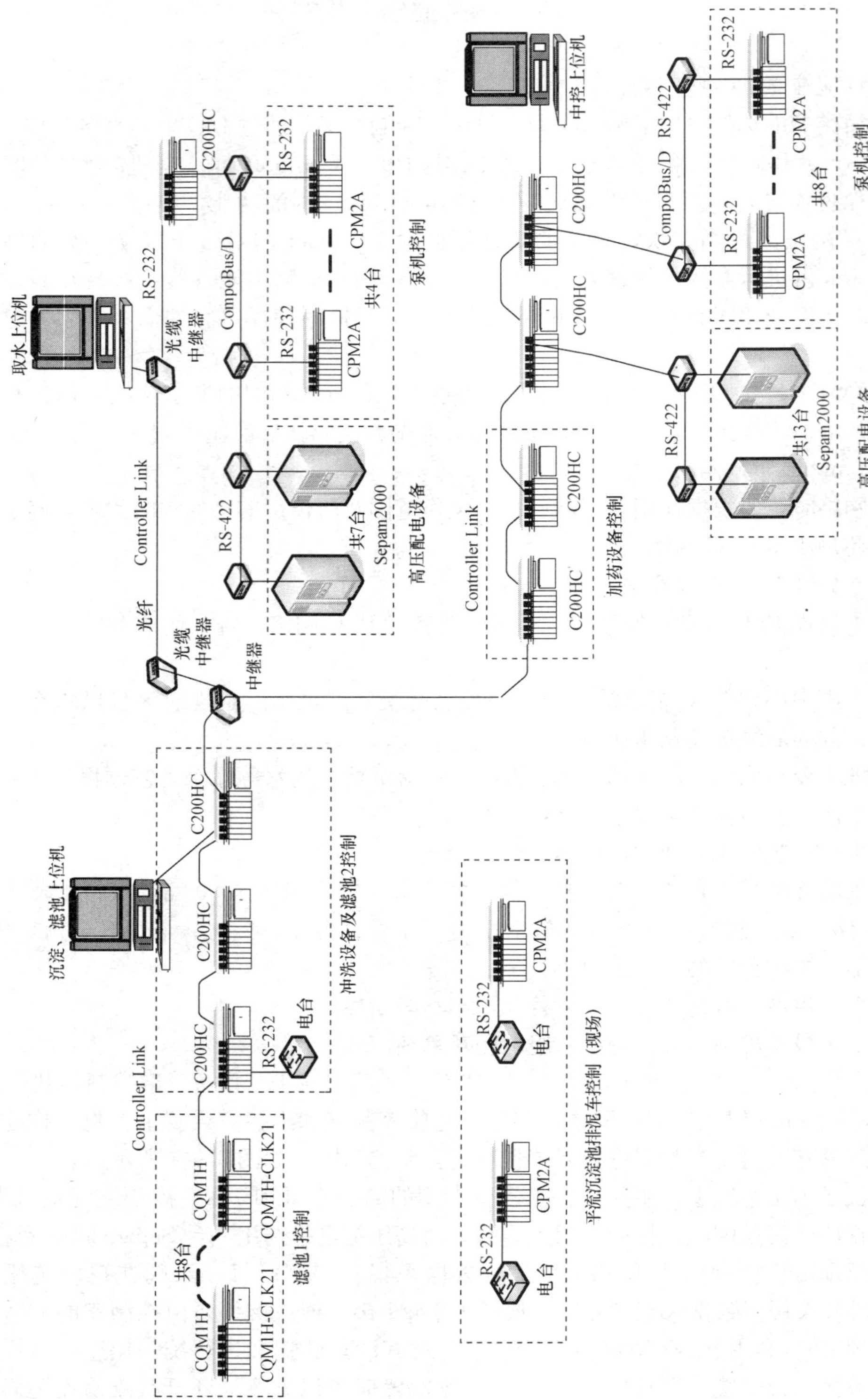

图 5-41　污水处理 PLC 控制网络

对于沉淀池排泥车的控制，由于排泥车在长达近百米的沉淀池上前后移动，因此其控制所用小型 PLC 利用电台与控制室间的 C200HG 通过 RS-232 接口进行 1∶N 通信。电台型号为 MDS-SCADA-24810，为直接数字调制解调电台，工作频率范围在 2.4G～2.4835GHz，支持标准的异步通信协议，工作稳定可靠，协议同样采用 FINS，软件用 OMRON－CX－Protocol 编制。

滤池选用多个小型 PLC（OMRON CQM1H）分散控制，可以较好地解决因控制设备故障造成全部滤池停产而影响安全供水的问题。

由前述已知，Controller Link 网络用光缆连接时，可连接 20km 外的远程设备，而水处理厂控制范围分散，因此采用光缆作为传输介质，并用中继器将整个 Controller Link 网络分成两段，主要是为了满足 Controller Link 对通信距离的要求，同时可适应以后扩展的需要。

系统中生产工艺所要求的全部参数都由 PLC 采集和控制，上位机用于提供人机界面和对生产数据进行后续处理，大大地提高了系统的可靠性。

由于网络中一台 PLC 安装了多个主单元，该网络上又有多个主单元，因此器件层采用带配置器结构的 CompoBus/D 网络，即用一台带 CompoBus/D 应用软件的个人计算机作网络的节点。含有配置器的 CompoBus/D 系统能对远程 I/O 区域字进行柔性分配。

本控制方案全部选用中小型 PLC，对主要的生产设备分散控制，同时利用网络将它们紧密联结，实现集中管理，降低了故障风险，提高了可靠性，是一种经济可行的方案。

相关的中小型 PLC 介绍如下：

（1）OMRON C200HG 具有速度快、功能强、编程方便和运行可靠的特点，最大 I/O 点数达 1184 点，程序容量 15.2K，指令执行时间为 0.15～0.6μs，可支持各种通信单元。

（2）OMRON CQM1H 适用于分散控制的紧凑型 PLC，I/O 点数为 512 点，程序容量为 7.2K，支持各种内装板和 Controller Link 单元。

（3）OMRON CPM2A 为满足 10～60 点 I/O 的系统控制操作而设计，能满足单体设备高效控制的要求，能有效地代替继电器控制器和传感器控制器。

本系统是由工业计算机和中小型 PLC 组成的集散型控制系统，利用了 PLC 抗干扰能力强、组网方便、适用于工业现场的持点，在上位机能实现对全厂生产设备的控制和工艺参数的设置、调整与监测，满足大型自来水厂自动控制的要求。整个方案安全可靠、经济实用，易于编程、操作及维修，在水厂得到了良好的应用。

二、轮胎厂 PLC 控制网络

随着计算机网络信息技术的不断发展，计算机网络控制（群控）技术正在国外轮胎行业中逐渐发展起来。在轮胎生产线上，工艺参数的设定、打印、记录和保存，对轮胎品质的保证与跟踪是相当重要的。目前国内轮胎厂大部分还是采用传统的显示仪表和机械式三针记录仪进行监控，为了保证生产线的正常运行，需投入专门的人力物力进行维护。一旦出现轮胎缺陷，还必须从繁多的记录中查找工艺参数进行分析，这样对轮胎厂的工作带来了相当大的麻烦，同时也影响了轮胎质量和鉴别时间，给轮胎生产厂家和轮胎用户都会造成相当大的影响。现以硫化机为例简要介绍计算机网络技术在轮胎厂的应用。

（一）计算机网络系统的组成与技术特点

运用于轮胎厂的实例（如图 5-42 所示），一般由以下四部分组成：

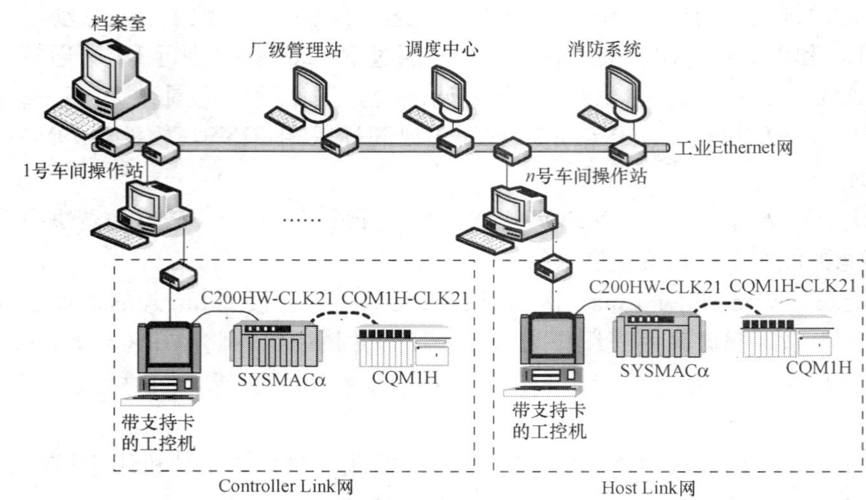

图 5-42 轮胎厂 PLC 控制网络

第一部分为网络服务器系统，该系统由一套最高配置的计算机组成，布置在档案室里，除了具有服务器功能外，还可作为档案管理网站。

第二部分为厂级管理站，包括所有厂级工作站、总调度中心、财务总监网站、CAD 设计中心和消防系统，由于该工作站只是为轮胎厂的高级管理人员提供下属各部门的生产管理状况并下达工作计划，所以每一个工作站只需配置一台合适的电脑，不必采用热备份。

第三部分为车间管理站，主要用于对车间现场设备进行远程实时监控并且定时将现场设备运行参数备份，因此该工作站需要两台硬盘容量大的电脑采用冗余热备份技术互为备用。

第四部分为现场运行设备，这些设备的初始化设定、工艺指标、运行参数等数据既可在现场设定又可通过车间管理站远程操作，车间管理站对现场设备进行实时监控。

这里的轮胎厂专用计算机网络系统具有以下特点：

（1）数字化通信传统的集散控制系统（DCS）只能算“半数字化”系统，因为 DCS 系统中许多 I/O 模块接收或发送 4～20mA、0～10mA、0～10V 等模拟信号，而我们设计的计算机网络系统是一个“纯数字”系统，信号通信完全实行数字化，提高了信号传送的可靠性、准确性，具有强大的检错、纠错功能。

（2）互动性和互用性较高。互动性是指联网系统间、互联设备间的信息传送和沟通，互用性则意味着对不同生产厂家的性能相似的设备可进行互换。比如对同样的设备可采用不同品牌的 PLC。

（二）系统设计

从可靠性、可扩展性、联网成本方面对三种方案进行比较（见表 5-13）。

表 5-13　　三种网络性能价格比较

	可靠性	可扩展性	联网成本
Controller Link 网络	最好	较好	较高
Host Link 网络	较好	较好	较低
Ethernet 网络	一般	最好	最低

网络服务器系统、厂级管理站与车间管理站都是完全一样的，采用了 Ethernet 网络；不同的只是现场设备的网络联接方式。在设计中为了保证车间与现场设备的正常运行，对同一车间采用 Controller Link 网络或 Host Link 网络，现分别介绍如下。

1. Controller Link 网络

每一种 PLC 产品都有工业级控制网络—Controller Link 网络，它可以将多台 PLC 联成一个由一台或多台上位机（本例中就是车间级管理站）实时监控的网络。以硫化机最常用的 OMRON PLC 为例，简单介绍该配置所需的硬件。现场 PLC 除了维持正常运行的配置外，还需增加以下元件：通信单元 C200HW-COM01 1 件、总线连接单元 C200HW-CE001 1 件、Controller Link 单元 C200HW-CLK2 1 件；上位机配置需要采用一个 Controller Link 接口单元 3G8F5-CLK21；将现场所有的 PLC C200HW－CLK21 单元用双绞屏蔽线串接起来，最后一台与上位机的 3G8F5-CLK21 接口串联。其最大的优点就是将上位机监控作为 Controller Link 网络中的一个节点，这样完全保证了监控的实时性；缺点是联网机的台数受到限制(现场设备最多可连接 31 台)。

2. Host Link 网络

Host Link 网络就是在控制对象与上位机之间采用 RS-422C 或 RS-485 通信协议，因此本系统在工作原理上就显得简单多了。在 OMRON PLC 硬件配置中，只要增加以下元件即可；现场 PLC 配置中必须具有将原来的 RS-232C 转换为 RS-422C（或 RS-485）的功能模块，在本方案中每套 PLC 选用了一件 NT-AL001 通信转接单元；上位机系统中配置了一件总线连接单元 C500-AL004 代替方案一的 3G8F5-CLK21。该系统同样采用双绞屏蔽线联接，接线方法与方案一相同（NT-AL001 取代 C200HW-CLK21，C500-AL004 则取代 3G8F5-CLK21），传送距离为每根双绞屏蔽线的长度不超过 500m。本方案最大的优点就是系统开放性强（能连接任何具有 RS-422C 或 RS-485 通信协议的设备），配置相对简单，比方案一节约成本，也能满足实时监控的要求；缺点同样是联网机的台数受到限制（最多可连接 32 台现场设备）。

3. Ethernet 网络

Ethernet（以太）网络是计算机网络通信中使用最多的技术，是工厂管理系统联网的最佳选择，它可以将工厂所有直属部门进行联网且不受联网机台数的限制。该技术联网使用的硬件简单方便，传送距离不超过 500m，使用一根五类双绞线连接网络两端设备的以太口即可；如果传送距离大于 500m，则需使用光缆连接。Ethernet 网络最大的优点在于传送速度快、容量大，不受联网机台数限制；缺点是设备必须具有以太通信专用接口。

习　　题

5-1　数据通信主要采用哪两种方式？从通信双方信息的交换方式上分有哪几种？

5-2　数据通信的主要技术指标有哪些？

5-3　何为差错控制？常见的差错控制方式有哪几种？

5-4　奇校验在什么情况下失效？

5-5　比较 RS-232C、RS-422/RS-485 串行通信接口。

5-6　网络按站间距离长短可将网络分成哪几类？网络的三大要素是什么？

5-7 常见的网络拓扑有哪四种？采用不同网络拓扑时性能上有何特点？

5-8 网络介质访问方式有哪几种？它们的物理结构和逻辑规定有何特点？

5-9 PLC网络中常使用的传输介质有哪些？简述其特性。

5-10 OMRON为信息通信提供了哪些技术支持？

5-11 简述OMRON链接系统的构成。

5-12 试述OMRON上位链接系统的组成。

5-13 简述OMRON的三层网络结构。

5-14 以太网的网络组成及网络功能是什么？

5-15 简述OMRON PLC网络的主要类型。

5-16 试说明CompoBus/D和CompoBus/S各自的特点。

5-17 OMRON C系列的PLC有几种通信系统？各自的功能和特点是什么？

第六章　PLC 应用系统设计、调试及维护

在对 PLC 的基本配置和指令系统有了一定的了解之后，就可以用 PLC 构成一个实际的控制系统，这种系统的设计就是 PLC 的应用设计。主要包括硬件设计、软件设计、施工设计和安装调试等内容。本章着重介绍系统设计和程序设计。

第一节　系　统　设　计

一、PLC 控制系统设计的原则与内容

任何一种电气控制系统都是为了对被控对象（生产设备或生产过程）实现预定的控制，以提高生产效率和产品质量。因此，在设计 PLC 控制系统时，应遵循以下基本原则。

1. 设计原则

（1）PLC 的选择除了应满足技术指标的要求之外，特别应指出的是还应重点考虑该公司的产品的技术支持与售后服务等情况，一般应选择在国内特别是在所设计系统本地有着较为方便的技术服务机构或较有实力的代理机构的产品，同时应尽量选择主流机型。

（2）最大限度地满足被控对象或生产过程的控制要求。设计前，应深入现场进行调查研究，搜集资料，了解系统工艺要求，并与机械部分的设计人员和实际操作人员密切配合，共同拟定电气控制方案，协同解决设计中出现的各种问题。对于一些原来用继电接触线路不易实现的要求，使用 PLC 后，将很容易实现。

（3）在满足控制要求的前提下，力求使控制系统简单、经济、操作及维护方便。对一些过去较为繁琐的控制可利用 PLC 的特点加以简化，通过内部程序简化外部接线及操作方式。

（4）保证控制系统的安全、可靠。可适当增加外部安全措施，如急停电源等，进一步保证系统的安全，同时采取“软硬兼施”的办法共同提高系统的可靠性。

（5）考虑到生产的发展和工艺的改进，在选择 PLC 容量及 I/O 点数时，应适当留有裕量。一个系统完成后，往往会发现一些原来没有考虑到的问题，或者新提出的问题，如果事先留有裕量，则 PLC 系统极易修改。同时对日后系统工艺的变更提供方便。

当然对于不同的用户，要求的侧重点不同，设计的原则也应有所区别，如果以提高产品产量和安全为目标，则应将系统可靠性放在设计的重点，甚至考虑采用冗余控制系统；如果要求系统改善信息管理，则应将系统通信能力与总线网络设计加以强化；如果系统工艺经常变更，则要事先充分考虑。

2. PLC 控制系统的结构模式

就目前 PLC 的基本控制结构与模式来说，根据控制的不同要求一般可分为四种类型：

（1）单机控制系统。采用一台 PLC 控制一台控制设备的形式。它是最一般的 PLC 控制系统。其输入输出点数和存储器容量比较小，控制系统的构成简单明了。这种控制模式一般适用于控制简单的小型系统。

（2）集中控制系统。集中控制系统采用一台 PLC 控制多台被控设备的形式。该控制系

统多用于各种控制对象所处的地理位置比较接近且相互之间动作有一定联系的场合。如果各控制对象地理位置比较远，而且大多数的输入输出线都要引入控制器，这时需要大量的电缆线，施工量也大，系统成本增大，在这种场合，推荐使用远程I/O控制系统。但是当某一个控制对象的控制程序需要改变时，必须停运控制器，其他的控制对象必须停止运行，这是集中控制系统的最大缺点。因此，该控制系统用于有多台设备组成的流水线上比较合适。当一台设备停运时，整个生产线都必须停运，从经济上考虑是有利的。

采用集中控制系统时，必须注意将I/O点数和存储容量留有一定裕量，以便将来根据需要增设控制对象，或调整系统工艺。

(3) 分散控制系统。分散控制系统中，每一台PLC控制一个对象，各PLC之间可以通过信号传递加以沟通联系，或由上位机通过数据总线进行通信。分散控制系统多用于多条机械生产线的控制，各条生产线间有数据连接。由于各控制对象都由自己的PLC控制，当某一台PLC停运时，不需要停运其他PLC。该控制方式与集中控制系统具有相同I/O点数时，虽然分散式多用了一台或几台PLC，导致价格偏高，但从维护、运转或增设控制对象等方面看，极大地增加了系统控制的柔韧性。

(4) 远程I/O控制系统。远程I/O系统（RIOS）就是I/O模块不是与PLC放在一起，而是远距离地放在被控制设备附近。RIOS提供了应用同一个系统与其他I/O产品相连接的能力，通常需要经过RIOS适配器与相应的I/O相连接。远程I/O通道与控制器之间通过同轴电缆连接传递信息。由于不同企业的不同型号的PLC所能驱动的同轴电缆长度是不同的，选择时必须按控制系统的需要选用。有时会发现，某种型号PLC虽能满足所需的功能和要求，但仅由于能驱动同轴电缆长度的限制而不得不改用其他型号PLC。

远程I/O通道适用于控制对象远离主控室的场合。一个控制系统需设置多少个远程I/O通道（站）要视控制对象的分散程度和距离而定，同时亦受所选控制器所能驱动的I/O通道数的限制。

3. PLC控制系统设计的步骤

(1) 总体设计。根据生产设备或生产过程的工艺要求，通过详细分析被控对象的工艺过程、特点及系统的控制过程，首先明确输入、输出的物理量是开关量还是模拟量，划分控制的各个阶段及其特点，归纳出工作循环图或状态流程图。同时结合各项控制指标与经济预算，进行系统的总体设计。

(2) 选择外部设备。根据总体设计要求选择外部设备，包括输入设备（按钮、操作开关、限位开关、传感器等）、输出设备（继电器、接触器、信号灯等执行元件）以及由输出设备驱动的控制对象（电动机、电磁阀等）。这些内容已在本书第一章作了介绍。

(3) 硬件设计。PLC控制系统的硬件设计包括机型的选择、容量的选择、I/O模块的选择、电源模块的选择、通道分配以及外部接线设计等。

(4) 软件设计。在深入了解与掌握控制要求与主要控制的基本方法以及应完成的动作、自动工作循环的组成、必要的保护和连锁等方面情况之后。对较复杂的控制系统，可用状态流程图的形式全面地表达出来，必要时还可将控制任务分成几个独立部分，这样可化繁为简，有利于编程和调试。程序设计主要包括绘制控制系统流程图、设计梯形图、编制语句表程序清单。

控制程序是控制整个系统工作的条件，是保证系统工作正常、安全、可靠的关键。因此，控制系统的设计必须经过反复调试、修改，直到满足要求为止。

二、PLC 控制系统硬件设计

1. PLC 的选型

在满足控制要求的前提下，选型时应选择最佳的性能价格比，具体应考虑以下几点。

（1）性能与任务相适应。对于开关量程控制的应用系统，当对控制速度要求不高时，可选用小型 PLC（如 OMRON 公司 C 系列 P 型机、CPM 型 PLC 或西门子公司 S7-200 系列的 PLC）就能满足要求。如对小型泵的顺序控制、单台机械的自动控制等。

对于以开关量控制为主，带有部分模拟量控制的应用系统，如工业生产中常遇到的温度、压力、流量、液位等连续量的控制，应选用带有 A/D 转换的模拟量输入模块和带 D/A 转换的模拟量输出模块，配接相应的传感器、变送器（对温度控制系统可选用温度传感器直接输入的温度模块）和驱动装置，并且选择运算功能较强的小型 PLC，如 OMRON 公司的 CQM1 型 PLC 或西门子公司 S7-300 系列的 PLC。

对于控制比较复杂的中大型控制系统，如闭环控制、PID 调节、通信联网等，可选用中、大型 PLC（如 OMRON 公司的 C200HE/C200HG/C200HX、CV/CVM1 等 PLC 或西门子公司 S7-400 系列的 PLC）。当系统的各个控制对象分布在不同的地域时，应根据各部分的具体要求来选择 PLC，组成一个分散控制系统或远程控制系统。

（2）PLC 的处理速度应满足实时控制的要求。PLC 工作时，从输入信号到输出控制存在着滞后现象，即输入量的变化，一般要在 1～2 个扫描周期之后才能反映到输出端，这对于一般的工业控制是允许的。但有些设备的实时性要求很高，不允许有较大的滞后时间。例如 PLC 的 I/O 点数在几十到几千范围内，这时用户应用程序的长短对系统的影响速度会有较大的差别。滞后时间应控制在几十毫秒之内，应小于普通继电器的动作时间（普通继电器的动作时间约为 100ms），否则就没有意义了。通常为了提高 PLC 的处理速度，可以采用以下几种方法：①选择 CPU 处理速度快的 PLC，使执行一条基本指令的时间不超过 0.5μs；②优化应用软件，缩短扫描周期；③采用高速响应模块，例如高速计数模块，其影响的时间可以不受 PLC 扫描周期的影响，而只取决于硬件的延时。

（3）PLC 应用系统结构合理、机型系列应统一。PLC 的结构分为整体式和模块式两种。整体式结构把 PLC 的 I/O 和 CPU 放在一块印刷电路板上，省去插接环节，体积小，每一 I/O点的平均价格比模块式的便宜，适用于工艺过程比较稳定，控制要求比较简单的系统。模块式 PLC 的功能扩展，I/O 点数的增减，输入与输出点数的比例，都比整体式方便灵活。维修更换模块，判断与处理故障快速方便，适用于工艺过程变化较多，控制要求复杂的系统。在使用时，应根据具体情况进行选择。在一个单位或一个企业里，应尽量使用同一系列的 PLC，这不仅使模块通用性好，减少备件量，而且给编程和维修带来极大的方便，也给系统的扩展和升级带来方便。

（4）在线编程和离线编程的选择。小型 PLC 一般使用简易编程器。它必须插在 PLC 上才能进行编程操作，其特点是编程器与 PLC 共用一个 CPU，在编程器上有一个“运行/监控/编程（RUN/MONITOR/PROGRAM）”选择开关，当需要编程或修该程序时，将选择开关转到“编程（PROGRAM）”位置，这时 PLC 的 CPU 不执行用户程序，只为编程器服务，这就是“离线编程”。当程序编好后再把选择开关转到“运行（RUN）”位置，CPU 则去执行用户程序，对系统实施控制。简易编程器结构简单、体积小，携带方便，很适合在生产现场调试、修改程序用。

图形编程器或者个人计算机与编程软件包配合可实现在线编程。PLC和图形编程器各有自己的CPU，编程器的CPU可随时对键盘输入的各种编程指令进行处理；PLC的CPU主要完成对现场的控制，并在一个扫描周期的末尾与编程器通信，编程器将编好或修改好的程序发送给PLC，在下一个扫描周期，PLC将按照修改后的程序或参数控制，实现“在线编程”。图形编程器价格较贵，但它功能强，适应范围广，不仅可以用指令语句编程，还可以直接用图形编程。使用个人计算机进行在线编程，可省去图形编程器，但需要编程软件包的支持，其功能类似于图形编程器。

2. PLC容量估算

PLC容量包括两个方面：一是I/O的点数，二是用户存储器的容量。

(1) I/O的点数估算。根据被控对象的输入信号和输出信号的总点数，并考虑到今后调整和扩充，一般应加上10%～15%的备用量。

(2) 用户存储器容量的估算。用户应用程序占用多少内存与许多因素有关，如I/O点数，控制要求、运算处理量、程序结构等。因此在程序设计之前只能粗略的估算。根据经验，每个I/O点及有关功能器件占用的内存如下。

开关量输入：所需存储器字数=输入点数×10；

开关量输出：所需存储器字数=输出点数×8；

定时器/计数器：所需存储器字数=定时器/计数器数×2；

模拟量：所需存储器字数=模拟量通道数×100；

通信接口：所需存储器字数=接口个数×300。

根据存储器的总字数再加上一定的备用量。

3. I/O模块的选择

(1) 开关量输入模块的选择。PLC的输入模块用来检测来自现场（如按钮、行程开关、温控开关、压力开关等）的高电平信号，并将其转换为PLC内部的低电平信号。

按输入点数分：常用的有8点、12点、16点、32点等。

按工作电压分：常用的有直流5V、12V、24V、交流110V、220V等。

按外部接线分有可分为：汇点输入、分隔输入等。

选择输入模块主要考虑以下两点：① 根据现场输入信号（如按钮、行程开关）与PLC输入模块距离的远近来选择电压的高低。一般24V以下属低电平，其传输距离不宜太远，如12V电压模块一般不超过10m。距离较远的设备选用较高电压模块比较可靠。② 密度大的输入模块，如32点输入模块，能允许同时接通的点数取决于输入电压和环境温度。一般同时接通的点数不得超过总输入点数的60%。

(2) 开关量输出模块的选择。输出模块的任务是将PLC内部低电平的控制信号，转换为外部所需电平的输出信号，驱动外部负载。输出模块有三种输出方式：继电器输出、双向可控硅输出、晶体管输出。

1) 输出方式的选择。继电器输出价格便宜，使用电压范围广，导通压降小，承受瞬时过电压和过电流能力较强，且有隔离作用。但继电器有触点，寿命较短，且响应速度较慢，适用于动作不频繁的交直流负载。当驱动电感性负载时，最大开闭频率不得超过1Hz。双向硅输出（交流）和晶体管输出（直流）都属于无触点开关输出，适用于通断频繁的感性负载。感性负载在断开瞬间会产生较高的反压，必须采取抑制措施，如并接阻容吸收电路等。

2）输出电流的选择。模块的输出电流必须大于负载电流的额定值，如果负载电流较大，输出模块不能直接驱动时，应增加中间放大环节。对于电容性负载、热敏电阻负载，考虑到接通时有冲击电流，要留有足够的裕量。

3）同时接通的输出点数。

在选用输出模块时，不但要看一个输出点的驱动能力，还要看整个输出模块的满载负荷能力，即输出模块同时接通点数的总电流值不得超过模块规定的最大允许电流。如 OMRON 公司的 CQM1-OC222 是 16 点输出模块，每个点允许通过电流 2A（AC250V/DC24V）。但整个模块允许通过的最大电流仅 8A。

（3）特殊功能模块的选择。除了开关量信号以外，工业控制中还要对温度、压力、液位、流量等过程变量进行检测和控制。模拟量输入、模拟量输出以及温度控制模块就是用于将过程变量转换为 PLC 可以接受的数字信号以及将 PLC 内的数字信号转换成模拟信号输出。此外，还有一些特殊情况，如位置控制、脉冲计数以及通信、联网等。与其他外部设备的连接都需要专用的接口模块，如传感器模块、I/O 链接模块等等。这些模块中有自己的 CPU、存储器、能在 PLC 的管理和协调下独立地处理特殊任务，这样既完善了 PLC 的功能，又可减轻 PLC 的负担，提高处理速度。有关特殊功能模块的应用参见 PLC 产品手册。

4．通道分配

一般输入点与输入信号、输出点与输出设备是一一对应的。程序设计前，应按系统配置的通道与触点号，分配给每一个输入信号和输出信号，即进行通道分配。

在个别情况下，也有两个信号用一个输入点的，那样就应在接入输入点前，按逻辑关系接好线（如两个触点先串联或并联），然后再接到输入点。

（1）明确 I/O 通道范围。不同型号的 PLC，其输入/输出通道的范围是不一样的，应根据所选 PLC 型号，查阅相应的编程手册，决不可“张冠李戴”。CQM1 系列 PLC 的输入输出通道号为固定方式，从装在左侧的模块开始依次分配通道，见第二章。CPU 模块自带的输入端子为 000 通道，与 CPU 连接的输入/输出模块的通道号按顺序安排，即所加入的输入模块的通道号从 001 通道开始，由小到大依次排列；输出模块的通道号从 100 通道开始，由小到大依次排列。输入/输出模块在 16 点以下的占用 1 个通道，32 点的占用 2 个通道。虽然 CQM1 系列 PLC 的输入与输出模块允许交叉配置，但为了容易识别通道和减少干扰，通常将输入模块放在一起，排在 CPU 模块的旁边，将输出模块也集中放在一起，排在输入模块的右边。

（2）内部辅助继电器。内部辅助继电器不对外输出，不能直接连接外部器件，而是在控制其他继电器、定时器/计数器时作数据存储或数据处理用。从功能上讲，内部辅助继电器相当于传统电控柜中的中间继电器。未分配模块的输入/输出继电器区以及未使用的链接继电器区等均可作为内部辅助继电器使用。根据程序设计的要求，应合理安排 PLC 的内部辅助继电器，在设计说明书中应详细列出各内部辅助继电器在程序中的用途，避免重复使用。

（3）分配定时器/计数器。定时器/计数器的编号不能相同。对高速定时器，如果扫描时间超过 10ms，必须使用 TIM/CNT000～015，以保证计时准确，而其他编号不能作中断处理，在扫描时间长时，计时不够准确。

（4）数据存储器（DM）。在数据存储、数据转换以及数据运算等场合，经常需要以通道为单位的数据，此时，应用数据存储器是很方便的。数据存储器中的内容，即使在PLC断电、运行开始或停止时也能保持不变。数据存储器也应根据程序设计的需要来合理安排，详细列出各DM通道在程序中的用途，以避免重复使用。

5. 外部接线设计

在PLC选型和通道分配结束后，可根据手册的规定画出PLC外部接线，主要包括以下内容。

(1) 电源。PLC通常采用220V交流电源，允许一定的波动，但为了提高系统可靠性，应在输入端配置1∶1隔离变压器（如果电网电压过高，为了安全，可取1∶0.9），且应有独立使用的断路器。

(2) 接地。PLC在大多数情况可以不做接地处理，但在条件允许时应尽量设计接地线路。一般情况，应设置独立接地，且接地电阻小于100Ω，实在做不到，也可与弱电系统共地。在噪声较大时，可将噪声滤波端与接地端短接。

(3) 输入。PLC可与有触点及电流型输入设备相连，但不能与电压型输入设备相连接。可连接的外部输入设备如图6-1所示。

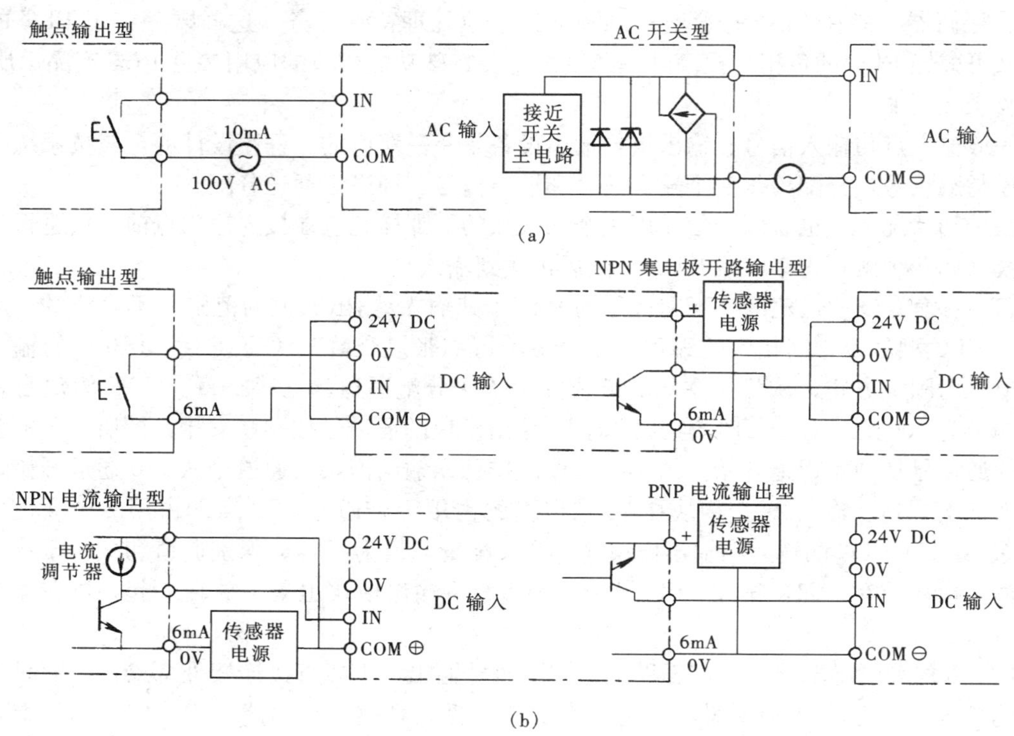

图6-1 可连接的输入设备
(a) 交流输入装置；(b) 直流输入装置

在CQM1型PLC内部装有一个24V直流电源，最大电流0.5A，可供输入及输出电路使用。在IO接线设计时，应检查所有输入设备的兼容性，并充分考虑漏电流和负载感应电动势的影响。例如，当双线传感器，如光电传感器、接近开关或带氖灯的极限开关作为输入设备连接到PLC上时，如果漏电流超过1.3A，可能使输入点误导通，为防止这种情况，应并联上一个如图6-2所示的旁路电阻，以抑制漏电流的影响。

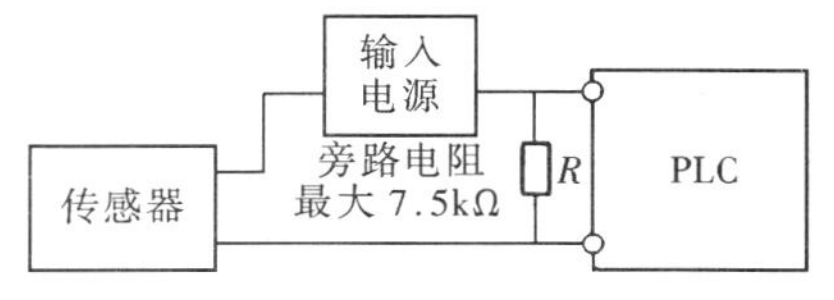

图 6-2　抗输入漏电流措施

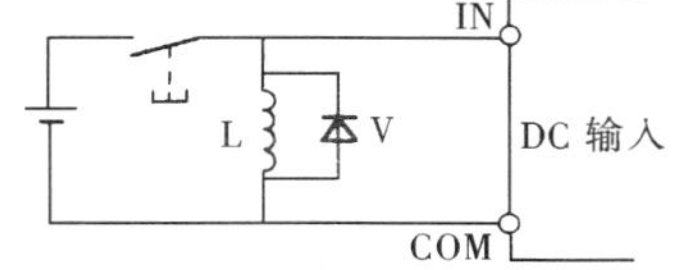

图 6-3　感性负载输入

设 I 为设备的漏电流，旁路电阻 R 可按下式计算：

$$R = \frac{7.2}{2.4I - 3}(\text{k}\Omega)$$

当一个感性负载联到 PLC 的输入端时，需要加电涌吸收装置（交流）或二极管（直流）以抑制反电动势，如图 6-3 所示。

（4）输出。晶体管或双向可控硅输出型 PLC 接上负载后，当漏电流有可能造成设备的误动作时应在负载两端并联一个旁路电阻，如图 6-4 所示。

旁路电阻按下式计算：

$$R = \frac{V_{\text{ON}}}{I}(\text{k}\Omega)$$

其中，I 为漏电流（mA），V_{ON} 为负载的开启电压（V）。

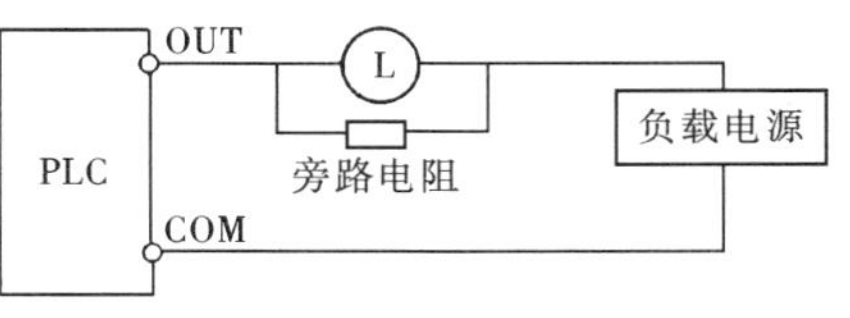

图 6-4　负载并联旁路电路

当感性负载连到 PLC 输出端时，同样需要加电涌抑制器或二极管，用以吸收负载产生的反电动势，如图 6-5 所示。其中，二极管必须耐 3 倍的负载电压，并允许流过 1A 的平均电流。当负载电压为 200V 时，阻容吸收装置中 $R=50\Omega$，$C=0.47\mu$F。

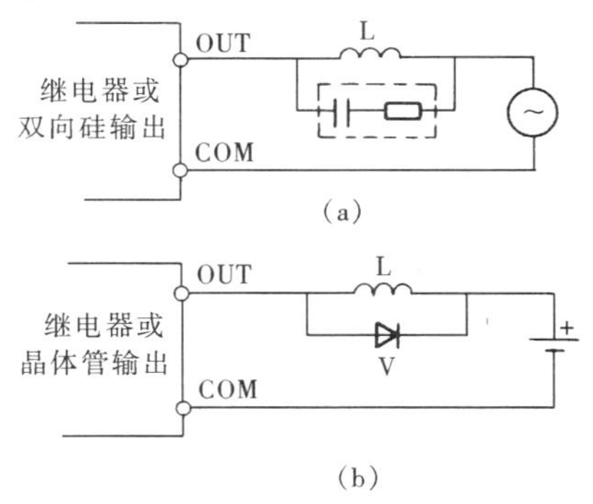

图 6-5　感性负载输出

（a）继电器或双向硅输出；（b）继电器或晶体管输出

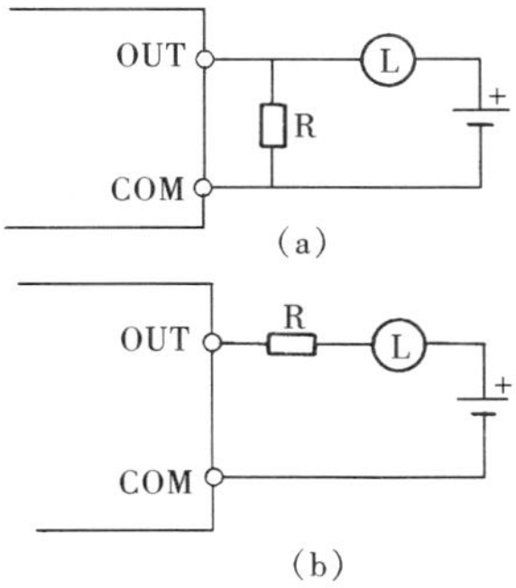

图 6-6　抑制冲击电流的方法

（a）方法（1）；（b）方法（2）

将晶体管或双向硅输出型 PLC 的输出连到一个允许较高的冲击电流通过的设备（如白炽灯）时，要确保晶体管或双向硅的安全，使启动电流不要超过 10 倍的额定电流。如果实际的冲击电流高于这个值，可采用图 6-6 所示的方法使之降低。图 6-6 中方法（1）允许微弱电流（大约额定电流的三分之一）流过负载，这样就有效地抑制了初始的电涌电流；方法（2）可直接抑制冲击电流，但同时降低了负载两端的电压。

还需要注意的是，对于易造成伤害事故的负载，除了在 PLC 的控制程序中要加以考虑外，还应在 PLC 之外设计急停电路，设置事故开关、紧急停机装置等，使得一旦设备发生故障时，能及时切断引起伤害事故的负载电源。

三、PLC 控制系统软件设计

根据 PLC 系统硬件结构和生产工艺要求，使用相应的编程语言，编制实际应用程序并形成程序说明书的过程就是软件设计，其主要内容如下。

1. 程序设计前的准备工作

(1) 了解系统概况，形成整体概念。这一步的工作主要是通过系统设计方案了解控制系统的全部功能、控制规模、控制方式、输入和输出信号的种类和数量、是否有特殊功能接口、与其他设备关系、通信内容与方式等等。如果没有对整个控制系统的全面了解，就不能对各种控制设备之间的相互联系有真正的理解，靠想当然编制的程序是肯定无法实际运行的。

(2) 熟悉被控对象，使程序设计有的放矢。把控制要求根据控制功能分类，并确定输入信号检测设备、控制设备、输出信号控制装置的具体情况，深入细致地了解每一个检测信号和控制信号的形式、功能、规模，它们之间的关系，并预见以后可能出现的问题，使程序设计有的放矢。

在熟悉被控对象的同时，还要认真借鉴前人在程序设计中的经验和教训，总结各种问题的解决方法。总之，在程序设计之前，掌握的东西越多，对问题思考得越深入，程序设计就会越得心应手。

(3) 充分地利用各种软件编程环境。目前各 PLC 主流产品都配置了功能强大的编程环境，如欧姆龙公司的 CX-P、西门子公司的 STEP7 软件等，可在很大程度上减轻软件编制的工作强度，提高编程效率和质量。

2. 程序框图设计

这项工作主要是根据控制系统的具体情况，确定用户程序的基本结构、程序设计标准和结构框图，然后再根据工艺要求，绘制出各个功能单元的详细功能框图。系统程序框图应尽量做到模块化，一般最好按功能采取模块化设计方法，因此相应的框图也应依此绘制，并规定其各自应完成的功能，然后再绘制图中各模块内部的详细功能图。框图是编程的主要依据，要尽可能准确，功能图应尽可能详细。如果框图是由别人设计的，一定要设法弄清楚其设计思想和方法。完成这部分工作之后就会对系统全部程序设计内容具有一个整体思想，为下一步的程序设计奠定良好的基础。

3. 编写程序

编写程序就是根据设计出的框图与细化的功能图编写控制程序，这是整个程序设计工作的核心部分。常用的编程方法有经验法、解析法、波形图法和流程图法。可根据实际情况和习惯选择。如果有编程支持软件应尽量使用。

在编写程序的过程中，可以借鉴典型的标准程序，但必须能读懂这些程序段，否则将会给后续工作带来困难和损失。另外，编写程序过程中要及时对编写出的程序进行注释，以免忘记它们之间的相互关系。

4. 程序测试

刚编好的程序难免存在缺陷或错误。为了及时发现和消除程序中的错误和缺陷，减少系统现场调试的工作量，确保系统在各种正常和异常情况时都能作出正确的响应，需要对程序进行离线测试。经调试、排错、修改及模拟运行后，才能正式投入运行。

程序测试时重点应注意下列问题：①程序能否按设计要求运行；②各种必要的功能是否具备；③发生意外事故时能否做出正确的响应；④对现场干扰等环境因素适应能力如何。

经过测试、排错和修改后，程序基本正确，下一步就可到使用现场试运行，进一步察看系统整体效果，还有哪些地方需要进一步完善。经过一段时间运行，证明系统性能稳定，工作可靠，已达到设计要求，就可把程序固化到 EPROM 或 EEPROM 芯片中，正式投入运行。

5. 编写程序说明书

程序说明书是程序设计的综合说明。编写程序说明书的目的就是便于程序的设计者与现场工程技术人员进行程序调试与程序修改工作，它是程序文件的组成部分。程序说明书一般应包括程序设计的依据、程序设计与调试的关键点等。

四、PLC 控制系统可靠性设计

1. 有关术语

随着科学技术的不断发展，工厂技术装备越来越复杂，自动化程度越来越高，控制系统的可靠性日益受到人们的重视。有关 PLC 控制系统可靠性设计的术语如下。

（1）可靠度。系统连续工作到 t 时刻的概率称为可靠度。一般是按指数规律分布的，即

$$R(t) = e^{-\lambda \cdot t} \tag{6-1}$$

（2）失效率。式（6-1）中的 λ 即为失效率，也就是系统在规定时间内出现故障的次数。故失效率也称之为故障率。

（3）平均无故障时间（MTBF）。平均无故障时间用失效率或故障率的倒数来表示，它表明了部件或系统的可靠性。

$$\mathrm{MTBF} = \frac{1}{\lambda} \tag{6-2}$$

（4）平均维修时间（MTTR）。每次系统出现故障后的平均维修时间。

（5）可用性（V）。

$$V = \frac{\mathrm{MTBF}}{\mathrm{MTBF} + \mathrm{MTTR}} \tag{6-3}$$

由式（6-3）可以清楚地看出，增加系统可用性的方法就是增加平均无故障时间或减少平均维修时间。

2. 系统可靠度计算

系统的可靠度是按不同的系统结构进行的，下面简要介绍几种典型结构系统的可靠度计算方法。

（1）串联结构系统的可靠度计算。当控制系统由几个独立部件串联构成时，任意部件出现故障都将导致系统失效。图 6-7 给出了采用远程 I/O 接口的 PLC 控制系统结构，其可靠度为：

$$R(t) = R_1(t)R_2(t)R_3(t)R_4(t) = e^{-\lambda_1 \cdot t}e^{-\lambda_2 \cdot t}e^{-\lambda_3 \cdot t}e^{-\lambda_4 \cdot t} = e^{-\lambda \cdot t} \tag{6-4}$$

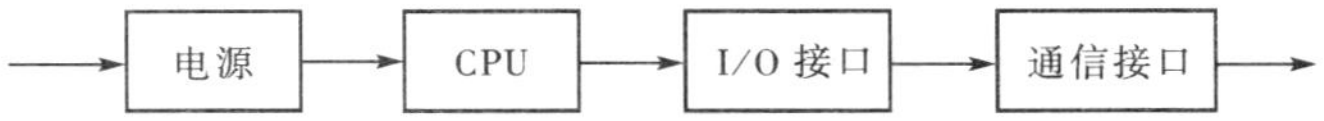

电源 → CPU → I/O 接口 → 通信接口

图 6-7　串联结构的系统

失效率为：

$$\lambda = \lambda_1 + \lambda_2 + \lambda_3 + \lambda_4 \tag{6-5}$$

（2）并联结构系统的可靠度计算。当系统由几个独立部件并联构成时，所有部件都失效时系统才失效。图 6-8 给出了由两台 PLC 构成的主机热备冗余系统。热备冗余系统的可

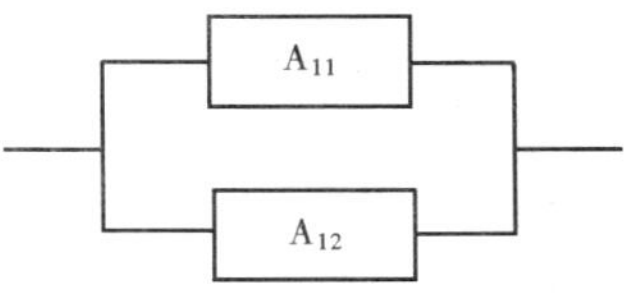

图 6-8　并联结构的系统

靠度与平均无故障时间分别为

$$R(t)=\mathrm{e}^{-\lambda_1\cdot t}[2-\mathrm{e}^{-\lambda_1\cdot t}]=1-(1-R_1)t^2 \tag{6-6}$$

$$\mathrm{MTBF}=\frac{3}{2\lambda_1} \tag{6-7}$$

(3) 串并联复合结构系统的可靠度计算。图 6-9 给出了串并联复合系统结构图。对于这类结构系统的可靠度计算可根据前面并联和串联可靠度的计算方法加以计算，即先计算出并联部分的可靠度，然后将这部分当作整体 A1 与 A2、A3 相串联，计算整个复合系统的可靠度。式 (6-8) 给出了复合系统的可靠度计算公式。

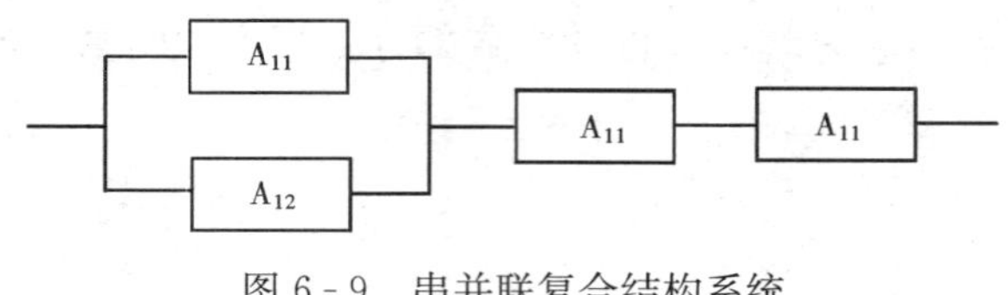

图 6-9　串并联复合结构系统

$$R(t)=\{1-[1-R_1(t)]^2\}R_2(t)R_3(t) \tag{6-8}$$

对于更复杂的系统计算可靠度可以根据这里介绍的三种典型连接形式系统可靠度的计算方法加以进行。

3. PLC 控制系统的抗干扰设计

PLC 属于专用工业控制计算机，一般放置和工作于工业现场，直接与被控装置及设备相连接，而其自身工作电压较低，工作频率较高，因此现场的各种干扰对它将会造成很大的影响，甚至引起误动作造成重大的损失。特别是系统的输入输出环节，更是干扰窜入的重要通道，因此在 PLC 控制系统设计中，考虑相应的抗干扰措施是极为重要的。工业现场环境条件一般比较恶劣，为此必须考虑 PLC 控制系统的合理抗干扰措施。

(1) 抑制公共阻抗耦合干扰的措施。导线的阻抗通常就是耦合阻抗，其大小与导线的铺设有很大关系，在电路或系统设计时必须预先考虑抗干扰措施。主要有：①尽量缩短公共阻抗部分的导线长度，减小来回线间的距离及采用直线布线方式等，用以减小导线的电感；②采取增大导线截面、减小接触电阻等措施减小导线的电阻；③机柜接地与系统接地分开设置；④采用继电器、光电耦合器、变压器等电隔离器件实现电位隔离。

(2) 抑制电容性干扰的措施。为了抑制和避免电容性干扰，在设计 PLC 控制系统时，要求干扰源的电气参数应使电压变化幅度和变化速率尽可能地小；被干扰系统应尽可能设计成低电阻及高信噪比系统，且其结构应尽量紧凑，并彼此在空间上相互隔离。

1) 为减小耦合电容，在配线时，应使导线尽量短些，并尽量避免平行走线，信号线必须与电源线分开敷设；弱电线与强电线分别安排在不同配线槽内等。

2) 通过电气屏蔽抑制干扰源的干扰电场的作用。

3) 将耦合电容彼此电气对称平衡地连接，可以抵消耦合的干扰作用。

(3) 抑制电感性干扰的措施。主要有三种方法：

1) 减小系统各部分之间的电感。主要措施是减小系统各单元耦合部分（主要是电线电缆）的间距、导线尽量短、避免平行走线、采用双绞线以缩小电流回路所围成的面积等。

2) 对干扰对象或干扰源设置磁屏蔽，以抑制干扰电场。主要有静态磁屏蔽和涡流屏蔽等措施。静态磁屏蔽：主要用于低频段，屏蔽对象用一个尽可能密闭的铁磁性外壳罩起；涡流屏蔽用在高频段，它是利用非磁性或弱磁性物质中的涡流效应对交变磁场进行屏蔽。

3）采用结构平衡措施：如导线垂直交叉敷设，或采用双绞线结构等，使耦合的干扰信号最小，或彼此抵消。

（4）抑制波阻抗耦合的干扰措施。波阻抗耦合分为传导波耦合和辐射波耦合两种形式。对于传导波耦合，可通过强电线与弱电线分开敷设，使用双绞线或同轴屏蔽电缆等措施加以抑制；对于辐射波干扰，通常采用在干扰源和干扰对象间插入金属屏蔽物的方式来抑制。

五、PLC控制系统的供电系统设计

供电系统的设计直接影响控制系统的可靠性，因此在设计供电系统时应考虑下列因素。

（1）输入电源电压允许在一定的范围内变化；

（2）当输入交流电断电时，应不破坏PLC程序和数据；

（3）在控制系统不允许断电的场合，要考虑供电电源的冗余；

（4）当外部设备电源断电时，应不影响控制器的供电；

（5）要考虑电源系统的抗干扰性。

考虑到上述对电源系统的要求，在进行电源系统设计中主要可以采用以下措施。

1. 采用隔离变压器分离供电方式

PLC与I/O装置分别由各自的具有隔离功能的变压器供电，并与主回路电源分开，如图6-10所示。这样当输入输出回路供电断开时，不会影响PLC的供电。应该注意的是，各个变压器的二次绕组的屏蔽层接地点应分别接入各绕组电路的地。最后再根据系统的需要，选择必要和合适的公共接地点接地，以达到最佳的屏蔽效果。

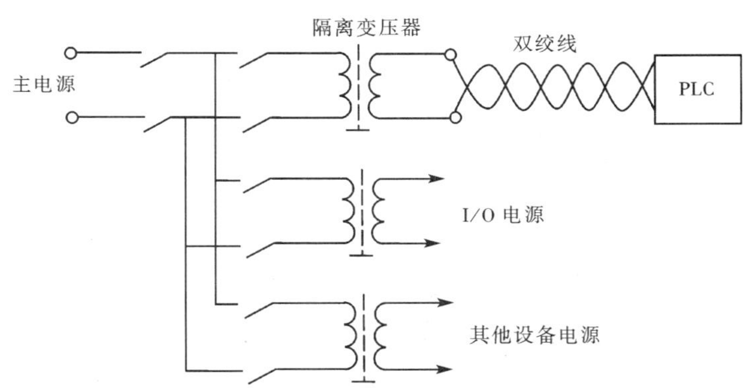

图6-10　采用隔离变压器的供电系统

2. 双路供电系统

在可靠性要求极高的PLC控制系统中，为了提高系统工作的可靠性，在条件允许的情况下，供电系统的交流侧最好采用双电源供电系统。双路电源最好引自不同的变电站，当一路电源出现故障时，可自动切换到另一路电源供电。图6-11给出了双路供电系统的典型结构图。

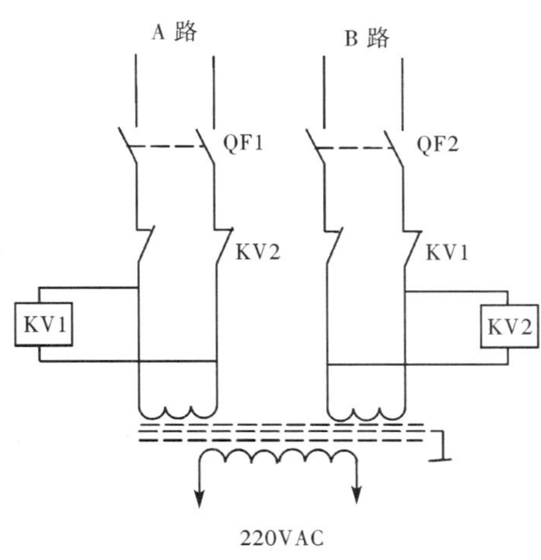

图6-11　双路供电系统

图中，KV1、KV2是欠电压继电器。假设先合上开关QF1，令A路供电，则由于B路KV2线圈没有得电，KV2常闭触点闭合，完成A路供电控制。同时由于KV1线圈得电，其常闭触点KV1断开，在合上QF2开关时，B路不能供电。当A路欠压时，KV1释放，其常闭触点闭合，使B路供电回路接通，同时断开KV2常闭触点，彻底切断A路。由B路切换到A路供电的工作原理与此相同。

3. 采用UPS供电系统

不间断电源（UPS）是计算机的保护神，平时处于充电状态，当输入电源掉电时，UPS能自动切换到输出状态，继续向计算机供电。根据UPS的容量不同，在交流电源掉电之后，可继续向PLC供电10～30min，因此对于重要的PLC控制系统，在供电电源系统中配置UPS是十分有效和必要的。

第二节　系统调试与检查

PLC为系统调试提供了强大的功能，充分利用这些功能，将使系统调试简单、迅速。

一、调试方法及步骤

系统调试时，应首先按要求将电源、I/O端子等外部接线连接好，然后将已编好的梯形图送入PLC，并使其处于监控或运行状态。系统调试流程见图6-12。

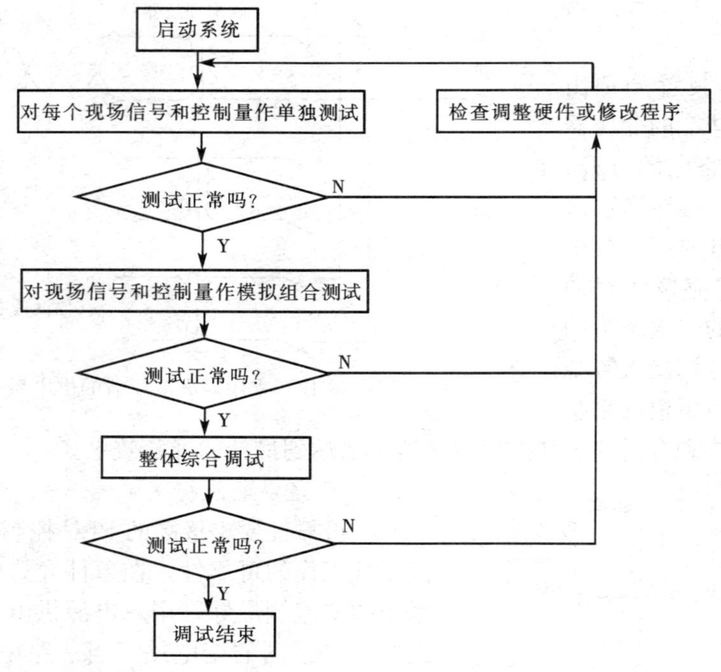

图6-12　系统调试流程图

1. 对每个现场信号和控制量作单独测试

对于一个系统来说，现场信号和控制量一般不止一个，但可以人为地使各现场信号和控制量一个一个单独满足要求。当一个现场信号和控制量满足要求时，观察PLC输出端和相应的外部设备的运行情况是否符合系统要求。如果出现不符合系统要求的情况，可以先检查外部接线是否正确，当接线准确时再检查程序，修改控制程序中的不当之处，直到对每一个现场信号和控制量单独作用时均满足系统要求时为止。

2．对现场信号和控制量作模拟组合测试

通过现场信号和控制量的不同组合来调试系统，也就是人为地使两个或多个现场信号和控制量同时满足要求，然后观察PLC输出端及外部设备的运行情况是否满足系统控制要求。一旦出现问题（基本上属于程序问题），应仔细检查程序并加以修改，直到满足系统要求为止。

3．整个系统综合调试

整个系统的综合调试是对现场信号和控制量按实际控制要求进行模拟运行，以观察整个系统的运行状态和性能是否符合系统的控制要求。若控制规律不符合要求，绝大多数是因为控制程序有问题，应仔细检查并修改控制程序；若性能指标不满足要求，应该从硬件和软件两方面加以分析，找出解决办法，调整硬件或软件，使系统达到控制要求。

二、故障检查

1．总体检查

总体检查用于判断故障的大致范围，为进一步详细检查做前期工作，如图6-13所示。

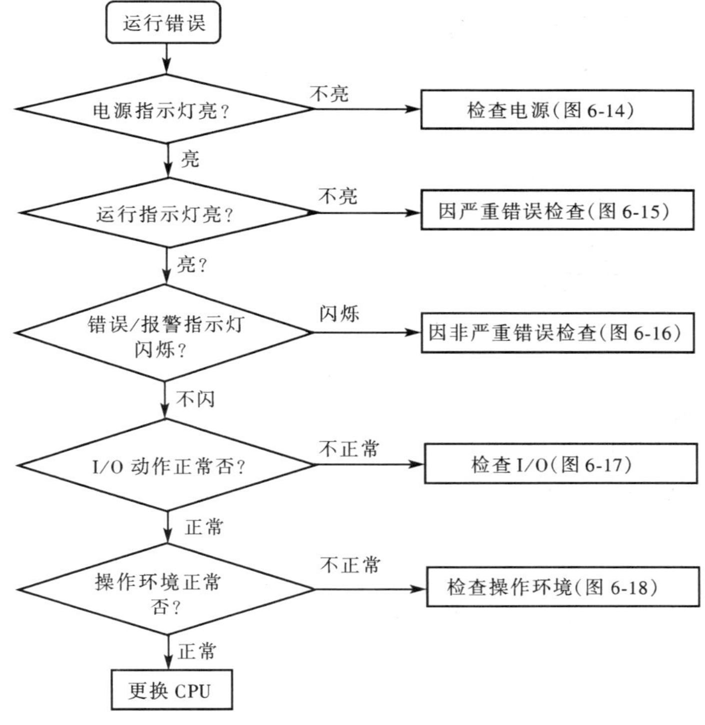

图6-13　总体检查流程图

2．电源检查

如果在总体检查中发现电源指示灯不亮，则需要进行电源检查，如图6-14所示。

3．致命错误检查

当出现严重错误时，PLC将停止工作。此时，如果电源指示灯能亮，则可按如图6-15所示流程检查系统错误。

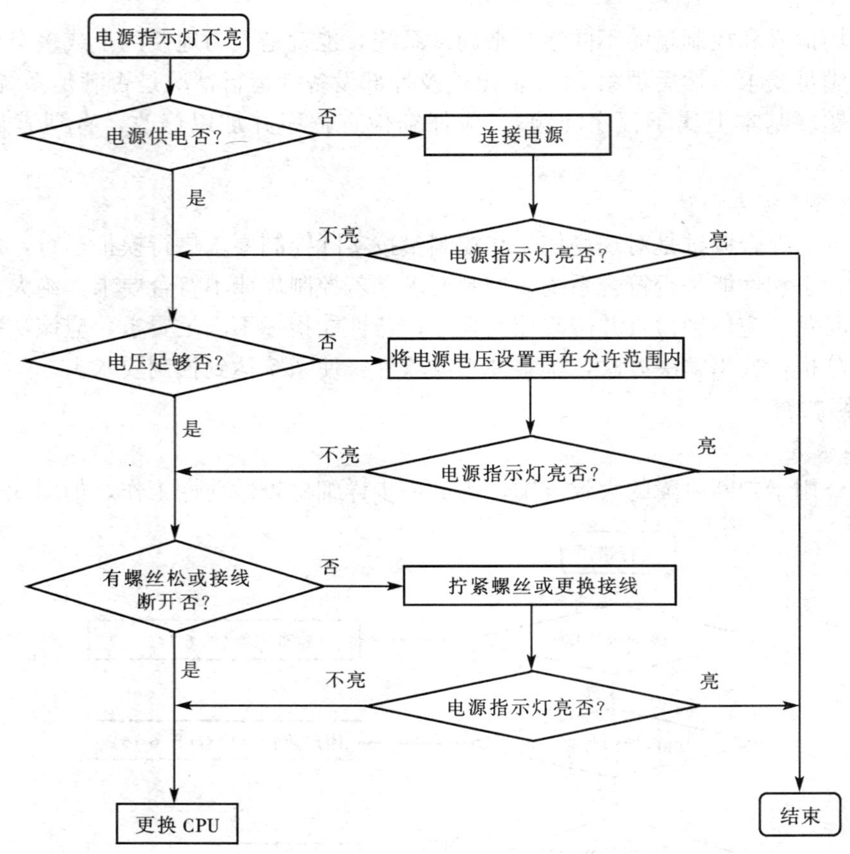

图6-14 电源检查流程图

4. 非致命错误检查

在出现非致命错误时，虽然PLC仍会继续运行，但是应尽快查出错误原因加以排除，以保证PLC的正常运行。可在必要时停止PLC操作以排除某些非致命错误。非致命错误检查流程，如图6-16所示。

5. I/O检查

输出/输入检查的流程图如图6-17所示。

6. 环境检查

影响PLC工作的环境因素主要有温度、湿度、噪声等，各种因素对PLC的影响是独立的，参考性的环境条件检查流程图，如图6-18所示。

三、错误信息及处理

PLC在运行中发生错误时，一般会给出错误信息。利用简易编程器可读出错误信息，从而有针对性地去排除故障。下面结合OMRON的CQM1型PLC介绍运行错误信息。

1. 编程器操作错误

在编程器上执行操作时可能出现的错误信息见表6-1。按这些信息的指示改正错误后方可继续进行操作。

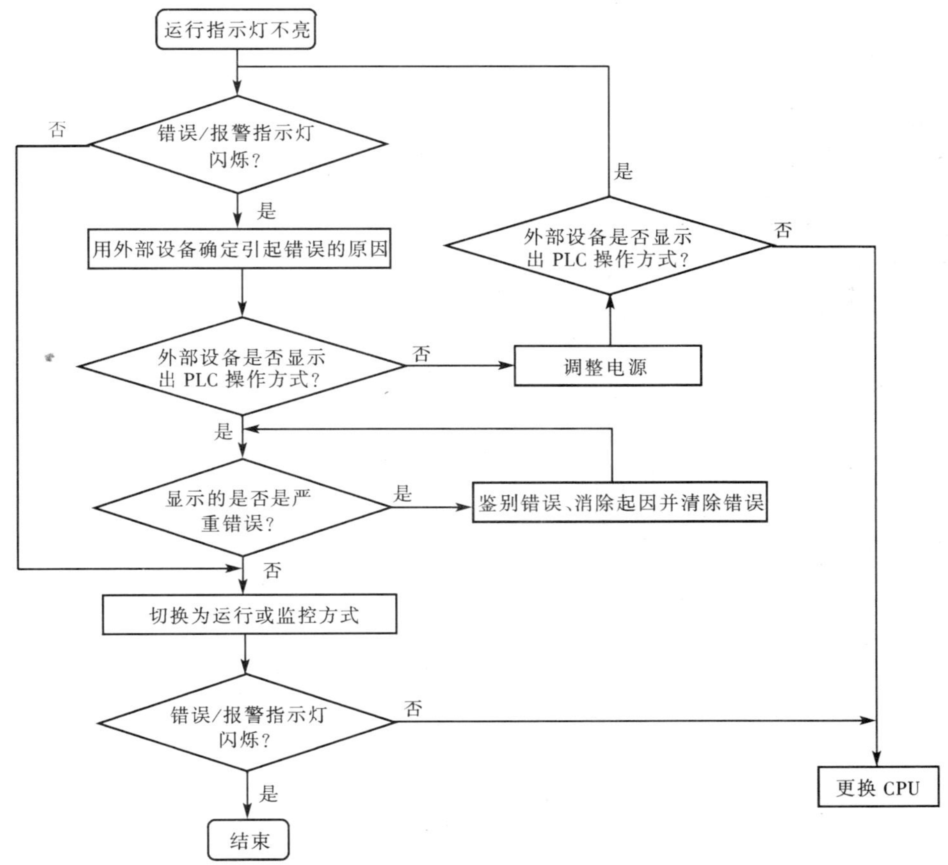

图6-15　致命错误检查流程图

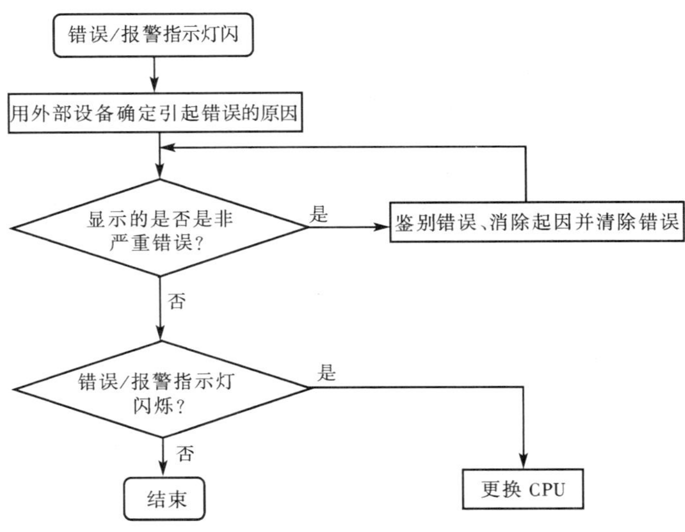

图6-16　非致命错误检查流程图

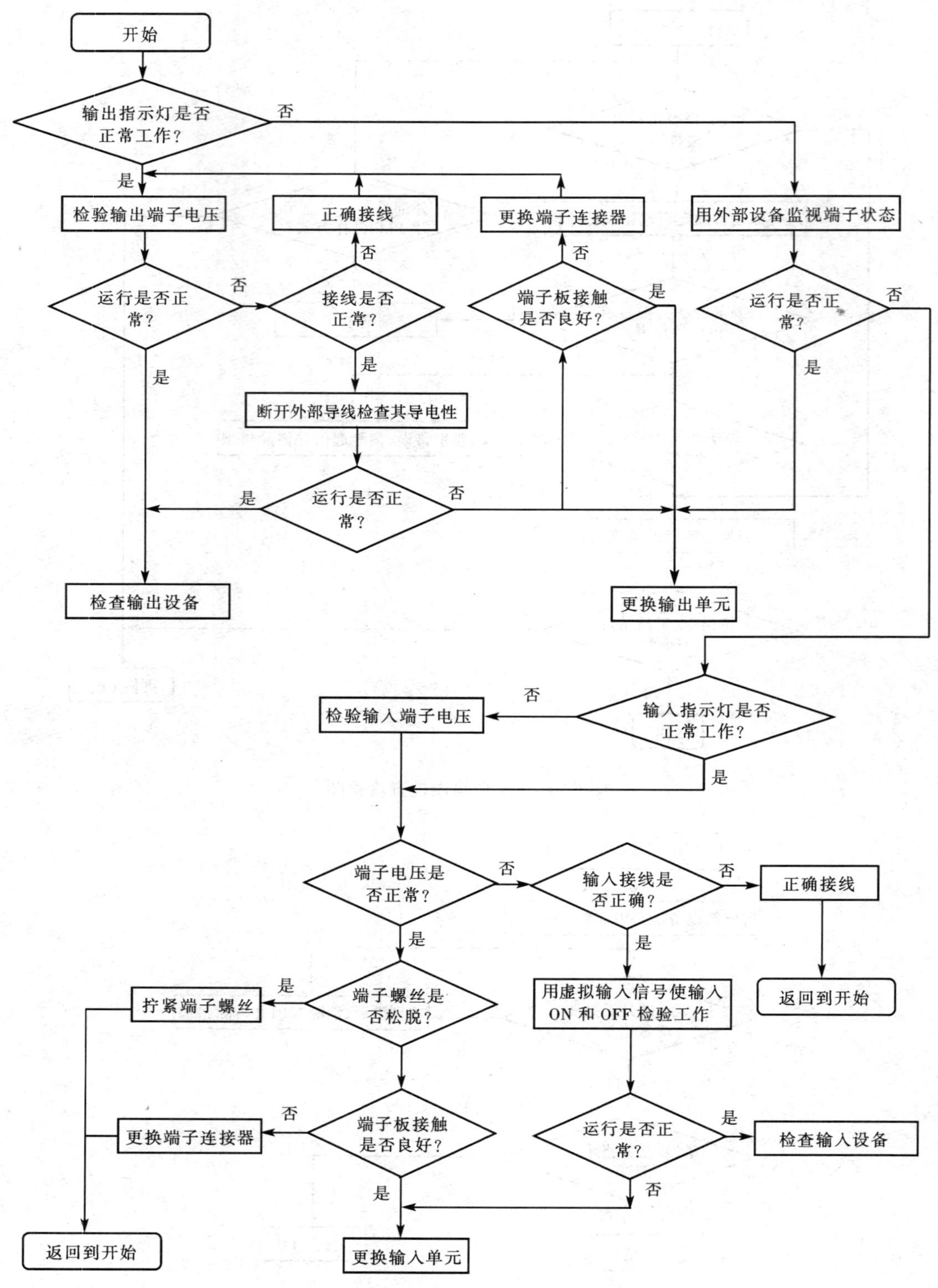

图 6-17 I/O检查流程图

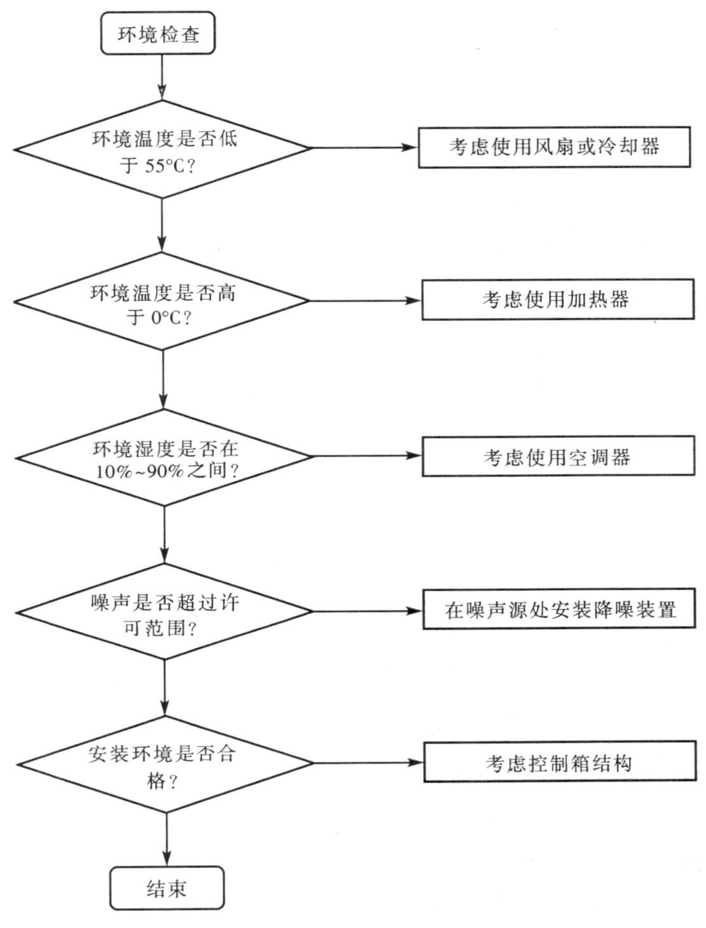

图 6-18　环境检查流程图

表 6-1　**编程器操作错误信息**

信　息	含义及处理办法
REPL ROM	对写保护存储器进行写操作。设置写保护开关（CPU的DIP开关的引脚1）为OFF
PROG OVER	存储器最末地址处的指令不是NOP（00）。删除程序结尾处所有不必要的指令
ADDR OVER	所设置的地址比程序存储器的最高存贮地址还要大。输入一个较小的地址
SET DATA ERR	FALS 00 被输入，而“00”不能被输入。重新输入数据
I/O NO. ERR	已指定的数据区地址超出了数据区的范围。确认指令的需要，重新输入地址

2．编程错误

在用程序检查操作来检查程序时，在程序语法方面的错误会被检查出来。有A、B、C三个等级的程序检查：水平0用来检查A、B、C类错误；水平1用来检查A、B类错误；水平2用来检查A类错误。

表6-2　　编 程 错 误 信 息

错误级别	信　　息	含义及处理办法
A级	?????	程序被破坏，产生一个不存在的功能代码。重新输入程序
	CIRCUIT ERR	逻辑块数与逻辑块指令不一致。检查程序
	OPERAND ERR	指令送入的常数不在规定的数值范围之内。改变常数使之在正确范围内
	NO END INSTR	在程序中没有END（01）指令。在程序的最后写上END（01）指令
	LOCN ERR	指令在程序中的位置错误。检查指令的要求并修改程序
	JME UNDEFD	JME（05）指令缺少JMP（04）指令。改正跳转号或插入适当的JMP（04）指令
	DUPL	相同的跳转号或子程序号被用了两次。改正程序，使每个编号只用一次
	SBN UNDEFD	对不存在的子程序编号使用了SBS（91）。改正子程序编号或编写需要的子程序
	STEP ERR	不正确地使用带步号的STEP（08）和不带步号的STEP（08）。修改程序
B级	IL-ILC ERR	IL和ILC没有成对使用，但IL-IL-ILC形式可正常工作。检查程序确定是否需要修改
	JMP-JME ERR	JMP和JME没有成对使用，但JMP- JMP-JME形式可正常工作。检查程序确定是否需要修改
	SBN-RET ERR	如果显示的地址是SBN（92）的，则两个不同的子程序被定义了相同的编号；如果显示的地址是RET（93）的，则RET（93）没有正确使用。修改程序
C级	COIL DUPL	同一个位被多条指令控制，虽然对有的指令是允许的。检查程序确定是否需要修改
	JMP UNDEFD	JME（05）没有与具有相同转移号的JMP（04）一起使用。加上具有相同转移号的JMP（04）指令或删除不用的JME（05）指令
	SBS UNDEFD	一个存在的子程序未被SBS（91）调用。在适当位置编制子程序调用，或删除不需要的子程序

3. 用户定义的错误

CQM1有三条指令（FAL \ FALS \ FPD）可以用来定义自身的错误或信息。这些指令把信息送到连接PLC的编程器，定义致命的或非致命的错误。

（1）故障报警FAL（06）。FAL（06）指令用来产生非致命错误。在FAL（06）执行时，会出现下列情况：

① CPU上的ERR/ALM指示灯闪光。PLC继续工作。

② 指令的2位BCD FAL数（01～99）被写入SR25300到SR25307。

③ 如果使用带有时钟（RTC）的存储器盒，则FAL号和发生时间会记录在PLC的错误日志区。FAL号可以任意设置，以表示特定的条件。但不能给FAL和FALS编相同的号。为清除FAL错误，排除错误起因，可执行FAL（00），然后用编程器清除错误。

（2）严重故障报警FALS（07）。FALS（07）是一条引起致命错误的指令。在FALS（07）执行时，会出现下列情况：

① 程序停止执行，输出被屏蔽。

② CPU上的ERR/ALM指示灯亮。

③ 指令的2位BCD FALS数（01～99）被写入SR25300到SR25307。

④ 如果使用带有时钟（RTC）的存储器盒，则FALS号和发生时间会记录在PLC的错误日志区。FALS号可以任意设置，以指示特定的条件。但不能给FAL和FALS编相同的号。为清除FALS错误，排除错误起因，可将PLC切换到编程状态，然后用编程器清除错误。

(3) 故障点检测 FPD。FPD (——) 也能产生非致命错误 (FAL)，并在外围设备上显示任一信息。

(4) 信息显示 MSG (46)。MSG (46) 用来在编程器上显示设定的信息。在指令执行条件为 ON 时，可显示多达 16 个字符的信息。

4. 运行错误

CQM1 型 PLC 在运行中有两种类型的错误：非致命错误和致命错误。

当 CQM1 型 PLC 发生非致命错误时，CPU 模块面板上的电源指示灯和运行指示灯仍保持亮，而 ERR/ALM 指示灯闪烁。虽然在发生非致命错误时，PLC 会继续运行，但还是尽快纠正错误并清除错误。CQM1 型 PLC 发生非致命错误的信息含义和相应措施见表 6-3。

当 CQM1 型 PLC 发生致命错误时，PLC 将停止运行，PLC 的所有输出均被屏蔽。对于电源中断错误，CPU 面板上的全部指示灯都不亮。对于其他的致命错误，CPU 模块面板上的 POWER 指示灯和 ERR/ALM 指示灯亮，RUN 指示灯不亮。CQM1 型 PLC 发生致命错误的信息含义和相应的措施见表 6-4。

表 6-3　非致命错误的信息含义及处理办法

信　　息	FAL 数	含义及处理办法
SYS FALL FAL**	01～99	在程序中执行了 FAL (06) 指令。检查 FAL 数以确定执行的条件，纠正并清除错误
	9D	在 CPU 和存储器盒之间传输数据时发生错误。检查以下标记，并加以改正： AR1412 ON：切换到编程状态，清除错误，重新传送； AR1413 ON：传送目标被写保护：如果 PLC 是目标，关掉 PLC 电源，确保 CPU 的 DIP 开关引脚 1 为 OFF，清除错误，重新传送；如果 EEPROM 是目标，检查电源是否打开，清除错误，重新传送；如果 EPROM 是目标，更换为可写存储器盒 AR1414 ON：目标容量不足。检查 AR15 中的源程序容量，并考虑使用不同的 CPU 或存储器盒； AR1415 ON：在存储器盒中没有程序或程序有错误。检查存储器盒
	9C	在脉冲 I/O 功能或绝对型编码器接口功能中出现错误。检查 AR0408～AR0415 (2 位 BCD 码) 的内容，并加以改正 (仅适用于 43、44 型 CPU)： 01、02：在硬件中发生错误。关掉电源，再接通电源。如果错误继续存在，则更换 CPU； 03：PLC 设置 (DM6611、DM6612、DM6643、DM6644) 不正确。改正设置； 04：在脉冲输出时 CQM1 运行中断。检查接受脉冲输出的单元是否受到影响
	9B	在 PLC 设置中出现错误。检查标记 AR2400～AR2402，并加以改正： AR2400 ON：接通电源时，PLC 设置 (DM6600～DM6614) 发现错误设定。在编程方式下改正设置，并重新接通电源； AR2401 ON：切换到运行方式时，PLC 设置 (DM6615～DM6644) 发现错误设定。在编程方式下改正设置，并重新回到运行方式； AR2402 ON：在运行时，PLC 设置 (DM6645～DM6655) 发现错误设定。改正设置，并清除错误
SCAN TIME OVER	F8	监视定时器超过 100ms (SR25309 为 ON)。表明程序的扫描时间大于推荐的时间。想办法缩短扫描时间
BATT LOW	F7	备用电池出错或电压降低 (SR25308 为 ON)。检查电池，必要时更换；检查 PLC 设置 (DM6655) 是否检测到电池电压低

表 6-4　　致命错误的信息含义及处理办法

信　　息	FALS 数	含义及处理办法
电源中断（无信息）	—	电源至少中断了 10ms。检查电源电压和电源线。重新通电
MEMORY ERR	F1	AR1611 ON：PLC 设置（DM6600～DM6655）发生校验和错误。初始化所有 PLC 设置，并重新输入 AR1612 ON：程序中发生校验和错误，表明有不正确的指令。检查程序并改正发现的任何错误 AR1613 ON：扩充指令的数据中发生校验和错误。初始化全部扩充指令的设置，并重新输入 AR1614 ON：在电源开时安装或取出存储器盒。关闭电源，安装存储器盒，再打开电源 AR1615 ON：启动时不能读出存储器盒中的内容。检查标记 AR1412～AR1415 以确定问题所在，改正，再打开电源
NO END INST	F0	程序中未写 END（01）。在程序的最末地址处写入 END（01）
I/O BUS ERR	C0	在 CPU 和 I/O 单元之间传输数据时出现错误。利用标记 AR2408～AR2415 确定问题所在；关闭电源，检查 I/O 单元或端盖是否松动，再重新打开电源
I/O UNIT OVER	E1	所安装的 I/O 单元上的 I/O 字数超出最大值。关闭电源，重新排列系统以减少 I/O 字数，重新打开电源
SYS FAIL FALS**	01～99	程序执行了 FALS（07）指令。检查 FALS 号，确定引起执行的条件，改正原因并清除错误
	9F	扫描周期超过 FALS 9F 扫描周期定时器（DM6618）。检查扫描周期，必要时调整扫描周期定时器

5. 上位链接错误

当 CQM1 从上位计算机接收到的命令不能被处理时，这些错误代码被接收为应答代码（结束代码）。错误代码格式为：

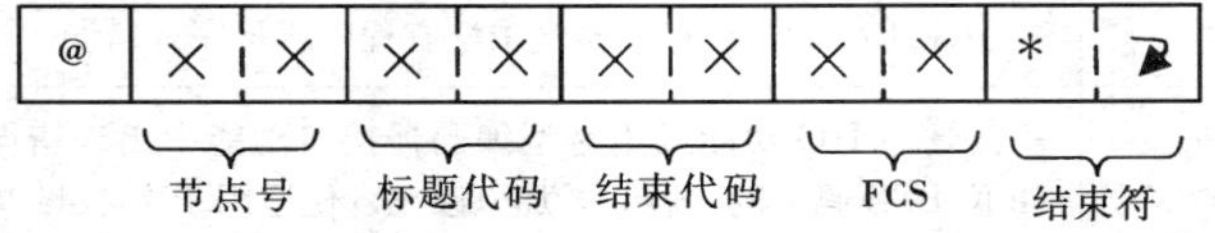

标题代码会随命令的不同而改变，并可含有一个子码（用于复合命令）。上位链接错误信息及处理办法见表 6-5。

表 6-5　　上位链接错误信息及处理办法

结束代码	内　　容	可能原因	处理方法
00	正常完成	—	—
01	在 RUN 方式不可执行	当 PLC 处于 RUN 方式时，发送的命令不能被执行	检验命令和 PLC 方式之间的关系
02	在监控方式不可执行	当 PLC 处于监控方式时，发送的命令不能被执行	
0B	在编程方式不可执行	当 PLC 处于编程方式时，发送的命令不能被执行	这个代码当前未在使用
13	FCS 错误	FCS 是错误的，或是 FCS 计算出错，或有不利的噪声干扰	检验 FCS 计算方法，如果有噪声干扰，再次传送命令

续表

结束代码	内　　容	可能原因	处理方法
14	格式错误	命令格式是错误的	检验格式，再次传送命令
15	输入号数据错误	读、写区错误	改正读、写区，再次传送命令
16	命令不受支持	指定的命令并不存在	检验命令代码
18	帧长度错误	帧长度超过最大范围	将命令分为多幅帧
19	不可执行	没有为复合命令（QQ）寄存要读的各项目	在着手分批读之前，执行QQ以寄存要读的各项目
23	用户存储器写保护	CQM1 DIP开关的引脚1为ON	使引脚1变为OFF
A3	因发送数据的FCS错误引起故障	在执行一个持续时间超过一帧以上的命令时发生错误 注：数据到那时已被写到CPU适当的区	检验命令数据而后再次试一试传送
A4	数据的格式错误引起故障		
A5	因发送数据的输入信号数据错误引起故障		
A8	因发送数据的帧长度错误引起故障		
其他	…	接收到噪声干扰	再次传送命令

第三节　PLC的安装及维护

一、安装环境

（1）环境温度。①PLC存放温度为－20～60℃；②PLC工作温度为0～55℃；③编程器工作温度为0～45℃。

（2）环境湿度。35%～85%RH（不结露）。

（3）大气情况应避免以下情况出现。①温度突变；②太阳直接照射；③任何腐蚀性气体；④灰尘、盐、铁粒的聚集；⑤水、油、化学物品的溅射。

（4）振动和冲击。PLC工作时，要求没有直接的振动和冲击。

二、外部接线

外部电缆布线时，电缆槽或管道的设置应遵循以下原则：

（1）PLC的电源线、I/O导线及其他设备的电缆不能敷设在同一管道中。

（2）各导管要相互平行放置，且I/O导线和电源电缆之间最小距离应是300mm。

（3）如果I/O导线与电源电缆必须放在同一个导管内，则必须用接触金属板屏蔽，如图6-19所示。

三、PLC模块的连接与安装

（1）连接PLC各模块。CQM1型PLC没有底板，各模块之间是通过侧面的锁定开关连

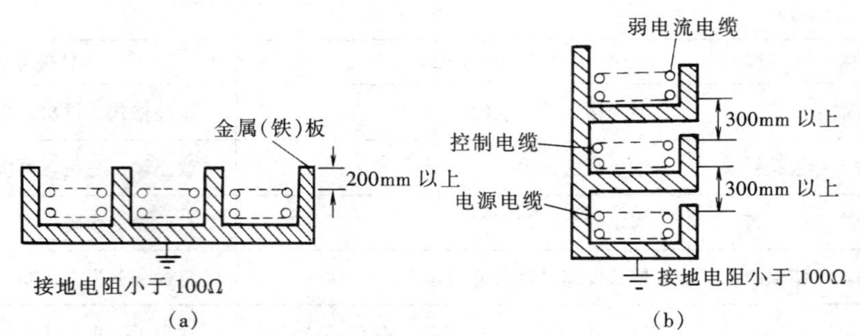

图 6-19　管道系统的屏蔽

接起来的。只要将 CQM1 各单元压紧在一起，并将锁梢滑向各单元的背部，就可将 CQM1 各单元连接起来，最后把端盖连接在 PLC 的最右边的单元上，并将锁梢锁定。

(2) DIN 导轨的安装。CQM1 型 PLC 必须安装在导轨上，并用 DIN 导轨端夹固定住。步骤如下：

①首先把 DIN 导轨牢固地安装在控制柜内的安装板上或控制盘上，在固定 DIN 导轨时，至少应在 3 个不同的位置用螺钉拧紧；

②将 CQM1 型 PLC 各单元后面的安装脚松开；

③把 PLC 的后面插在 DIN 导轨上，然后使 DIN 导轨嵌入 PLC 底部；

④将 CQM1 各单元后面的安装脚锁住；

⑤在两侧各安装一个 DIN 导轨端夹。

(3) 注意事项。

①避免贴近高压设备，距干扰源至少 200mm；

②横向安装时，CPU 单元与 I/O 单元之间不能有配线槽经过；

③PLC 的安装衬板要完全接地。

四、PLC 的维护

为了保证 PLC 的长期可靠运行，必须对 PLC 进行定期检查与适当维护，当检查的结果不能满足产品说明书上规定的标准时，应进行调整或更换。PLC 的检查及维护内容主要有检查电源电压、周围环境温度和湿度、I/O 端子的工作电压是否正常、备份电池是否需要更换等，如表 6-6 所示。具体内容详见产品说明书。

表 6-6　　PLC 的维护内容

项　目	检查要点	注　意
电源电压	测量 PLC 端子处的电压以检查电源情况	PLC 的交流和直流电压允许值
环境检查	环境温度、湿度、有无污染物和粉尘等	环境温度和湿度的允许范围
I/O 电源电压	测量输入/输出端子的工作电压	
安装情况	各单元安装是否牢固，接线和端子是否完好	
备份电池	备份电池是否定期更换	

习　　题

6-1　简述 PLC 系统设计的步骤?

6-2　简述 PLC 系统调试的步骤?

6-3　PLC 外部接线需要注意哪些事项?

6-4　PLC 的安装、使用环境有哪些限制?

第七章　电 气 及 PLC 实 验

在学习了电气及 PLC 的基本知识后，通过典型的实验分析和实际操作可以有效地提高理论知识的实际应用能力，把所学的知识融会贯通。

第一节　典型继电-接触控制线路

一、返回系数测定

1. 实验目的

（1）了解电磁机构的结构、动作过程和工作原理。

（2）掌握测量交流接触器、直流接触器、直流继电器返回系数的方法。

2. 实验设备

（1）三相自耦变压器 1 台。

（2）交流接触器 1 个。

（3）交流电压表 1 块。

（4）直流接触器 1 个。

（5）直流电压表 1 块。

（6）滑线变阻器 1 个。

（7）直流继电器 1 个。

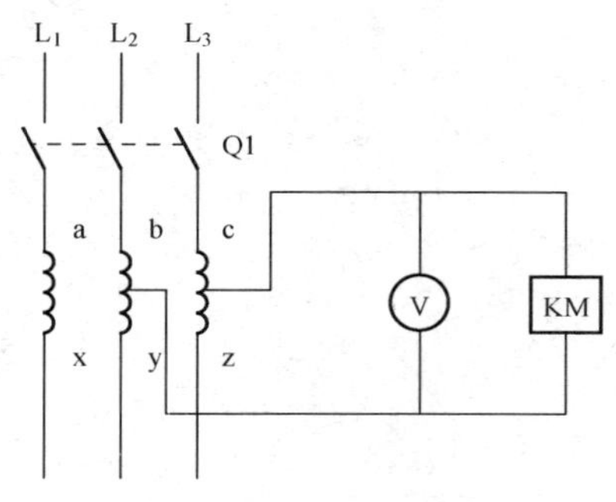

图 7-1　交流接触器返回系数

3. 实验内容

（1）交流接触器返回系数测定。

（2）直流接触器返回系数测定。

（3）直流继电器返回系数调整。

4. 实验方法及步骤

（1）按图 7-1 所示接线。

（2）把自耦调压器输出电压调至额定电压的 80%，合上开关 Q1，调自耦变压器至接触器刚好吸合为止。读出电压表数值，该值即为吸合电压。

（3）在上面基础上，往回调自耦变压器，使电压降低，直至接触器释放，此时电压表读数即为释放电压。

（4）将上面数据填入表 7-1，并重复上述过程，反复做几次，求出准确值。

表 7-1　　**实验结果记录表**

吸合电压				
释放电压				
返回系数 β				

（5）按图 7-2 接线，将滑线变阻器调至 0 位，合上开关 Q2。

(6) 调滑线变阻器，使线圈两端电压增加，直至接触器动作，记录电压值；再调滑线变阻器，使电压下降至接触器释放，记录电压值，并填入表 7-2。

表 7-2　　实验结果记录表

吸合电压				
释放电压				
返回系数 β				

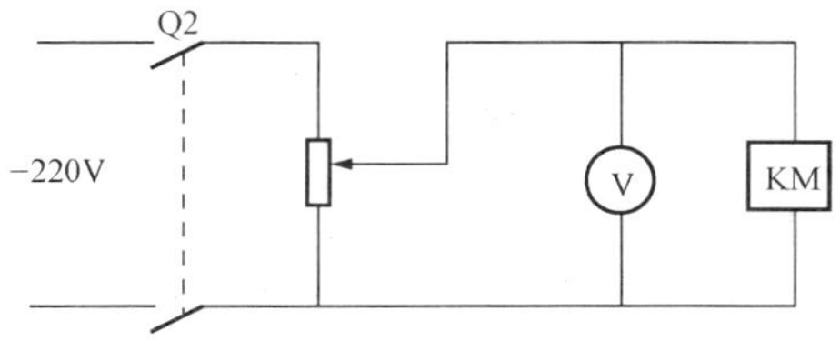

图 7-2　直流接触器返回系数

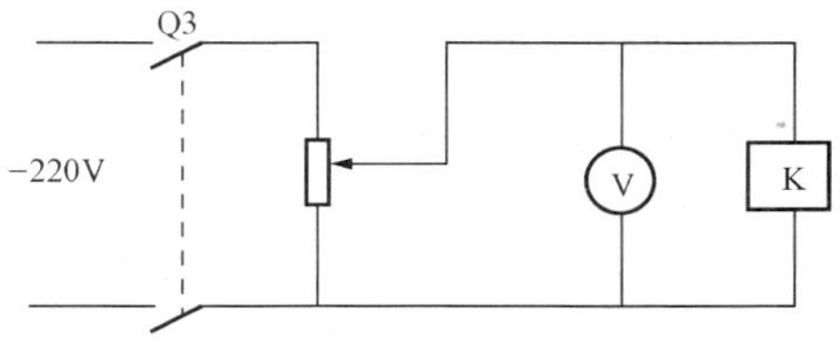

图 7-3　直流继电器返回系数

(7) 按图 7-3 重新接线，将滑线变阻器调至 0 位。

(8) 调整衔铁限位螺丝及非磁性垫片至中间位置，合上开关 Q3；调滑线变阻器，记录吸合电压和释放电压。

(9) 按下表调整衔铁限位螺丝及非磁性垫片，改变衔铁吸合前和吸合后的气隙，测量吸合电压和释放电压，填入表 7-3。

表 7-3　　实验结果记录表

参数	变化	吸合电压	释放电压	返回系数 β
弹簧反力	不变			
	增大			
	减小			
吸合前气隙	不变			
	增大			
	减小			
吸合后气隙	不变			
	增大			
	减小			

二、异步电动机不可逆控制

1. 实验目的

(1) 了解异步电动机的结构和额定值。

(2) 学习检验异步电动机绝缘情况的方法。

(3) 学习三相异步电动机绕组首、末端的判别方法。

2. 概述

异步电动机是基于电磁原理把交流电能转换为机械能的一种旋转电机。根据使用的交流电相数，异步电动机分三相异步电动机和单相异步电动机。

异步电动机由定子和转子两个基本部分构成。定子主要由定子铁心、定子绕组和机座等组成，是电动机的静止部分。转子主要由转子铁心、转子绕组和转轴等组成，是电动机的转动部分。

三相异步电动机的定子绕组为三相对称绕组，一般有六根引出线，出线端装在机座外面的接线盒内，如图 7-4 所示。在已知各相绕组额定电压的情况下，根据三相电源电压的不同，三相定子绕组可以接成星形或三角形，然后与电源相连。当定子绕组通以二相电流时，便在电机内产生一旋转磁场，其转速 n_0（称为同步转速）取决于电源频率和电机三相绕组形成的磁极对数 p，其关系为

$$n_0 = 60f/p \quad (\mathrm{r/m})$$

旋转磁场的转向与三相绕组中三相电流的相序一致。在旋转磁场作用下，转子绕组感应电动势，从而产生转子电流，转子电流与磁场相互作用便产生电磁转矩，转子在电磁转矩作用下旋转起来，转向与旋转磁场的转向一致，转速 n 始终低于旋转磁场的转速 n_0，故称异步电动机。

三相异步电动机的三相定子绕组有首（始）端和末（尾）端之分，三个首端标以 U1、V1 和 W1，三个末端标以 U2、V2 和 W2（见图 7-4）。如果没有按照首、末端的标记正确接线，则电动机可能不能启动或不能正常工作。若由于某种原因使定子绕组六个出线端标记无法辨认，则可以通过实验来判别各绕组对应的首、末端，其方法如下：

（1）用万用表电阻档从六个出线端中确定哪一对出线端属于同一相绕组，分别确定三相绕组。再设定某绕组为第一绕组，将其二端标以 U1 和 U2。

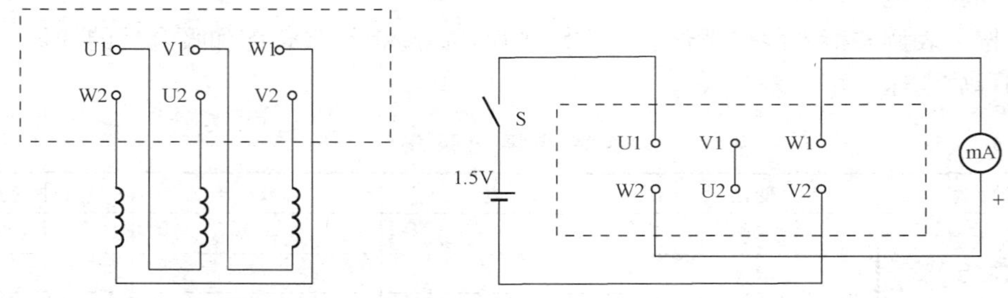

图 7-4　异步电动机接线盒　　　　图 7-5　接线方式的判定

（2）将设定的第一绕组的末端 U2 和任意另一绕组（第二绕组）串联，并通过开关和一节干电池连成回路，第三绕组两端接万用表直流毫安的最小量程档（或接小量程毫安表），如图 7-5 所示。在开关 S 接通瞬间，观察万用表指针的摆动情况（应为正向摆动，若反向摆动，则调换万用表两侧笔的测量位置），若指针摆动幅度较大，则可判定第一、二两组绕组为末一首端相连，即与第一绕组末端 U2 相连的是第二绕组的首端，于是标以 V1，另一端标以 V2。同时可以确定第三绕组与万用表负端测笔相连的一端与第一绕组首端 W1 为同极性端，于是该端是第三绕组的首端，标以 W1，另一端标以 W2。若万用表指针摆动幅度较小或基本不动，则表示第一绕组与第二绕组为首一首（或末一末）端相连。

三相异步机的直接启动电流大。而降压启动可减小启动电流，但也减小了启动转矩，故适用于启动转矩要求不大的场合。对于正常运行时定子绕组采用三角形连接的电动机，可采用 Y-△降压启动。

要改变三相异步电动机的转向，只要改变三相电源与定子绕组连接的相序即可。

在安装和使用电动机之前，要对绝缘情况进行检查。电动机的绝缘电阻可以用兆欧表（俗称摇表）进行测量。兆欧表靠手摇发电机提供测量电源，它在未测量状态下指针固定在原位置。对于电动机，要对各相绕组间的绝缘电阻及绕组与铁心（机壳）间的绝缘电阻进行测量。一般，380V 及以下中小型电动机至少应具有 0.5MΩ 的绝缘电阻。

3. 实验设备（见表 7-4）

表 7-4 实验设备

名称	数量	备注
电源控制屏		提供三相四线制 380V、220V
三相异步电动机	1	
兆欧表	1	
万用电表	1	

4. 预习要求

（1）了解异步电动机的基本结构、工作原理、启动方法及铭牌参数等。

（2）如何确定三相异步电动机三相绕组的连接方式？若每相绕组的额定电压为 220V，当电源电压分别为 380V 和 220V 时，电动机绕组应分别采用何种连接方式？

5. 实验内容及步骤

（1）记录异步电动机的铭牌参数，并观察异步电动机的结构。

（2）用万用表判别三相异步电动机定子三相绕组的首、末端。

（3）用兆欧表检测电动机的绝缘电阻，并记入表 7-5。

表 7-5 实验结果记录表

电机类型	三相异步电动机			
检测点	A—B 相间	B—C 相间	C—A 相间	绕组—机壳间
绝缘电阻（MΩ）				

（4）三相异步电动机的直接启动。

1）采用 380V 三相交流电源，按图 7-6（a）接线，启动电动机并观察启动电流的冲击情况和电动机的转向。

2）采用 220V 三相交流电源，按图 7-6（b）接线，重复 1）的内容。

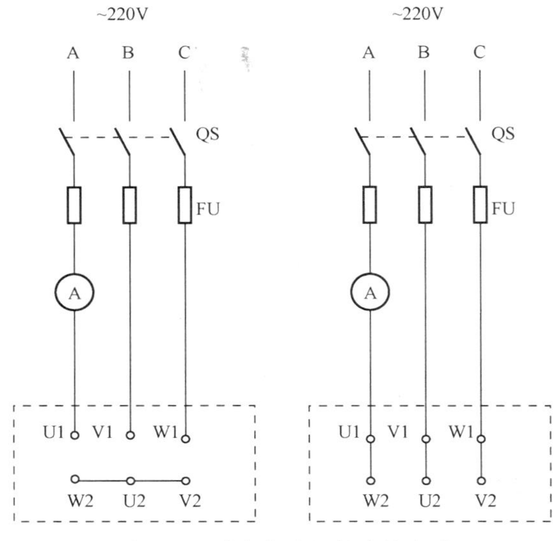

图 7-6 异步电动机的直接启动

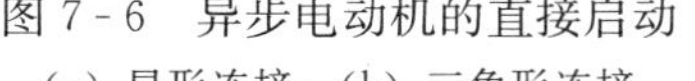
（a）星形连接；（b）三角形连接

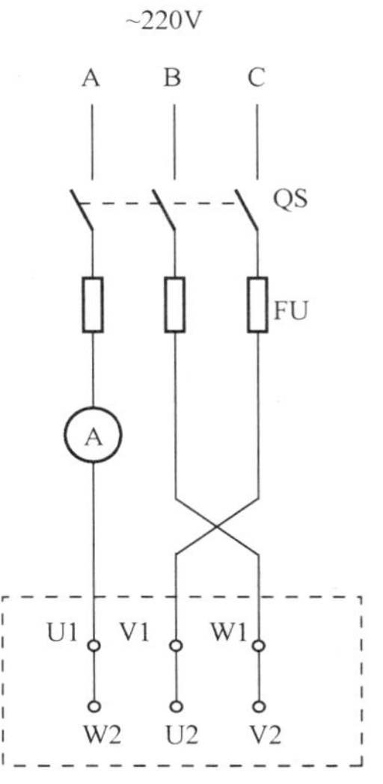

图 7-7 电动机反转

(5) 三相异步电动机的反转。

采用220V三相交流电源，按图7-7接线，启动电动机，观察电动机的转向。

6. 实验总结

(1) 从所测绝缘电阻判断电动机的绝缘情况。

(2) 对三相异步电动机的直接启动与降压启动进行比较。

三、三相异步电动机的正反转控制

1. 实验目的

掌握三相异步电动机正反转控制电路的工作原理、接线及操作方法。

2. 概述

生产机械往往要求运动部件可以实现正反两个方向的启动，这就要求拖动电动机能作正、反向旋转。由电动机原理可知，改变电动机三相电源的相序，就能改变电动机的转向，常用的控制电路可采用倒顺开关以及按钮、接触器等电器元件实现。

图1-55(a)、(b)为两个按钮分别控制两个接触器来改变电动机相序，实现电动机可逆旋转的控制电路。图1-55(a)较为简单，按下正转启动按钮SB2，KM1线圈通电并自锁，接通正序电源，电动机正转。当要使电动机反转时，必须先按下停止按钮，使KM1断电，然后按下反转启动按钮SB3，实现电动机的反转。在电路中，由于将KM1、KM2常闭辅助触点串接在对方线圈中，形成相互制约的控制，故称为互锁或连锁控制。

对于要求频繁实现正反转的电动机，可用图1-55(b)电路实现电动机控制，它是在图1-55(a)电路基础上将正转启动按钮SB2与反转启动按钮SB3的常闭触点串接在对方常开触点电路中，利用按钮的常开、常闭触点的机械连接，在电路中互相制约的接法，称为机械互锁。这种具有电气、机械双重互锁的控制电路是常用的、可靠的电动机可旋转控制电路，它既可实现正转—停止—反转—停止的控制，又可实现正转—反转—停止的控制。

3. 实验设备(见表7-6)

表7-6 实 验 设 备

名称	数量	备注
电源控制屏	1	提供三相四线制380V、220V电压
三相异步电动机	1	
继电接触箱	1	吸引线圈额定电压220V

4. 预习要求

了解电机实现正反转可采用哪几种电路实现以及每一种电路的适用场合。

5. 实验内容

(1) 按图1-55(a)接线，检查接线正确后，合上主电源。按下SB2按钮，电动机正转，观察各交流接触器的动作情况：按下SB1，电动机停转，再按下SB3，观察电动机的转向，并体会连锁触头的作用。

(2) 按图1-55(b)接线，实现电动机的正反转。

6. 实验总结

(1) 分析图1-55(b)的实验原理。

(2) 讨论自锁触头和连锁触头的作用。

7. 实验思考

图 1-55（a）中将 KM1、KM2 常闭辅助触点串接在对方线圈电路，实现连锁，可否直接利用按钮开关的常闭触点实现互锁?

四、三相异步电动机 Y-△启动控制电路

1. 实验目的

掌握三相异步电动机 Y-△启动方法。

2. 实验原理

（1）三相异步电动机的直接启动只适用小容量的电动机，因为启动电流大，当电动机容量在 10kW 以上时，应采用减压启动，以减小启动电流，但同时也减小了启动转矩，故降压启动适用于启动转矩要求不高的场合。对于正常运行时定子绕组采用三角形连接的电动机，可采用 Y-△降压启动。另外还可采取定子绕组电路串电阻或电抗器、使用自耦变压器等。这些启动方法的实质，都是在电源电压不变的情况下，启动时减小加在电动机定子绕组上的电压，以限制启动电流，而在启动以后将电压恢复至额定值，电动机进入正常运行。

（2）Y-△减压启动控制电路。

三相笼型异步电动机额定电压通常为 220/380V，相应的绕组接法为△/Y，这种电动机每相绕组额定电压为 380V。我国采用的电网供电电压为 380V，因此，电动机启动时接成 Y 连接，电压降为额定电压的$\frac{1}{\sqrt{3}}$，正常运转时换成△连接。由电工基础知识可得

$$I_{\triangle L} = I_{YL}$$

式中 $I_{\triangle L}$——电动机△连接时线电流，A；

I_{YL}——电动机 Y 连接时线电流，A。

因此，Y 连接时启动电流仅为△连接时的$\frac{1}{3}$，相应的启动转矩也是△连接时的$\frac{1}{3}$。故 Y-△启动仅适用于空载或轻载下的启动。

图 1-59 为 Y-△减压启动控制电路之一。图中 KM3 为星形连接接触器，KM1 为接通电源接触器，KM2 为三角形连接接触器，KT 为启动时间继电器。

电路工作情况：合上电源开关 QS，按下启动按钮 SB1，KMY 通电，随即 KM 通电并自锁，电动机接成 Y 连接，接入三相电源进行减压启动；在按下 SB1，KM3 通电动作的同时，KT 通电，经一段时间延时后，KT 常闭触点断开，KY3 断电释放，电动机星形中性点断开，KM2 通电并自锁，电动机接成△连接运行。至此，电动机 Y-△减压启动结束，电动机投入正常运行。停止时，按下 SB2 即可。

3. 实验设备（见表 7-7）

表 7-7　实验设备

名　称	数量	备　注
电源控制屏	1	提供三相四线制 380V、220V 电压
三相异步电动机	1	
继电接触箱	1	吸引线圈额定电压 220V

4. 预习要求

为什么采用 Y-△降压启动能减小启动电流?

5. 实验内容

按图 1-59 接线，并进行实验。

6. 实验总结

(1) 比较直接启动与降压启动的特点。

(2) 什么情况下采用 Y-△启动?

第二节 编程器的操作

CQM1 系列 PLC 的编程器全系列通用，所以不论小型机还是大型机，只要有一台编程器就可以对其进行编程操作。

一、实验程序

要求：在地址 00200 处输入图 7-8 所示的程序（见表 7-8），也可自行选择一段程序。

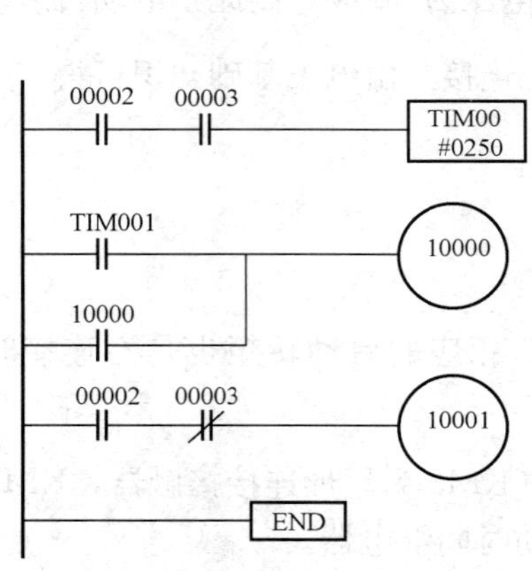

图 7-8 程序的写入举例

表 7-8 程 序

地址	指令	数据
00200	LD	00002
00201	AND	00003
00202	TIM	001
		＃0250
00203	LD	T001
00204	OR	10000
00205	OUT	10000
00206	LD	00002
00207	AND-NOT	00003
00208	OUT	10001
00209	END	

二、实验内容

1. 程序的写入

(1) 按 2、0、0 键，显示：

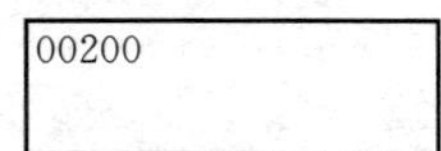

(2) 再按 LD 键，显示：

```
00200
LD          00000
```

(3) 再按 2 键，显示：

```
00200
LD          00002
```

(4) 按 WRITE 键，显示：

```
00201READ
NOP (000)
```

(5) 按 AND、3、WRITE 键，显示：

```
00202READ
NOP (000)
```

(6) 按 TIM 键，显示：

```
00202
TIM          000
```

(7) 再按数字键 1，显示：

```
00202
TIM          001
```

(8) 按 WRITE 键，显示：

```
00202  TIM  DATA
           #00000
```

(9) 输入 TIM 的设定值，按数字 2、5、0，显示：

```
00202  TIM  DATA
            #0250
```

(10) 按 WRITE 键，显示：

```
00203READ
NOP (000)
```

(11) 按 LD TIM 键，显示：

```
00203
LD    TIM    000
```

(12) 按 1 键，显示：

```
00203
LD    TIM    001
```

(13) 按 WRITE 键，显示：

```
00204READ
NOP (000)
```

(14) 按 OR、1、0、0、0、0 键，显示：

```
00204
OR         10000
```

(15) 按 WRITE 键，显示：

```
00205READ
NOP (000)
```

(16) 按 OUT、1、0、0、0、0 键，显示：

```
00205
OUT          10000
```

(17) 按 WRITE 键，显示：

```
00206READ
NOP (000)
```

(18) 按 LD、2 键，显示：

```
00206READ
LD          00002
```

(19) 按 WRITE 键，显示：

```
00207READ
NOP (000)
```

(20) 按 AND、NOT 键，显示：

```
00207
AND   NOT   00000
```

(21) 按 3 键，显示：

```
00207
AND   NOT   00003
```

(22) 按 WRITE 键，显示：

```
00208READ
NOP (000)
```

(23) 按 OUT、1、0、0、0、1 键，显示：

```
00208
OUT         10001
```

(24) 按 WRITE 键，显示：

```
00209READ
NOP (000)
```

(25) 按 FUN 键，显示：

```
00209
FUN (0??)
```

(26) 按 0、1 键，显示：

```
00209
END (001)
```

(27) 按 WRITE 键，显示：

```
00210READ
NOP (000)
```

程序输入完毕。

2. 程序的检查

在程序全部写入后，可以按 SRCH 键来检查输入的程序是否有错，例如要检查图 7-8

的程序，应进行如下操作：

（1）按 CLR、SRCH 键，则显示：

```
00000PROG  CHK
CHK  LBL  (0—2)?
```

（2）根据需要，按 0、1 或 2 键中任意一键，若显示：

```
00209PROG  CHK
END (01)   00.3kW
```

表示 00209 地址为 END 指令，程序没有错误。

（3）如果程序有错，则显示相应信息，可根据这些信息去修改程序，直到检查正确为止。

3. 程序的读出

本操作在三种运行方式下均可进行，例如要读出图 7-8 所示程序，操作如下：

（1）建立地址 00200，按 CLR、2、0、0 键，则显示：

（2）按↑或↓键，显示：

```
00200READ
LD          00002
```

（3）再按↓键，显示：

```
00201READ
AND         00003
```

这时，如果按↑键，则又显示上一条指令：

```
00200READ
LD          00002
```

（4）重复使用↓键，即可读出内存中的所有程序。

4. 指令的查找

（1）查找图 7-8 中的 OUT 10000 指令，应进行如下操作：

1）按 CLR 键清屏。

2）键入要查找的指令 OR、1、0、0、0、0。

3）按 SRCH 键，则 PLC 开始查找工作，并在显示屏上显示找到指令的地址。

```
00204SRCH
OR          10000
```

4）再按 SRCH 键，显示：

```
00209SRCH
END (001)   00.1kW
```

表示从地址 00200 开始到 00209 地址，只有上面一条 OR 10000 指令。

（2）查找图 7-8 程序中的 TIM 001 的数据，其操作过程如下：

1）按 CLR 键清屏。

2）按 TIM、1 键，再按 SRCH 键，则显示：

00202SRCH	
TIM	001

3）再按↓键，则显示：

00202 TIM DATA	
	#0250

找到 TIM 001 数据内容为 250。

5．触点的查找

查找图 7-8 程序中 00003 触点，则进行以下操作：

（1）按 CLR 键清屏。

（2）按 SHIFT、$\frac{\text{CONT}}{\#}$键，则显示：

00200	
CONT	00000

（3）按 3、SRCH 键，显示：

00201CONT SRCH	
AND	00003

（4）按 SRCH 键，又显示：

00207CONT SRCH	
AND NOT	00003

（5）再按 SRCH 键，显示：

00209CONT SRCH	
END（001）	00.3kW

表示查找结束。

6．指令的删除

将图 7-8 中的 OR 10000 指令删除，进行以下操作：

（1）将工作方式扳到 PROGRAM 状态。

（2）用指令查找方法找到 OR 10000 指令。

（3）按 DEL 键，显示：

00204DELETE?	
OR	10000

询问是否真要删除 OR 10000 指令。

（4）按↑键，显示：

00204DELETE END	
OUT	10000

表示 OR 10000 指令已删除，下面的指令依次向上移动一个地址号，OUT 10000 指令占据了原来存放 OR 10000 指令的地址。

7．指令的插入

图 7-8 程序中，要在 00204 地址再插入 OR 10000 指令，则应进行如下操作：

(1) 将工作状态选择为 PROGRAM 状态。

(2) 找到要插入的位置，即 OUT 10000 所在的位置，可通过指令查找功能查找 OUT 10000 指令。

(3) 键入 OR 10000 指令，按 INS 键，则显示：

00202INSERT?
OR 10000

提醒你是否真的要插入。

(4) 按↓键，则本指令被插入，这时程序又恢复到原有的形式。

8. 数据监视

本操作在 MONITOR、RUN 状态下进行。

(1) 对图 7-8 程序中 TIM 001 进行监视，操作如下：

1) 按 CLR 键。

2) 按 TIM、1 键。

3) 按 MONTR 键。

此时，显示屏上将出现 TIM 的动态变化情况。

T000
0250

如果是在开始定时的情况下，会看到 TIM 01 的数据每隔 0.1s 减 1，直到减为 0000，使用↑或↓键，可以改变正在监视的 TIM 号。

(2) 以点为单位和以通道为单位的数据监视。

监视图 7-8 程序中的 10000 的状态，可按 CLR、OUT、0、0、0、0 和 MONTR 键，此时显示：

10000
OFF

与监视点的操作相类似，当以通道为单位进行监视时，其操作是按 CLR、SHIFT 和 $\frac{\text{CONT}}{\#}$ 键，此时显示：

00000
CHANNEL 000

然后，指定要监视的通道号，例如监视 100 通道，键入 100，则显示屏上显示：

00000
CHANNEL 100

再按 MONTR 键，则显示：

c100
0000

按↑或↓键可以显示该通道或下面通道的内容，如上面例子中，再按↓键，则显示 101 通道的内容：

c101
0000

9. 多点监视

在PLC液晶显示屏上同时监视图7-8程序中的TIM 001、00002点、10通道，操作如下：

首先按CLR、TIM、1、MONTR键，显示：

T001
0250

接着，再按SHIFT、$\frac{\text{CONT}}{\#}$、1和MONTR键，显示：

00002	T000
OFF	0250

最后，再按SHIFT、$\frac{\text{CONT}}{\#}$、100、MONTR键，显示：

c100	00002	T001
0000	OFF	0250

可见，当监视第一个点时，它显示在最左边，当监视第二个点或通道时，第一个点或通道就向右边移动，如被监视的点多于3个，例如再监视00003点，按SHIFT、$\frac{\text{CONT}}{\#}$、3及MONTR键，则屏上显示变为：

00003	c100	00002
OFF	0000	OFF

第一个点被寄存于寄存器中，在显示屏上看不见，这时显示屏上从左到右显示的是第四个点、第三个点、第二个点，它们形成一个环形链，可以使用MONTR键使它们循环移动，从最右边调到最左边。显示寄存器的容量是3个，在显示屏上可以显示3个，因此最多可以同时监视6个数据。如果还想监视第七个数据，则第一个数据就要被丢失。

10. 强迫ON/OFF

在多点监视中，若是最左边的点，则可以强迫置为ON或OFF。此操作只能在MONITOR状态下进行。

要对图7-8程序中的10000强迫为ON/OFF时，操作如下：

(1) 按CLR、OUT、1、0、0、0、0键，显示：

00000	
OUT	100000

(2) 然后，按MONTR键监视它的状态。

10000
OFF

(3) 若把它强迫为ON，按SET键即可，显示：

10000
ON

(4) 再按RESET键，则把10000又强迫置为OFF。

```
10000
OFF
```

注意，不能对SMR25300—25507进行强迫ON/OFF操作。

11. 改变当前值

本操作在PROGRAM和MOMITOR状态下进行。

要改变图7-8程序中的TIM 001设定值，如果PLC处于MONTIOR状态，00002、00003均为ON状态，则显示时间是变化的，操作如下：

（1）按CLR、TIM、1和MONTR键，显示：

```
T001
0241
```

（2）按CHG键，显示：

```
PRES     VAL?
T001   0230   ????
```

询问你新数是什么，假如要把当前值改为50，则应按5、0键，显示：

```
PRES   VAL?
T000   0220   0050
```

（3）按WRITE键，完成此操作。

```
T001
0049
```

12. 改变设定值

改变图7-8程序中TIM 001的设定值，操作如下：

（1）按CLR、TIM、1、SRCH键，则在显示屏上显示定时器的设定值。

```
00202  TIM DATA
             #0250
```

（2）按CHG键，则PLC询问你的新数是什么。

```
00202    DATA?
T001   #0250    #????
```

（3）键入新的设定值，按WRITE键即可，假设新值为0100，则按1、0、0键，显示：

```
00202  TIM DATA
             #0100
```

修改完毕。

13. 错误信息的读出/清除

本操作在三种方式下均可进行，操作方法是：键入CLR、CLR、FUN、MONTR、…MONTR键，若无错，则显示：

```
ERR/MSG  CHK  OK

```

若发现错误，则显示相应的错误信息，再按MONTR键，可在显示屏上清除前一个信息，同时显示下一个错误信息，重复按MONTR键，可查出所有错误。

14. 读扫描时间

本操作在 MONTR 或 RUN 状态下进行。它显示出 PLC 执行当前程序时的扫描时间，其操作是：按 CLR、MONTR 键，则在显示屏上显示：

00000 SCAN TIM
2.4ms

由于显示出来的扫描时间是当前执行过程所用的时间，所以按 MONTR 键的时间不同，其显示值可能稍有差异。

第三节 基本指令实验

一、实验目的

加深对 LD、LD-NOT、AND、AND-NOT、OR、OR-NOT、AND-LD、OR-LD、OUT、OUT-NOT、END、TIM、CNT 等基本指令的理解。

二、实验内容与操作

(1) 输入如下梯形图程序，变换输入状态，并观察运行结果。（以下程序为初学者必须上机调试、运行的程序）

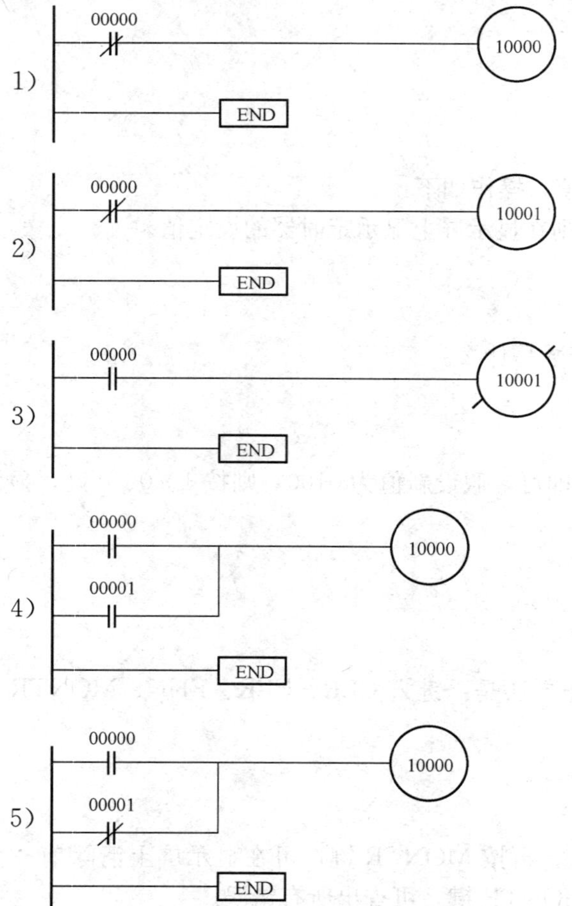

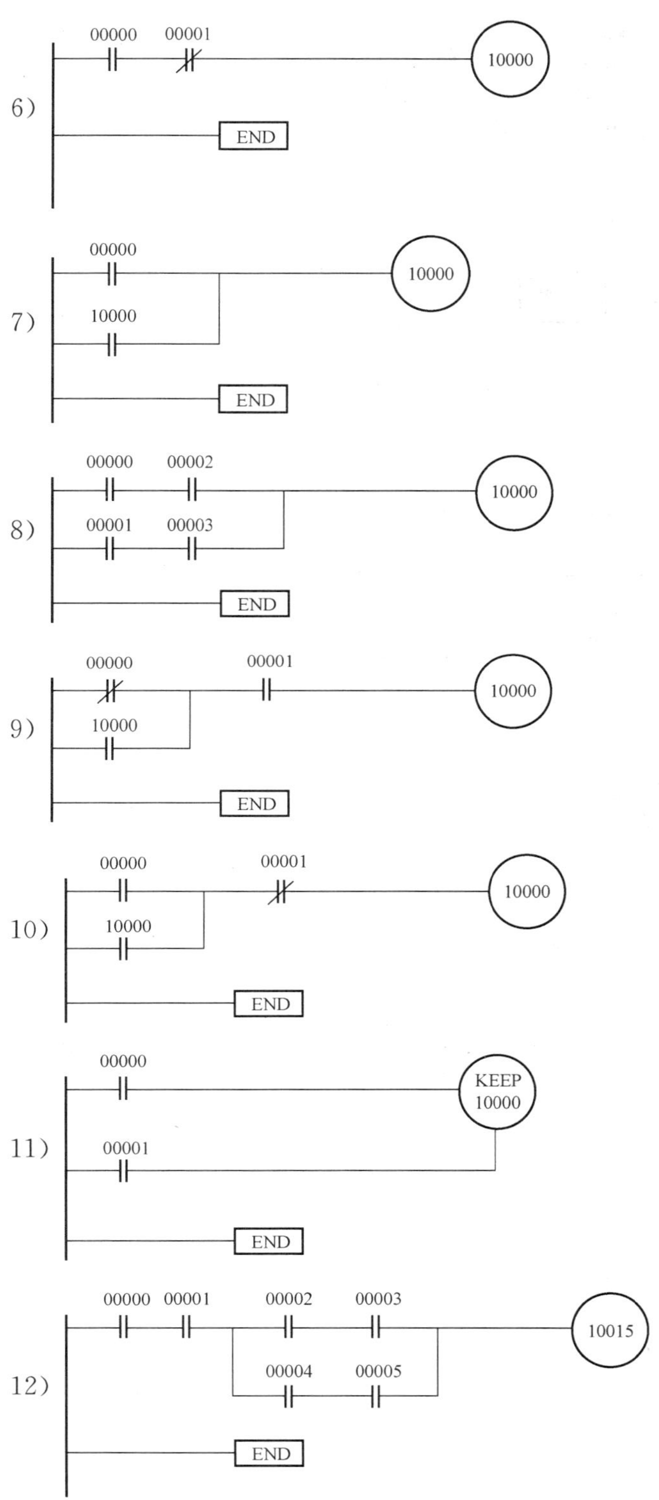
6)
00000
00001
10000
END
7)
00000
10000
10000
END
8)
00000
00002
00001
00003
10000
END
9)
00000
00001
10000
10000
END
10)
00000
00001
10000
10000
END
11)
00000
KEEP
10000
00001
END
12)
00000
00001
00002
00003
00004
00005
10015
END

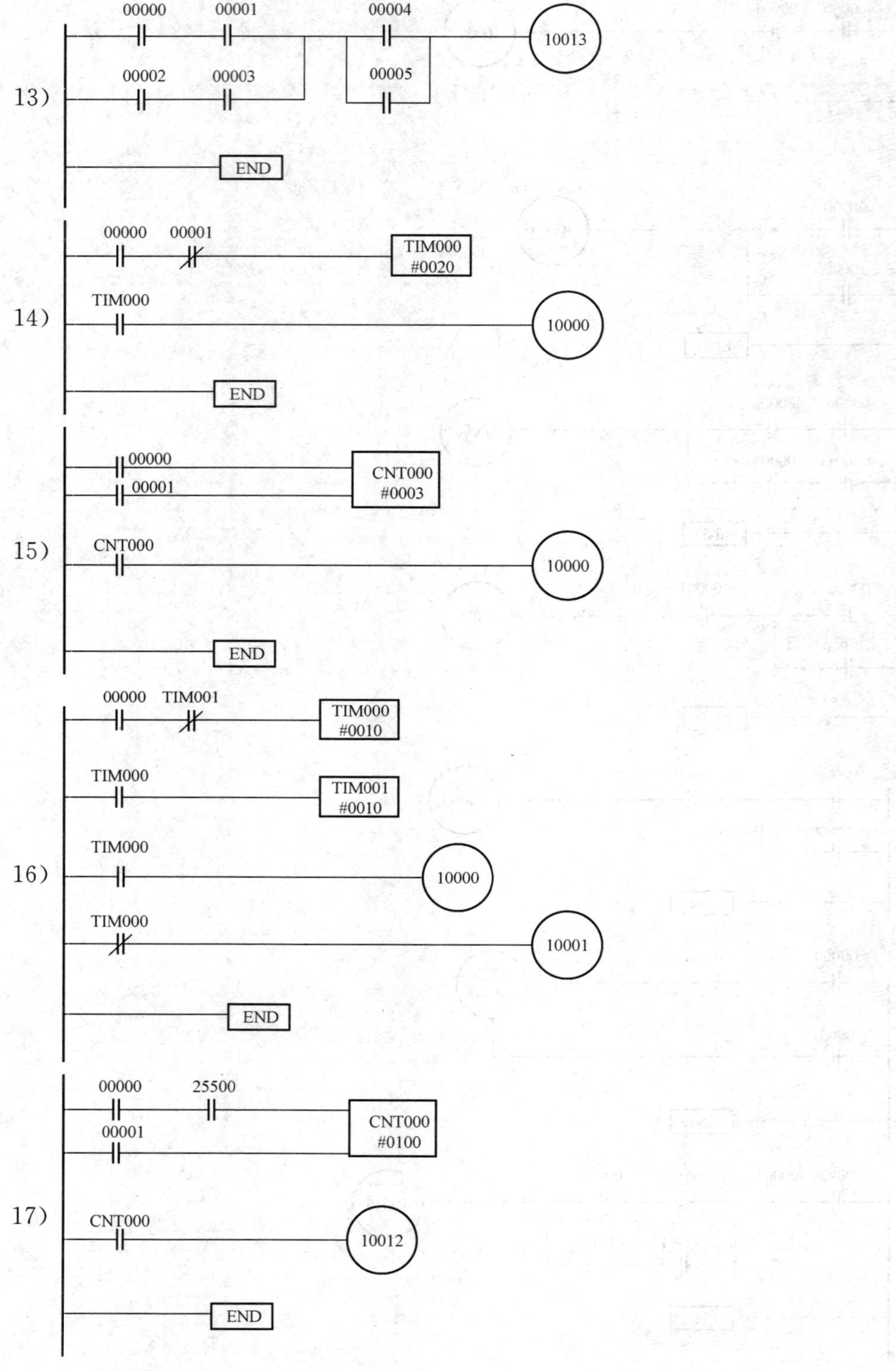
13)
00000
00001
00004
10013
00002
00003
00005
END
14)
00000
00001
TIM000
#0020
TIM000
10000
END
15)
00000
00001
CNT000
#0003
CNT000
10000
END
16)
00000
TIM001
TIM000
#0010
TIM000
TIM001
#0010
TIM000
10000
TIM000
10001
END
17)
00000
25500
00001
CNT000
#0100
CNT000
10012
END

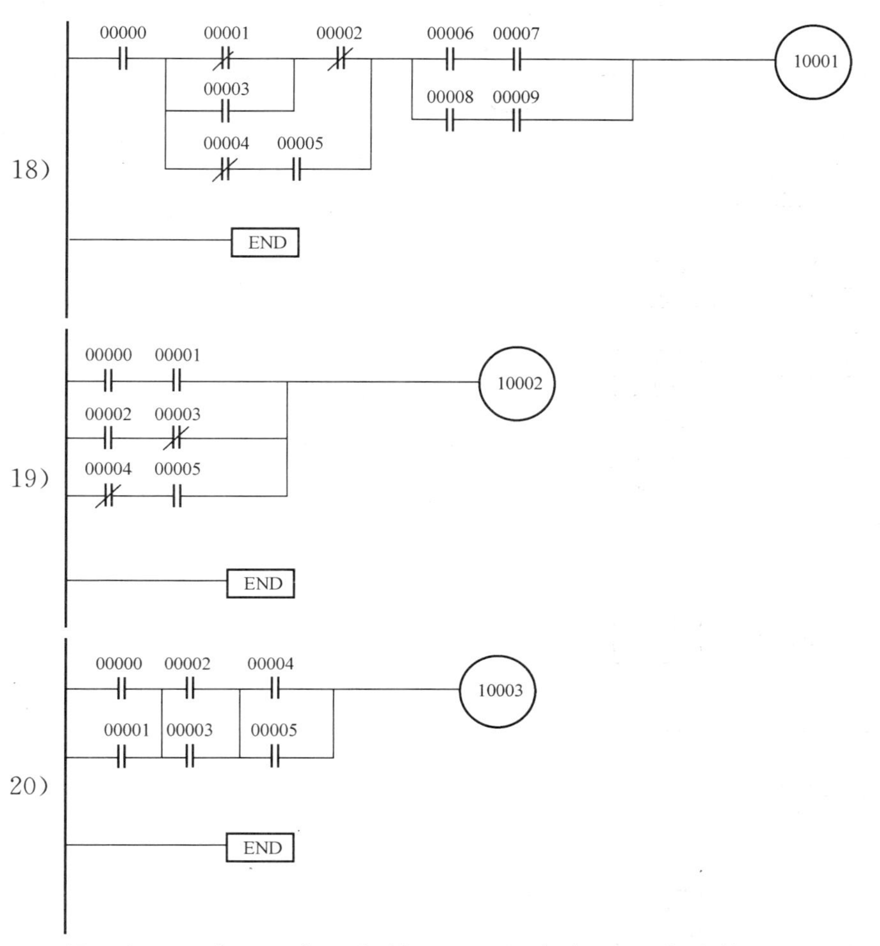

（2）输入如下程序，观察运行结果，监视各定时器或计数器的内容及状态，画出波形图。

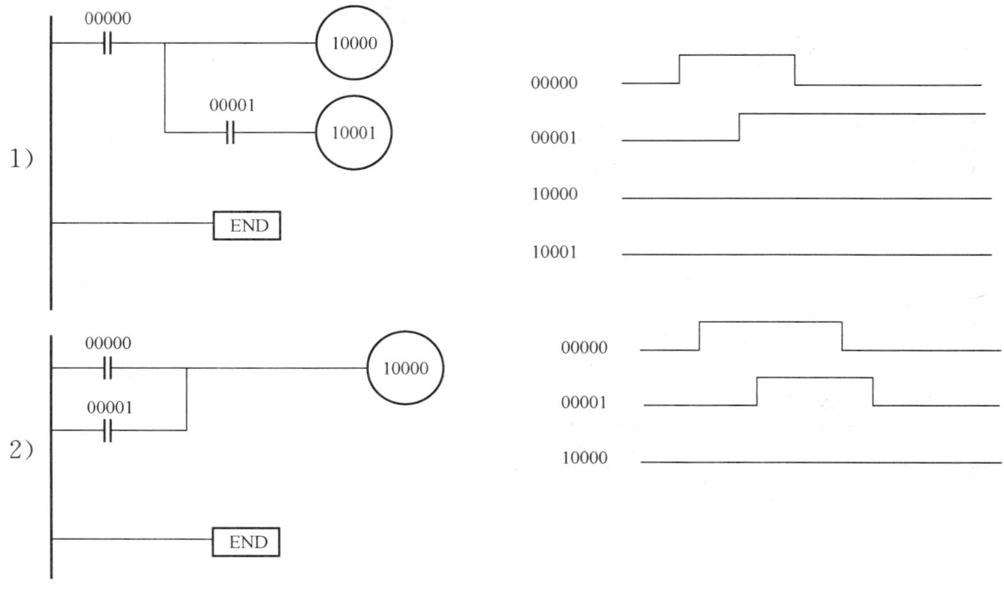

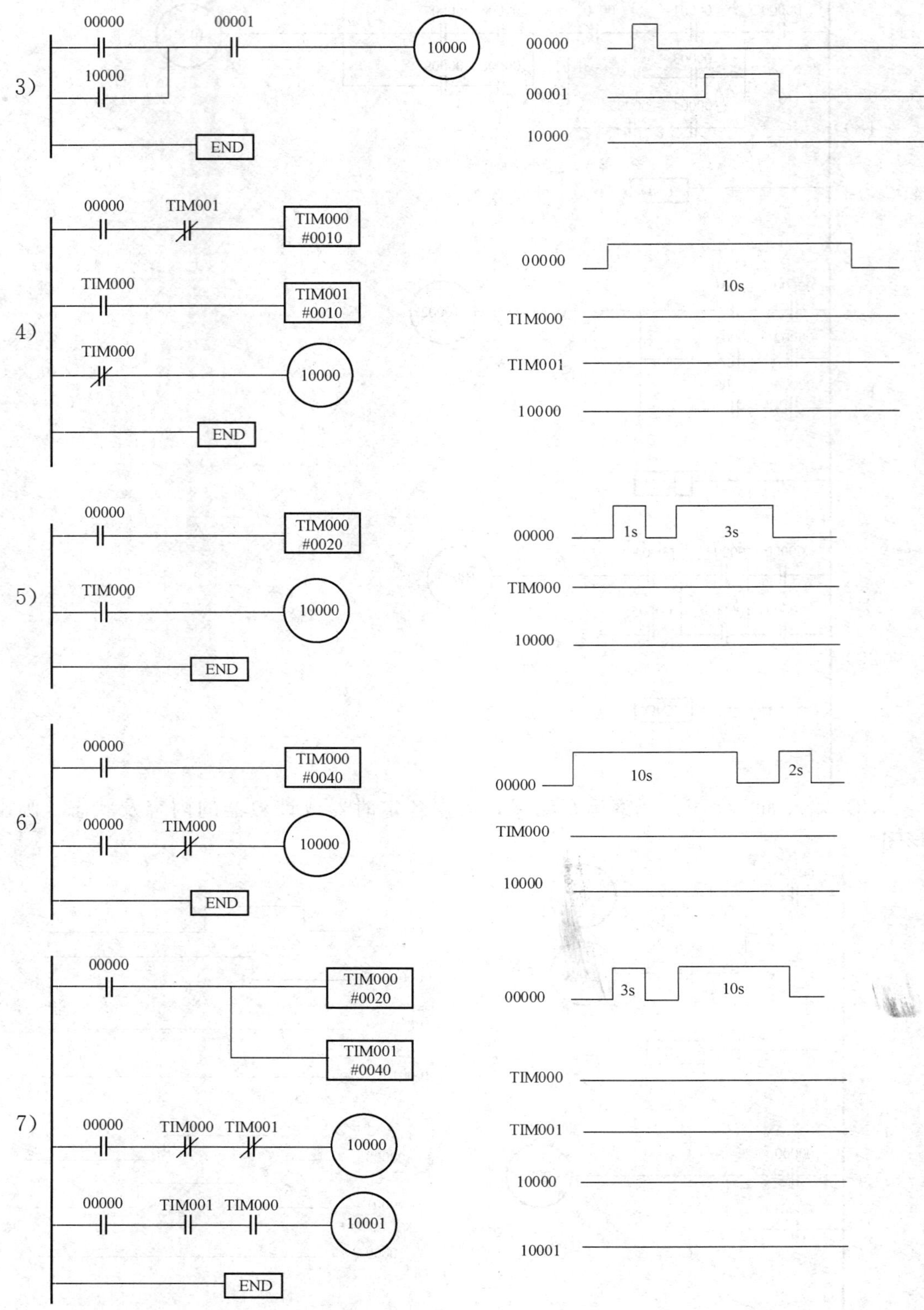
3)
00000
00001
10000
10000
END
00000
00001
10000
4)
00000
TIM001
TIM000
#0010
TIM000
TIM001
#0010
TIM000
10000
END
00000
10s
TIM000
TIM001
10000
5)
00000
TIM000
#0020
TIM000
10000
END
00000
1s
3s
TIM000
10000
6)
00000
TIM000
#0040
00000
TIM000
10000
END
00000
10s
2s
TIM000
10000
7)
00000
TIM000
#0020
TIM001
#0040
00000
TIM000
TIM001
10000
00000
TIM001
TIM000
10001
END
00000
3s
10s
TIM000
TIM001
10000
10001

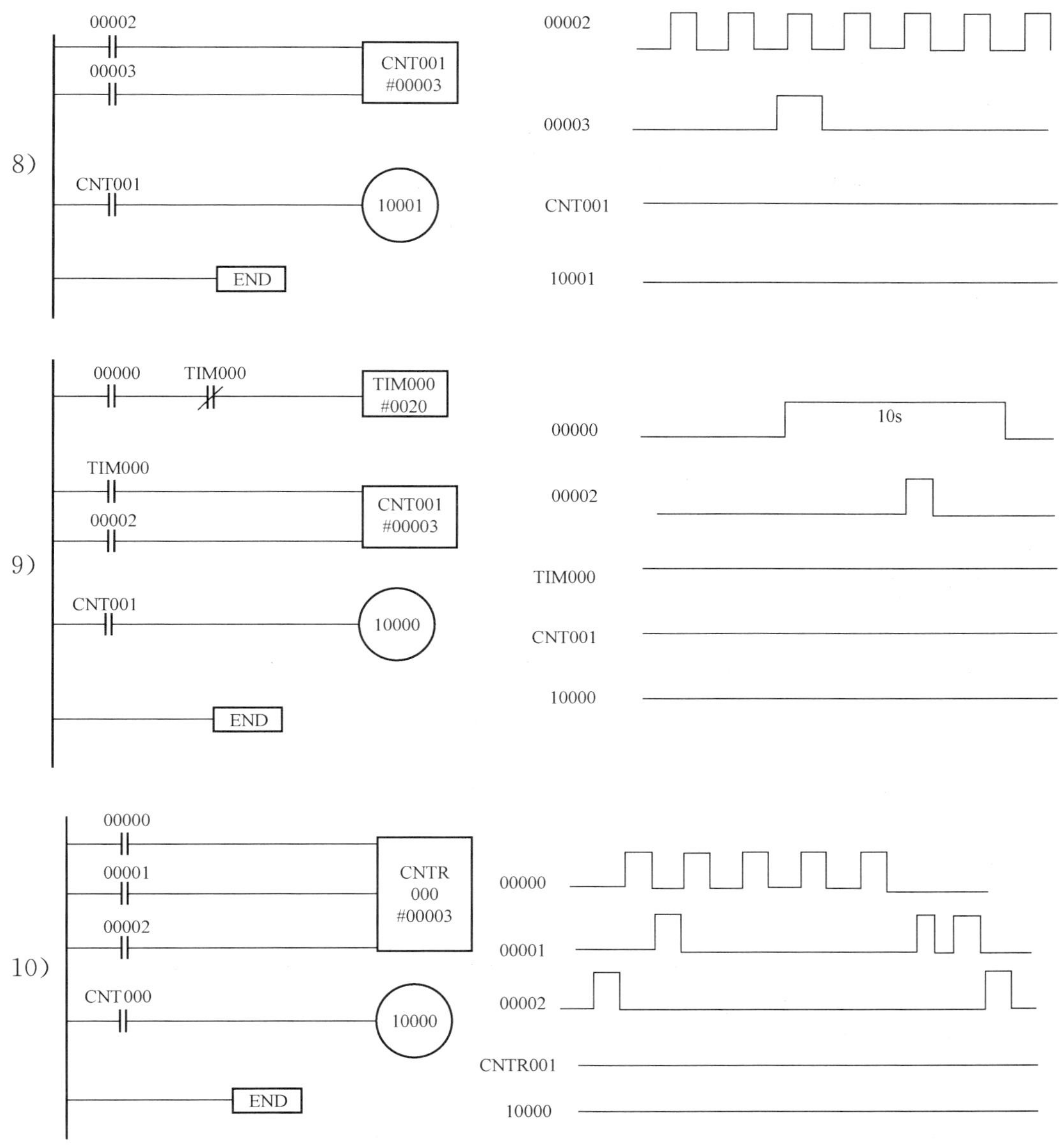

三、练习

(1) 判断对错。

1) PLC 输出接口的功率放大环节分为继电器型、双向硅型和晶体管型三种形式。其中双向硅型既能带交流负载又能带直流负载。

2) OMRON 的 CQM1 型 PLC 有六种规格的 CPU，都有内装的 RS-232C 端口。

3) CQM1 为无底板的模块式 PLC，其扩展方式就是增加 I/O 模块。

4) SR25315 为首循环标志，在 PLC 运行后为 ON。

5) PLC 常用设置可通过 DIP 开关实现，如若开关 3 为 ON，则编程器的信息用英文显示。

6) PLC 的 CPU 每个扫描周期都进行输入输出的更新。

7）PLC扫描时间超过100s，编程时使用0.1s时钟位，可能导致程序错误。

8）内部辅助继电器既可作为中间继电器使用，也可按通道使用。

9）当执行比较指令，两数相等时，SR25505为ON。

10）所有OMRON的PLC的定时器都是断电延时型。

11）辅助继电器AR0000～AR2716共448个继电器，可以用作内部辅助继电器。

12）SR25502为1s时钟脉冲，0.5s为ON，0.5s为OFF。

13）保持继电器可掉电保持，这主要是靠PLC内部的锂电池或大电容支持。

14）数据存储器可以进行位操作。

15）链接继电器用以进行PLC之间的数据链接。在PLC不联网时，其也可作为内部辅助继电器使用。

16）定时器开始计时时，其动合、动断触点动作。

17）当发生掉电事故时，计数器当前值存入内存，计数器不复位。

18）普通定时器的设定时间在0000～999.9s之间，高速定时器的设定时间在0000～9999s之间。

19）可逆计数器（CNTR）当前值为0000时产生计数输出。

20）在一个程序中，TIM000和CNT000分别代表一个定时器和一个计数器。

答案：

1）错。

2）错。

3）对。

4）错。

5）对。

6）对。

7）对。

8）对。

9）错。

10）错。

11）错。

12）对。

13）对。

14）错。

15）对。

16）错。

17）对。

18）错。

19）错。

20）错。

（2）找出如下程序中的错误。

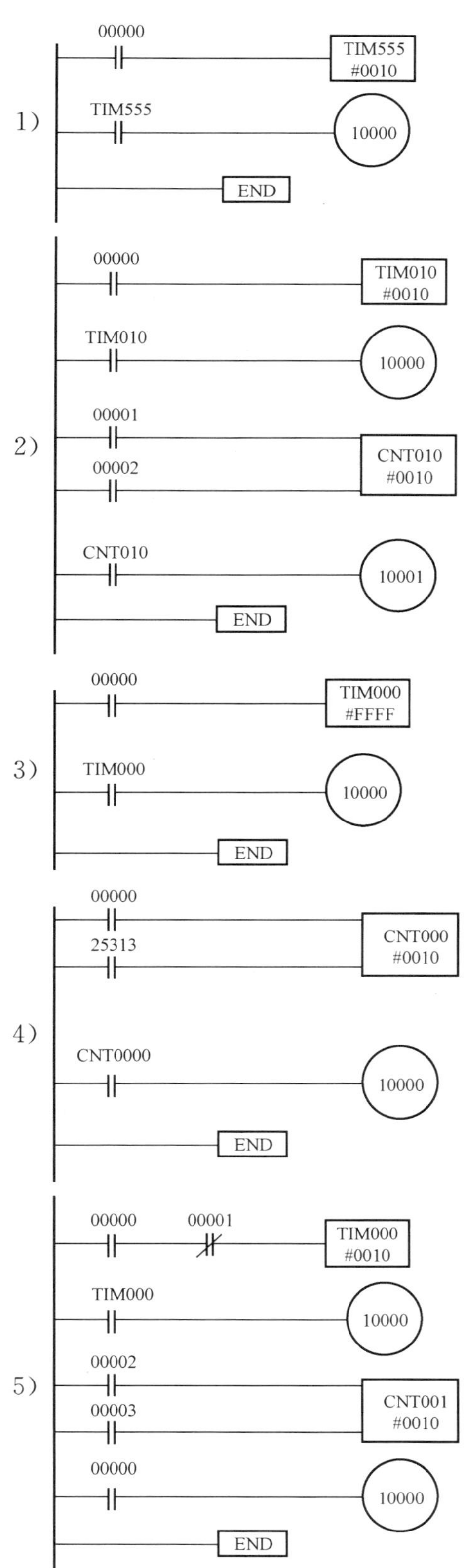
1)
00000
TIM555
#0010
TIM555
10000
END
2)
00000
TIM010
#0010
TIM010
10000
00001
CNT010
#0010
00002
CNT010
10001
END
3)
00000
TIM000
#FFFF
TIM000
10000
END
4)
00000
CNT000
#0010
25313
CNT0000
10000
END
5)
00000
00001
TIM000
#0010
TIM000
10000
00002
CNT001
#0010
00003
00000
10000
END

答案：

1）TC号应在000～511之间。

2）在一个程序中定时器号与计数器号不能相同。

3）定时器设定值应在0000～9999之间。

4）计数器的复位端25313常为ON，这样会使计数器无法产生计数功能。

5）10000不能重复输出。

(3) 自我测验题。

试设计如下程序，并上机调试：

1）按自动复位式启动按钮（00000），电机（10000）运转。按下停止按钮（00001），电机停止运行。

2）试设计一1500s定时器，并产生一固定输出（10000为ON）。

3）有三个自动复位式启动按钮（00000、00001、00002）可分别启动电机（10000、10001、10002），但无论何时最多只能有一台电机运行，按下停止按钮（00003）电机停止运行。

4）试用计数器设计如下程序：

程序启动（00000为ON），10s后产生一固定输出（10000为ON）。按下停止按钮，输出复位（10000为OFF）。

5）试用定时器设计如下程序：

程序启动后（00000为ON），三台水泵（10000、10001、10002）中的一台（10000）马上启动，其他两台依次每隔5s分别启动。按下停止按钮，第三台水泵（10002）马上停止运转，其他两台（10001、10000）依次每隔5s停止运转。

第四节　功能指令实验

一、实验目的

熟悉各种功能指令，掌握这些指令的基本运用方法。

二、实验内容

（一）编制下列梯形图的助记符程序并上机运行

(1)

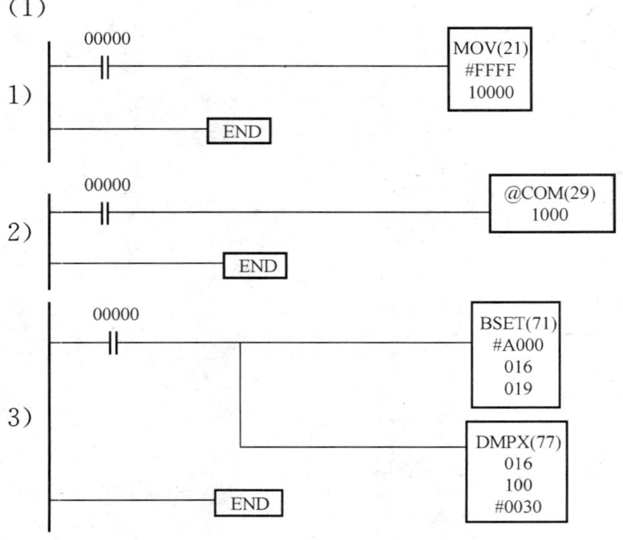

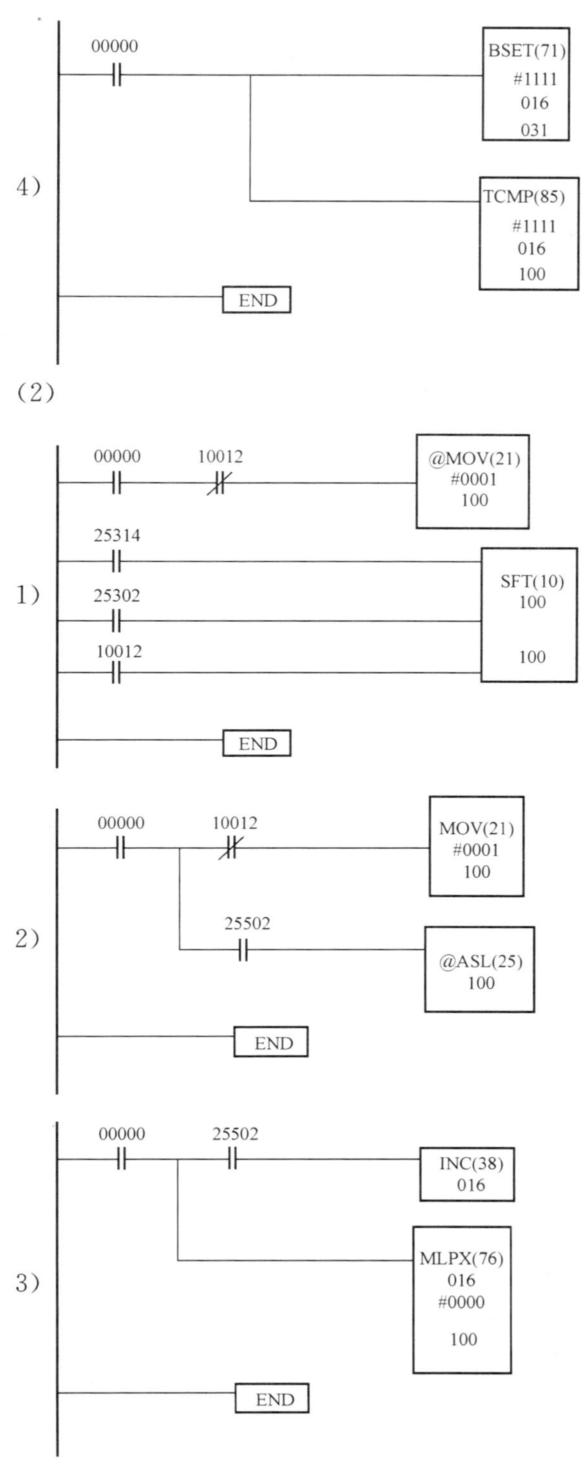
4)
00000
BSET(71)
#1111
016
031
TCMP(85)
#1111
016
100
END
(2)
1)
00000
10012
@MOV(21)
#0001
100
25314
SFT(10)
100
25302
10012
100
END
2)
00000
10012
MOV(21)
#0001
100
25502
@ASL(25)
100
END
3)
00000
25502
INC(38)
016
MLPX(76)
016
#0000
100
END

4)

00000
CMP(20)
#0000
100
25506
STC(40)
25502
@ROL(27)
100
10012
@MOV(21)
#0001
100
END

(3)(单按钮启停)

1)

00000
DIFU
LR0000
LR0000
10000
KEEP
10000
10000
LR0000
END

2)

00000
CNT000
#0002
C000
25315
25313
CMP(20)
C000
#0001
25506
10000
END

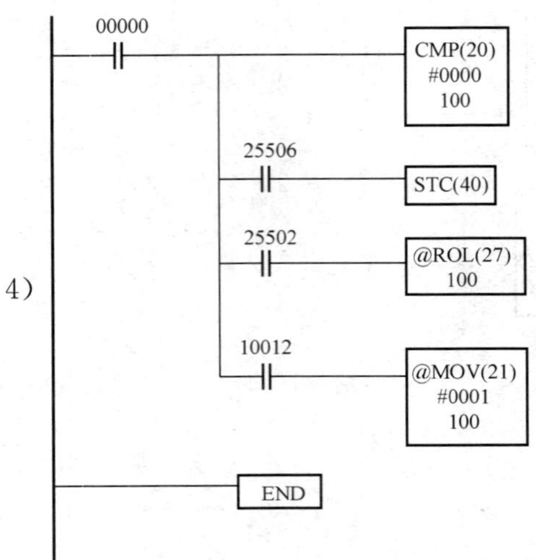

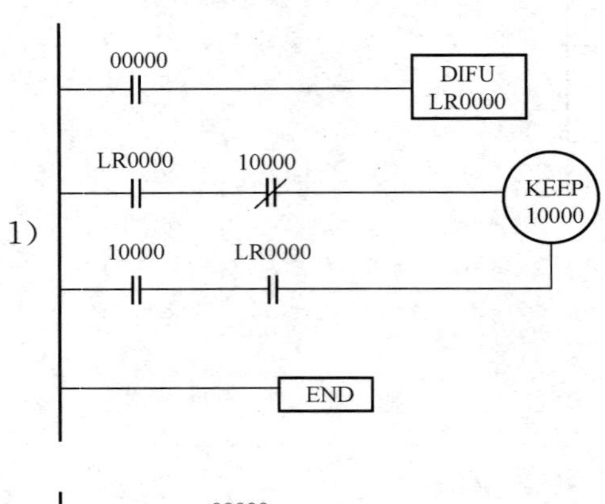

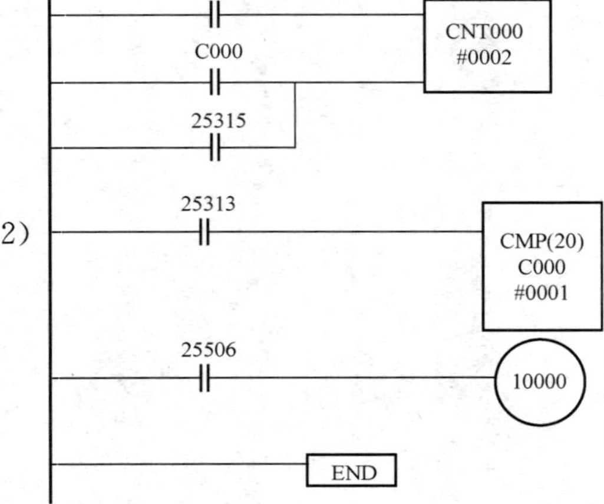

3)

4)

00000
01600
JMP(04)00
10000
10000
JME(04)00
00000
01600
END
00000
01601
01602
SNXT(09) 01600
STEP(08) 01600
25313
10000
00000
SNXT(09) 01601
STEP(08) 01601
25313
10000
00000
SNXT(09) 01602
STEP(08) 01602
00000
STEP(08) 01603
STEP(08) 01603
END

(4)

1)

00000
MOV #5555 100
END

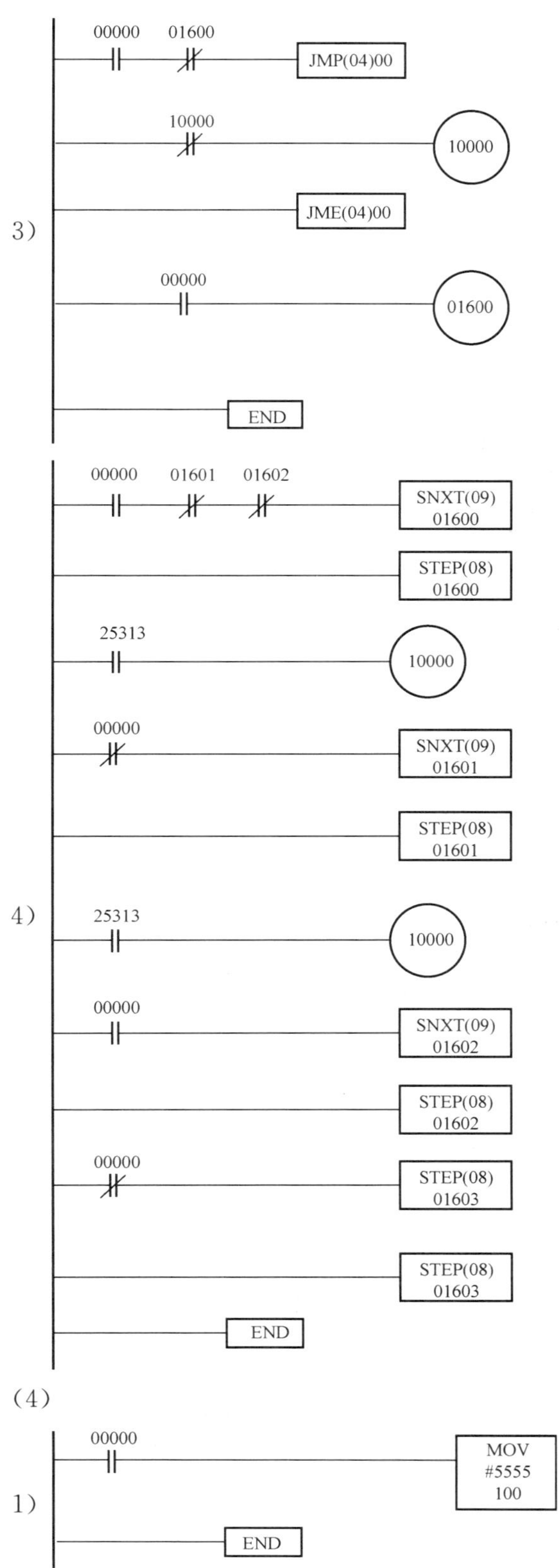

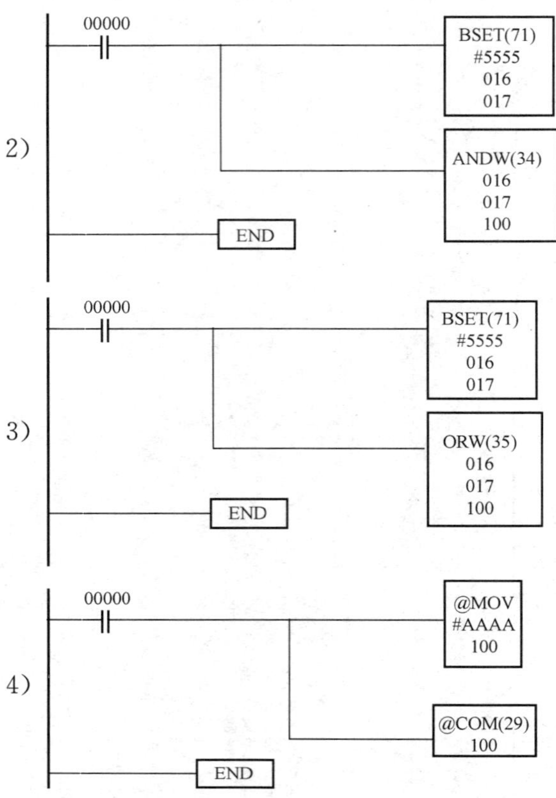

（二）运用功能指令编制下列程序并上机调试

1）用七段数码显示器实现 99s 循环倒计时。

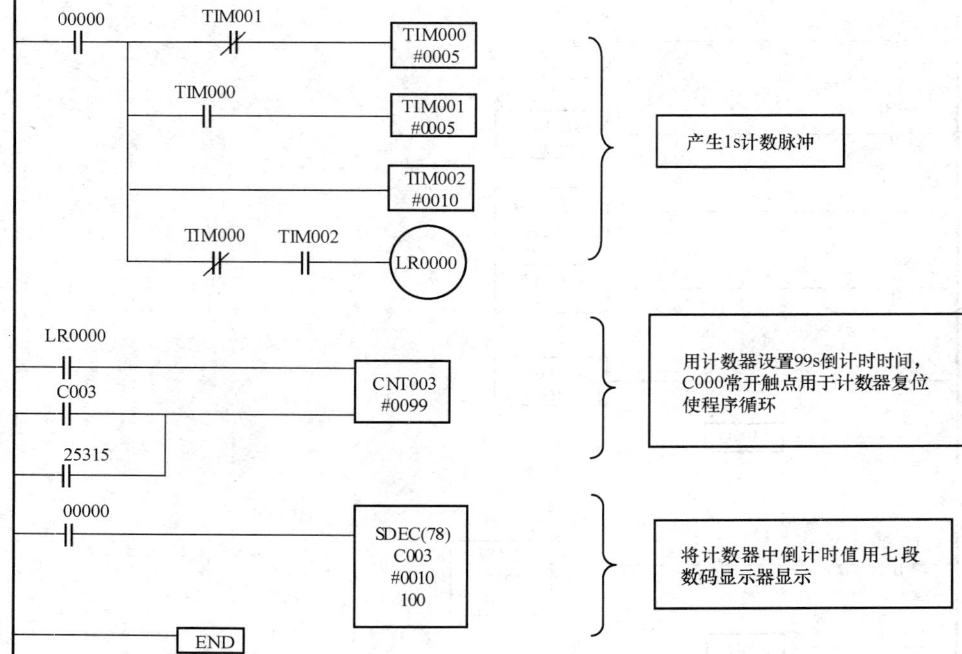

2）三台水泵由一个自动复位式按钮控制，每按一次按钮，启动一台水泵。当第三次按下时，三台水泵全部启动。第四次按下按钮，三台水泵停止运转。

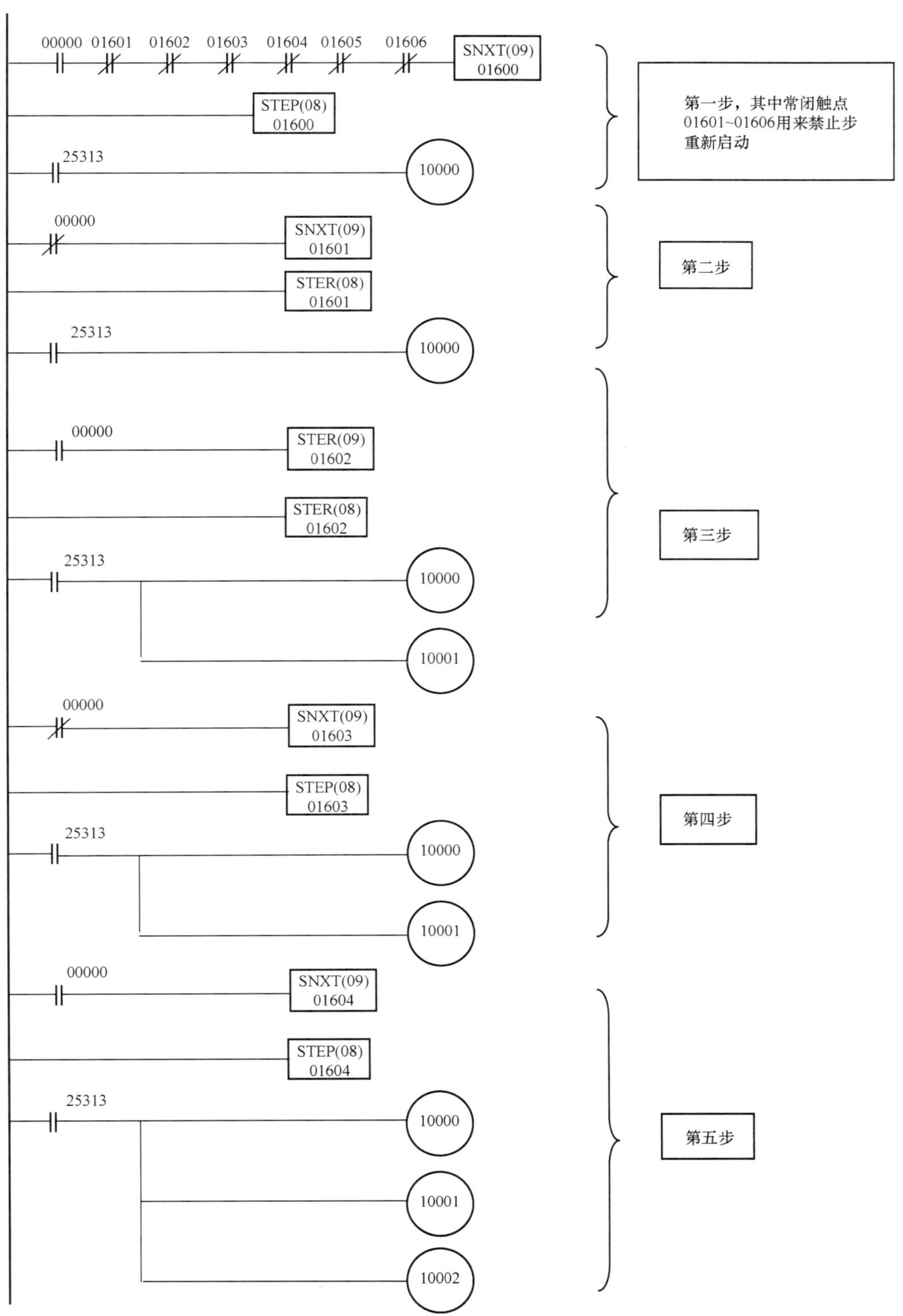

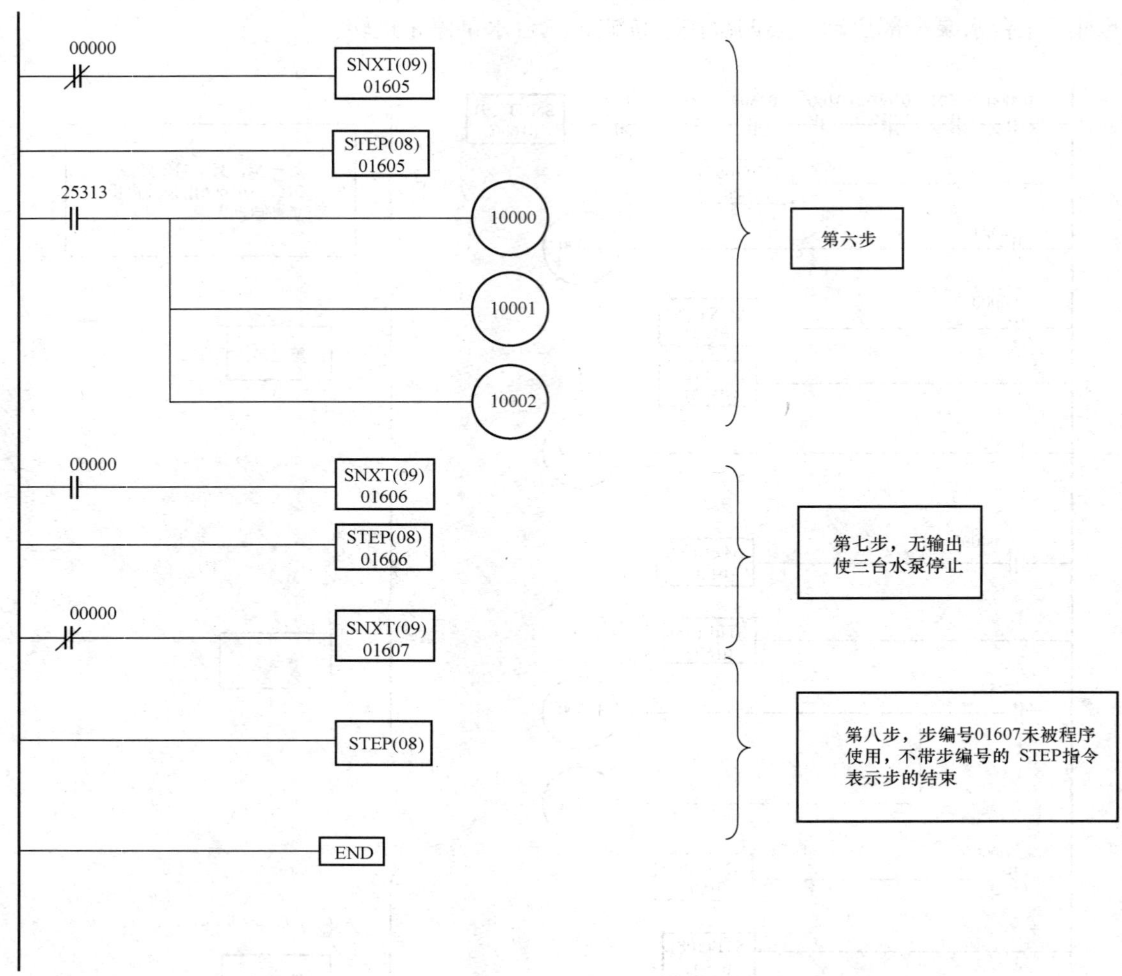

3）用双向移位寄存器指令 SFTR（84）编写循环彩灯程序：16 个彩灯依次亮 1s 后灭，然后按反方向 16 个彩灯依次亮 1s 后灭，之后程序循环运行（每一时刻有且只有一个彩灯亮）。

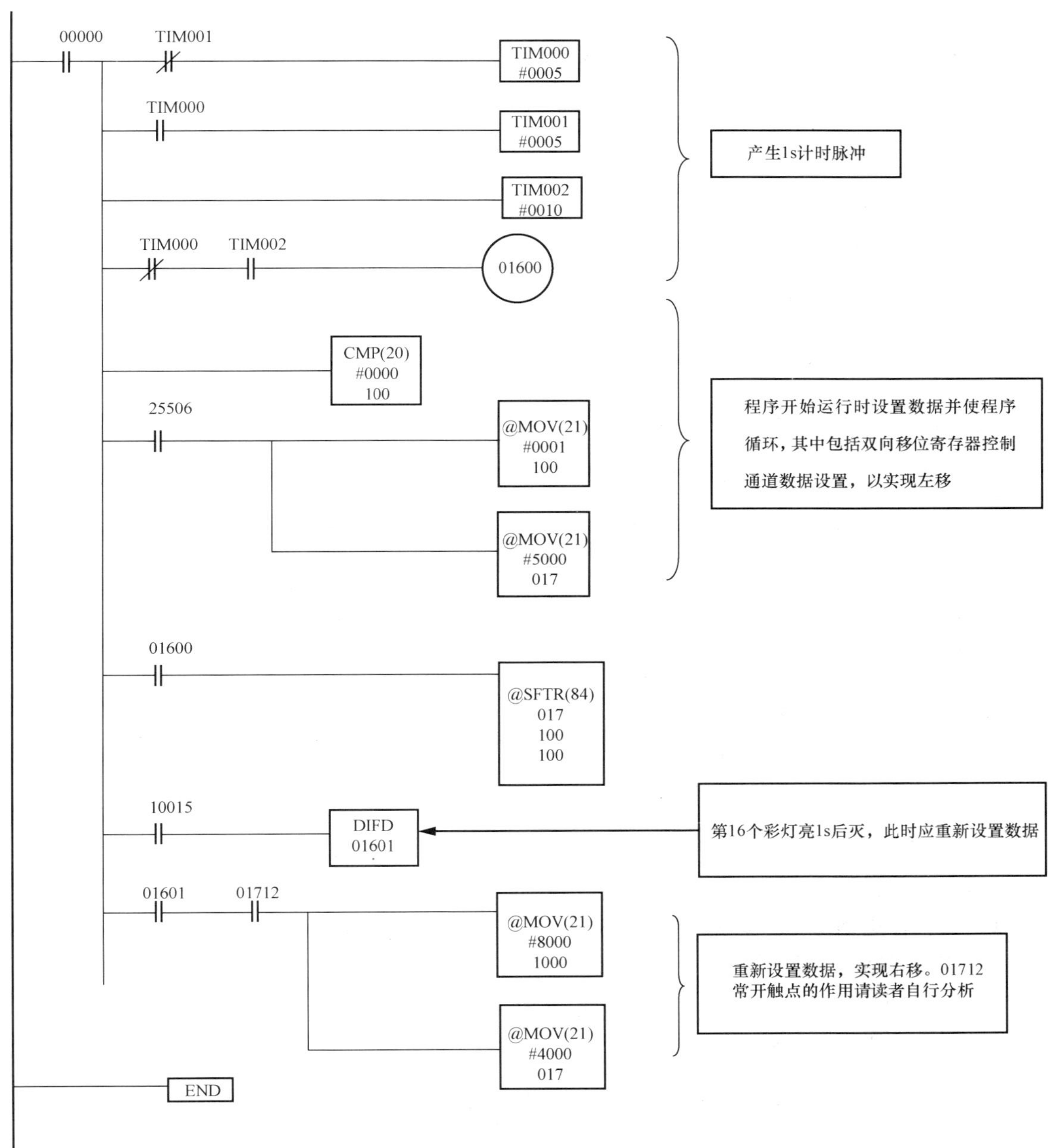
00000
TIM001
TIM000
#0005
TIM000
TIM001
#0005
TIM002
#0010
TIM000
TIM002
01600
产生1s计时脉冲
CMP(20)
#0000
100
25506
@MOV(21)
#0001
100
@MOV(21)
#5000
017
程序开始运行时设置数据并使程序循环，其中包括双向移位寄存器控制通道数据设置，以实现左移
01600
@SFTR(84)
017
100
100
10015
DIFD
01601
第16个彩灯亮1s后灭，此时应重新设置数据
01601
01712
@MOV(21)
#8000
1000
@MOV(21)
#4000
017
重新设置数据，实现右移。01712
常开触点的作用请读者自行分析
END

4）试设计八位BCD数减法程序。

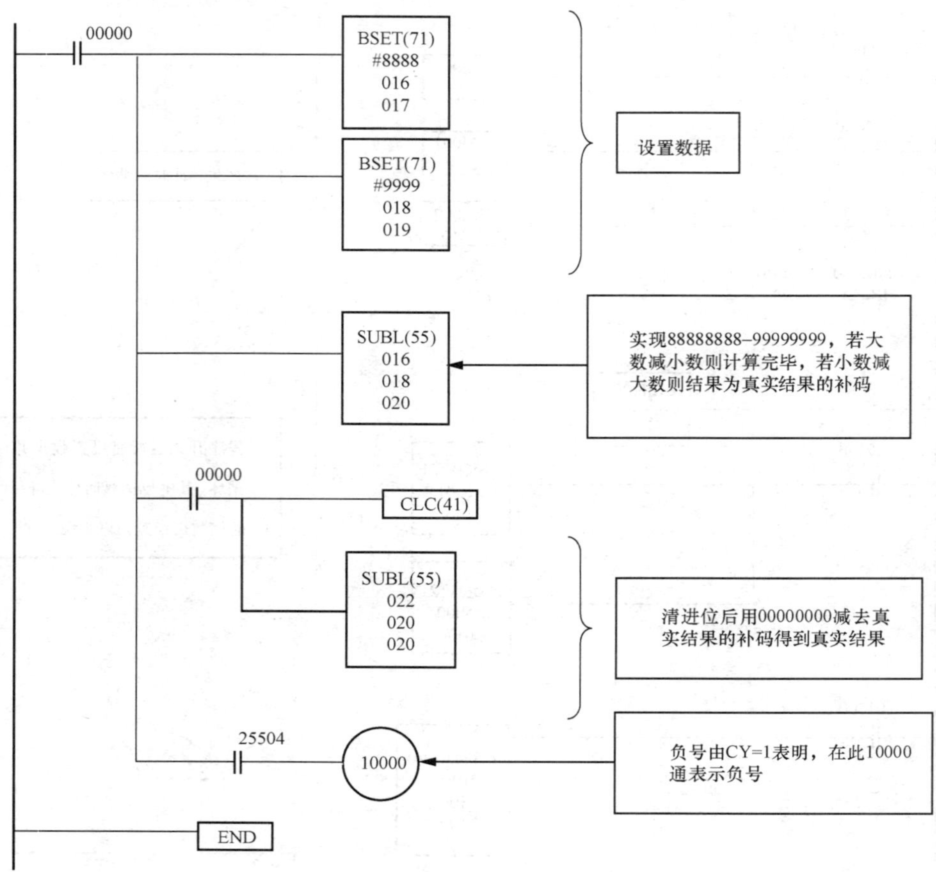

三、练习

（1）判断对错。

1）数据传送指令MOV（21）用来把4位BCD送到一个指定通道。

2）位传送指令MOVB（82）无微分型指令。

3）加1（INC/38）减1（DEC/39）运算用于指定通道的BCD数加1、减1。

4）加1（INC/38）减1（DEC/39）运算对进位标志位CY不影响，对相等标志位EQ也不影响。

5）在使用加1（INC/38）减1（DEC/39）运算时，需要先对进位标志位CY进行清零操作。

6）ADD（30）为4位BCD数据加运算指令，由于结果不影响进位标志位CY，因此，运算前不需采用清除指令对进位标志位CY进行清零。

7）SUB（31）为4位BCD数据减运算指令，但运算结果有借位时，进位标志位被置1，运算结果以补码方式存放。

8）SUBL（55）为8位BCD数据减运算指令，当有借位时，运算结果以补码形式存放，要得到正确的结果需先清CY，用00000000减去存放的运算结果，才能得到正确的结果。

9）MUL（32）和MULL（56）为4位和8位BCD数据乘法运算指令，当操作足够大时，可能会出现进位。

10）MUL（32）指令可能出现的最大结果为 99980001。

11）DIV（33）对进位标志位 CY 不产生影响，但运算结果中商数为全 0 时，相等标志位 EQ 被置 1。

12）FDIV（79）为浮点数除法运算指令，其浮点数表示数值范围为 0.0000001×10^{-7}～0.9999999×10^{7}。

13）浮点数 71412844 表示的数值为 0.1412844×10^{7}。

14）移位寄存器（SFT）指令无微分指令，它的移位方向只能左移。

15）双向移位寄存器指令（SFTR）有微分型指令，它用控制通道的数据来控制通道数据的移位。

16）当算术左移指令 ASL（25）的条件满足时，其移位通道最高位移到进位位 CY。

17）当循环右移指令 ROR（28）的条件满足时，其移位通道的最高位数据从进位位 CY 移入，进位位 CY 的数据可以用 STC（40）和 CLC（41）指令设置成 1 或 0。

18）移位寄存器指令（SFT）既可实现 16 位移位，也可实现 32 位移位。

19）当数字左移指令 SLD（74）的条件满足时，其移位通道的最高位移出并丢失。

20）当字移位指令 WSFT（16）的起始通道与终止通道为同一通道时，表示对该通道清零。

答案：

1）错。

2）错。

3）对。

4）错。

5）错。

6）错。

7）对。

8）对。

9）错。

10）对。

11）对。

12）对。

13）对。

14）对。

15）对。

16）对。

17）对。

18）对。

19）对。

20）对。

（2）判断对错。

1）程序块设置指令 BSET（71）可以对定时器或计数器进行设置。

2）在位移传送指令 MOVB（82）中，控制通道中的数据只能是 4 位 16 进制数。

3）在数字传送指令 MOVD（83）中，最多可传送四个数字。

4）在目的地址变址传送指令 DIST（80）中，偏移量必须是 BCD 数据。

5）数据比较指令 CMP（20）用于对两个指定通道数据进行比较，比较的结果使专用继电器的标志位 25505、25506、25507 被设置。

6）在数据块比较指令中，数据块共占 16 个通道。

7）在数据表比较指令中，数据表共占 32 个通道。

8）BIN（23）指令执行后，目的通道最大值为 270F。

9）BINL（58）指令执行后，目的通道最大值为 05F5E0FF。

10）BCD（24）指令执行后，若源通道数据为 13EF，则目的通道数据为 5103。

11）在 MLPX（76）指令中，控制通道中数据的第二位和第三位可任意取值。

12）一个通道由 16 位二进制数字位表示，每个位中的数字是 0 或 1。从次序上分，最低位称为 0 位，最高位称为第 15 位。

13）一个通道可以用 4 位 16 进制数表示，每个位由四个二进制数字组成，表示 16 进制数字 0 到 F，最低位是第 0 位，最高位是第 3 位。

14）一个通道可以用四个 BCD 数字位表示，每个位由 4 个二进制位组成，表示 BCD 码数字 0 到 9，最低位是第 0 位，最高位是第 3 位。

15）在数字译码指令 MLPX（76）中，控制通道中数据的第 0 位可在 1～4 之间取值。

16）在数字译码指令 DMPX（77）中，数据输入次序是指令、源地址、控制通道、目的通道。

17）执行七段显示码译码指令 SDEC（78）时，若源通道被译码的位的数据为 5，则目的通道低 8 位或高 8 位的数据应为 6D。

18）在字逻辑异或运算指令（XORW）中若参与运算的两个位的数据不相同，则目的通道中该位数据为 1。

19）在进行 BIN 数据减法指令前，一般要采用清零 CLC（41）指令对进位标志位 CY 清零。

20）在进行 BIN 数据乘运算指令 MLB（52）前，一般要采用清零 CLC（41）指令对进位标志位 CY 清零。

答案：

1）对。

2）错。

3）对。

4）对。

5）对。

6）错。

7）错。

8）对。

9）对。

10）对。
11）对。
12）对。
13）对。
14）对。
15）错。
16）错。
17）对。
18）对。
19）对。
20）错。

（3）请画出以下程序中源目的通道间的关系图，并写出目的通道的数据。

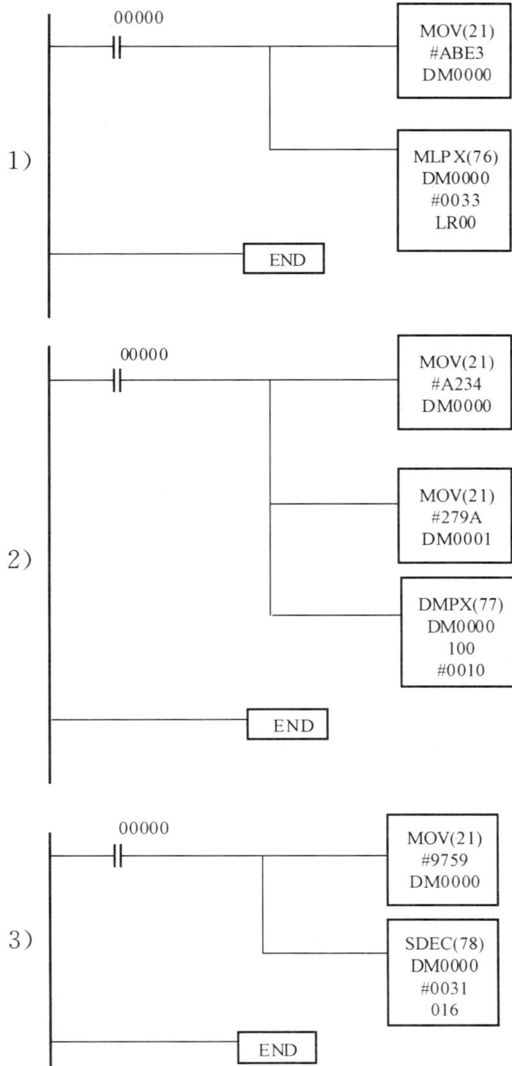

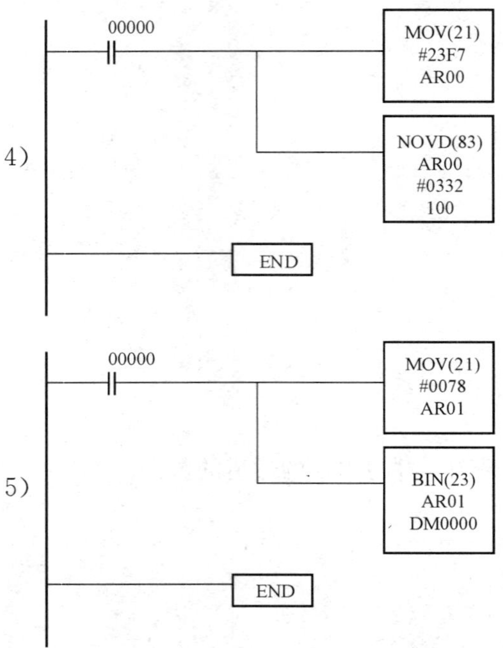

答案：

1）LR00：0400；LR01：0008；LR02：4000；LR03：0800。

2）100：00DF。

3）016：276D；017：7F6F。

4）100：3F72。

5）DM0000：004E。

（4）自测题。

1）试用PLC设计井下照明控制装置。

控制要求如下：只用一个自动复位式按钮控制。当第一次按下按钮时，灯亮2h后自动熄灭，在2s内连续按两次时，灯亮4h灭，当按下按钮时间超过3s时，灯熄灭。

2）试用PLC设计学校打铃系统。

控制要求：从星期一至星期五，响铃时间为8∶00、9∶00、10∶00、11∶00、12∶00、13∶00、14∶30、15∶30、16∶30。保证每次响铃时间为30s。

3）试用PLC设计一时钟。

控制要求如下：8个七段码分别表示时、分、秒，整点时有响铃提示。

第五节　综 合 运 用 实 验

一、天塔之光

1. 实验目的

用PLC构成闪光灯控制系统。

2. 实验内容

（1）控制要求为隔灯闪烁：L1、L3、L5、L7、L9亮1s后灭，接着L2、L4、L6、L8

亮，1s后灭，再接着L1、L3、L5、L7、L9亮1s后灭，如此循环下去。

（2）I/O分配。

输入：	输出：		
启动：00000	L1：10000	L4：10003	L7：10006
停止：00001	L2：10001	L5：10004	L8：10007
	L3：10002	L6：10005	L9：10008

（3）按设计要求编写程序。

地址	指令	数据
00000	LD	00000
00001	DIFU（13）	01600
00002	LD	01600
00003	MOV（21）	＃5555
		100
00004	LD	100001
00005	LD	25502
00006	LD	00001
00007	SFT（010）	100
		100
00008	END（01）	

（4）调试并运行程序。

（5）编程练习。

1）隔两灯闪烁：L1、L4、L7亮1s后灭，接着L2、L5、L8亮1s后灭，接着L3、L6、L9亮1s后灭……如此循环。编制程序，并上机调试运行。

2）发射型闪烁：L1亮2s后灭，接着L2、L3、L4、L5亮2s后灭，接着L6、L7、L8、L9亮2s后灭，接着L1亮2s后灭……如此循环。编制程序，并上机调试运行。

二、电梯控制实验

（一）实验目的

用PLC构成电梯自控系统。

（二）实验内容

1　控制要求。

（1）当轿厢停于1层或2层，或者3层时，按PB4按钮呼梯（4层呼），则轿厢上升至LS4（4层）停。

（2）当轿厢停于4层或3层，或者2层时，按PB1按钮呼梯（1层呼），则轿厢下降至LS1（1层）停。

（3）当轿厢停于1层，若按PB2按钮呼梯，则轿厢上升至LS2停，若按PB3按钮呼梯，则轿厢上升至LS3停。

（4）当轿厢停于4层，若按PB3按钮呼梯，则轿厢下降至LS3停，若按PB2按钮呼梯，则轿厢下降至LS2停。

（5）当轿厢停于1层，而PB2、PB3、PB4按钮均有人呼梯时，轿厢上升至LS2暂停4s

后继续上升至LS3，暂停4s后，继续上升至LS4停止。

(6) 当轿厢停于4层，而PB1、PB2、PB3按钮均有人呼梯时，轿厢下降至LS3暂停4s后继续下降至LS2，暂停4s后，继续下降至LS1停止。

(7) 轿厢在楼层间运行时间超过12s，电梯停止运行。

(8) 当轿厢在上升（或下降）途中，任何反方向下降（或上升）的按钮呼梯均无效，楼层显示灯亮表征有该层信号请求，灯灭表征该楼层请求信号消除。

“△”亮表示电梯上升。

“▽”亮表示电梯下降。

2 I/O分配。

输入			输出	
呼梯按钮	PB4	00000	上升△	10005
	PB3	00001	下降▽	10000
	PB2	00002	1层指示灯	10001
	PB1	00003	2层指示灯	10002
平层信号	LS4	00004	3层指示灯	10003
	LS3	00005	4层指示灯	10004
	LS2	00006		
	LS1	00007		

3 编写程序。

地址	指令		地址	指令	
00000	LD	00000	00001	OR	01600
00002	AND-NOT	01600	00003	AND-NOT	01804
00004	AND-NOT	00004	00005	OUT	10004
00006	OUT	01600	00007	LD	00001
00008	OR	01601	00009	AND-NOT	01610
00010	AND-NOT	01805	00011	AND-NOT	00005
00012	OUT	10003	00013	OUT	01601
00014	LD	00002	00015	OR	01602
00016	AND-NOT	01610	00017	AND-NOT	01803
00018	AND-NOT	00006	00019	OUT	10002
00020	OUT	01602	00021	LD	00003
00022	OR	01603	00023	AND-NOT	01610
00024	AND-NOT	01802	00025	AND-NOT	00007
00026	OUT	10001	00027	OUT	01603
00028	LD	00001	00029	OR	01604
00030	AND-NOT	01610	00031	OUT	01604
00032	LD	01604	00033	AND	00005
00034	LD	01605	00035	AND-NOT	TIM00
00036	OR-LD		00037	OUT	01605

00038	LD	01605	00039	TIM	000
00040	LD	01605			#0040
00041	AND-NOT	TIM000	00042	OUT	01606
00043	LD	00002	00044	OR	01607
00045	AND-NOT	01610	00046	OUT	01607
00047	LD	01607	00048	AND	00006
00049	LD	01608	00050	AND-NOT	TIM01
00051	OR-LD		00052	OUT	01608
00053	LD	01608	00054	TIM	001
00055	LD	01608			#0040
00056	AND-NOT	TIM01	00057	OUT	01609
00058	LD	00006	00059	OR	00005
00060	AND	10005	00061	AND	01600
00062	DIFU	01802	00063	LD	00005
00064	AND	10005	00065	AND	01600
00066	DIFU	01803	00067	LD	00005
00068	OR	00006	00069	AND	10000
00070	AND	01603	00071	DIFU	01804
00072	LD	00006	00073	AND	10000
00074	AND	01603	00075	DIFU	01805
00076	LD	01601	00077	AND-NOT	00007
00078	LD	01602	00079	AND-NOT	01606
00080	OR-LD		00081	LD	01603
00082	AND-NOT	01609	00083	AND-NOT	01606
00084	OR-LD		00085	AND-NOT	02105
00086	AND-NOT	TIM002	00087	OUT	10000
00088	LD	01602	00089	AND-NOT	00004
00090	LD	01601	00091	AND-NOT	01609
00092	OR-LD		00093	LD	01600
00094	AND-NOT	01606	00095	AND-NOT	01609
00096	OR-LD		00097	AND-NOT	02100
00098	AND-NOT	TIM002	00099	OUT	10005
00100	LD-NOT	01800	00101	AND	02105
00102	OUT	02105	00103	LD-NOT	02105
00104	OUT	02100	00105	LD-NOT	01801
00106	AND	02100	00107	OUT	02100
00108	LD-NOT	02100	00109	OUT	02105
00110	LD	00004	00111	DIFU	01800
00112	LD	00007	00113	DIFU	01801

00114	LD	01800	00115	OR	01801
00116	OUT	01610	00117	LD-NOT	10000
00118	OR-NOT	10005	00119	AND-NOT	00004
00120	AND-NOT	00005	00121	AND-NOT	00006
00122	AND-NOT	00007	00123	TIM	02
					＃0120
00124	END				

4 调试并运行程序。

5 编程练习。

(1) 按下述控制要求编制四层楼电梯控制程序，上机调试并运行。

电梯启动后，首先在一层有呼叫，则电梯上升，上升过程只响应大于等于当前楼层的内呼信号和上升外呼信号，且记忆其他信号，并到达内呼楼层和上升的外呼楼层停止，消除该楼层的内呼信号和上升外呼信号。此后若无其他楼层内外呼信号（含记忆信号)，则停于此楼层，若有则继续运行。到达四楼后，有其他楼层内外呼信号则电梯下降，下降过程只响应小于等于当前楼层的内呼和下降的外呼信号，记忆其他信号并在内呼楼层和下降外呼楼层停止。此后，若无内外呼信号（含记忆信号）则停于此楼层，若有则继续运行。到达一楼后，又重新开始上述循环。设定电梯匀速上升或下降，上升或下降一层楼需 3s，而且保证电梯的停止时间下少于 2s。楼层显示灯亮表示对应楼层的电梯门打开。

“△”亮表示电梯上升。

“▽”亮表示电梯下降。

(2) 按下述控制要求编制四层楼电梯控制程序，上机调试程序并运行。

1) 电梯启动后，轿厢在一楼，若有一层呼梯信号，则开门。

2) 运行过程中可记忆并响应其他信号，内选优先。当呼梯信号大于当前楼层时上升，呼梯信号小于当前楼层时下降。

3) 到达呼叫楼层，平层后，开门，消除该层记忆。当前楼层呼梯时可延时关门。

4) 开门期间，可进行多层呼楼选择，若呼叫信号来自当前楼层两侧，且距离相等，则记忆并保持原运行方向，到达呼梯层后再反向运行，响应呼梯。

5) 若呼叫信号来自当前楼层两侧，且距离不等，则记忆并选择距离短的楼层先响应。

6) 若无呼梯信号，则轿厢停在当前楼层。

7) 电梯不用时，回到一层，开门后断电，再使用时重新启动。

8) 从电梯启动开始，用七段码显示所在楼层直到结束。

三、抢答器

1. 实验目的

用 PLC 设计多功能抢答器。

2. 实验内容

(1) 控制要求。

在很多竞赛活动中，经常要用到抢答器。对抢答器的控制要求，当有多个输入信号输入时，抢答器只接收第一个到来的输入信号，而不接收后面到来的输入信号，并使第一个到来的输入信号相应的灯或铃有反应。

设有5个输入按钮、5个输出灯（或铃）、一个复位按钮、一个开始按钮。复位按钮处于OFF状态时，5个输出全为OFF。要使系统能正常工作，首先应使复位按钮处于ON状态。当主持人说开始，并同时按下开始按钮，若抢答者在此前按下抢答器输入，则属违例，要给予指示，以便扣分惩罚。若在开始之后3s之内第一个按下抢答器输入或在开始之后5s内第一个按下抢答器输入均要给予不同的指示，以便答对之后奖励加分。

（2）I/O分配。

输入		输出	
0号输入	00000	0号输出	10000
1号输入	00001	1号输出	10001
2号输入	00002	2号输出	10002
3号输入	00003	3号输出	10003
4号输入	00004	4号输出	10004
复位	00005	违例指标	10005
开始按钮	00006	3s奖励指示	10006
		5s奖励指示	10007

（3）梯形图设计。

（4）上机调试并运行程序。

（5）编程练习。

由上例梯形图可以看出，无论是惩罚还是奖励，只对第一个按下抢答器按钮的人有作用，因为系统的输出仅指示出第一个输入信号以及惩罚或奖励指示。如果希望对所有违例者进行惩罚，试编写程序。

四、自动送料装车系统

1. 实验目的

用PLC构成自动送料装车控制系统。

2. 实验内容

（1）控制要求。

按下系统启动按钮，绿灯L2亮，表示允许汽车开进装料，料斗K2、电机M1、M2、M3皆为OFF。当汽车到来时（用S2接通表示），红灯L1亮，绿灯L2灭，M3运行，电机M2在M3通2s后运行，M1在M2通2s后运行，K2在M1通2s后打开出料。当汽车料满后（用S2断表示），料斗K2关闭，电机M1延时2s后关断，M2在M1停2s后停止，M3在M2停2s后停止，同时绿灯L2亮，红灯L1灭，表示汽车可以开走，下一辆汽车可以进入装料。当料不满时，高度传感器动作（用S1通表示），料斗开关K2关闭（OFF）灯灭，不出料，进料开关K1打开（K1为ON）进料，否则不进料。用数码管显示装车次数。任何时刻按下停止按钮，在本次装车完毕后系统关闭。

（2）示意图。

（3）I/O分配。

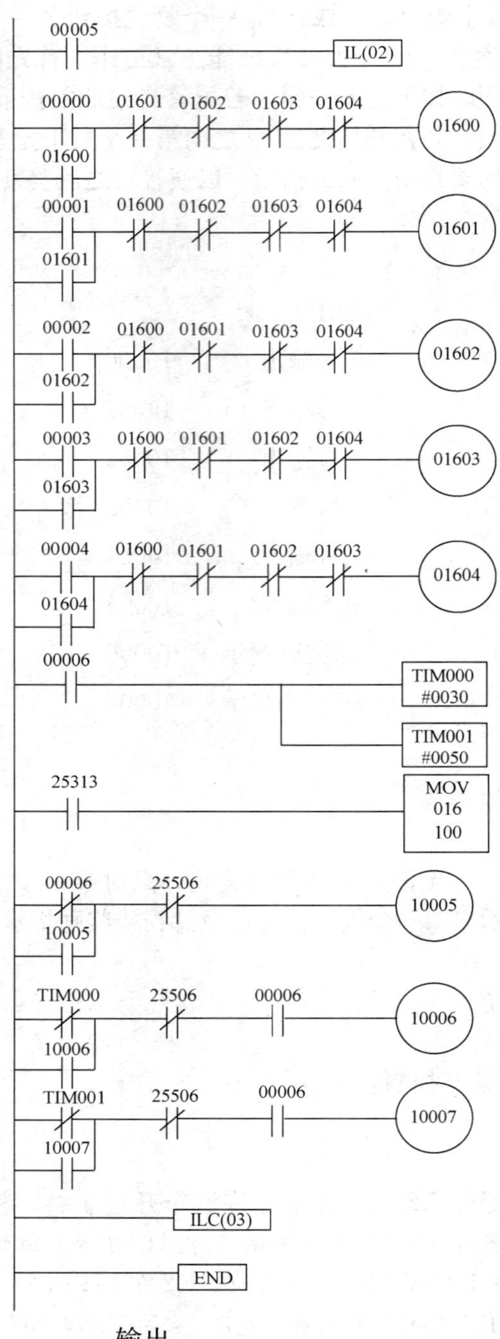

输入：	输出：
启动按钮：00000	M1：10001
停止按钮：00001	M2：10002
S1：00002	M3：10003
S2：00003	L1：10004
	L2：10005

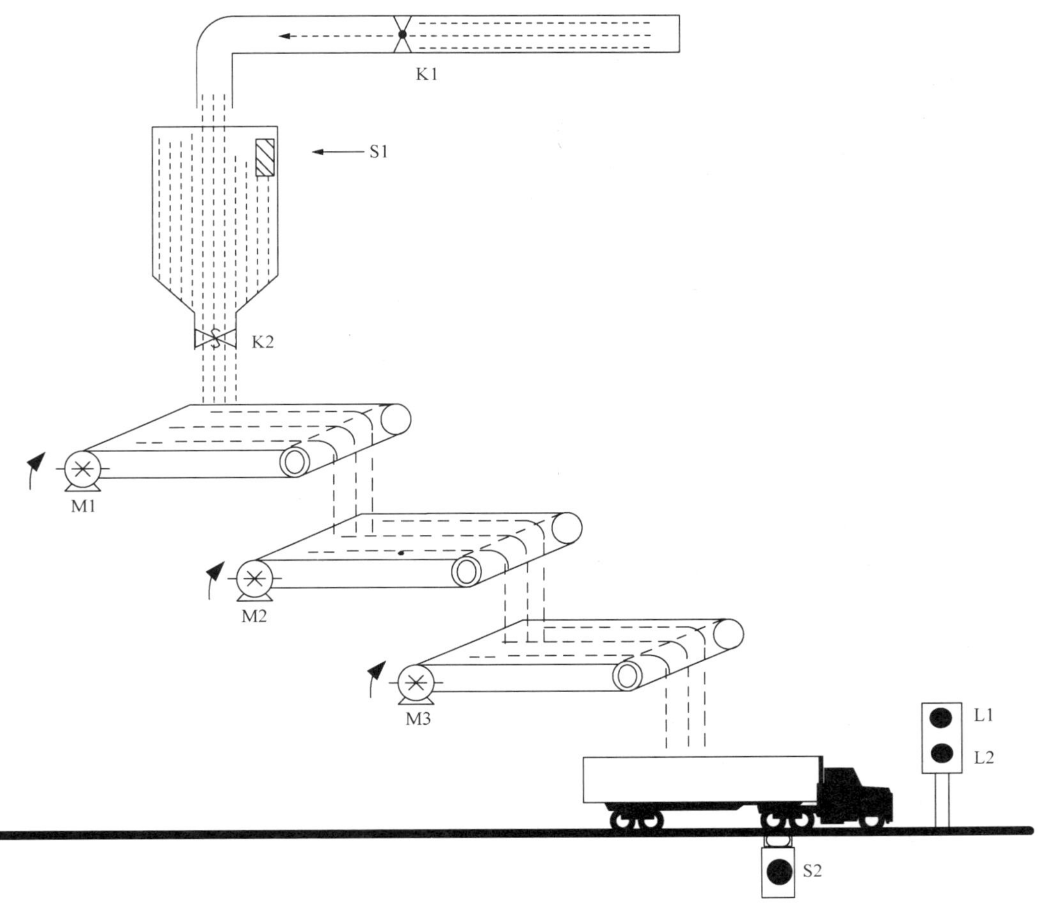

图 7-9　自动送料装车系统示意图

K1：I0006

K2：I0007

（4）波形图。

（5）梯形图。

（6）上机调试并运行程序。

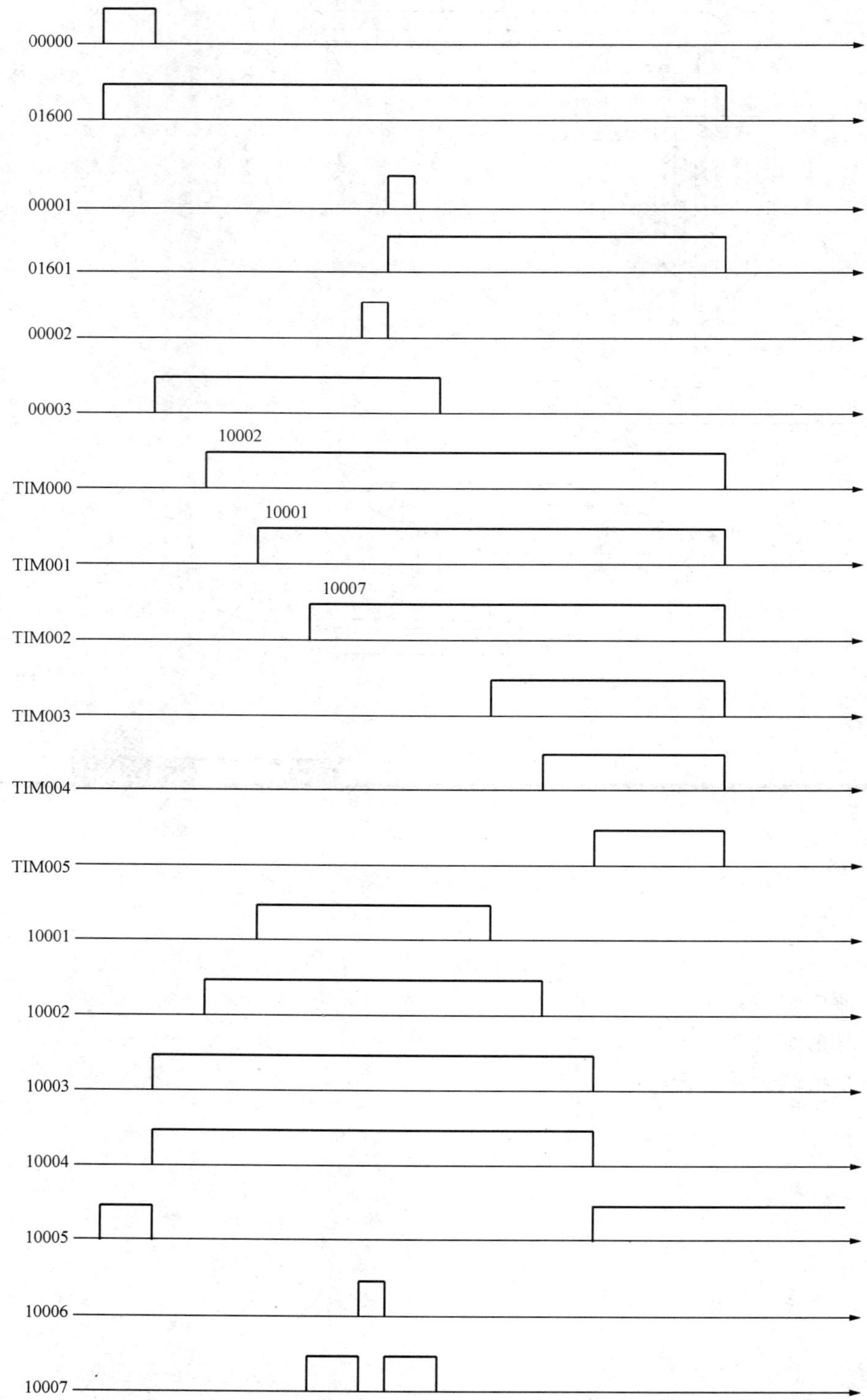
00000
01600
00001
01601
00002
00003
10002
TIM000
10001
TIM001
10007
TIM002
TIM003
TIM004
TIM005
10001
10002
10003
10004
10005
10006
10007

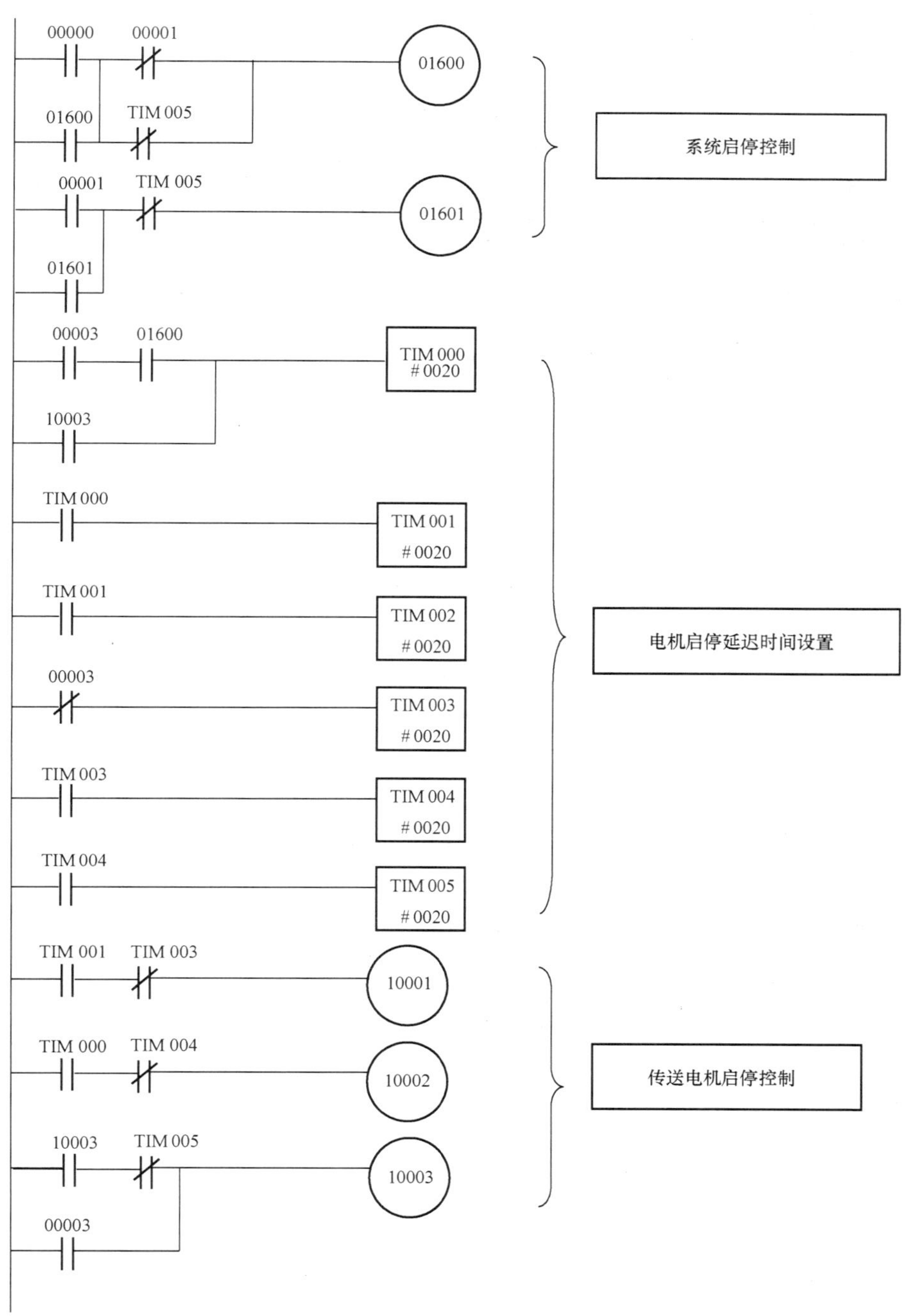
00000
00001
01600
01600
TIM 005
系统启停控制
00001
TIM 005
01601
01601
00003
01600
TIM 000
#0020
10003
TIM 000
TIM 001
#0020
TIM 001
TIM 002
#0020
电机启停延迟时间设置
00003
TIM 003
#0020
TIM 003
TIM 004
#0020
TIM 004
TIM 005
#0020
TIM 001
TIM 003
10001
TIM 000
TIM 004
10002
传送电机启停控制
10003
TIM 005
10003
00003

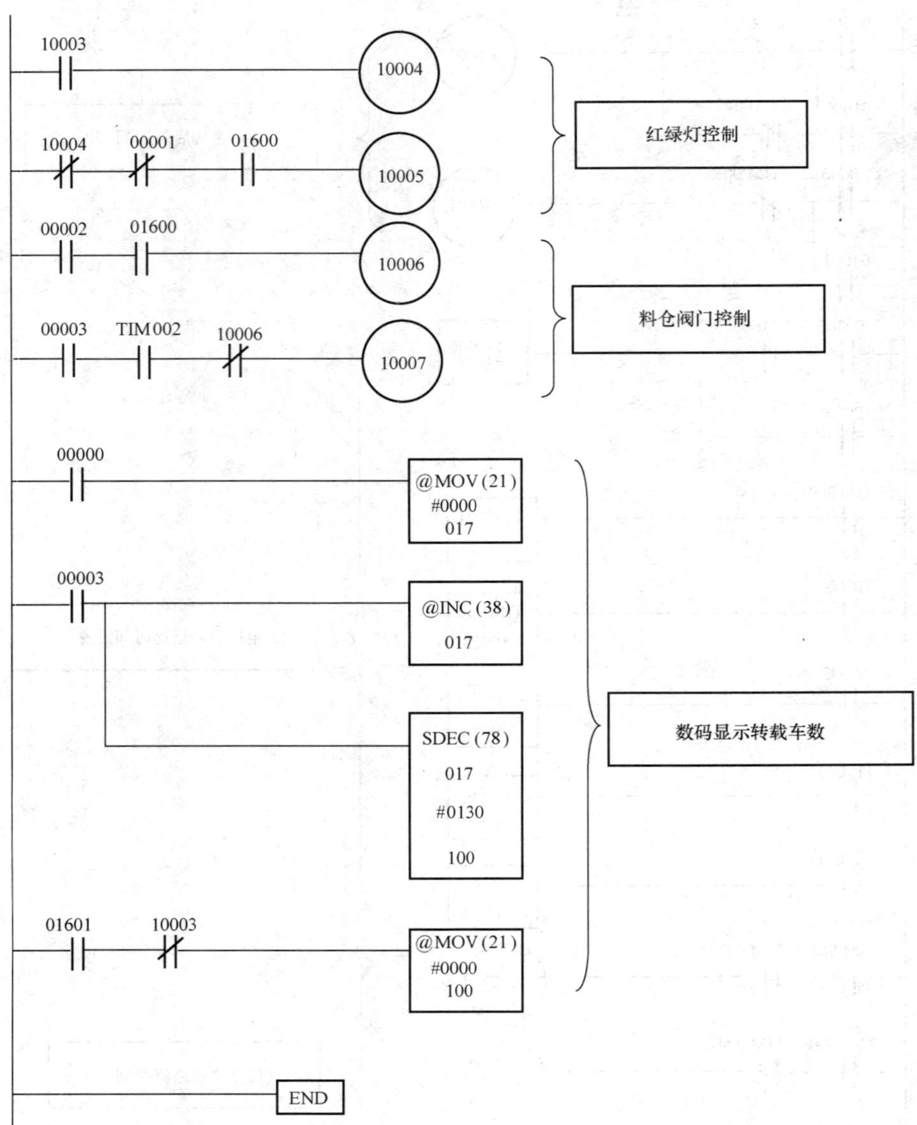

10003
10004
红绿灯控制
10004
00001
01600
10005
00002
01600
10006
料仓阀门控制
00003
TIM002
10006
10007
00000
@MOV(21)
#0000
017
00003
@INC(38)
017
数码显示转载车数
SDEC(78)
017
#0130
100
01601
10003
@MOV(21)
#0000
100
END

附录1　简易编程器操作一览表

操　作	使用模式	说　　明	图　　　解
输入口令	PMR	上电后，编程器显示“PASSWORD”，这时应键入 CLR、MONTR、CLR，即可进行其他操作	 CLR → MONTR → CLR
蜂鸣声 ON/OFF	PMR	按 SHIFT、1 可使蜂鸣声有或无	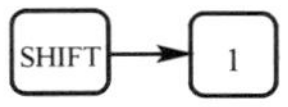 SHIFT → 1
内存清除	P	顺序按 CLR、SET、NOT、RESET，再按 MONTR 即可清除所有内存。若不想清除相应数据，可在按 MONTR 前，按相应的数据标号键	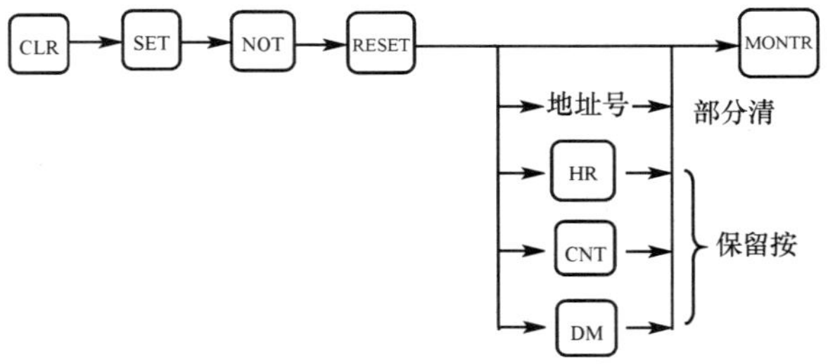 CLR → SET → NOT → RESET → MONTR；地址号 → 部分清；HR、CNT、DM → 保留按
指令地址	PMR	按 CLR 后，键入地址号，再按向上或向下键可显示对应地址的指令	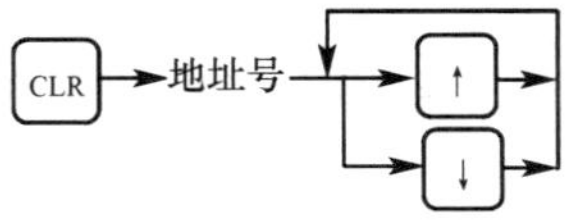 CLR → 地址号 → ↑ / ↓
指令输入	P	格式：地址（可省略）、指令码、WRITE 键	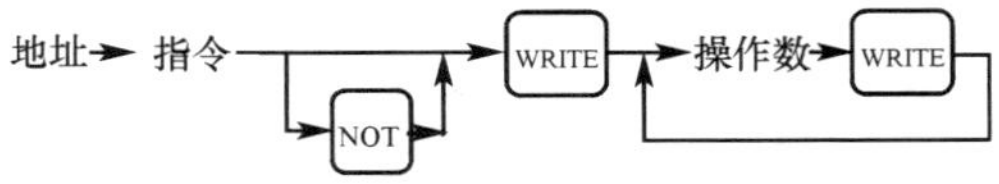 地址 → 指令 →（NOT）→ WRITE → 操作数 → WRITE
常数输入	P	在常数输入显示或指令输入时，键入规定的常数	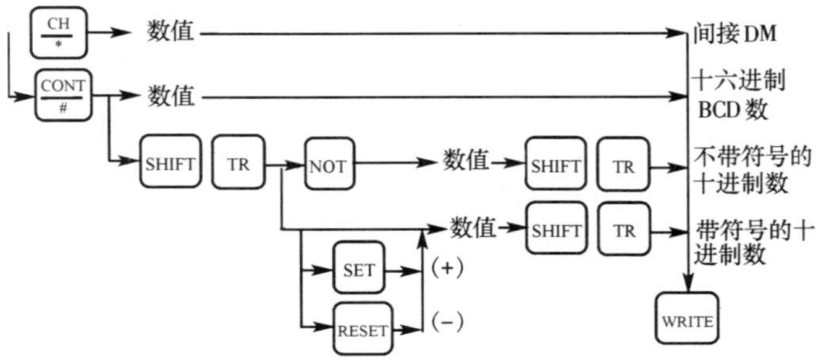 CH/* → 数值 → 间接 DM；CONT/# → 数值 → 十六进制 BCD 数；SHIFT → TR → NOT → 数值 → SHIFT → TR → 不带符号的十进制数；SET (+) / RESET (−) → 数值 → SHIFT → TR → 带符号的十进制数；→ WRITE

续表

操　作	使用模式	说　　明	图　　解
指令查找	PMR	在起始地址键入要查找的指令，按 SRCH 即可	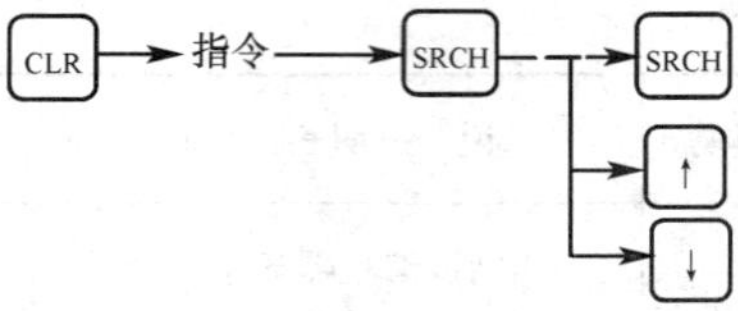 CLR → 指令 → SRCH → SRCH / ↑ / ↓
触点查找	PMR	在起始地址键入要查找的触点，按 SRCH 即可找到使用该触点的指令	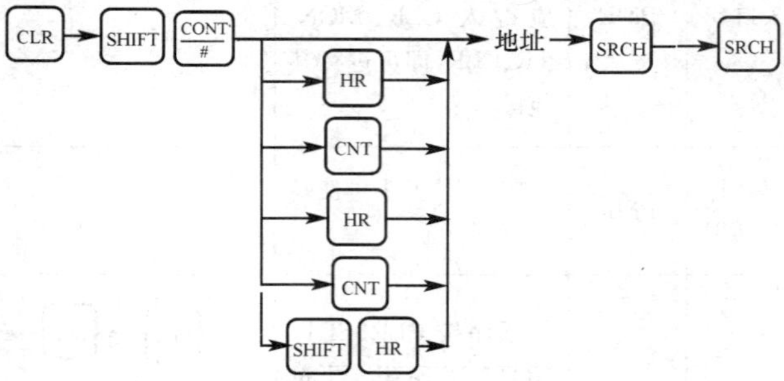 CLR → SHIFT → CONT/# → (HR / CNT / HR / CNT / SHIFT HR) → 地址 → SRCH → SRCH
指令的插入和删除	P	找到合适位置，按图示操作即可插入或删除指令	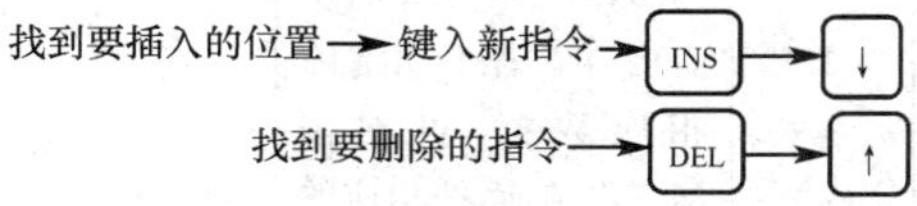 找到要插入的位置 → 键入新指令 → INS → ↓ 找到要删除的指令 → DEL → ↑
程序检查	P	有 3 种方式的程序检查，如出现 END，则说明程序没有错误	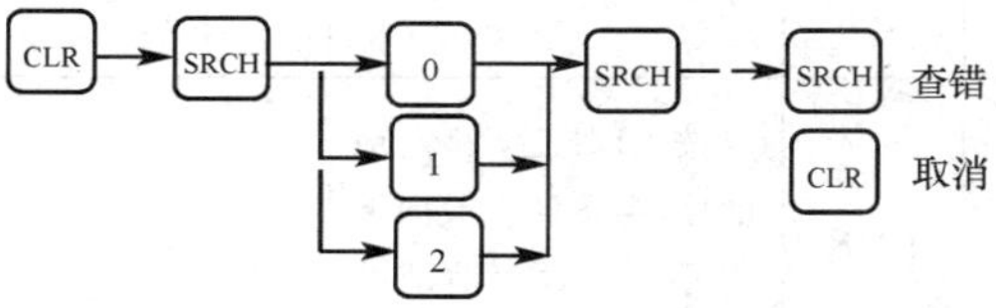 CLR → SRCH → 0 / 1 / 2 → SRCH → SRCH 查错；CLR 取消
读出错信息	PMR	按右图操作可依次显示存储的出错信息	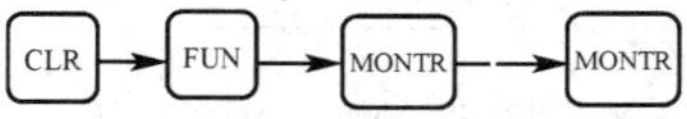 CLR → FUN → MONTR → MONTR
位或字监控	PMR	按右图操作可显示要监控的位或字，按 MONTR 可使被监视的位或字循环移动	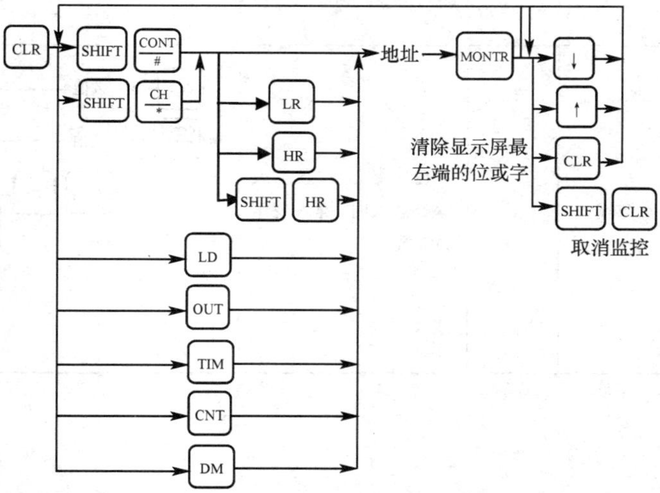 CLR → SHIFT → CONT/# 或 SHIFT → CH/* → (LR / HR / SHIFT HR) → 地址 → MONTR → ↓ / ↑ / CLR（清除显示屏最左端的位或字）/ SHIFT CLR（取消监控）；CLR → LD / OUT / TIM / CNT / DM → 地址

续表

操　作	使用模式	说　明	图　解
3-字监控	PMR	同时监控 3 个顺序的字，先指出最低的地址，然后按 MONTR，再进行图示操作	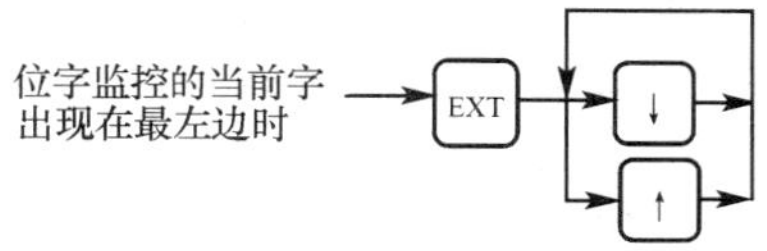 位字监控的当前字出现在最左边时 → EXT → ↓ / ↑
强迫置位/复位	PM	可强迫使在最左边显示的位置位/复位；若先按 SHIFT，可长时有效，按 NOT 或强迫复位后才不起作用	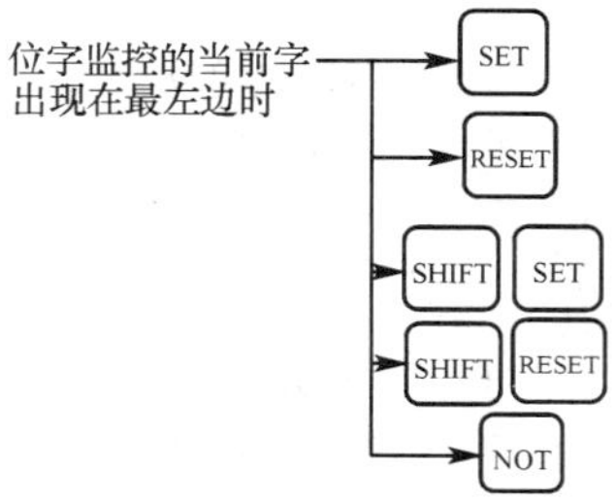 位字监控的当前字出现在最左边时 → SET / RESET / SHIFT SET / SHIFT RESET / NOT
清除强迫置位/复位	PM	可对当前显示位的强迫置位/复位操作予以清除	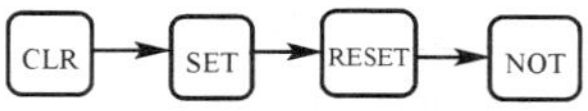 CLR → SET → RESET → NOT
微分监视	PM	可对当前在最左边显示的位进行上升沿或下降沿监视	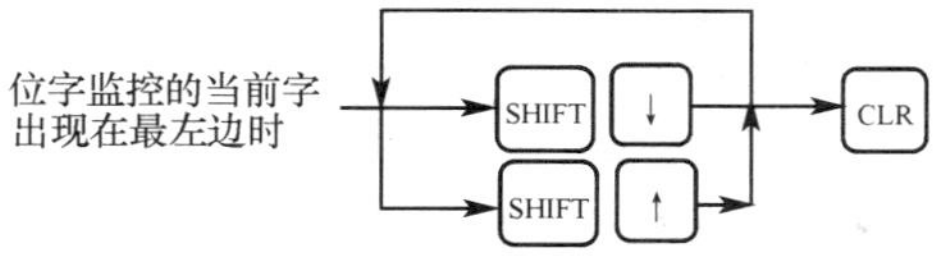 位字监控的当前字出现在最左边时 → SHIFT ↓ / SHIFT ↑ → CLR
二进制监视	PMR	可用二进制的形式对字进行监控	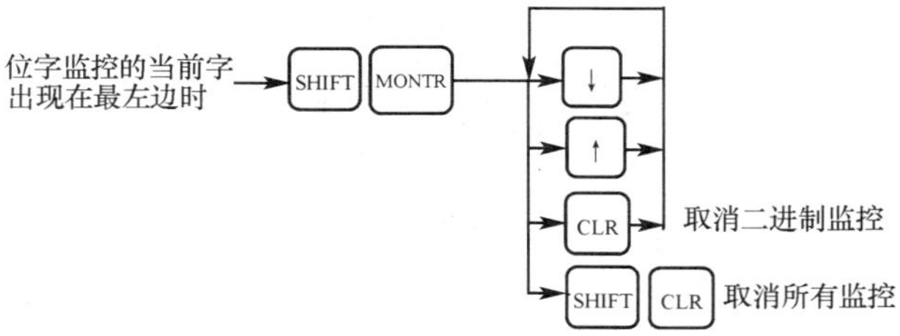 位字监控的当前字出现在最左边时 → SHIFT MONTR → ↓ / ↑ / CLR 取消二进制监控 / SHIFT CLR 取消所有监控
带符号的十进制监视	PM	字的十六进制数据被认为是用 2 的补码表示的，显示时被转换成带符号的十进制	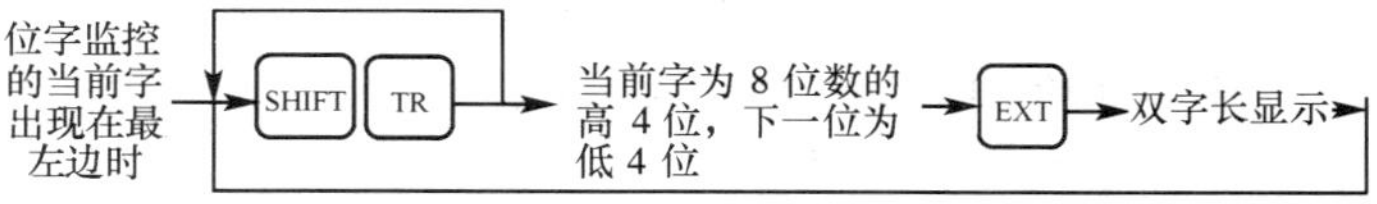 位字监控的当前字出现在最左边时 → SHIFT TR → 当前字为 8 位数的高 4 位，下一位为低 4 位 → EXT → 双字长显示
不带符号的十进制监视	PM	把十六进制数据转换成十进制显示	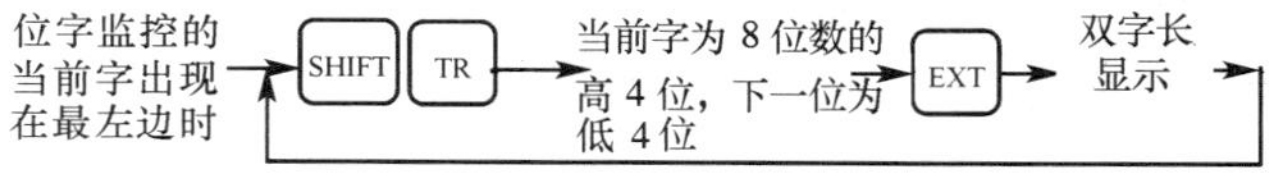 位字监控的当前字出现在最左边时 → SHIFT TR → 当前字为 8 位数的高 4 位，下一位为低 4 位 → EXT → 双字长显示

续表

操　作	使用模式	说　明	图　解
3-字数据修改	PM	用来改变显示在3-字操作下的三个连续字的一个或更多的内容	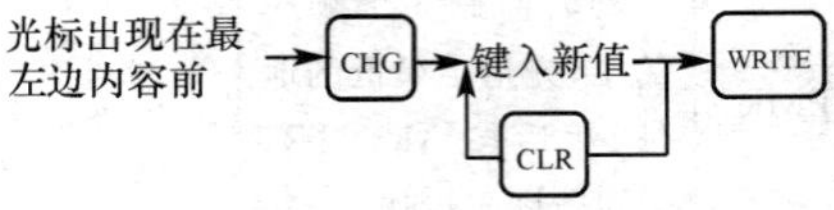 光标出现在最左边内容前 → CHG → 键入新值 → WRITE；CLR
改变TC设置值SV	PM	有输入新值和增减常数两种改变SV的方式	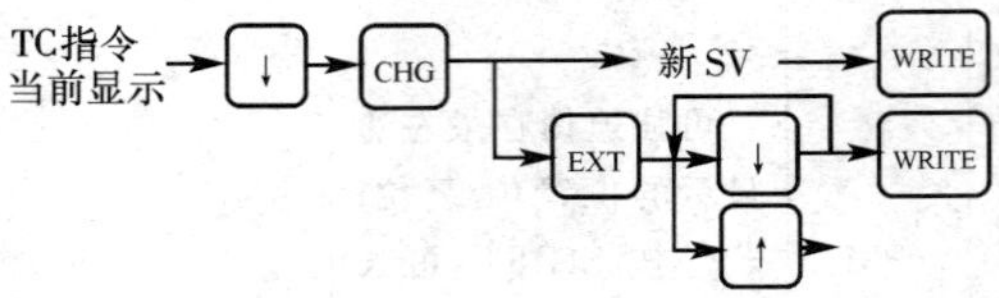 TC指令当前显示 → ↓ → CHG → 新SV → WRITE；EXT → ↓ / ↑ → WRITE
HEX/BCD数据修改	PM	可对显示在最左边的十六进制或十进制进行修改	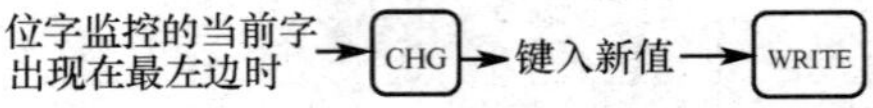 位字监控的当前字出现在最左边时 → CHG → 键入新值 → WRITE
二进制数据修改	PM	在监视状态下，按CHG可修改二进制位，按向上、向下键变换要改变的位，先按SHIFT后，置位/复位可长期有效，直到清除或按NOT键	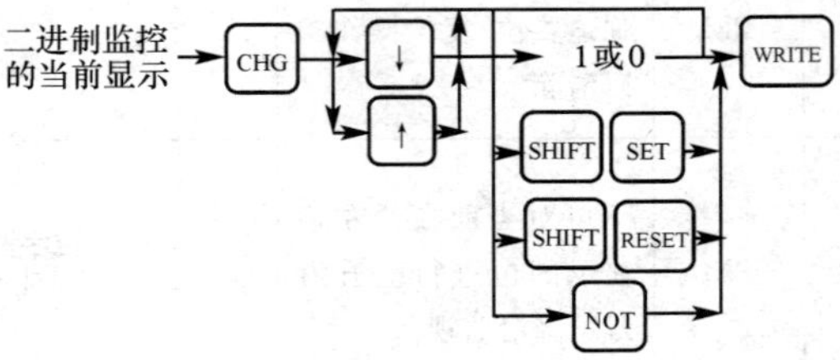 二进制监控的当前显示 → CHG → ↓ / ↑ → 1或0 → WRITE；SHIFT SET；SHIFT RESET；NOT
十进制数据修改(带符号)	PM	在带符号的十进制数据监视或双字长监视时，按CHG修改	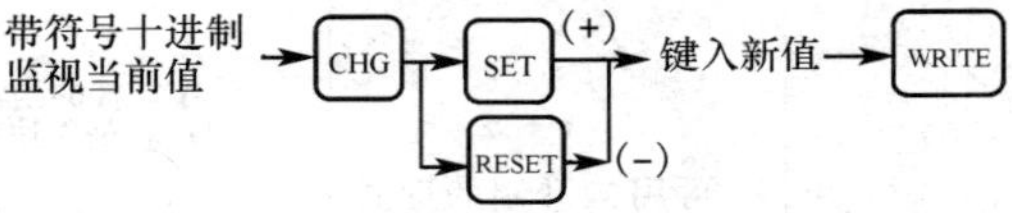 带符号十进制监视当前值 → CHG → SET (+) / RESET (−) → 键入新值 → WRITE
十进制数据修改(不带符号)	PM	在十进制数据监视或双字长监视时，按CHG修改	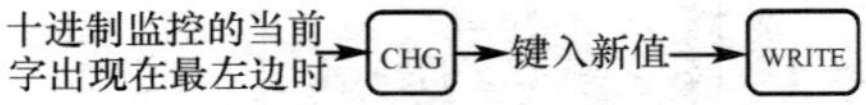 十进制监控的当前字出现在最左边时 → CHG → 键入新值 → WRITE
HEX-ASCII显示改变	PMR	可使DM数据进行HEX-ASCII码显示的相互转换	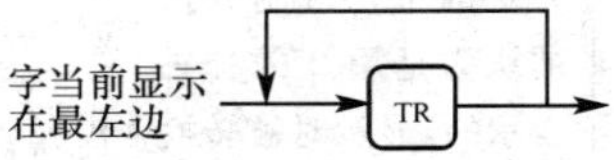 字当前显示在最左边 → TR →
显示扫描时间	MR	在程序执行时进行检查，每按一次MON-TR可获得最新的扫描时间显示	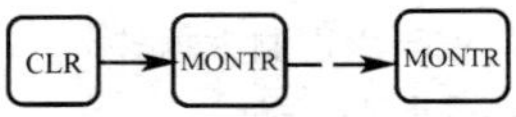 CLR → MONTR - → MONTR

附录 2　CQM1 指令系统一览表

功能码	指令名称	助 记 符	功　　能
	装载	LD	用指定位状态开始指令行或用 AND-LD 或 OR-LD 定义逻辑块
	取反装载	LD-NOT	用指定位的非状态开始指令行
	与	AND	与指定位逻辑与
	与非	AND-NOT	与指定位逻辑与非
	或	OR	与指定位逻辑或
	或非	OR-NOT	与指定位逻辑或非
	块串联	AND-LD	将该指令前面的两个电路块串联
	块并联	OR-LD	将该指令前面的两个电路块并联
	输出	OUT	对于 ON 执行条件输出 ON,对于 OFF 执行条件输出 OFF
	取反输出	OUT-NOT	对于 ON 执行条件输出 OFF,对于 OFF 执行条件输出 ON
	定时器	TIM	以 0.1s 为单位定时
	计数器	CNT	减 1 计数
00	空操作	NOP	占据内存
01	结束	END	标记程序结束
02	连锁	IL	如果条件为 ON 则正常执行;如果条件为 OFF 则 IL 与下一个 ILC 之间的所有输出均 OFF,定时器的 PV 返回 SV,计数器的 PV 保持不变,其他指令空操作
03	清连锁	ILC	
04	跳转	JMP	如果条件为 ON 则正常执行;如果条件为 OFF 则 JMP 与相应的 JME 指令之间的程序不执行
05	跳转结束	JME	
(@)06	故障报警	FAL	产生一个非致命的错误,并在编程器上输出指定的 FAL 标号
07	严重故障报警	FALS	产生一个致命的错误,并在编程器上输出指定的 FALS 标号
08	步定义	STEP	与控制位一起使用时定义了一个新步的开始;不用控制位时定义执行步的结束
09	步启动	SNXT	与控制位一起使用,以指出步的结束,复位步和启动下一个步
10	移位器	SFT	生成移位寄存器
11	保持器	KEEP	将指定位定义为由置位和复位输入控制的锁存器
12	可逆计数器	CNTR	加信号输入或减信号输入有上沿时,PV 加 1 或减 1
13	上沿微分	DIFU	在输入信号的上沿时,指定位为 ON 一个扫描周期
14	下沿微分	DIFD	在输入信号的下沿时,指定位为 ON 一个扫描周期
15	高速定时器	TIMH	以 0.01s 为单位定时
(@)16	字移位	WSFT	将起始字和结束字之间的数据以字为单位移位,0 写入起始字
17～19	扩展指令用		
20	比较	CMP	比较两字的内容,结果送到 GR 标志、EQ 标志、LE 标志

续表

功能码	指令名称	助 记 符	功 能
(@)21	传送	MOV	将源数据(字或常数)复制到目标字
(@)22	取反传送	MVN	将源数据(字或常数)取反后复制到目标字
(@)23	十-二进制转换	BIN	把4位BCD码转换成16位二进制输出到结果字
(@)24	二-十进制转换	BCD	把16位二进制数据转换成4位BCD码输出到结果字
(@)25	算术左移	ASL	连同CY一起左移一位
(@)26	算术右移	ASR	连同CY一起右移一位
(@)27	循环左移	ROL	连同CY一起循环左移一位
(@)28	循环右移	ROR	连同CY一起循环右移一位
(@)29	求补	COM	对一个数据字的状态位求反
(@)30	BCD加	ADD	两个4位BCD码和CY的内容一起相加,结果输出到指定字
(@)31	BCD减	SUB	将一个4位BCD码和CY从另一个4位BCD码中减去,结果输出到指定字
(@)32	BCD乘	MUL	两个4位BCD码相乘,结果输出到指定字
(@)33	BCD除	DIV	两个4位BCD码相除,结果输出到指定字
(@)34	逻辑与	ANDW	两个16位输入字逻辑与,如果输入字对应位都是ON,则结果字相应位为ON
(@)35	逻辑或	ORW	两个16位输入字逻辑或,如果输入字相应位任一ON,则结果字相应位为ON
(@)36	异或	XORW	两个16位输入字异或,如果输入字对应位不同,则结果字相应位为ON
(@)37	异或非	XNRW	两个16位输入字同或,如果输入字对应位相同,则结果字相应位为ON
(@)38	加一	INC	一个4位BCD码加1
(@)39	减一	DEC	一个4位BCD码减1
(@)40	置进位	STC	进位位置1
(@)41	清进位	CLC	进位位置0
45	跟踪存储器采样	TRSM	初始化数据跟踪
(@)46	信息	MSG	在编程器上显示16个字符信息
47、48	扩展指令用		
(@)50	二进制加	ADB	两个4位十六进制数和CY的内容一起相加,结果输出到指定字
(@)51	二进制减	SBB	将一个4位十六进制数和CY从另一个4位十六进制数中减去,结果输出到指定字
(@)52	二进制乘	MLB	两个4位十六进制数相乘,结果输出到指定字
(@)53	二进制除	DVB	两个4位十六进制数相除,结果输出到指定字
(@)54	双字长BCD加	ADDL	两个8位BCD码和CY的内容一起相加,结果输出到指定字
(@)55	双字长BCD减	SUBL	将一个8位BCD码和CY从另一个8位BCD码中减去,结果输出到指定字
(@)56	双字长BCD乘	MULL	两个8位BCD码相乘,结果输出到指定字
(@)57	双字长BCD除	DIVL	两个8位BCD码相除,结果输出到指定字

续表

功能码	指令名称	助　记　符	功　　　能
(@)58	双字长 BCD-二进制转换	BINL	在两个连续字里把 BCD 值转换成二进制值，结果存到两个连续目标字中
(@)59	双字长二-BCD 进制转换	BCDL	在两个连续字里把二进制值转换成 BCD 值，结果存到两个连续目标字中
60～69	扩展指令用		
(@)70	块传递	XFER	把几个连续字的内容送到连续的目的字
(@)71	块设置	BSET	把一个字的内容复制到一个字或几个连续字
(@)72	平方根	ROOT	计算一个 8 位 BCD 码的平方根，结果截成 4 位整数存到指定字
(@)73	数据交换	XCHG	互换两个不同字的内容
(@)74	左移 1 位	SLD	在开始字和结束字之间左移 1 数位(4 个字节)
(@)75	右移 1 位	SRD	在开始字和结束字之间右移 1 数位(4 个字节)
(@)76	4-16 译码器	MLPX	把 4 位十六进制数转换成十进制数，在结果字中把转换值的相应位置位
(@)77	16-4 编码器	DMPX	确定源数据字里为 ON 的最高位，并在结果字置成此位值
(@)78	七段译码器	SDEC	把十六进制数转换成七段显示的数据
(@)80	单字分布	DIST	把源数据字内容移到目的字，目的字地址是基地址加偏移
(@)81	数据采集	COLL	把源数据字内容移到目的字，源数据字地址是基地址加偏移
(@)82	位传送	MOVB	将源数据字的指定位传送到目的字指定位
(@)83	字传送	MOVD	将源数据字的指定数位传送到目的字指定数位
(@)84	可逆移位器	SFTR	在一个或连续几个字中左移或右移数据
(@)85	表比较	TCMP	一个字与十六字比较
(@)86	ASCII 转换	ASC	把十六进制数转换成 ASCII 码(8 位)
87～89	扩展指令用		
(@)91	子程序入口	SBS	调用子程序
92	子程序定义	SBN	标记子程序的开始
93	返回	RET	标记子程序的结束
(@)97	I/O 刷新	IORF	在开始字和结束字之间刷新所有 I/O 字
(@)99	宏	MCRO	调用有替换 I/O 字的子程序
扩展指令(带功能码的指令为缺省设置)			
(@)17	异步移位器	ASFT	在一组相邻字中，当一个字是 0，而其相邻高地址字不是 0 时，则交换这两字的内容，执行一次作一次交换
18	十键输入	TKY	从 10 个数码键键盘输入数码，最多 8 个
(@)19	多字比较	MCMP	比较两组 16 个连续字的内容
(@)47	接收	RXD	通过通信口接收数据
(@)48	发送	TXD	通过通信口发送数据
60	双字长比较	CMPL	比较两个 8 位十六进制数
(@)61	模式控制	INI	启动、停止高速计数器操作，比较并改变计数器的 PV 值，停止脉冲输出

续表

功能码	指令名称	助 记 符	功　　能
(@)62	读高速计数器 PV	PRV	从高速计数器读 PV 值和状态数据
(@)63	比较表装入	CTBL	登记与高速计数器的 PV 值比较的目标值,或启动操作
(@)64	速度输出	SPED	指定输出脉冲频率(10Hz～50kHz),以 10Hz 为单位变化
(@)65	设置脉冲	PULS	以指定频率输出指定脉冲数
(@)66	换算	SCL	对数据执行比例转换
(@)67	位计数器	BCNT	计算一个字里为 ON 的位有多少
(@)68	块比较	BCMP	判断被比较值是否在 16 组指定值的范围内
(@)69	间隔定时器	STIM	用内部定时器执行定时中断
87	数字开关输入	DSW	用数字开关输入 4 个或 8 个 BCD 数值
88	七段显示输出	7SEG	把 4 位或 8 位 BCD 码数据转换成七段显示格式,然后输出转换结果
(@)89	中断控制	INT	执行中断控制,使 I/O 中断屏蔽或清除屏蔽
(@)	加速控制	ACC	(仅 CQM1-CPU43-E 适用)与 PULS(-)一起控制端口 1 和 2 脉冲输出的加速和减速
(@)	双字长二进制加	ADBL	将两个 8 位二进制值(常规的或带符号的数据)相加,而后将结果输出到 R 和 R+1 通道
(@)	算术处理	APR	执行 sin、cos 或线性近似计算
(@)	平均值	AVG	通过 N 次扫描,对 N 次采集的数进行平均值计算,仅保留 4 位数
(@)	行-列	COLM	将 16 位值从指定字复制到 16 连续字的位列中
	带符号二进制比较	CPS	比较两个 16 位带符号二进制数(4 位十进制),而后将结果输出到 GR、EQ、LE 标志
	双字长带符号二进制比较	CPSL	比较两个 32 位带符号二进制数(8 位十进制),而后将结果输出到 GR、EQ、LE 标志
(@)	带符号二进制除	DBS	将一个 16 位带符号二进制数除以另一个数,32 位带符号二进制结果输出到 R+3～R 通道
(@)	双字长带符号二进制除	DBSL	将一个 32 位带符号二进制数除以另一个数,64 位带符号二进制结果输出到 R+3～R 通道
@	FCS 计算	FCS	纵向见余校验码计算,用于上位键接通信
	故障点检测	FPD	在一个指令块里查找错误
	十六进制键输入	HKY	由 16 键键盘输入多达 8 位十六进制数据
(@)	ASCII-十六进制	HEX	把 ASCII 码转换成十六进制数据
(@)	秒-小时	HMS	把秒换算成小时、分钟
(@)	行	LINE	从 16 个连续字到指定字复制一列
(@)	查找最大	MAX	查找指定数据区里的最大值,并送到指定字
(@)	查找最小	MIN	查找指定数据区里的最小值,并送到指定字
(@)	和计算	SUM	计算在指定内存区里字的内容和
(@)	带符号二进制乘	MBS	将两个 16 位带符号二进制数相乘,而后 8 位(十六进制)带符号二进制结果输出到 R+1 和 R 通道

续表

功能码	指令名称	助 记 符	功　　能
(@)	双字长带符号二进制乘	MBSL	将两个32位带符号二进制数相乘，而后16位(十六进制)带符号二进制结果输出到R+3～R通道
(@)	二进制补码	NEG	将源字的4位十六进制内容转换为二进制补码，结果输出到R+1和R通道
(@)	PID控制	PID	(仅CQM1-CPU43-E适用)根据指定参数执行PID运算
(@)	脉冲输出	PLS2	(仅CQM1-CPU43-E适用)以指定速度从0～目标频率加速脉冲输出和以同一速度减速
(@)	可变占空率脉冲	PWM	(仅CQM1-CPU43-E适用)从端口1和2输出具有指定占空率(0%～90%)脉冲
(@)	小时-秒	SEC	把小时、分钟换算成秒
(@)	带符号二-十进制	SCL2	(仅CQM1-CPU4□-E适用)将4位带符号十六进制内容线性转换为4位BCD码
(@)	带符号二-十进制	SCL3	(仅CQM1-CPU4□-E适用)将4位BCD码内容线性转换为带符号4位十六进制值
(@)	双字长二进制减	SBBL	将一个8位十六进制(常规的或带符号的)数据从另一个数中减去，结果输出到R+1和R通道
(@)	数据查找	SRCH	搜索指定数据的内存地址，并输出
(@)	位传递	XFRB	将多达255个指定源位的状态复制到指定目的位
	区域范围比较	ZCP	将一个字由下限和上限定义的一范围比较，结果输出到GR、EQ、LE标志
	双字长区域范围比较	ZCPL	将一个8位字由下限和上限定义的一范围比较，结果输出到GR、EQ、LE标志

附录3 CQM1 内部器件

数据区		字	位	说明
IR区	输入区	IR000～IR015	IR00000～IR01515	对于I/O单元最多能用16个字(256位),I/O不用这些位时,可用作内部工作单元,工作区没有特殊作用,可在程序中随意使用
	输出区	IR100～IR115	IR10000～IR11515	
	工作区	IR016～IR095 IR116～IR195 IR216～IR219 IR224～IR229	IR01600～IR09515 IR11600～IR19515 IR21600～IR21915 IR22400～IR22915	
MACRO指令操作数单元	输入单元	IR096～IR099	IR09600～IR09915	用宏指令MACRO(99)时使用这些单元,不用MACRO(99)时,这些单元可用作工作区
	输出单元	IR196～IR199	IR19600～IR19915	
模拟量SV区		IR220～IR223	IR22000～IR22315	(仅CQM1-CPU42-E)用于存储模拟量设置值,这些单元不可用作工作单元; 在其他CPU中,可以用作工作区
高速计数器0当前值		IR230～IR231	IR23000～IR23115	用这些单元保存高速计数器0的当前值,不用高速计数器时,这些单元可用作工作区
高速计数器1和2当前值		IR232～IR235	IR23200～IR23515	用这些单元保存高速计数器1和2的当前值,不用高速计数器时,这些单元可用作工作区
端口1和2脉冲输出PV		IR236～IR239	IR23600～IR23915	仅CQM1-CPU43-E用于存储端口1和2的脉冲输出的当前值,不可用作工作区; CQM1-CPU44-E为系统所用,不可用作工作区; 在其他CPU中,可以用作工作区
扩展区		IR200～IR215 IR240～IR243	IR20000～IR21515 IR22000～IR22315	这些位准备用于计划中的功能扩展
SR区		SR244～SR255	SR24400～SR25507	这些单元有特殊功能
TR区		—	TR0～TR7	在程序分支里用这些单元暂时存储分支点
HR区		HR00～HR99	HR0000～HR9915	用这些单元存储数据,即使掉电后仍可保持原状态
AR区		AR00～AR27	AR0000～AR2715	这些位用于专用功能,在掉电期间不保持状态
LR区		LR00～LR63	LR0000～LR6315	用于经过RS-232端口的1∶1数据连接
TC区		TC000～TC511		定时器和计数器所用的数目相同,TC000～TC002用于间隔定时器
DM区	读写	DM0000～DM1023	—	在这些区里,数据以字为单位存取,可掉电保持
		DM1024～DM6143	—	仅在CQM1-CPU4□-E上使用
	只读	DM6144～DM6568	—	不能由程序重写
	错误历史区	DM6569～DM6599	—	用于存储错误发生的时间及其错误代码
	PLC设置区	DM6600～DM6655	—	用于存储对PLC操作进行控制的各种参数
用户程序区(UM区)				用于存储用户程序,可掉电保持 CQM1-CPU11/21-E:3200字 CQM1-CPU4□-E:7200字

附录4　CQM1特殊继电器一览表

字	位	功　能
SR244	00～15	输入中断0计数器方式SV：0000～FFFF
SR245	00～15	输入中断1计数器方式SV：0000～FFFF
SR246	00～15	输入中断2计数器方式SV：0000～FFFF
SR247	00～15	输入中断3计数器方式SV：0000～FFFF
SR248	00～15	输入中断0计数器方式PV-1： 输入中断0用于计数器方式时，计数器PV减1(4位十六进制)
SR249	00～15	输入中断1计数器方式PV-1： 输入中断1用于计数器方式时，计数器PV减1(4位十六进制)
SR250	00～15	输入中断2计数器方式PV-1： 输入中断2用于计数器方式时，计数器PV减1(4位十六进制)
SR251	00～15	输入中断3计数器方式PV-1： 输入中断3用于计数器方式时，计数器PV减1(4位十六进制)
SR252	00	高速计数器0复位位
SR252	01	CQM1-CPU43-E：高速计数器1复位位 ON：高速计数器1的PV复位 CQM1-CPU44-E：绝对高速计数器1起始地址补偿位 ON：起始地址补偿位置位
SR252	02	CQM1-CPU43-E：高速计数器2复位位 ON：高速计数器2的PV复位 CQM1-CPU44-E：绝对高速计数器2起始地址补偿位 ON：起始地址补偿位置位
SR252	03～07	不用
SR252	08	外设端口复位位 ON：外设端口复位，在复位完成后，自动变为OFF
SR252	09	RS-232C端口复位位 ON：RS-232C端口复位，在复位完成后，自动变为OFF
SR252	10	PLC设置复位位 ON：初始化PLC设置(DM6600～DM6655)。在复位完成后，自动变为OFF 仅在编程状态有效
SR252	11	强制状态保持位 OFF：当从编程方式切换到监控方式时，强制置位/复位位的状态被清除 ON：当从编程方式切换到监控方式时，强制置位/复位位的状态被保持
SR252	12	I/O保持位 OFF：当启动操作或停止操作时，IR位和LR位都复位 ON：当启动操作或停止操作时，IR位和LR位都保持原状态
SR252	13	不用
SR252	14	错误日志复位位 ON：清除错误日志，操作完成后自动变为OFF
SR252	15	输出OFF位 OFF：正常输出；ON：所有输出变为OFF

续表

字	位	功　　能
SR253	00～07	出现错误时存储错误码：执行 FAL(06)或 FALS(07)时存储 FAL 标号，通过执行一条 FAL00 指令或用辅助设备清除错误，则这些字被复位
	08	电池电压低标志：当 CPU 电池电压降低时置 ON
	09	扫描时间过长标志：扫描时间超过 100ms 时置 ON
	10～12	不用
	13	常 ON 标志
	14	常 OFF 标志
	15	首循环标志：在 PLC 运行开始的第一个扫描周期置 ON
SR254	00	1min 时钟脉冲(30s ON，30s OFF)
	01	0.02s 时钟脉冲(0.01s ON，0.01s OFF)
	02、03	不用
	04	CQM1-CPU4□-E：溢出(OF)标志，当计算结果高于带符号二进制数据的上限时变为 ON
	05	CQM1-CPU4□-E：下溢出(UF)标志，当计算结果低于带符号二进制数据的下限时变为 ON
	06	微分监视完成标志：微分监视完成时 ON
	07	STEP(08)执行标志：只在基于 STEP(08)的过程开始时的一个周期置 ON
	08	HKY(-)执行标志：在执行 HKY(-)时变为 ON
	09	7SEG(-)执行标志：在执行 7SEG(-)时变为 ON
	10	DSW(-)执行标志：在执行 DSW(-)时变为 ON
	11～14	不用
	15	CQM1-CPU43-E：脉冲 I/O 错误标志(FALS：9C)，当使用端口 1 或 2 的脉冲 I/O 功能时有错误变为 ON； CQM1-CPU44-E：绝对高速计数器错误标志(FALS：9C)，当使用端口 1 或 2 的绝对高速计数器中有错误时变为 ON
SR255	00	0.1s 时钟脉冲(0.05s ON，0.05s OFF)
	01	0.2s 时钟脉冲(0.1s ON，0.1s OFF)
	02	1s 时钟脉冲(0.5s ON，0.5s OFF)
	03	指令执行错误(ER)标志：指令执行错误时 ON
	04	进位(CY)标志：当指令执行结果有进位时 ON
	05	大于(GR)标志：当比较操作的结果是“大于”时变为 ON
	06	等于(EQ)标志：当比较操作的结果是“等于”时，或指令执行结果是 0 时，变为 ON
	07	小于(LE)标志：当比较操作的结果是“小于”时变为 ON
	08～15	不用

附录5　CQM1链接继电器一览表

字	位	功　　能
AR00~-AR03	—	不用
AR04	00~07	不用
	08~15	CQM1-CPU43/44-E:脉冲I/O或绝对高速计数器状态代码。 00:正常;01、02:硬件错误;03:PLC设置错误;04:脉冲输出时PLC停止
AR05	00~07	CQM1-CPU43/44-E:高速计数器1范围比较标志。 00ON:计数器PV在比较范围1内;01ON:计数器PV在比较范围2内;02ON:计数器PV在比较范围3内;03ON:计数器PV在比较范围4内;04ON:计数器PV在比较范围5内;05ON:计数器PV在比较范围6内;06ON:计数器PV在比较范围7内;07ON:计数器PV在比较范围8内
	08	CQM1-CPU43/44-E:高速计数器1比较标志。 OFF:停止;ON:比较
	09	CQM1-CPU43/44-E:高速计数器1上溢/下溢标志。 OFF:正常;ON:发生上溢/下溢
	10、11	不用
	12~15	CQM1-CPU43-E:端口1脉冲输出标志。 12ON:减速已指定,OFF:未指定;13ON:脉冲数已指定,OFF:未指定;14ON:脉冲输出已完成,OFF:未完成;15ON:脉冲输出在进行,OFF:无脉冲输出
AR06	00~15	CQM1-CPU43/44-E:高速计数器1比较标志,与AR05中的高速计数器1/端口1脉冲输出标志完全一样
AR07	00~11	不用
	12	DIP开关引脚6标志:OFF:CPU DIP开关引脚6为OFF;ON:CPU DIP开关引脚6为ON
	13~15	不用
AR08	00~03	RS-232C通信错误代码(1位数)
	04	RS-232C错误标志:出现RS-232C通信错误时ON
	05	RS-232C传输使能标志:只在使用上位机链接,RS-232C通信时有效
	06	RS-232C接收完成标志:只在使用RS-232C通信时有效
	07	RS-232C接收溢出标志:只在使用RS-232C通信时有效
	08~11	外围设备错误代码(1位数)
	12	外围设备错误标志:当外围设备通信错误时ON
	13	外围设备发送使能标志:只在使用上位机链接,RS-232C通信时有效
	14	外围设备接收完成标志:只在使用RS-232C通信时有效
	15	外围设备接收溢出标志:只在使用RS-232C通信时有效

续表

字	位	功　　能
AR09	00～15	RS-232C 接收计数器：4 位 BCD 码，只在使用 RS-232C 通信时有效
AR10	00～15	外围设备接收计数器：4 位 BCD 码，只在使用 RS-232C 通信时有效
AR11	00～07	高速计数器 0 范围比较标志：00ON：计数器 PV 在比较范围 1 内；01ON：计数器 PV 在比较范围 2 内；02ON：计数器 PV 在比较范围 3 内；03ON：计数器 PV 在比较范围 4 内；04ON：计数器 PV 在比较范围 5 内；05ON：计数器 PV 在比较范围 6 内；06ON：计数器 PV 在比较范围 7 内；07ON：计数器 PV 在比较范围 8 内
	08～15	不用
AR12	00～15	不用
AR13	00	存储器盒安装标志：上电时，如果安装了存储器，则置 ON
	01	时钟可用标志：如果安装了装有时钟的存储器盒，则置 ON
	02	存储器盒写保护标志：如果安装了 EEPROM 存储器盒并写保护，或安装了 EPROM 时，则置 ON
	03	不用
	04～07	存储器盒代码(1 位数)：0：未安装存储器盒；1：安装了 EEPROM，4k 存储器盒；2：安装了 EEPROM，8k 存储器盒；4：安装了 EPROM 存储器盒
	08～15	不用
AR14	00	CPU 向存储器盒发送位：从 CPU 向存储器盒发送时置 ON，操作完成后自动变为 OFF
	01	存储器盒向 CPU 发送位：从存储器盒向 CPU 发送时置 ON，操作完成后自动变为 OFF
	02	存储器盒比较标志：当 PLC 的内容与存储器盒进行比较时为 ON，比较完成后自动变为 OFF
	03	存储器盒比较结果标志：ON：发现差别或不可比较；OFF：内容已比较完，并发现是相同的
	04～11	不用
	12	编程状态传送出错标志：编程状态下不能传送时为 ON
	13	写保护错误标志：当由于写保护而不能执行传送时变为 ON
	14	容量不足标志：当由于传送目的地容量不足而不能执行传送时变为 ON
	15	无程序标志：当由于存储器盒内无程序而不能执行传送时变为 ON
AR15	00～07	存储器盒程序代码(2 位数)：表明存储在存储器盒内的程序长度 00：无程序，或未安装存储器盒；04：程序小于 3.2k 字长；08：程序小于 7.2k 字长
	08～15	CPU 程序代码(2 位数)：表明存储在 CPU 内的程序长度 04：程序小于 3.2k 字长；08：程序小于 7.2k 字长
AR16	00～10	不用
	11	PLC 设置初始化标志：当在 PLC 设置区发生校验和错误时置 ON，所有设定被初始化为缺省设定
	12	程序无效标志：当在 DM 区发生校验和错误时，或执行不正确的指令时置 ON
	13	指令表初始化标志：当在指令表发生校验和错误时置 ON，所有设定被初始化为缺省设定
	14	存储器盒加入标志：如上电时安装了存储器盒则置 ON

续表

字	位	功　　能
AR16	15	存储器盒传送错误标志：如果在DIP开关引脚2置ON时不能成功传送则置ON(即上电时自动传送存储器盒内容)
AR17	00～07	现在时间的“分”部分，2位BCD码(安装带有时钟功能的存储器盒时有效)
	08～15	现在时间的“小时”部分，2位BCD码(安装带有时钟功能的存储器盒时有效)
AR18	00～07	现在时间的“秒”部分，2位BCD码(安装带有时钟功能的存储器盒时有效)
	08～15	现在时间的“分”部分，2位BCD码(安装带有时钟功能的存储器盒时有效)
AR19	00～07	现在时间的“小时”部分，2位BCD码(安装带有时钟功能的存储器盒时有效)
	08～15	现在时间的“日”部分，2位BCD码(安装带有时钟功能的存储器盒时有效)
AR20	00～07	现在时间的“月”部分，2位BCD码(安装带有时钟功能的存储器盒时有效)
	08～15	现在时间的“年”部分，2位BCD码(安装带有时钟功能的存储器盒时有效)
AR21	00～07	现在时间的“星期”部分，2位BCD码(安装带有时钟功能的存储器盒时有效) 00：星期日； 01：星期一； 02：星期二； 03：星期三； 04：星期四； 05：星期五； 06：星期六
	08～12	不用
	13	30s调整位：安装带有时钟功能的存储器盒时有效
	14	时钟停止位：安装带有时钟功能的存储器盒时有效
	15	时钟设置位：安装带有时钟功能的存储器盒时有效
AR22	00～07	输入字：输入位的字数(2位BCD码)
	08～15	输出字：输出位的字数(2位BCD码)
AR23	00～15	断电计数器(4位BCD码)：对电源被断开的次数计数，要清除该计数，可从外围设备写入0000
AR24	00	上电PLC设置错误标志：在DM6600～DM6614内(在上电时被读的PLC设置区部分)有错误时变为ON
	01	启动PLC设置错误标志：在DM6615～DM66444内(在操作开始时被读的PLC设置区部分)有错误时变为ON
	02	运行PLC设置错误标志：在DM6645～DM6655内(总被读的PLC设置区部分)有错误时变为ON
	03、04	不用
	05	长扫描时间标志：如果实际扫描时间长于DM6619中设置的扫描时间，则置为ON
	06、07	不用
	08～15	表示被检I/O总线错误的字号的代码(2位十六进制)：00～07：对应于输入字000～007；80～87：对应于输入字100～107；FF：结束覆盖范围不能确认

续表

字	位	功　　　　能
AR25	00～07	不用
	08	FPD(-)教学位
	09～15	不用
AR26	00～15	最长扫描时间(4位BCD码),存储操作开始后的最长扫描时间。该内容在操作开始时,而不是在操作结束时被清除。其单位可以是下列中的任一个(依DM6618中9F监视时间的设定而定): 缺省设定:0.1ms; 10ms设定:0.1ms; 100ms设定:1ms; 1s设定:10ms
AR27	00～15	当前扫描时间(4位BCD码),存储操作时最近的时间。操作停止时,当前扫描时间不被清除。其单位可以是下列中的任一个(依DM6618中9F监视时间的设定而定): 缺省设定:0.1ms; 10ms设定:0.1ms; 100ms设定:1ms; 1s设定:10ms

附录6　CQM1 软设置一览表

字	位	功　　能
启动处理(DM6600～DM6614)，只有向 PLC 传送并重新启动 PLC 后，下列设置才有效		
DM6600	00～07	启动状态(08～15 位设定为 02 时有效)： 00：编程；01：监控；02：运行
	08～15	启动状态标志： 00：编程器切换；01：继续前状态；02：设置 00～07
DM6601	00～07	保留
	08～11	I/O 保持位(SR25212 状态)： 0：复位；1：保持
	12～15	强制状态保持位(SR25211 状态)： 0：复位；1：保持
DM6602～DM6614	00～15	保留
脉冲输出和扫描时间设置(DM6615～DM6619)，向 PLC 传送后待下一次操作启动后有效		
DM6615	00～07	脉冲输出字： 00：IR100；01：IR101；02：IR102；……15：IR115
	08～15	保留
DM6616	00～07	RS-232C 端口的服务时间(当位 08～15 被设置为 01 时有效)： 00～99(BCD 码)：服务 RS-232C 端口用的扫描时间的百分比
	08～15	RS-232C 端口服务设定使能： 00：不设置服务时间；01：00～07 的使用时间
DM6617	00～07	外设端口的服务时间(当位 08～15 被设置为 01 时有效)： 00～99(BCD 码)：服务外设端口用的扫描时间的百分比
	08～15	外设端口服务设定使能： 00：不设置服务时间；01：00～07 的使用时间
DM6618	00～07	循环监视时间(当位 08～15 被设置为 01、02、03 时有效)： 00～99(BCD 码)
	08～15	循环监视器使能(00～07 的设定单位；最大 99s)： 00：120ms(位 00～07 的设定被禁止)； 01：设定单位 10ms； 02：设定单位 100ms； 03：设定单位 1s
DM6619	00～15	扫描时间： 0000：可变(无最小)； 0001～9999(BCD 码)：最小时间，以 ms 表示
中断处理(DM6620～DM6639)，向 PLC 传送后开始下一次操作设置有效		

续表

字	位	功能
DM6620	00～03	IR00000～IR00007 的输入常数： 00：8ms；01：1ms；02：2ms；03：4ms；05：6ms；06：32ms；07：64ms；08：128ms
	04～07	IR00008～IR00015 的输入常数(设定与位 00～03 相同)
	08～15	IR00000～IR00007 的输入常数(设定与位 00～03 相同)
DM6621	00～07	IR002 的输入常数(设定与 DM6620 的位 00～03 相同)
	08～15	IR003 的输入常数(设定与 DM6620 的位 00～03 相同)
DM6622	00～07	IR004 的输入常数(设定与 DM6620 的位 00～03 相同)
	08～15	IR005 的输入常数(设定与 DM6620 的位 00～03 相同)
DM6623	00～07	IR006 的输入常数(设定与 DM6620 的位 00～03 相同)
	08～15	IR007 的输入常数(设定与 DM6620 的位 00～03 相同)
DM6624	00～07	IR008 的输入常数(设定与 DM6620 的位 00～03 相同)
	08～15	IR009 的输入常数(设定与 DM6620 的位 00～03 相同)
DM6625	00～07	IR010 的输入常数(设定与 DM6620 的位 00～03 相同)
	08～15	IR011 的输入常数(设定与 DM6620 的位 00～03 相同)
DM6626、DM6627	00～15	保留
DM6628	00～03	IR00000 的中断使能(0：正常输入；1：中断输入)
	04～07	IR00001 的中断使能(0：正常输入；1：中断输入)
	08～11	IR00002 的中断使能(0：正常输入；1：中断输入)
	12～15	IR00003 的中断使能(0：正常输入；1：中断输入)
DM6629	00～07	中断刷新高速定时器数：00～15(BCD 码)
	08～15	高速定时器中断刷新使能： 00：16 定时器； 01：使用 00～07 的设定
DM6630	00～07	I/O 中断 0 的第 1 个输入刷新字：00～11(BCD 码)
	08～15	I/O 中断 0 的输入刷新字数：00～12(BCD 码)
DM6631	00～07	I/O 中断 1 的第 1 个输入刷新字：00～11(BCD 码)
	08～15	I/O 中断 1 的输入刷新字数：00～12(BCD 码)
DM6632	00～07	I/O 中断 2 的第 1 个输入刷新字：00～11(BCD 码)
	08～15	I/O 中断 2 的输入刷新字数：00～12(BCD 码)
DM6633	00～07	I/O 中断 3 的第 1 个输入刷新字：00～11(BCD 码)
	08～15	I/O 中断 3 的输入刷新字数：00～12(BCD 码)
DM6634	00～07	高速计数器 1 的第 1 个输入刷新字：00～11(BCD 码)
	08～15	高速计数器 1 的输入刷新字数：00～12(BCD 码)
DM6635	00～07	高速计数器 2 的第 1 个输入刷新字：00～11(BCD 码)
	08～15	高速计数器 3 的第 1 个输入刷新字：00～11(BCD 码)
DM6636	00～07	间隔定时器 0 的第 1 个输入刷新字：00～11(BCD 码)
	08～15	间隔定时器 0 的输入刷新字数：00～12(BCD 码)

续表

字	位	功　　能
DM6637	00～07	间隔定时器1的第1个输入刷新字：00～11(BCD码)
	08～15	间隔定时器1的输入刷新字数：00～12(BCD码)
DM6638	00～07	间隔定时器2/高速计数器0的第1个输入刷新字：00～11(BCD码)
	08～15	间隔定时器2/高速计数器0的输入刷新字数：00～12(BCD码)
DM6639	00～07	输入刷新方法：00：循环；01：直接
	08～15	数字开关指令的数字数：00：4数字；01：8数字
高速计数器设置(DM6640～DM6644)，向PLC传送后待开始下一次运行时设置有效		
DM6640～DM6641	00～15	保留
DM6642	00～03	高速计数器0方式： 0：加/减计数器方式； 4：增量计数器方式
	04～07	高速计数器0复位方式： 0：Z相和软件复位； 1：仅软件复位
	08～15	高速计数器0使能： 00：不使用高速计数器； 01：使用高速计数器带00～07的设定
DM6643	00～15	CQM1-CPU43-E：高速计数器1/端口1脉冲类型设定： 00～03：高速计数器1计数方式； 0：微分相位方式； 1：脉冲/方向方式； 2：加/减方式。 04～07：高速计数器1复位方式： 0：Z相和软件复位； 1：仅软件复位。 08～11：高速计数器1计算方式： 0：线性方式； 1：环形方式。 12～15：端口1脉冲类型： 0：标准脉冲输出； 1：可变占空率脉冲。 CQM1-CPU44-E：绝对高速计数器1设定。 00～07：绝对高速计数器1计数方式： 00：BCD方式； 01：360°方式。 08～15：高速计数器1分辨率设定： 00：8位； 01：10位； 02：12位
DM6644	00～15	CQM1-CPU43-E：高速计数器2/端口2脉冲类型设定，与DM6643的高速计数器1设定相同；CQM1-CPU44-E：绝对高速计数器2设定，与DM6643的高速计数器1设定相同

续表

<table>
<tr><th>字</th><th>位</th><th>功　　能</th></tr>
<tr><td colspan="3">RS-232C口设置(DM6645～DM6649),向PLC传送后设置有效</td></tr>
<tr><td rowspan="3">DM6645</td><td>00～07</td><td>端口设定:
00:标准(1启动位,7位数据,偶校验,2结束位,9600bps);
01:DM6646的设定</td></tr>
<tr><td>08～11</td><td>1∶1链接的链接字:
0:LR00～LR63;1:LR00～LR31;2:LR00～LR15</td></tr>
<tr><td>12～15</td><td>通信方式:
0:上位机链接;1:RS-232C(无规约);2:1:1数据链接从站;3:1:1数据链接主站</td></tr>
<tr><td rowspan="2">DM6646</td><td>00～07</td><td>波特率:
00:1.2K;01:2.4K;02:4.8K;03:9.6K;04:19.2K</td></tr>
<tr><td>08～15</td><td>帧格式
　　启动　长　停止　奇偶性
00:　1位　7位　1位　偶
01:　1位　7位　1位　奇
02:　1位　7位　1位　无
03:　1位　7位　2位　偶
04:　1位　7位　2位　奇
05:　1位　7位　2位　无
06:　1位　8位　1位　偶
07:　1位　8位　1位　奇
08:　1位　8位　1位　无
09:　1位　8位　2位　偶
10:　1位　8位　2位　奇
11:　1位　8位　2位　无</td></tr>
<tr><td>DM6647</td><td>00～15</td><td>传输延迟(上位机链接):0000～9999(BCD码)</td></tr>
<tr><td rowspan="3">DM6648</td><td>00～07</td><td>节点号(上位机链接):00～31(BCD码)</td></tr>
<tr><td>08～11</td><td>启动代码使能(RS-232C):
0:禁止,1:置位</td></tr>
<tr><td>12～15</td><td>结束代码使能(RS-232C):0:禁止(被接收字节数);1:置位(指定结束代码);2:CR,LF</td></tr>
<tr><td rowspan="2">DM6649</td><td>00～07</td><td>启动代码(RS-232C):00～FF(二进制)</td></tr>
<tr><td>08～15</td><td>DM6648的12～15位置0:接收的字节数。00:缺省设定(256字节);01～FF:1～255字节。
DM6648的12～15位置1:结束代码,00～FF(二进制)</td></tr>
<tr><td colspan="3">外设端口设置(DM6650～DM6654),向PLC传送后设置有效</td></tr>
<tr><td rowspan="3">DM6650</td><td>00～07</td><td>端口设定:
00:标准(1启动位,7位数据,偶校验,2结束位,9600bps);
01:DM6651的设定</td></tr>
<tr><td>08～11</td><td>保留</td></tr>
<tr><td>12～15</td><td>通信方式:
0:上位机链接;1:RS-232C(无规约)</td></tr>
</table>

续表

字	位	功　能
DM6651	00～07	波特率 00：1.2K；01：2.4K；02：4.8K；03：9.6K；04：19.2K；05：38.4K
	08～15	帧格式 启动　长　停止　奇偶性 00：　1位　7位　1位　偶 01：　1位　7位　1位　奇 02：　1位　7位　1位　无 03：　1位　7位　2位　偶 04：　1位　7位　2位　奇 05：　1位　7位　2位　无 06：　1位　8位　1位　偶 07：　1位　8位　1位　奇 08：　1位　8位　1位　无 09：　1位　8位　2位　偶 10：　1位　8位　2位　奇 11：　1位　8位　2位　无
DM6652	00～15	传输延迟(上位机链接)：0000～9999(BCD码)
DM6653	00～07	节点号(上位机链接)：00～31(BCD码)
	08～11	启动代码使能(RS-232C)：0：禁止，1：置位
	12～15	结束代码使能(RS-232C)：0：禁止(被接收字节数)；1：置位(指定结束代码)；2：CR，LF
DM6654	00～07	启动代码(RS-232C)：00～FF(二进制)
	08～15	DM6653的12～15位置0：接收的字节数。00：缺省设定(256字节)，01～FF：1～255字节 DM6653的12～15位置1：结束代码，00～FF(二进制)
错误记录设置(DM6655)，向PLC传送后设置有效		
DM6655	00～03	类型： 0：存储10个记录后移位； 1：只存储前面10个记录(无移位)； 2～F：不存储记录
	04～07	保留
	08～11	循环时间监视器使能： 0：检测长循环为非致命错误； 1：不检测长循环
	12～15	电池电压低错误使能： 0：检测电池电压低为非致命错误； 1：不检测电池电压低错误

参 考 文 献

1 OMRON 公司 . SYSMAC CQM1 可编程序控制器编程手册 . 1997.

2 OMRON 公司 . SYSMAC CQM1 可编程序控制器安装手册 . 1997.

3 弭洪涛 . 可编程序控制器(PLC)原理及应用 . 北京:中国水利水电出版社,1999.

4 胡学林、宋宏 . 电气控制及 PLC. 北京:冶金工业出版社,1997.

5 宋伯生 . 可编程序控制器配置·编程·联网 . 北京:中国劳动出版社,1998.

6 郭宗仁、吴亦锋、郭永 . 可编程序控制器应用系统设计及通信网络技术 . 北京:人民邮电出版社,2002.

7 陈在平、赵相宾 . 可编程序控制器技术与应用系统设计 . 北京:机械工业出版社,2002.

8 李仁 . 电器控制 . 北京:机械工业出版社,1990.

9 陈金华 . 可编程序控制器应用(PC)技术 . 北京:电子工业出版社,1995.

10 杨公训 . 可编程序控制器的抗干扰技术 . 北京:海洋出版社,1995.

11 江秀汉 . 可编程序控制器原理及应用 . 西安:西安电子科技大学出版社,1994.

12 何衍庆、俞金寿 . 可编程序控制器原理及应用技巧 . 北京:化学工业出版社,1998.

13 弭洪涛、宋宏 . 电气控制技术 . 吉林:吉林科技出版社,2001.

14 徐世许 . 可编程序控制器原理、应用、网络 . 合肥:中国科技大学出版社,2000.

15 邱公伟 . 可编程控制器网络通信及应用 . 北京:清华大学出版社,2000.